普通高等教育"十一五"国家级规划教材
信息与通信工程专业核心教材

卫星通信导论

（第5版）

朱立东　吴廷勇　卓永宁　凌　翔　编著

電子工業出版社
Publishing House of Electronics Industry
北京·BEIJING

内 容 简 介

本书为教育部普通高等教育“十五”国家级规划教材和普通高等教育“十一五”国家级规划教材。

本书主要介绍卫星通信系统的基本原理和特有技术，并结合系统的组成介绍主要设备及当前所达到的水平，同时包括卫星通信的一些新技术和典型的实际系统。全书共11章，内容包括：卫星通信系统概述、卫星轨道和星座设计、链路传输工程、多址技术、星载和地球站设备、VSAT通信网、卫星移动通信系统、卫星宽带通信系统、卫星数字电视广播系统、卫星定位与导航系统、深空通信等。

本书注重基本概念和基本原理，并联系工程实践，内容全面，叙述清楚，例题与图表丰富。习题是本书的重要组成部分，读者通过习题可掌握一些必要的设计和计算，题意具有启发性，便于教学与自学。本书提供配套电子课件、习题解答。

本书可作为高等学校电子信息类专业本科生与研究生的教材或教学参考书，也可供相关专业领域的师生、科研和工程技术人员参考。

图书在版编目(CIP)数据

卫星通信导论/朱立东等编著．—5版．—北京：电子工业出版社，2023.7
ISBN 978-7-121-46028-9

Ⅰ．①卫…　Ⅱ．①朱…　Ⅲ．①卫星通信-高等学校-教材　Ⅳ．①TN927

中国国家版本馆CIP数据核字(2023)第138709号

责任编辑：韩同平
印　　刷：北京捷迅佳彩印刷有限公司
装　　订：北京捷迅佳彩印刷有限公司
出版发行：电子工业出版社
　　　　　北京市海淀区万寿路173信箱　邮编：100036
开　　本：787×1092　1/16　印张：15.75　字数：504千字
版　　次：2002年8月第1版
　　　　　2023年7月第5版
印　　次：2024年12月第2次印刷
定　　价：65.90元

凡所购买电子工业出版社图书有缺损问题，请向购买书店调换。若书店售缺，请与本社发行部联系，联系及邮购电话：(010)88254888，88258888。

质量投诉请发邮件至 zlts@phei.com.cn，盗版侵权举报请发邮件至 dbqq@phei.com.cn。

本书咨询联系方式：88254525，hantp@phei.com.cn。

第5版前言

卫星通信是信息通信的重要分支,其所涉及的通信领域的知识更综合、更前沿,它是一个国家科技发展水平的重要体现。卫星通信不仅在应急通信,气象、地质、环境监测等领域广泛应用,更在航空航天、空间技术领域得到越来越重要的应用。

在这种形势下,卫星通信新生力量的培养和在职人员的再教育是一项重要的任务,也是适应和服务于国家重大需求的必然要求,得到越来越多院校的重视,很多高校都开设了卫星通信课程,课程性质也由任选课提高为限选课,甚至必修课,课程重要性进一步突显。编写并提供高质量的教材,是提高教育教学水平的重要保障,这是作者编写并持续修订本书的重要驱动力,以保持教材的先进性、系统性和教学适用性。

作者所在的电子科技大学,从20世纪80年代中期就开始从事卫星通信的研究工作,2002年开设了卫星通信课程。本书凝结了“卫星通信”课程组几代人的教学、科研体会和经验。本书第1~4版分别于2002年、2006年、2009年、2015年出版,先后列选为教育部普通高等教育“十五”国家级规划教材和普通高等教育“十一五”国家级规划教材,并列选为第一批四川省“十二五”普通高等教育本科规划教材和电子科技大学“十二五”规划教材。

本书出版20多年来,先后被国内百余所大学的有关专业选作教材。这期间也得到了很多师生的大量反馈意见和建议,这使作者倍感荣幸和深受鼓舞,也有责任和决心做好第5版的编写工作。

第5版在保持本书原有特色和基本章节结构的前提下,在内容上主要做了以下修订:第1章结合卫星通信的发展和应用,对卫星通信的发展历程和发展趋势进行了补充和完善;第4章增加了4.8节“非正交多址技术”;第7章7.4.1节对铱系统和全球星系统内容进行了修订,7.4.2节增加了“天通一号系统”;第8章增加了8.6节“国内卫星宽带通信系统概况”和8.7节“卫星互联网”;第10章对10.6.3节进行了修订;第11章增加了11.4.3节“深空通信的网络编码技术”和11.4.4节“深空时延容忍网络”。

近年来,卫星互联网发展迅速,我国将卫星互联网列入新基建范畴。第5版在合适的地方适当介绍了卫星互联网,同时融入了一些我国近些年来的重大卫星发射事件,让学生及时了解我国卫星通信领域的发展现状、取得的成就,激发学生的学习兴趣和利用知识报效国家的爱国情怀。

本书既考虑了卫星通信知识体系,又不重复介绍其他课程的内容,与先修、后续课程的内容划分、衔接良好。本书主要特点为:

(1) 从体系结构看,本书章节编排的思路是:卫星轨道→链路→多址→设备→系统→新技术,既介绍基本原理,又介绍新技术,形成一个完备的体系。

(2) 从内容看,着重介绍卫星通信的基本原理和特有技术,对于调制编码等通用技术,由于先修课程“通信原理”已讲授,本书未做介绍;同时本书包含卫星通信发展的最新内容,如卫星移动通信、卫星宽带通信、卫星互联网、深空通信等。

（3）本书文字叙述深入浅出，配有较多的图表和例题，便于教学。例如，第 2 章介绍卫星轨道按照高度分类时给出了图 2-5，很直观。

（4）为便于理解，大部分章节都有例题和习题，且例题和习题与系统设计和工程应用紧密结合，题意具有启发性，给教学提供了较大的灵活性。例如，3.6.4 节结合实际系统给出了链路预算实例。

本书建议的参考学时为 32~48 学时，其中第 1~8 章为必学内容，第 9~11 章为选学内容。本书第 1、3、4、6、11 章由朱立东编写，第 2、7、8 章由吴廷勇编写，第 5、9、10 章由卓永宁编写，凌翔对第 2、3 章提出了一些修订意见。全书由吴诗其教授主审。本书的出版得到电子科技大学教务处、信息与通信工程学院教务科的大力支持，作者在此一并表示衷心的感谢。

本书免费提供教学参考资料包，包括电子课件和课后习题解答，请登录华信教育资源网（www.hxedu.com.cn）索取。

由于卫星通信涉及的面很广，而本书是以卫星通信基础性教材为宗旨编写的，因此难以包容更多的内容和进行更深层次的阐述。限于时间和水平，难免有错误和疏漏之处，希望读者不吝指正。与作者联系，请发邮件至：zld@uestc.edu.cn。

作　者

目　录

第1章 卫星通信系统概述

卫星通信是指利用卫星作为中继站转发或反射无线电波，以此来实现两个或多个地球站（或其他类型终端）之间或地球站与航天器之间通信的一种通信方式。换言之，卫星通信是在地球上，包括地面、水面和大气层中的无线电通信站之间，利用人造卫星作为中继站进行的通信。

本章简要介绍卫星轨道、系统的组成、频率分配、卫星通信的特点、卫星通信系统的业务类型及发展。

1.1 卫星轨道

在卫星通信系统中，卫星是通信的重要中继站。用于通信系统的卫星可以有不同的运行轨道，而不同轨道卫星的系统在网络结构、通信方式、服务范围和系统投资等方面均有较大的差异。因此，有必要首先简单介绍有关通信卫星的轨道问题（关于轨道的详细讨论参见第2章）。

卫星通常围绕地球做无动力飞行，它们可视为宇宙中通过重力相互作用的两个物体。卫星围绕地球运行规律服从开普勒（Kepler）定律，轨道具有如下特性。

（1）卫星具有椭圆形轨道，而地球的地心 O 是椭圆的一个焦点，如图1-1所示。

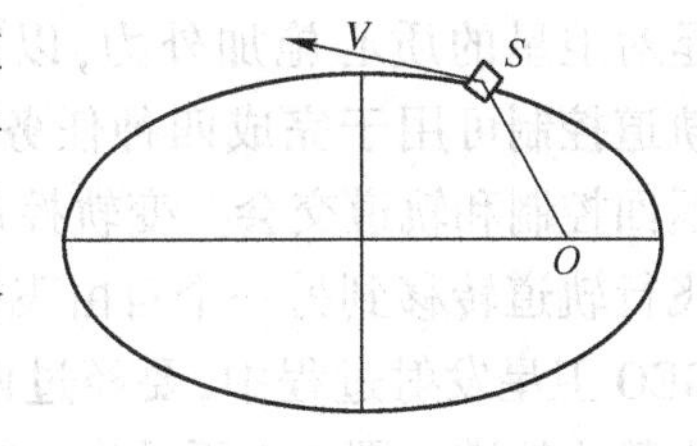

图1-1 卫星运行轨道示意图

（2）卫星在轨道上以速度 V 运行的过程中，单位时间内地心 O 与 S 的连线所扫过的面积（以轨道弧线为界）相等。显然，卫星靠近地球时运行速度较快，而离开地球较远时运行速度较慢。

（3）图1-1中 OS 为地心到卫星的距离，称为轨道半径，可用地球半径 R_e 与卫星到星下点（卫星−地心连线与地面的交点）的距离 h 之和来表示。对于椭圆轨道，$h=(h_{max}+h_{min})/2$，称为平均高度。显然，轨道半径等于椭圆轨道的半长轴 $[R_e+(h_{max}+h_{min})/2]$。

（4）卫星运行周期 T 的平方与轨道半径 (R_e+h) 的立方成正比：

$$T=1.65866\times10^{-4}(R_e+h)^{3/2} \tag{1-1}$$

而卫星在圆形轨道上的运行速度 V 与轨道半径的平方根成反比：

$$V=631.348/(R_e+h)^{1/2} \tag{1-2}$$

式中，卫星运行周期为 T，单位 min；卫星在（圆形）轨运行速度为 V，单位 km/s；卫星平均高度为 h，单位 km；地球半径 $R_e=6378$ km。

在卫星通信系统中，最常用的是圆形轨道，分为低轨（LEO，Low Earth Orbit）、中轨（MEO，Medium Earth Orbit）和静止轨道（GEO，Geostationary Earth Orbit）三类。LEO 卫星的轨道高度为 500~1500 km，MEO 卫星的轨道高度为 8000~20000 km，GEO 卫星的轨道高度为35786 km（通常也被粗略地称为36000 km）。运行周期为一个恒星日（23小时56分4秒）的卫星称为同步轨道卫星，轨道高度为35786 km。轨道面与赤道平面相重合且轨道高度为35786 km 的卫星称为静止轨道卫星，它与地面观察者之间保持相对静止。在2000~8000 km 的空间有一个由范·艾伦（Van

Allen)带形成的恶劣的电辐射环境,这一高度范围的空间不宜于卫星的运行。

卫星在轨道上运行时除受地球(假定为理想球形)引力影响外,还将受到诸多非理想因素的影响而产生摄动。这些因素主要有:地球形状不规则、大气阻力、太阳和月球引力等。对于LEO 近地卫星,前两种因素的影响是主要的。地球形状不规则产生的引力的变化将使轨道面发生旋转和轨道长轴在轨道面内转动(当轨道面对赤道面倾角为 63.4°时,长轴在轨道面内不再转动);大气阻力将使轨道远地点不断降低,长轴缩短,运行周期减小,同时偏心率也不断变小,轨道高度越来越低,形状越来越圆,这一过程称为轨道衰减。对于 GEO 卫星,影响摄动的主要因素来自太阳和月球的引力,而不存在大气阻力的影响。

处于一定高度的卫星将对地面形成一定范围的覆盖区,而卫星可为覆盖区内用户之间的通信信号进行中继转发。覆盖区的范围是以某一允许的最低仰角来定义的,即覆盖区内用户对卫星的仰角都大于(或等于)某最低允许仰角。20 世纪的卫星通信系统,大多采用 GEO 卫星。一颗 GEO 卫星能以零仰角覆盖全球表面的 42%,三颗经度差约 120°的卫星,能够覆盖除南、北极地区以外的全球范围。地面用户利用地球站与卫星连接的链路进行通信,从用户到卫星的距离至少有 36000 km,微波链路设计应保证提供足够的接收信号功率,而用户间的单跳通信的信号传播时延可达 1/4 s。

由于摄动等非理想因素的影响,卫星运行的轨道是不稳定的,必须加以控制,称为轨道控制。轨道控制是对卫星的质心施加外力,以改变质心运动的轨迹。轨道控制可用于完成四种任务:变轨控制、轨道保持、返回控制和轨道交会。变轨控制是使卫星从一个自由飞行轨道转移到另一个自由飞行轨道的控制,比如,在GEO 卫星发射过程中,要经过两次变轨才能使卫星进入静止轨道。图 1-2 所示为 GEO 卫星发射过程的轨道形状转换示意图。地面发射的卫星首先在 b 点进入150~300 km 高度的圆形停泊轨道,之后末级火箭点火用于推动卫星从停泊轨道进入转移轨道 GTO(Geostationary Transfer Orbit)。GTO 为椭圆轨道,近地点为停泊轨道高度,远地点(图中的 a 点)为同步轨道高度(约 36000 km),周期约为 16 h。远地点发动机将卫星从转移轨道的远地点助推进入 GEO 的圆形轨道,使近地点也升高到 36000 km 左右。通常,这一过程除完成轨道形状的转换外,将同时实现轨道倾角的转换(将倾斜的轨道面转换为与赤道平面的倾角为零,即由同步轨道转换为静止轨道)。

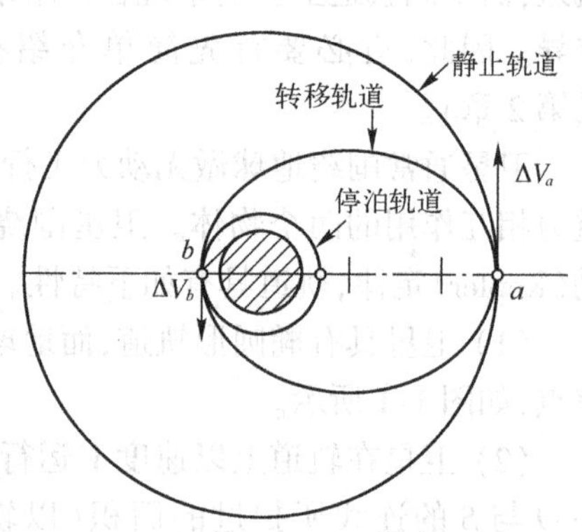

图 1-2　GEO 卫星的轨道转换

轨道保持用以克服各种摄动的影响,保持卫星轨道的某些参数不变。比如,为保持 GEO卫星定点位置的精度(对于商业应用的静止轨道卫星,其轨道倾斜不能大于 0.1°,以控制卫星在轨道法线方向上的漂移范围,因为天线指向尖锐的大中型地球站的跟踪能力是有限的),需定期进行轨道修正。又比如,太阳同步轨道为保持其倾角和周期的变化在允许的范围内所实施的控制;而低轨道卫星为克服大气阻力,延长轨道寿命所进行的控制也是一种轨道保持。

使返回式卫星脱离其原有轨道而再入大气层,需要进行轨道控制。而使一颗卫星与另一颗卫星在同一时间以相同的速度到达空间同一位置,即实现两颗卫星(航天器)的交会(对接)时,也需要进行轨道控制。

除轨道控制之外,还必须对卫星的姿态进行控制。姿态控制是对卫星绕其质心施加外力矩,以保持或按要求改变卫星在空间定向的技术。保持卫星在空间所需的定向是为了:①使卫星天线对准地面或空间的目标;②卫星进行轨道控制时,发动机应对准所要求的推力方向;③卫星再入大气层时,要求制动防热面对准迎面气流等。

姿态稳定是保持已有姿态的控制。卫星姿态稳定有自旋稳定和三轴稳定两类,前者依靠转动力矩保持自旋轴在惯性空间的指向,后者利用主动或环境力矩,保持星体三条正交轴线在某一参考空间的方向。目前,采用三轴稳定的居多。

在卫星通信系统中,也可采用低轨(LEO)或中轨(MEO)等非静止轨道(NGEO,Non-GEO)卫星。由于 NGEO 卫星与地球上的观察点有相对运动,为了保证对全球或特定地区的连续覆盖,以支持服务区内用户的实时通信,需要用较多数目的卫星组成特定的星座。比如,低轨卫星移动通信系统铱(Iridium)的星座由 66 颗高度 785 km、倾角 86.4°的卫星组成。全球星(Globalstar)的星座由 48 颗高度 1414 km、倾角 52°的卫星组成。低轨卫星的主要优点是,信号传播距离短,链路损耗和传播时延小,对用户终端的天线增益和发射功率要求不高。

1.2 系统的组成

1.2.1 空间段

卫星通信系统由空间段和地面段两部分组成。空间段以卫星为主体,并包括地面卫星控制中心(SCC,Satellite Control Center)和跟踪、遥测及指令站(TT&C,Tracking,Telemetry and Command Station)。在 TT&C 站与卫星之间,有一条控制和监视的链路,通常对卫星进行下述几方面的监控。

- 在卫星发射阶段,一旦最后一级火箭释放,TT&C 就必须对卫星进行跟踪和定位,并对天线和太阳能帆板的展开实施控制。
- 在系统运行过程中,对卫星的位置和轨道进行监测和校正,以便将轨道的漂移和卫星摄动控制在允许的范围内。在卫星寿命的最后阶段,轨道校正的星载燃料已基本耗尽,卫星应撤离服务岗位。GEO 卫星通常的退役方法是利用剩下的少量燃料(比如 2 kg),以增加速度使其轨道升高几千米,退役的卫星将永远停泊在该轨道上。当然,卫星上的转发器应予关闭,以免干扰正常工作的 GEO 卫星。对于 LEO 卫星,如果不进行轨道校正,将由于大气阻力使轨道衰减,卫星最终会再进入大气层而被烧毁。
- 星载转发器是卫星的有效载荷,也是卫星通信系统空间段的主要组成部分。SCC 可对星载转发器的输出及整个空间通信分系统进行测试、监控,并对出现的故障进行检修。
- 对由于“双重照射”形成的地区性通信干扰问题进行监测。由于地球站或卫星在某频率上错误地(可能是无意的,也可能是海盗行为,或是未经认可的卫星容量的使用)激活其发射机,对正常工作的卫星系统的覆盖区形成“双重照射”而引起严重干扰。TT&C 必须迅速进行检测,探明干扰源所在,使正常业务受到的损害降到最小。

卫星星载的通信分系统主要是转发器,现代的星载转发器不仅能提供足够的增益(并包含从上行频率到下行频率的频率变换),而且具有(再生)处理和交换功能。

1.2.2 地面段

地面段包括支持用户访问星载转发器,并实现用户间通信的所有地面设施。用户可以是电话用户、电视观众和网络信息供应商等。卫星地球站是地面段的主体,它提供与卫星的连接链路,其硬件设备与相关协议均适合卫星信道的传输。除地球站外,地面段还应包括用户终端,以及用户终端与地球站连接的“陆地链路”。当然,地球站应配备与“陆地链路”相匹配的接口(或网关)。但是,由于用户终端、“陆地链路”(通常为地面微波中继链路或光纤链路)及其接口都是地面通信网的通用设备,所以地面段常常被狭义地理解为地球站。地球站可以是设置在地面的卫星通信站,也可以是设置在飞机或海洋船舶上的卫星通信站。图 1-3 所示为地球站通过“陆地链路”与地面网节点相连接的情况。

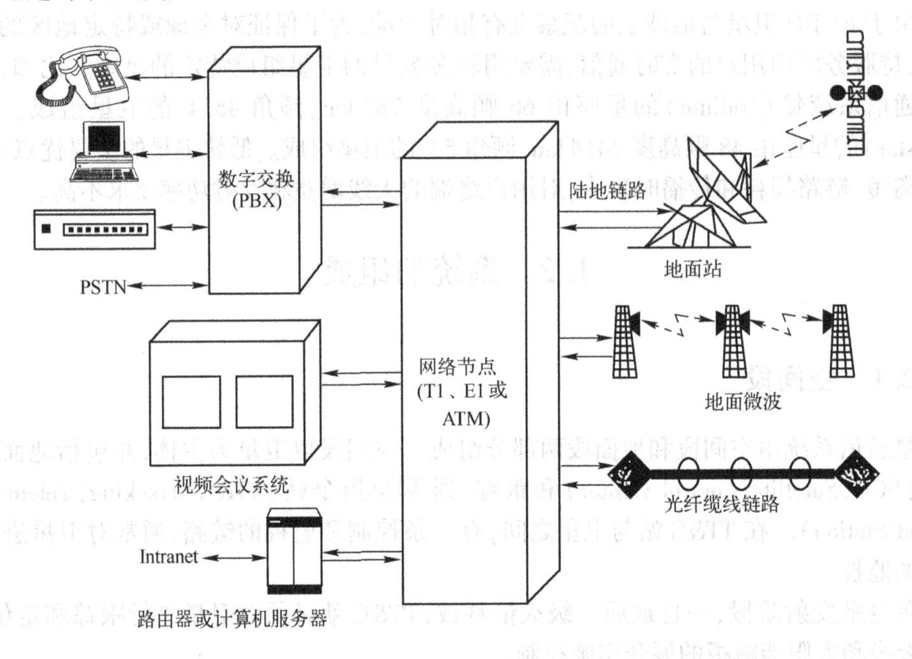

图 1-3 卫星地球站与地面网的一个节点连接的情况

1.3 频 率 分 配

在星载转发器与地面地球站之间,信息是利用电磁波来承载的。通常使用较高频率的天线才能有效地进行电磁波的辐射,同时有利于承载更高的信息速率。卫星通信系统常用的频率范围为 150 MHz~300 GHz。然而,在不同的频段,大气(在晴天或雨天)对电波传播的影响是不同的,系统设计时需要特别考虑。

3 GHz 以下的频率区域定义了甚高频 VHF(Very High Frequency)和超高频 UHF(Ultra High Frequency)两个频段。VHF 的范围为 30~300 MHz,而 100 MHz 以下的频段不能用于空间通信。UHF 的范围为 300~3000 MHz。在卫星通信领域,通常认为 UHF 的范围为 300~1000 MHz。实际上这一频率范围的大部分已经为地面无线通信所占用。对于卫星通信系统而言,由于 UHF 频段只能传输较低的数据速率,因此通常只用于低轨小卫星(Little LEO)数据通信系统和静止轨道卫星的遥测与指令系统,以及某些军用卫星通信系统。

在更高的超高频段(SHF,Super High Frequency)又进一步被划分为更常用的 L、S、C、X、Ku 和 Ka 等频段。各频段的频率大致范围如下:L,1~2 GHz;S,2~4 GHz;C,4~7 GHz;X,7~12 GHz;Ku,12~18 GHz;Ka,20~40 GHz。在卫星通信系统中,在某一频段内的上行链路频

率往往比下行频率高很多。这是因为 RF(Radio Frequency)功率放大器的效率随着频率的升高而下降,而地球站较卫星能容忍这种功放的低效率。同时,通常地球站发射功率比卫星发射功率大几十倍。几个常用的频段的上/下链路频率的习惯性表示为:L 频段 1.6/1.5 GHz,C 频段 6/4 GHz,X 频段 7/8 GHz,Ku 频段 14/12 GHz,Ka 频段 30/20 GHz。

由于卫星通信系统覆盖范围广,频率的分配和协调工作十分重要。为此,国际电信联盟(ITU,International Telecommunication Union)在有关规定中将全球划分为三个频率区域:Ⅰ区包括欧洲、非洲和俄罗斯横跨欧亚大陆、西亚地区及蒙古等,Ⅱ区包括南美洲、北美洲和格陵兰等,Ⅲ区为其他亚洲部分(包括中国)和澳洲。频率区域的划分有利于区域性业务的频率再用和全球业务频率的统一规划。

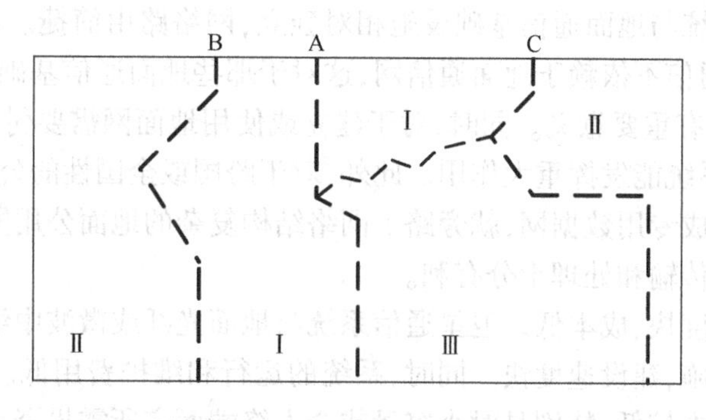

图 1-4 ITU 的频率划分区域图

按不同的业务类型对不同频段有一个大致的划分。低于 2.5 GHz 的 S 和 L 频段大部分用于移动通信业务和静止轨道卫星测控链路的指令传输,以及特殊的卫星通信业务。多数商用卫星固定业务使用 C 频段(6/4 GHz),该频段目前已十分拥挤,且存在与地面微波中继网的同频干扰问题。Ku 频段(14/12 GHz)正在被大量利用,同时 Ka 频段(30/20 GHz)的应用已逐渐增多。

由于低频段频率资源日益紧张,使用 Ku 和 Ka 频段的系统不断增加,不久 Ku 和 Ka 频段也将趋于饱和,需要开发更高的频段资源。目前开始开发 Q 频段和 V 频段,其中 Q 频段范围为 36.0~46.0 GHz,V 频段范围为 46.0~56.0 GHz。为了支持更高的传输速率,太赫兹频段也在加紧开发中。太赫兹频段频率范围为 0.1~10 THz,资源丰富,容量大,可提供 10 Gb/s 以上的高速传输速率,较光通信容易实现对接。但是太赫兹频段大气吸收损耗大,适合局域网或星间高速传输。此外,星间通信采用激光,可以进一步提高星间传输速率。

1.4 卫星通信的特点

由于卫星能提供较宽范围的覆盖,因此,卫星通信系统能为用户的无线连接提供很大的自由度,并能支持用户的移动性,使系统具有以下一些优点。

(1)卫星通信系统能以较低的成本提供较宽范围的无缝覆盖,服务范围宽且不受地理条件的限制。卫星能覆盖的范围由卫星的高度和允许的最小仰角确定,在卫星覆盖范围以内,通信成本与通信距离无关。一颗 GEO 卫星能有效地覆盖地球表面的 1/3(零仰角时能覆盖地球表面的 42%)左右,因此,三颗 GEO 卫星即可组成全球系统(南、北两极地区除外)。一颗低轨卫星的覆盖范围虽然十分有限,但是一个完整的星座可以实现全球覆盖。卫星通信是唯一能对偏远地区,海岛、大山、沙漠、丛林等地形地貌复杂区域,以及空中和海上,提供可靠移动通信的手段,从而真正实现任何时间、任何地点的信息交流。

(2) 可利用频带宽。卫星通信系统可利用的频带很宽,从 VHF 频段(30~300 MHz)到目前已实用化的 Ka 频段(20/30 GHz),并在向更高的 Q(36~46 GHz)和 V(46~56 GHz)频段拓展。对于 C 频段(4/6 GHz)和 Ku 频段(12/14 GHz),可利用的频带宽度达 1 GHz。因此,卫星通信系统的容量是较大的。如果采用多波束星载天线等频率再利用技术,可进一步扩大系统的容量。此外,空间光链路正逐步成为星间通信的主流,同时,相应技术的改进和发展,将使星-地之间的激光通信成为可能。

(3) 卫星通信系统与地面通信基础设施相对独立,网络路由简捷。由于卫星提供了空间转发器,用户之间的通信不依赖于地面通信网,这对于那些地面通信基础设施不足的地区和国家(如发展中国家)具有重要意义。同时,对于建立或使用地面网需要付出高昂代价的稀业务密度地区,卫星通信系统能发挥重大作用。此外,对于跨国或全国性的公司、行业和政府部门,利用卫星通信系统构成专用数据网,就旁路了网络结构复杂的地面公用网,路由简捷、时延小,对专用网内部数据的传输和处理十分有利。

(4) 网络建设速度快、成本低。卫星通信系统与地面光纤或微波中继系统相比,不需要大量地面工程的基础设施,建设速度快。同时,系统的运行和维护费用低。在系统容量范围内,增加一个地球站的成本较低,特别是对小容量或个人终端而言所需投资更低。

(5) 卫星通信具有灵活性和普遍性。卫星通信可以不受自然条件和自然灾害的影响,如地震、雪灾、洪水等,实现全球范围的普遍服务。在快速、灵活地响应世界重大事件的全球视频网络业务方面具有无可争辩的优势。

(6) 统一的业务提供商有助于系统的均匀服务,并有利于新业务的引入。通常,一个卫星通信系统由统一的业务提供商提供服务,有利于对系统内各地区提供一致(均匀)的服务,有助于建立跨国公司或行业的远程专用网,同时对个人用户(Direct PC)也较为有利。卫星通信系统对新业务的引入和对原有业务的拓展也较地面网有利。例如,可为 Direct PC 用户提供Internet 业务、直接到户(DTH,Direct-to-Home)业务,以及接入业务数字用户线(DSL,Digital Subscriber Line)等;同时,还可用 VSAT 小站(特别是工作于 Ku 和 Ka 频段的小站)支持多种类型的业务。

必须指出,卫星通信系统只是地面公用网的补充、扩展和备份。由国家、地区骨干网覆盖的高业务密度地区,利用卫星系统进行通信是不经济的,它只能作为因灾害等事故造成地面网故障时的备份。而对于广大低业务密度地区来说,使用卫星系统比建设地面网经济。同时,对于某些类型的业务和应用场合,卫星系统具有一定的优势,如视频广播(含直播系统和视频分配系统)、因特网接入、国际(越洋)通信等。

1.5 卫星通信系统的业务类型

卫星通信业务有固定卫星业务(FSS,Fixed Satellite Service)和移动卫星业务(MSS,Mobile Satellite Service)两类,与 FSS 有关的还有卫星广播业务(BSS,Broadcasting Satellite Service)。FSS 能在几兆赫甚至几十兆赫带宽内支持不同的应用,而利用甚小天线口径终端(VSAT,Very Small Aperture Terminal)工作于低业务密度地区的窄带业务,也属于 FSS。

卫星通信系统通常用于支持视频广播业务、电话等交互式业务、数据通信和因特网业务及移动通信业务。

从应用角度来看，卫星通信可分为4个阶段：第一阶段主要用于国际通信；第二阶段开始提供电视传送；第三阶段提供国内公众通信和各种专网通信；第四阶段提供卫星移动通信。

1.5.1 卫星视频广播业务

目前，世界上运行的GEO星载转发器中，有2/3是用于电视和视频广播的。早期的卫星电视广播是以调频方式传送模拟电视信号的，由地区电视台、有线电视网的卫星电视接收站或集体接收站进行接收，再送入家庭电视接收机。采用C频段（由于卫星与地面微波中继系统公用该频段，对卫星发射信号在地面的功率密度有严格限制）或中、小功率Ku频段卫星时，接收机天线较大。若采用大功率Ku频段直播卫星，也可由家庭卫星电视接收机直接接收。这种模拟传输方式占有的频带宽（每个转发器仅能传送1~2路电视节目），保证图像质量所需的信噪比也较高。

目前的卫星视频广播信号在演播室就已数字化了。信号数字化的最大好处是可以在几乎不损害视频信号质量的条件下有效地压缩数据传输速率，从而减小传输所需的带宽。目前，带宽压缩因子可达10~20。

利用卫星广播系统传送视频信号的方式有3种。

- 点对多点的TV节目分配：数字视频信号从演播室通过卫星系统传送到地区广播站或地区电缆TV系统接收站，从而完成节目的分配。通常所传送的信号是宽带的多路数据流。
- 点到点的传输：用于数字视频信号从实况直播现场到演播室，或从一个演播室到另一个演播室的卫星传输。
- 点对多点的直接到户（DTH）广播方式：在卫星直播系统中，家庭用户接收机利用0.5 m左右的天线，可接收5~8路视频信号。

此外，远程教育系统是交互式视频广播系统的重要分支。

1.5.2 电话等交互式业务

电话业务是卫星通信系统支持的重要业务之一，但与地面光缆支持的PSTN电话网相比较，其经济性是考虑问题的焦点。卫星信道容量小、成本高，只有在地面网无法覆盖（或建立相应的地面网投资极高而效益甚低）的乡村地区的用户才使用卫星电话。

GEO卫星离地面高，信号传输时延大（约250 ms）。如果系统用来支持电话业务，会晤双方会有脱离接触的感觉。但是，大量统计结果表明，对于经过GEO卫星通信系统的“单跳”电话会晤的语音质量，有90%的用户表示可以接受。但应避免电话信号的“双跳”传输。

通信系统的传播时延大还会带来回波干扰的问题。卫星话路由发送和接收两个通道（四线）组成，它与二线本地环路用户话机之间，必须经过二–四线的转换（也称“混合”）才能进行连接。这种“混合”需要二线端的用户侧提供良好的阻抗匹配，以保证用户所接收的信号不致漏到发送支路。但是，由于众多可能被呼叫的用户是被随机接入的，严格的匹配要求是不现实的。而且，在整个通信链路中可能存在若干次的这种“混合”。于是，收听用户侧的接收信号泄漏至发送支路在所难免，该泄漏信号又会通过系统的发送支路回传给讲话的用户，回传信号的往返传输时延可达0.5 s，因而，讲话的用户在0.5 s之后又听到自己的回声，严重影响了语音质量。为此，在卫星通信系统中通常都要采用回波抑制器，以消除回声的影响。回波抑制方法是从接收的语音数据流中提取其特征信息,并对其做出估计,用以抵消泄漏至发端的回波信号,这种方法也称为回波抵消法。目前,卫星系统的回波抵消器已是成熟的商业产品。

随着用户对多种业务需要的增长,要求卫星通信系统具有支持宽带多媒体业务的能力,包括:

- 具有支持高数据传输速率的能力(155 Mb/s,甚至更高)。
- 具有多路电话信道。
- 支持电视会议和可视电话业务。
- 能传输高分辨率彩色图像。
- 在因特网环境下,提供语音/数据/视频综合业务。

1.5.3 数据通信和因特网业务

数据通信网普遍采用分组交换的模式,其技术是基于某种数据协议概念的。20 世纪 80 年代,公用和专用数据网大多是以 X.25 为基础的。20 世纪 90 年代 TCP/IP 得到迅速的推广应用,成为分组数据网的主流技术。

在分组数据网中,传送的数据流被分成一个个分组。为了便于信息的可靠传输和处理,信息流在信源端被封装成分组时,每一分组加有报头(Header)。分组到达目的端之后,报头被去掉,并恢复为原来的信息流。同时协议还规定,目的端需要回传是否正确接收分组的确认信息给信源端。如果数据传输性能恶化而发生分组的错误和丢失,将要求信源端重传该分组。

分组交换有两种基本形式:虚电路(VC,Virtual Circuit)方式和数据报(DG,Datagram)方式。虚电路方式是一种面向连接的技术,有连接的建立和清除过程。但是,连接不是物理链路的连接,而是由虚电路号所标识的逻辑信道的连接。数据报的传输无须预先建立连接,信源端的各数据分组沿彼此独立的路由进行传输。最典型的数据报协议是 TCP/IP(Transmission Control Protocol/Internet Protocol)的网络层协议 IP。TCP 利用 IP 数据报业务实现信息的传输功能。

国外早期兴起的 VSAT 系统,主要用于在主站与各远端小站之间的数据通信。具体应用有两个方面:①跨国公司或行业的专用数据网,用于总部与各连锁店(分支机构)之间的数据通信;②分级管理的计算机网,用于主机与各分机(或个人计算机)之间的数据通信。

与地面网链路相比较,卫星链路的比特错误率高且传输时延大,需要采用相应的措施。为改善卫星链路的比特错误性能,应采用前向纠错(FEC,Forward Error Correction),以减小重传概率。在接收电平出现衰落时,传输信号会产生成串的突发错误,还需要数据的交织。

为减少卫星链路长时延对数据传输效率带来的不利影响,应避免往返传输的握手信号通过卫星链路,以消除因终端长时间等待应答而不能正常发送数据的影响,同时也减轻了卫星链路传送握手信号的负担。

长时延的卫星链路用于 TCP(Transmission Control Protocol)传输数据流时,其传输速率受到严格的限制,这是因为 TCP 协议要求链路往返时延与传输带宽的乘积(称为连接容量)小于“最大接收窗口”。若 GEO 卫星链路的往返时延为 600 ms,而经典的 TCP 最大接收窗口为 64(65.535)KB,于是允许的最大数据传输速率(带宽)应小于 0.85 Mb/s。这种时延与带宽乘积超过 64 KB 的数据连接,也称为“长粗管道”。为了适应长时延链路上的高速率 TCP 数据传输,互联网工程工作组 IETF 对窗口尺寸进行了修改,从 65.535 KB 扩展到 1073.7 MB(窗口为 30 位的域段)。对往返时延为 600 ms 的 GEO 卫星链路,连接的最大数据传输速率可达 14.3 Gb/s。

路由简捷的卫星通信网用于支持交互式业务时,交互性好的优点是突出的。如果这种交互式业务要通过地面网,由用户 PC 终端接到服务器的交互性将受到复杂网络结构的制约,交互式质量将急剧下降。图 1-5 所示为用户与 PC、服务器的交互性示意图。用户与 PC 之间有很好的交互性(假定 PC 的速度足够快,功能足够强),但当信息传送经过复杂的网络云(网络结构复杂、节点多,并可能存在若干阻塞节点)时,交互性将恶化。若交互式业务通过网络结构简捷的卫星链路,可大大改善其交互性。

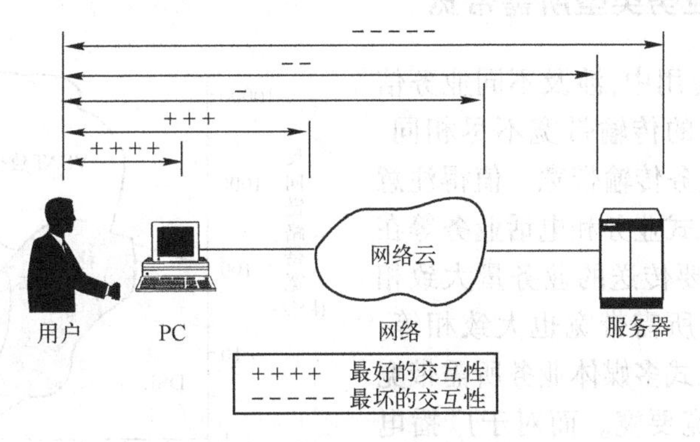

图 1-5 用户与 PC、服务器的交互性

同时,卫星网对于没有高速数据用户线的用户接入,也具有重要意义。国外开发的直接个人系统(Direct PC)能通过卫星链路提供 400 kb/s 的下载速率。

卫星系统还非常适合为不同地域的大计算机系统或计算机局域网(LAN,Local Area Networks)之间提供互连链路,其数据传输速率一般为 $N\times64$ kb/s(N 为整数)。卫星系统也可用于连接多个 LAN 而构成广域网(WAN,Wide Area Network),由路由器将数据分组从一个 LAN 传送到另一个 LAN 的用户。

1.5.4 移动通信业务

就提供移动通信业务而言,卫星系统无论在服务质量或用户付费方面都无法与地面蜂窝网相竞争。然而,卫星具有大范围的无缝覆盖能力,使基于卫星的移动通信系统可为地面蜂窝网覆盖范围外的用户提供移动通信业务。对于这些用户,由于不在地面蜂窝网覆盖范围内,其移动通信业务只能由卫星系统来提供,称为“唯星用户”。它们是卫星移动通信系统的一类重要用户群。然而,卫星移动通信系统除了为“唯星用户”提供移动业务,它在解决发展中国家的基本通信方面也可发挥重要作用。不少发展中国家幅员辽阔而经济发展又很不平衡,在一些边远地区和农村(包括一些矿山、海岛)还没有基本的通信手段。对于其中的某些地区来说,利用地面通信网的延伸和扩展来覆盖或者技术上是不可能的,或者经济上是不可行的。尽管利用 VSAT 固定业务卫星链路可以解决一些边远地区重要城镇的通信问题,但无法从根本上解决国家通信网的全国覆盖问题。建立卫星移动通信系统可以使覆盖区内的小型、低成本终端(可以是固定的公用电话亭,它比 VSAT 小站更经济、更方便)能通过卫星链路接入地面公用电话网。

用于移动通信系统的卫星,可以是静止轨道卫星,也可以是非静止轨道卫星。静止轨道卫星由于轨道高,信号传播损耗大,需要大的星载天线(比如,12~13 m 的 L 频段天线)。非静止轨道卫星常见的有低轨(LEO)和中轨(MEO)两种卫星,这是因为 LEO、MEO 卫星高度低,传播损耗小,有利于支持手持机进行通信。但是,为保持通信的连续性,应采用由若干颗卫星组成的星座。

在LEO星座的卫星之间若有星间链路，则每颗卫星将成为空间网的一个节点，信号能按照所需的最佳路径进行传输，对于组织全球通信网将是十分方便和灵活的。在LEO星座的卫星之间也可以不用星间链路，当不同卫星覆盖范围内的用户之间需要进行通信时，必须通过各卫星覆盖区内相应的信关站，以及连接它们的地面公用网（PSTN和地面专用线路）才能实现通信。

1.5.5 不同业务类型所需带宽

在上述的各种应用中，涉及不同业务信号的传输，它们所需的传输带宽不尽相同。图1-6所示为各类业务传输带宽。值得注意的是，文件传输、交互式业务和电话业务等在收、发两个方向上需要传送的业务量大致相当，因此两个方向上所需带宽也大致相等。但是，文件传输、交互式多媒体业务所需带宽比电话业务所需带宽要宽。而对于广播电视，正向链路（即由广播中心至用户接收站）方向所需带宽较宽，而反向链路带宽很窄（用于视频点播等）。同样，对于VSAT数据网来说，从小站至主站的反向链路所需的带宽通常大于正向链路所需带宽。数字用户链路（DSL）通常用于因特网用户浏览网页和下载文件，正向链路带宽（从服务器到用户）比反向链路（从用户到服务器）带宽要宽。

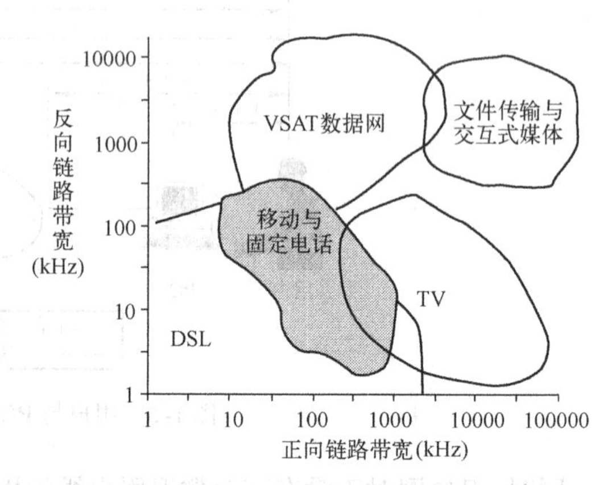

图1-6 各类业务传输带宽

1.6 卫星通信的发展

1.6.1 卫星通信的发展历程

1. 国外卫星通信的发展

1945年10月英国雷达专家阿瑟·克拉克（Arthur C. Clarke）提出静止轨道卫星通信的设想，利用三颗地球同步轨道卫星覆盖全球。1957年苏联发射世界上第一颗人造地球卫星sputnik。1958年12月，美国发射了低轨道卫星“斯柯尔”，利用磁带录音，将甲站发送的信息时延转发到乙站。1961年，J. F. Kennedy提出了利用卫星开展商用通信业务的概念。1962年在最初的通信卫星条例基础上，建立了美国通信卫星公司（COMSAT，Communications Satellite Corporation）。1963年美国开始进行同步卫星通信试验，1963年7月和1964年8月，美国航空宇航局先后发射了三颗SYNCOM卫星，最后一颗进入了近似圆形的地球静止同步轨道，成为世界上第一颗试验性静止轨道通信卫星，成功地进行了电话、电视和传真的传输试验，并于1964年秋用它向美国转播了在日本东京举行的奥林匹克运动会实况。1964年8月成立国际通信卫星组织（INTERSAT，International Telecommunications Satellite Consortium），它是政府间全球性商业通信卫星机构，总部设在美国华盛顿，为目前世界上最大的卫星组织，其宗旨是建立和发展全球商业卫星通信系统。1965年春，第一颗商用卫星“晨鸟”进入静止轨道，成为第一代“国际通信卫星”,标志着商用通信卫星进入实用阶段。1975年第一次通过卫星成功实现直接广播试验,1979年国际海事卫星组织(INMARSAT, International Maritime Satellite Organization)成立,为一个国际合营股份公司,总部设在伦敦,在全球范围内特别是海洋、高山等常规公用通信网络难以覆盖的地方提供通信和定位服务。20世纪70年代到80年代中期,是卫星通信发展的成熟时期,其应用仍然以面向干线通信为主,随着卫星功率的提高,集成电路、射频器件以及编码和调制等数字信号处理技术日趋成熟,VSAT应运而生,其应用开始面向小型用户。

1984年第一个直接到户系统(DTH, Direct-to-Home)在日本开始运行。1987年INMARSAT成功进行地面移动卫星通信试验,1989—1990年INMARSAT将全球移动卫星通信业务扩展到地面和空间移动通信领域。

1995年世界无线电委员会(WRC,World Radio Committee)对非静止轨道卫星系统分配新频谱,商用低地球轨道(LEO,Low Earth Orbit)卫星系统ORBCOM第一次传送低速数据试验成功,1998年通过低轨星座引入手机通信业务,以“铱”系统为代表的低轨星座移动卫星通信系统,代表了当时民用卫星通信技术的最高水平。但由于受到光纤通信和地面蜂窝移动通信发展的影响和冲击,整个卫星通信市场进入了低速增长期。1999—2000年引入卫星直接广播语音业务。

除了卫星固定通信和卫星移动通信,卫星宽带通信也是卫星通信业务发展的热点和主要发展方向之一。随着宽带卫星通信技术的快速发展,传统的C和Ku频段已不能满足日益增长的业务需求。Ka频段频率高、可用带宽大,是宽带卫星通信的可选频段之一。

以美国太空探索技术公司(SpaceX)和英国OneWeb公司为代表的低轨卫星互联网发展迅速。SpaceX由埃隆·马斯克(Elon Musk)于2002年6月建立。它开发了可部分重复使用的猎鹰1号和猎鹰9号运载火箭,同时开发Dragon系列的航天器并通过猎鹰9号发射到轨道。“星链”(Starlink)是美国太空探索技术公司的一个项目,计划在2019年至2024年间在太空搭建由约1.2万颗卫星组成的“星链”网络提供互联网服务。该公司还准备再增加3万颗卫星,使卫星总量达到约4.2万颗。“星链”通过低轨道通信卫星提供高速互联网服务,可以在全球范围内提供低成本的互联网连接服务。星链的卫星互联网服务业务发展迅速,覆盖了包括南极洲在内的所有七大洲。尽管星链计划被定义为商业卫星网络,但其军事用途也不可忽视。星链卫星的应用范围包括通信、成像、遥感探测等,可进一步增强美军作战能力,包括通信能力、全地域全天时侦察能力、空间态势感知能力和天基防御打击能力等。另外,星链计划的卫星网络还可以解决美国本土与海外军事基地的无缝连接问题,以及困扰美国国防部许久的5G网络建设中的既有频谱占用和腾退问题等。目前,美国陆军、空军已分别与太空探索技术公司展开合作,探索利用星链卫星开展军事服务的方式。在俄乌冲突中,“星链”终端得到大量的应用。OneWeb公司成立于2012年,其创始人是格里格·维勒(Greg Wyler),总部在英国伦敦。OneWeb公司计划构建低轨巨型星座,用卫星互联网连接地球上的任何地方。OneWeb的优势是拥有多个特定无线电频谱的使用权利。美国联邦通信委员会(FCC)已授权OneWeb,批准其在美国使用卫星提供互联网服务。英国OneWeb公司与法国卫星公司Eutelsat于2022年7月26日宣布达成协议,通过一次全股票交易合并成为欧洲最大的卫星公司,以挑战马斯克的SpaceX。虽然OneWeb定位为商业应用,但不排除军事用途。2022年7月20日韩华系统公司(HSC)和韩华国防澳大利亚子公司(HDA)与OneWeb在范堡罗国际航展现场签署了一份谅解备忘录,准备大举涉入澳大利亚军用卫星互联网业务市场。

近年来,美国宇航局推出了一项“手机卫星(Phone Sat)”计划,智能手机微卫星。智能手机微卫星是航天技术和互联网技术的结合，以智能手机为主要组件，从而制造出一种廉价和易于建造的微卫星。将其发射进入太空，可以使用手机相机拍摄地球表面图像。2013 年 4 月，美国轨道科学公司发射了三颗被称为“手机卫星”的低成本手机卫星。2022 年 9 月初，Starlink 和 T-Mobile 宣布开展智能手机直连低轨卫星的合作，推出使用中频段的低速率数据服务，在基站信号盲区为存量用户免费提供应急通信服务，业务由短消息到语音。Apple 的 iPhone 14 已经完成了卫星通信的硬件测试，从 2022 年 11 月开始，iPhone 14 通过 Clobalstar 的低轨通信卫星提供紧急短信服务。2022 年 9 月 20 日，卫星电信服务提供商 Lynk 宣布，美国联邦通信委员会（FCC）已授予该公司商业许可，以运营其“普通手机直连卫星”服务。Lynk 已经发射了 6 颗卫星，并于 2022 年 4 月部署了其第一颗商业卫星“Lynk Tower 1”。该公司已与 15 家移动网络运营商签订了商业合同，服务范围覆盖 36 个国家/地区。2022 年 9 月华为 Mate 50 抢先苹果一步，成为全球首款支持北斗卫星消息的大众智能手机，在无地面网络信号覆盖环境下，通过 App 发送消息，支持一键生成轨迹地图。

2. 国内卫星通信的发展

近几年我国在移动卫星通信、宽带卫星通信、数据中继卫星通信等领域发展迅速。

（1）移动卫星通信

移动卫星通信是指利用通信卫星支持移动业务，提供全天候、全天时、稳定可靠的移动通信服务，支持语音、短消息和数据业务。天通一号系统是中国自主研制建设的卫星移动通信系统，称为“中国版海事卫星通信系统”，覆盖区域包括中国及周边、中东、非洲等相关地区，以及太平洋、印度洋大部分海域，覆盖海洋、山区、草原、森林、戈壁、沙漠等，以及车辆、飞机、船舶和个人等。

2016 年以来，中国在西昌卫星发射中心分别成功发射天通一号 01 星、02 星、03 星。我国还将发射多颗天通一号卫星，进一步提升卫星移动通信服务容量和覆盖区域，从我国周边地区进行拓展，形成星地融合的区域移动通信体系，实现卫星移动通信的规模化应用和运营，为“一带一路”倡议搭建重要的支撑平台。

据估计，2025 年前，我国移动卫星通信系统的终端用户将超过 300 万，服务范围涵盖个人通信、海洋运输、远洋渔业、航空客运、两极科考、灾难救援、国际维和等方方面面。

（2）宽带卫星通信

宽带卫星通信支持多媒体、高速率传输业务，我国第一颗宽带通信卫星是中星 16 号卫星，又名实践十三号卫星，是中国首颗高轨道高通量通信卫星，首次应用 Ka 频段多波束宽带通信系统，信息传送能力大大增强，其通信总容量达 20 Gb/s 以上。2017 年 4 月，中国实践十三号卫星成功发射。亚太 6D 通信卫星也是高通量宽带通信卫星，采用 Ku/Ka 频段进行传输，通信总容量达到 50 Gb/s，单波束容量达 1 Gb/s 以上，可以为用户提供高质量的语音、数据通信服务；配置 90 个用户波束，实现可视范围下的全域覆盖。亚太 6D 通信卫星是我国第 11 颗整星出口的商业通信卫星和我国首个 Ku 频段全球高通量宽带卫星通信系统的首发星，该卫星采用中国自主研发的新一代东方红四号增强型卫星公用平台建造，发射质量约 5550 千克，在轨服务寿命 15 年。2020 年 7 月，中国成功将亚太 6D 卫星送入预定轨道。2023 年 2 月成功发射中星 26 号，容量达到 100 Gb/s，它配置 94 个用户波束和 11 个信关站波束，覆盖我国国土及周边地区，为固定终端、车载终端、船载终端、机载终端等提供高速宽带接入服务。

（3）数据中继卫星通信

中继卫星又称为“卫星的卫星”，是我国空间信息传输的重要枢纽，为我国载人航天、空间站、中低轨航天器、运载火箭等提供天基测控和数据中继服务，保证资源卫星、环境卫星等数据实时下传，极大地提高了各类卫星的使用效益和应急能力。我国的数据中继卫星是“天链”系列卫星，包括“天链一号”和“天链二号”卫星，其中“天链一号”卫星于2003年开始研制。

2008年4月，我国首颗数据中继卫星天链一号01星成功发射升空，填补了我国数据中继和天基测控领域的空白。2011年7月和2012年7月，我国成功发射天链一号02星和天链一号03星，实现了“天链一号”三星全球组网，标志着我国第一代数据中继卫星系统正式建成，开创了我国天基测控和数据传输的新纪元。我国载人航天测控通信覆盖率从不足20%，提高至98%以上。2016年11月，天链一号04星发射升空，进一步提高了我国中继卫星系统的稳健性，持续维持我国第一代中继卫星系统的完整性。2021年7月，我国成功将天链一号05星发射升空，卫星顺利进入预定轨道，发射任务获得圆满成功。2019年3月，“天链二号01星”成功进入地球同步轨道，它是中国第二代数据中继卫星系统的第一颗卫星，将为载人航天器、卫星、运载火箭以及非航天器用户提供数据中继、测控和传输等服务。2021年12月，中国成功将天链二号02星发射升空。2022年7月天链二号03星成功发射，它与之前发射的天链二号01、02星三星组网，组成我国第二代数据中继卫星系统，大大提升了我国天基测控与数据中继的能力。

1.6.2 卫星通信的发展趋势

除国际通信卫星组织(INTELSAT)和国际海事卫星通信组织(1994年12月更名为国际移动卫星组织)(INMARSAT)，以及美国的PanAmSat等全球通信系统外，还有许多地区性或国家拥有的区域性卫星通信系统。

从卫星通信的发展过程来看，一些新的应用领域和系统已先后形成。

① 卫星移动通信系统：除较早期的Inmarsat外，支持手持机的低轨卫星系统铱(66颗卫星)和全球星(48颗卫星)最具代表性。

② 新的卫星广播系统：包括电视节目分配系统、电视直接到户(DTH)系统；数字电视广播(DVB)系统、数字音频广播(DAB)系统和数据广播系统等。

③ VSAT系统：该系统终端成本低，天线小(1 m左右)，安装方便，可支持语音、数据和传真等业务，适合于构成行业或跨国公司的专用网。同时，系统对解决边远山区、农村等稀路由地区的通信也十分有效，对促进发展中国家通信事业的进步具有重要意义。

卫星通信有以下发展趋势：

① 传统的C、Ku、Ka频段静止轨道卫星将保持稳定发展，并将以大容量、高功率和长寿命的新系统逐步更换现有系统。同步轨道卫星向大容量、多波束、智能化方向发展。

② 微小卫星、纳卫星和皮卫星的快速发展，小卫星通信地面站广泛应用。小型低轨卫星系统陆续投入运行，用于低速数据传输，如E-Sat、GE American和GEMnet等系统。

③ 对地静止轨道资源非常有限，因此国际电信联盟(ITU)鼓励采用中低轨道、高倾斜椭圆轨道以及IGSO轨道。

④ 由于频率资源日益紧张，L、S、C和Ku频段已逐渐趋于饱和，因此要采用更高的频段，如Ka、Q、V、W等频段。

⑤ 不断发展新业务，如无线Internet、组播和交互式TV、移动语音、数据通信、数字视频广播、数字音频广播、多媒体通信和Internet接入等。

⑥ 地面终端的发展呈现小型化、综合化及智能化。终端可工作在多个频段，支持综合业务，适应多种多址接入方式、调制方式、编码方式，传输速率可改变。

⑦ 现有卫星通信系统为适应新技术发展和系统对容量的更大要求形成了新的演进方案,如新一代 Iridium 系统除目前的语音和数据服务外,还提供宽带互联网接入服务、专用网关以及广域广播服务等。Iridium 系统将升级卫星软件,提高 GPS 捕获速度及定位精度,此外还增加了遥感功能。Inmarsat 推出宽带化服务,单个终端同时提供语音和宽带数据,速率达 492 Kb/s,支持最新的 IP 业务及传统的电路交换语音和数据。提供移动和固定网络覆盖以外的语音、文本和电子邮件收发服务。此外,Inmarsat 可对用户位置进行跟踪,提供免费的全球航班追踪服务,并提供增强的位置报告设备。

⑧ 高通量和甚高通量卫星大力发展。其显著特点是:10 Gb/s~1 Tb/s 的容量,成为全球通信卫星业务新的增长点;载荷灵活,在轨任务动态可调;超高速激光技术,成为宽带卫星多星组网的必备技术;采用 Q/V 频段微波光子技术。

⑨ 天地网络不断融合。卫星通信与有线电视、宽带互联网、移动互联网等融合。有线电视、宽带互联网、移动互联网具有互动性和社交功能,而卫星通信更适合广域覆盖,它们之间具有明显的互补性,为其相互融合提供了基础。卫星通信、有线电视、宽带互联网、移动互联网都属于信息服务领域,相互融合是共同的发展趋势。

⑩ 新技术广泛运用。技术进步是卫星通信行业发展的主要推动力量,如星上交换与处理、相控阵多波束天线、跳波束等技术。地面通信的成果不断被卫星通信所应用,如 SkyTerra 系统通过结合卫星和地面技术,采用辅助地面组件技术(ATC 技术),实现卫星网络与地面网络的无缝集成,用户在卫星网络与地面网络之间可以实现转换。卫星与地面 5G/6G 的融合,可共享许多技术,如空中接口、多址接入等。卫星移动通信与地面移动通信相互补充,实现无缝覆盖。

习题

1.1 简要叙述卫星通信的主要优缺点。与光纤通信相比,你认为卫星通信系统适合什么样的应用领域?

1.2 试计算下列圆形轨道卫星系统的卫星运行周期 T 和速度 V。

(1) 铱系统(Iridium):卫星轨道高度为 780 km。

(2) 全球星系统(Globalstar):卫星轨道高度为 1414 km。

(3) 中轨系统(MEO):卫星轨道高度为 10354 km。

(4) 全球定位系统(GPS):卫星轨道高度为 20200 km。

(5) 地球同步轨道:卫星轨道高度为 35786 km。

1.3 试解释静止轨道卫星轨道应满足的条件。在上海的正上方可以配置一颗静止轨道卫星吗?同步卫星轨道与静止轨道卫星轨道有何差别?你认为人类可以发射任意多的静止轨道卫星吗?这会受到什么样的制约?

1.4 某全球静止轨道卫星通信系统是建立在星间链路基础上的,并用以建立不能同时看到同一卫星的两地球站之间的通信链路。不考虑大气对电波的折射,并假定地球为理想圆球,试计算:

(1) 两卫星之间不被地表阻挡的最大通信距离是多少?星间链路传输时延是多少?

(2) ITU 允许的最大(单向)传输时延为 400 ms。若两地球站到各自卫星的距离都是 36000 km,为满足 ITU 对时延的限制,此时两卫星之间的最大时延是多少?

(3) 若卫星采用星上处理,两卫星处理时延合计为 35 ms,此时两卫星的最大距离是多少?

1.5 卫星通信系统由哪几部分组成?它们各自的作用如何?

1.6 你认为 ITU 将全球划分为 3 个频率区域有何意义?

1.7 卫星广播系统与地面广播系统(含光缆 TV 系统)相比有何特点?你认为它在普及我国电视广播中能发挥哪些作用?

1.8 通信网址 http://www.intelsat.com 可以获得 INTELSAT 从 20 世纪 60 年代至今的发展过程的信息。请找出 INTELSAT 8 系列卫星的轨道位置和每颗卫星上转发器(含 C、Ku 频段转发器)的数目。

第 2 章　卫星轨道和星座设计

2.1　卫星轨道特性

2.1.1　开普勒定律

卫星围绕地球飞行的轨道与行星围绕太阳飞行的轨道满足相同的规律。人类早期对行星运动规律的认知是通过大量的观察得到的。约翰尼斯·开普勒(1571—1630)通过观测数据推导了行星运动的三大定律,艾萨克·牛顿爵士(1643—1727)从力学原理出发证明了开普勒定律,并创立了万有引力理论。

假设地球是质量均匀分布的理想球体,同时忽略太阳、月球及其他行星对卫星的引力作用,则卫星仅在地球引力作用下绕地球的运动是一个力学中的“二体问题”,符合开普勒三定律。

1. 开普勒第一定律

第一定律(1602 年):小物体(卫星)在围绕大物体(地球)运动时的轨道是一个椭圆,并以大物体的质心作为一个焦点。

图 2-1 所示为卫星轨道的几何特性。图中,O 为地心,位于椭圆轨道的两个焦点之一;C 为椭圆轨道中心;a 为轨道半长轴,b 为轨道半短轴;R_e 为地球平均半径,常用取值 6378.137 km;r 为卫星到地心的瞬时距离;θ 是瞬时卫星-地心连线与地心-近地点连线的夹角,是卫星在轨道面内相对于近地点的相位偏移量。

通常,会使用如下参量来描述轨道的特性。

- 偏心率 e:这是一个非常重要的轨道参数,决定了椭圆轨道的扁平程度。当$e=0$时,椭圆轨道退化为圆轨道。偏心率与轨道半长轴和半短轴之间满足关系:

$$e=\sqrt{1-(b/a)^2} \tag{2-1}$$

- 半焦距:O 和 C 间的距离称为半焦距,半焦距长度由半长轴和偏心率确定:

$$R_h=ae \tag{2-2}$$

- 远地点:r 取值最大的点称为远地点(Apogee),远地点长度为:

$$R_a=a(1+e) \tag{2-3}$$

- 近地点:r 取值最小的点称为近地点(Perigee),近地点长度为:

$$R_p=a(1-e) \tag{2-4}$$

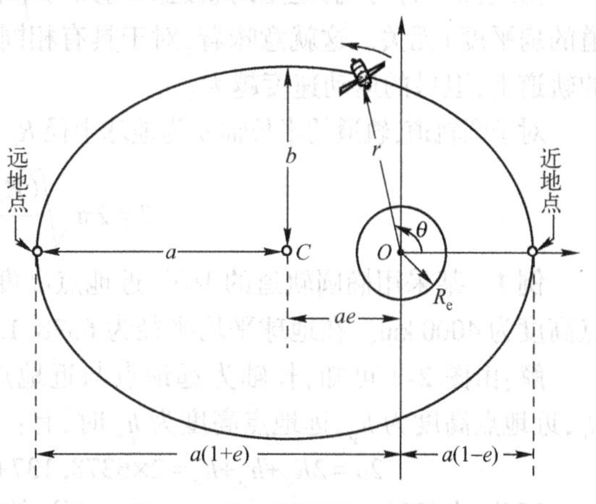

图 2-1　卫星轨道的几何特性

根据图 2-1 所示的几何关系,可以推导卫星轨道面的极坐标表达式如下:

$$r=\frac{a(1-e^2)}{1+e\cos\theta} \tag{2-5}$$

定义椭圆半焦弦 $p=a(1-e^2)$，则式(2-5)又可写为：

$$r=\frac{P}{1+e\cos\theta} \tag{2-6}$$

2. 开普勒第二定律

第二定律(1605 年)：小物体(卫星)在轨道上运动时，在相同的时间内扫过的面积相同。图 2-2 为开普勒第二定律示意图。

根据第二定律可知，在椭圆轨道上的卫星做非匀速运动，在近地点速度最快，在远地点速度最慢。根据机械能守恒原理，可推导椭圆轨道上卫星的瞬时速度为：

$$V=\sqrt{\mu\left(\frac{2}{r}-\frac{1}{a}\right)}\quad(\text{km/s}) \tag{2-7}$$

卫星的远地点速度 V_a 和近地点速度 V_p 分别为：

$$V_a=\sqrt{\frac{\mu}{a}\cdot\frac{1-e}{1+e}}\quad(\text{km/s}),\quad V_p=\sqrt{\frac{\mu}{a}\cdot\frac{1+e}{1-e}}\quad(\text{km/s}) \tag{2-8}$$

对于圆轨道，理论上卫星将具有恒定的瞬时速度：

$$V=\sqrt{\frac{\mu}{r}}\quad(\text{km/s}) \tag{2-9}$$

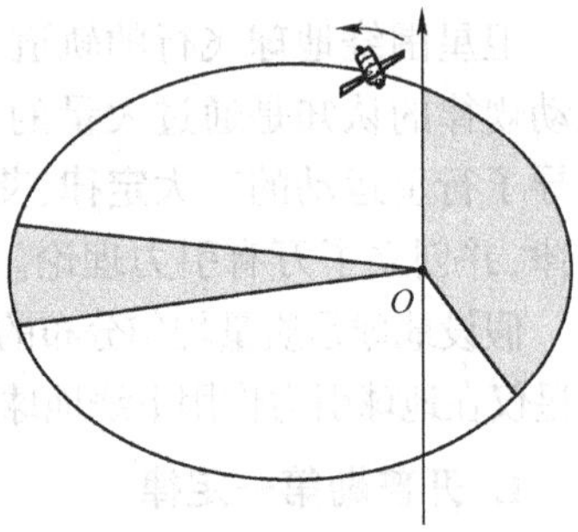

图 2-2　开普勒第二定律示意图

式中，μ 为开普勒常数，取值为 398601.58 km^3/s^2。

3. 开普勒第三定律

第三定律(1618 年)：小物体(卫星)的运动周期的平方与椭圆轨道半长轴的立方成正比关系。

根据第三定律，卫星围绕地球飞行的周期为：

$$T=2\pi\sqrt{\frac{a^3}{\mu}}\quad(\text{s}) \tag{2-10}$$

由式(2-10)可见，卫星的轨道周期只与半长轴有关，而与椭圆轨道的偏心率 e(即椭圆轨道的扁平度)无关。这就意味着，对于具有相同半长轴的椭圆轨道，半短轴越小(偏心率越大)的轨道上，卫星的运动速度越大。

对于圆轨道，轨道的半长轴 a 为地球半径 R_e 与卫星轨道高度 h 之和，此时卫星的运行周期为：

$$T=2\pi\sqrt{\frac{(R_e+h)^3}{\mu}}\quad(\text{s}) \tag{2-11}$$

例 1　某采用椭圆轨道的卫星，近地点高度(近地点到地球表面的距离)为 1000 km，远地点高度为 4000 km。在地球平均半径为 6378.137 km 的情况下，求该卫星的轨道周期 T。

解：由图 2-1 可知，长轴为远地点与近地点之间的直线距离，在半长轴为 a，地球半径为 R_e，近地点高度为 h_p，远地点高度为 h_a 时，有：

$$2a=2R_e+h_p+h_a=2\times6378.137+1000+4000=17756.274(\text{km})$$

因此，半长轴 $a=8878.137$ km，由此可计算轨道周期如下：

$$T=2\pi\sqrt{\frac{a^3}{\mu}}=8325.1703\quad(\text{s})$$

卫星在远地点和近地点的速度分别为：

$$V_a=\sqrt{\mu\left(\frac{2}{R_e+h_a}-\frac{1}{a}\right)}=5.6494\quad(\text{km/s}),\quad V_p=\sqrt{\mu\left(\frac{2}{R_e+h_p}-\frac{1}{a}\right)}=7.5948\quad(\text{km/s})$$

2.1.2 地心坐标系与卫星轨道参数

有多种天体坐标系可以用于描述卫星的运动轨道，如日心坐标系、地心坐标系和近焦点坐标系等，但最常用也最方便使用的是以地心为坐标原点的地心坐标系。

地心坐标系如图 2-3 所示。坐标系以地心 O 为原点，X 轴和 Y 轴确定的平面与赤道平面重合，X 轴指向春分点方向，Z 轴与地球的自转轴重合，指向北极点。地心坐标系中的 X、Y、Z 轴构成一个右手坐标系。

与坐标系相关的一些天文概念如下。

- 黄道面：地球围绕太阳的公转轨道所在的平面。由于其他行星等天体的引力对地球的影响，黄道面的空间位置有持续的不规则变化，但其总是通过太阳中心。
- 黄道：黄道面和天球相交的大圆。
- 春分点：赤道平面和黄道的两个相交点之一。太阳相对地球从南向北移动，在春分那一天穿越这一交点。

图 2-3 中各参量的定义如下。包括右旋升交点赤经、轨道倾角、近地点幅角、轨道偏心率、轨道半长轴、平均近点角在内的卫星轨道参数都是以地心坐标系为空间基准而定义的。

- 升交点：卫星由南向北穿越参考平面（赤道）的点。
- 降交点：卫星由北向南穿越参考平面的点。
- 交点线：升交点和降交点之间穿越地心的连线。

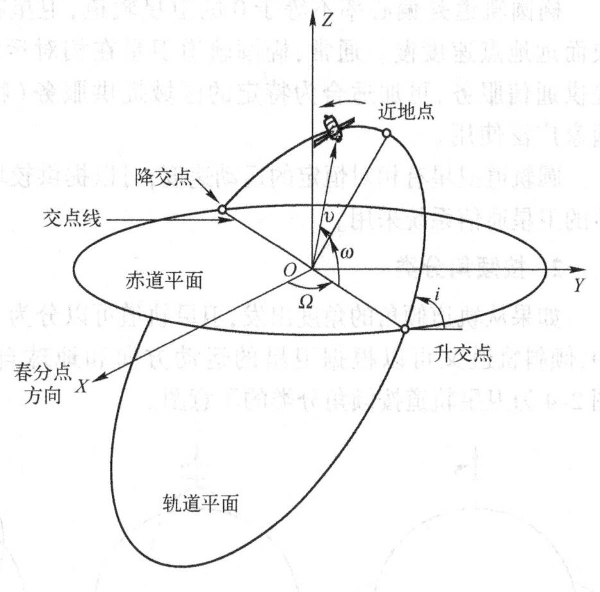

图 2-3 地心坐标系

在地心坐标系中，为完整地描述任意时刻卫星在空间中的位置，通常使用以下 6 个轨道参数。

- 右旋升交点赤经 Ω：赤道平面内从春分点方向到轨道面升交点线间的角度，按地球自转方向度量。
- 轨道倾角 i：轨道面与赤道平面间的夹角。
- 近地点幅角 ω：轨道面内，升交点与近地点间的夹角，从升交点按卫星运行方向度量。
- 轨道偏心率 e：反映了轨道面的扁平程度，取值在[0,1)范围内。
- 轨道半长轴 a：椭圆轨道中心到远地点的距离。
- 平均近点角 M：假设卫星经过近地点的时间为 t_p，则在时间 $(t-t_p)$ 内卫星以平均角速度离开近地点的角度。通过平均近点角可以计算卫星的真近点角 ν。有时会用卫星过近地点的时间 t_p 代替平均近点角作为轨道参数，则等价的平均近点角 M 为：

$$M=\frac{2\pi}{T_s}(t-t_p) \tag{2-12}$$

式中，T_s 为卫星的轨道周期。

上述参数中，前 3 个参数 Ω、i 和 ω 定义了轨道的方位，用于确定卫星相对于地球的位置；后 3 个参数 e、a 和 M（或 t_p）定义了轨道的几何形状和卫星的运动特性，用于确定卫星在轨道面内的位置。

对于圆轨道，通常认为轨道偏心率恒为 0，近地点和升交点重合，因此只需要 4 个参数就可以完整地描述卫星在空间的位置，分别为右旋升交点赤经 Ω、轨道倾角 i、轨道高度 h 和初始时刻的真近点角 ν（也称为初始幅角）。

2.1.3 卫星轨道分类

卫星轨道的形状和高度对卫星的覆盖性能和能够提供的服务性能有非常大的影响，是确定完成对指定区域覆盖所需的卫星数量和系统特性的一个非常重要的因素。

1. 按形状分类

目前，卫星系统所采用的轨道从空间形状上看有两种：椭圆轨道和圆轨道。

椭圆轨道是偏心率不等于 0 的卫星轨道，卫星在轨道上做非匀速运动，在近地点速度快而远地点速度慢。通常，椭圆轨道卫星在相对运动速度较慢（即位于远地点附近）时才提供通信服务，更加适合为特定的区域提供服务（特别是高纬度区域），因此被俄罗斯等国家广泛使用。

圆轨道卫星有相对恒定的运动速度，可以提供较均匀的覆盖特性，通常被提供全球均匀覆盖的卫星通信系统采用。

2. 按倾角分类

如果从轨道倾角的角度出发，卫星轨道可以分为 3 类：赤道轨道、极轨道和倾斜轨道。其中，倾斜轨道又可以根据卫星的运动方向和地球自转方向的差别分为顺行和逆行轨道。图 2-4 为卫星轨道按倾角分类的示意图。

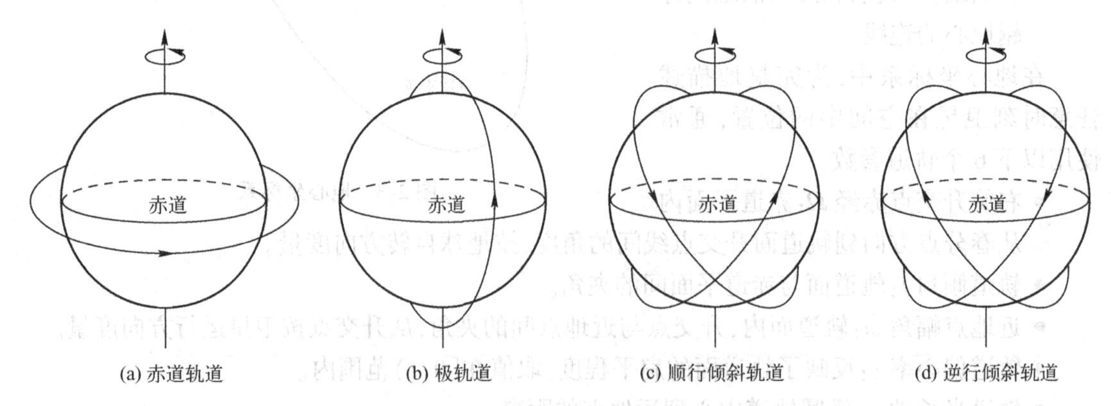

图 2-4 卫星轨道按倾角分类的示意图

赤道轨道的倾角为 0°，轨道上卫星的运行方向与地球自转方向相同，且卫星相对于地面的运动速度随着卫星高度的增加而降低，当轨道高度为 35786 km 时，卫星运动的速度与地球自转的速度相同。如果此时轨道倾角为0°,则卫星对地的运动速度几乎为零,这种轨道就是静止(Geostationary)轨道;如果卫星的倾角不为0°,则卫星仍然存在对地的相对运动,这样的轨道称为地球同步(Geosynchronous)轨道,其星下点轨迹呈现出“8”字形。

极轨道的轨道面垂直于赤道平面,轨道倾角为90°,卫星穿越地球的南北极。

顺行倾斜轨道的倾角为0°~90°,轨道上卫星在赤道面上投影的运行方向与地球自转方向相同,因而称为顺行轨道。

逆行倾斜轨道的倾角为90°~180°,轨道上卫星在赤道面上投影的运行方向与地球自转方向相反,因而称为逆行轨道。

3. 按高度分类

如果从轨道高度的角度出发,可以将卫星轨道分为低地球轨道(LEO,Low Earth Orbit)、中地球轨道(MEO,Medium Earth Orbit)、静止/同步轨道(GEO/GSO,Geostationary/Geosynchronous Orbit)和高椭圆轨道(HEO,Highly Elliptical Orbit)。图2-5所示为卫星轨道高度的比较示意图。为便于进行高度的比较,图中并没有反映出各种轨道的实际倾角,均以0°倾角给出。

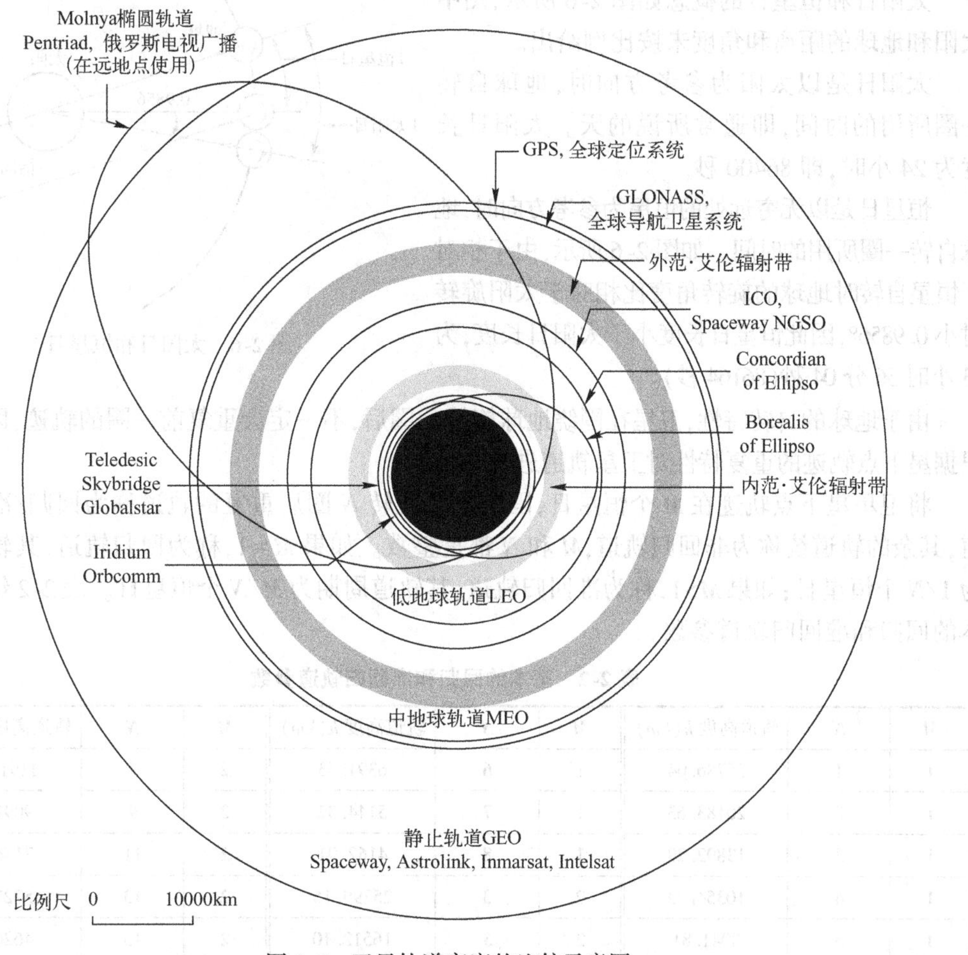

图2-5 卫星轨道高度的比较示意图

图2-5中,两个灰色的圆环分别表示了内、外范·艾伦辐射带(Van Allen Radiation Belt)。范·艾伦辐射带是美国的詹姆斯·范·艾伦博士于1959年发现的围绕地球的高能粒子辐射

带，共内外两层。其中，高度较低的称为内范·艾伦带，主要包含质子和电子混合物；高度较高的称为外范·艾伦带，主要包含电子。范·艾伦带的辐射强度与时间、地理位置、地磁和太阳的活动有关。通常认为，内、外范·艾伦带中带电粒子的浓度分别在距地面 3700 km 和 18500 km 附近达到最大值。实际上，高能粒子的辐射在任何高度均存在，只是强度不同，范·艾伦带是粒子浓度较高、较集中的区域。由于范·艾伦带对电子电路具有很强的破坏性，因此选择卫星轨道时应避开这两个高度区域，这就限制了可用的轨道高度。另外，在轨道高度较低时，大气阻力对卫星的影响不能忽略。通常认为，在轨道高度低于 700 km 时，大气阻力会严重影响卫星的飞行，缩短卫星寿命；在轨道高度高于 1000 km 时，大气阻力的影响可以忽略。

表 2-1　各种轨道的可用高度范围

轨道类型	可用高度（km）
LEO	300~1500
MEO	8000~20000
GEO/GSO	35786
HEO	远地点可达 40000

在以上因素的制约下，各种轨道的可用高度范围如表 2-1 所示。

4. 按轨道周期分类

太阳日和恒星日的概念如图 2-6 所示，图中太阳和地球的距离和角度未按比例给出。

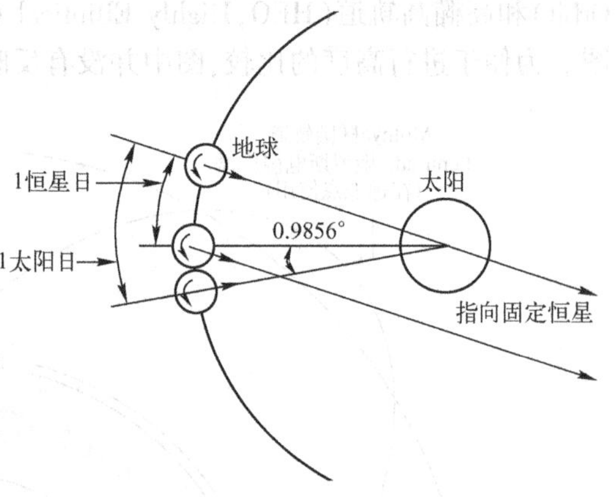

图 2-6　太阳日和恒星日

太阳日是以太阳为参考方向时，地球自转一圈所用的时间，即通常所说的天。太阳日长度为 24 小时，即 86400 秒。

恒星日是以无穷远处的恒星为参考方向时，地球自转一圈所用的时间。如图 2-6 所示，由于相对于恒星自转时地球的旋转角度比相对于太阳旋转时小 0.9856°，因此恒星日长度小于太阳日长度，为 23 小时 56 分 04 秒（86164 秒）。

由于地球的自转特性，卫星在围绕地球旋转一圈后，不一定会重复前一圈的轨迹，因此可以根据星下点轨迹的重复特性对卫星轨道进行分类。

将卫星星下点轨迹在 M 个恒星日，围绕地球旋转 N 圈后重复的轨道称为回归/准回归轨道，其余的轨道统称为非回归轨道，M 和 N 都是整数。如果 $M=1$，称为回归轨道，其轨道周期为 $1/N$ 个恒星日；如果 $M>1$，称为准回归轨道，其轨道周期为 M/N 个恒星日。表 2-2 给出了基本的回归和准回归轨道参数。

表 2-2　基本的回归和准回归轨道参数

M	N	轨道高度 h（km）	M	N	轨道高度 h（km）	M	N	轨道高度 h（km）
1	1	35786.04	1	6	6391.43	2	7	11912.62
1	2	20183.63	1	7	5144.32	2	9	9091.09
1	3	13892.29	1	8	4162.91	2	11	7154.07
1	4	10354.73	2	3	25799.15	2	13	5727.88
1	5	8041.81	2	5	16512.10	2	15	4626.34
2	17	3745.37	3	7	17589.53	3	11	11354.07
3	4	28427.63	3	8	15548.12	3	13	9485.24
3	5	23616.56	3	10	12517.34	3	14	8720.55

图 2-7 所示为回归/准回归轨道的星下点轨迹,图中给出了 $N=5$,M 分别为 1、2、3 和 4 时,倾角为 40°,起始位置在(0°E,0°N)的单颗卫星在 4 个恒星日内的星下点轨迹。

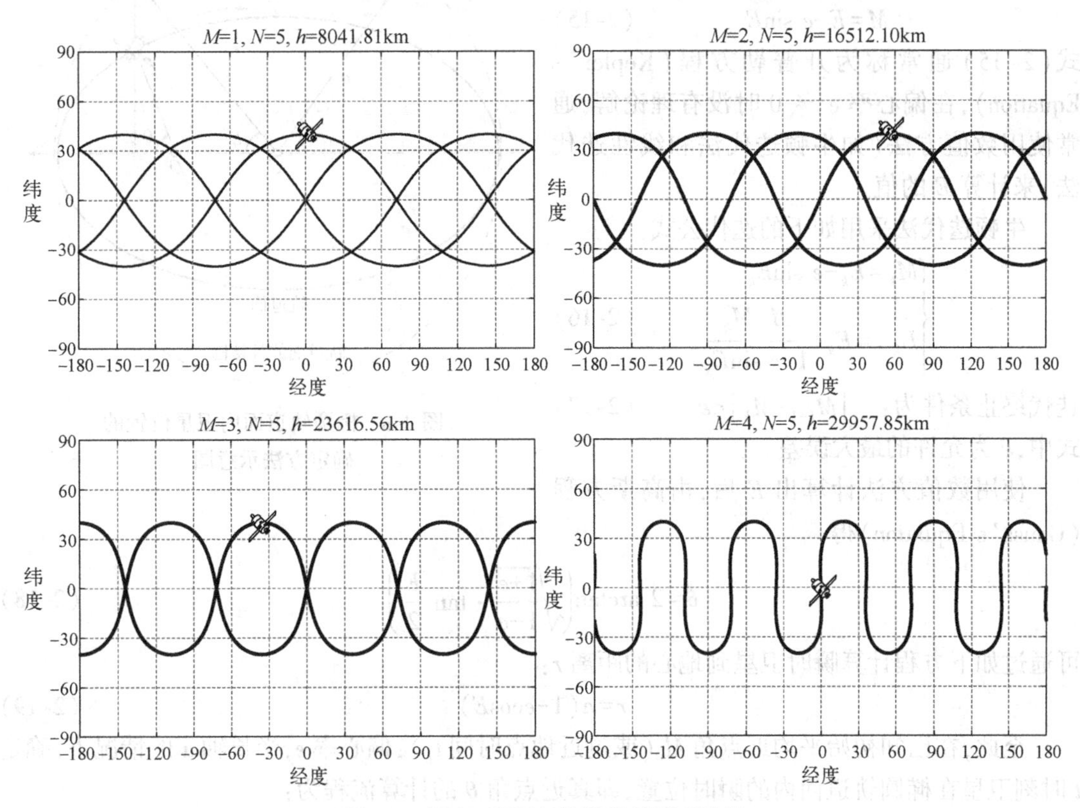

图 2-7　回归/准回归轨道的星下点轨迹

回归/准回归轨道的周期 T_s 可通过式(2-13)确定:

$$T_s = T_e \cdot \frac{M}{N} \tag{2-13}$$

式中,T_e 为 1 个恒星日。

2.2　卫星的定位

2.2.1　卫星在轨道面内的定位

对于圆轨道,通常以升交点代替近地点作为面内相位参考点。由于卫星以近似恒定的速度 V_s 飞行,因此瞬时卫星与升交点间的夹角为:

$$\theta = v + V_s t \tag{2-14}$$

对于椭圆轨道,由于卫星的在轨飞行速度是时变的,因此确定卫星在轨道内的位置的方法相对复杂。

图 2-8 所示为椭圆轨道面内卫星位置的确定方法示意图。图中,E 为偏心近点角(Eccentric Anomaly),θ 是真近点角(True Anomaly),r 是卫星到地心的距离。

根据开普勒第二定律,可以推导偏心近点角 E 与平均近点角 M 之间满足如下关系:

$$M=E-e\sin E \tag{2-15}$$

式(2-15)通常称为开普勒方程(Kepler's Equation),在偏心率 $e\neq 0$ 时没有理论解,通常使用数值方法(如牛顿迭代法和线性迭代法)来计算 E 的值。

牛顿迭代法采用如下的迭代公式:

$$\begin{cases}M_k=E_k-e\sin E_k\\ E_{k+1}=E_k+\dfrac{M-M_k}{1-e\sin E_k}\end{cases} \tag{2-16}$$

迭代终止条件为: $|M_{k+1}-M_k|<\varepsilon$ (2-17)

式中,ε 为允许的最大误差。

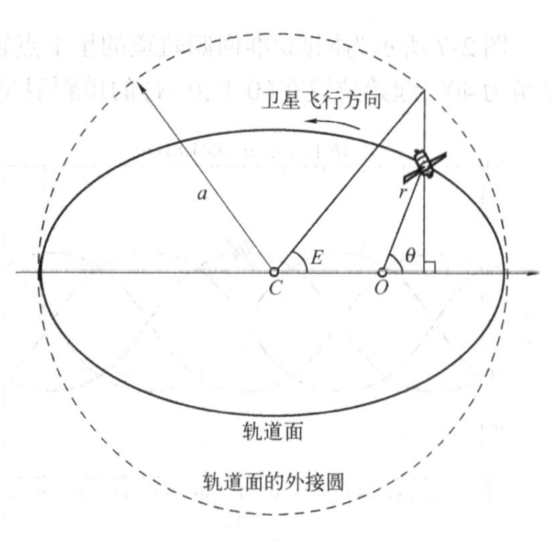

图 2-8 椭圆轨道面内卫星位置的确定方法示意图

使用数值方法计算出 E 后,由高斯方程(Gauss's Equation)得

$$\theta=2\arctan\left(\sqrt{\frac{1+e}{1-e}}\cdot\tan\frac{E}{2}\right) \tag{2-18}$$

可通过如下方程计算瞬时卫星到地心的距离 r:

$$r=a(1-e\cos E) \tag{2-19}$$

至此,在已知初始平均近点角 M_0(或过近地点时间 t_p),偏心率 e,半长轴 a 的情况下,确定 t 时刻卫星在椭圆轨道面内的瞬时位置,即真近点角 θ 的计算流程为:

① 根据式(2-10)计算轨道周期 T,进而计算平均轨道速率 $\eta=2\pi/T$;

② 计算平均近点角 $M=M_0+\eta t$;

③ 通过开普勒方程式(2-15)计算偏心近点角 E;

④ 通过高斯方程式(2-18)计算卫星的真近点角 θ。

2.2.2 卫星对地球的定位——星下点轨迹

卫星的星下点指卫星-地心连线与地球表面的交点。星下点随时间在地球表面上的变化路径称为星下点轨迹。

星下点轨迹是最直接地描述卫星运动规律的方法。由于卫星在空间沿轨道绕地球运行,而地球又在自转,因此卫星运行一圈后,其星下点一般不会再重复前一圈的运行轨迹。假定0时刻,卫星经过其右升交点,则卫星在任意时刻 $t(>0)$ 的星下点经度(用 λ_s 表示)和纬度(用 φ_s 表示)由以下方程确定:

$$\lambda_s(t)=\lambda_0+\arctan(\cos i\cdot\tan\theta)-\omega_e t\pm\begin{cases}-180^\circ & (-180^\circ\leqslant\theta<-90^\circ)\\ 0^\circ & (-90^\circ\leqslant\theta\leqslant 90^\circ)\\ 180^\circ & (90^\circ<\theta\leqslant 180^\circ)\end{cases} \tag{2-20}$$

$$\varphi_s(t)=\arcsin(\sin i\cdot\sin\theta) \tag{2-21}$$

式中,λ_s、φ_s 是卫星星下点的地理经、纬度,λ_0 是升交点经度,i 是轨道倾角,θ 是 t 时刻卫星在轨道面内相对于右升交点的角距,ω_e 是地球自转角速度,±分别用于顺行和逆行轨道。

由方程可知:地球自转仅对卫星星下点的经度产生影响(式中的 $\omega_e t$ 项);卫星的倾角决定了星下点的纬度变化范围,星下点的最高纬度值为 i(当 $i\leqslant 90°$)或 $180°-i$(当 $i>90°$)。一颗轨道高度为 13892 km,轨道倾角为 60°,初始位置为(0°E,0°N)的卫星 24 小时的星下点轨迹如图 2-9 所示。

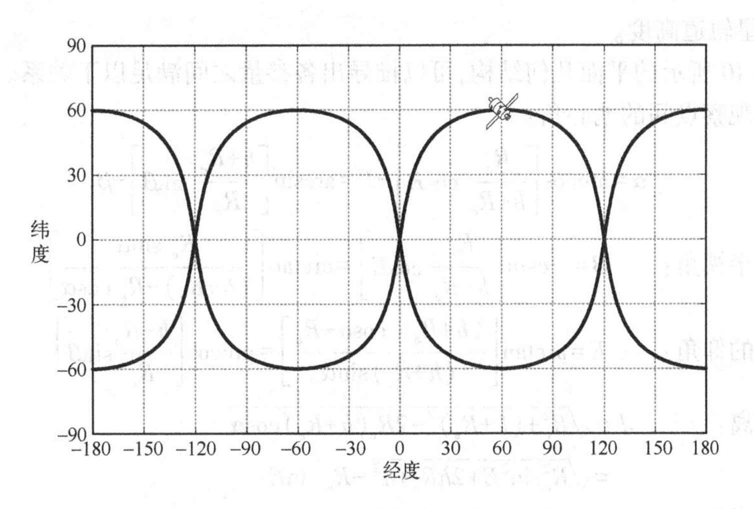

图 2-9　卫星 24 小时的星下点轨迹示例图

2.3　卫星覆盖特性计算

单颗卫星对地覆盖的几何关系如图 2-10 所示。图中:

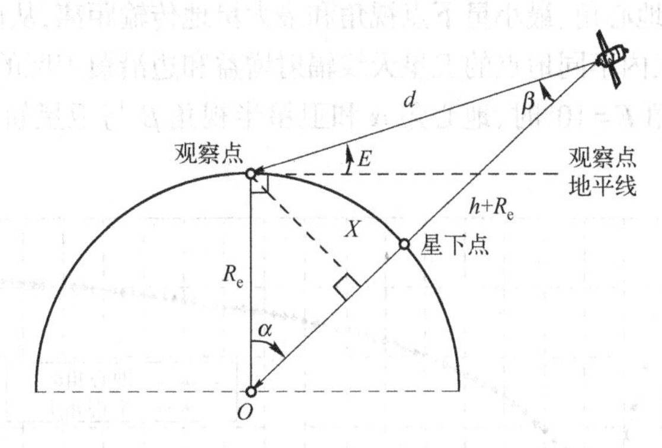

图 2-10　单颗卫星对地覆盖的几何关系

- E 是观察点对卫星的仰角,以观察点的地平线为参考,取值范围为[−90°,90°]。仰角为 90°意味着卫星位于观察点的正上方;仰角为−90°意味着卫星位于观察点对应的地球表面异侧点的正上方,实际上此时卫星与观察点间不可见。
- α 是卫星和观察点间的地心角,取值范围为[0°,180°]。地心角为 0°意味着卫星位于观察点的正上方,地心角为 180°意味着卫星位于观察点对应的地球表面异侧点的正上方。
- β 是卫星的半视角(或半俯角),取值范围为[0°,90°],与仰角 E 和地心角 α 之间有特定的对应关系。

- d 是卫星到观察点的距离。在卫星高度一定时，其大小随仰角的增大而减小，随着地心角的增大而增大。
- X 是卫星覆盖区的半径。
- R_e 是地球平均半径。
- h 是卫星轨道高度。

根据图 2-10 所示的平面几何结构，可以推导出各参量之间满足以下关系。

- 卫星和观察点间的地心角：

$$\alpha=\arccos\left[\frac{R_e}{h+R_e}\cos E\right]-E=\arcsin\left[\frac{h+R_e}{R_e}\sin\beta\right]-\beta \tag{2-22}$$

- 卫星的半视角：

$$\beta=\arcsin\left[\frac{R_e}{h+R_e}\cos E\right]=\arctan\left[\frac{R_e\sin\alpha}{(h+R_e)-R_e\cos\alpha}\right] \tag{2-23}$$

- 观察点的仰角：

$$E=\arctan\left[\frac{(h+R_e)\cos\alpha-R_e}{(h+R_e)\sin\alpha}\right]=\arccos\left[\frac{h+R_e}{R_e}\sin\beta\right] \tag{2-24}$$

- 星地距离：

$$d=\sqrt{R_e^2+(h+R_e)^2-2R_e(h+R_e)\cos\alpha}=\sqrt{R_e^2\sin^2E+2hR_e+h^2}-R_e\sin E \tag{2-25}$$

- 覆盖区半径：

$$X=R_e\sin\alpha \tag{2-26}$$

- 覆盖区面积：

$$A=2\pi R_e^2(1-\cos\alpha) \tag{2-27}$$

更多时候，观察点和卫星的地理位置使用经纬度坐标的形式给出。以(λ_u,φ_u)表示观察点的瞬时经纬度，(λ_s,φ_s)表示卫星的瞬时经纬度，则两者所夹的地心角可由式(2-28)确定：

$$\alpha=\arccos[\sin\varphi_u\sin\varphi_s+\cos\varphi_u\cos\varphi_s\cos(\lambda_u-\lambda_s)] \tag{2-28}$$

一般情况下，观察点的最小仰角 E_{min} 是系统的一个给定指标。根据 E_{min} 和卫星轨道高度 h 即可计算卫星的最大覆盖地心角、最小星下点视角和最大星地传输距离，从而确定卫星的瞬时覆盖区的直径和面积、覆盖区内不同地点的卫星天线辐射增益和边沿覆盖区的最大传输损耗等。

图 2-11 所示为仰角 $E=10°$ 时，地心角 α 和卫星半视角 β 与卫星轨道高度 h 的关系（h 为 500~36000 km）。

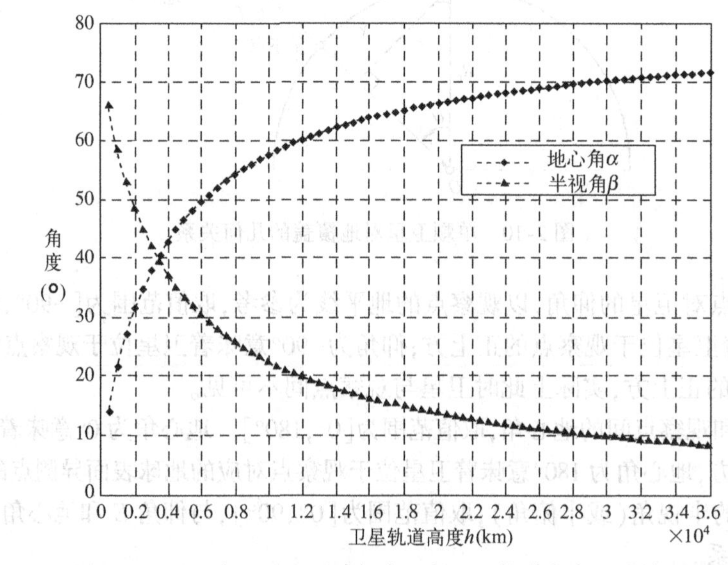

图 2-11 地心角 α 和卫星半视角 β 与卫星轨道高度 h 的关系

由图可见，地心角随轨道高度的增加而增大，卫星半视角随轨道高度的增加而减小，单颗静止轨道卫星的覆盖地心角约 72°，星下半视角约 8.5°。

图 2-12 所示为仰角 $E=10°$ 时，星地距离 d 与卫星轨道高度 h 的关系（h 为 500～36000 km）。

可见，星地距离随轨道高度的增加而增大，静止轨道卫星的最大星地距离约 41000 km（10°仰角时）。

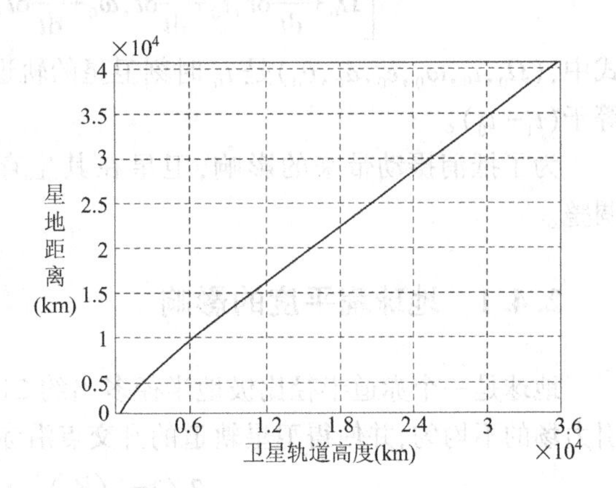

图 2-12　星地距离 d 与卫星轨道高度 h 的关系

例 2　已知某卫星的轨道高度为 1450 km，系统允许的最小接入仰角为 10°，试计算该卫星能够提供的最长连续服务时间。

解：参见图 2-10。假设卫星逆时针运动，则随着卫星运动，观察点的仰角经历了从最小接入值增大到最大值 90°（卫星恰好通过用户上空），再减小到最小接入值的过程。该过程中卫星能够提供连续的服务。此期间卫星运动扫过的地心角为 $2\alpha_{max}$。

最大地心角为：

$$\alpha_{max}=90°-\arccos\left[\frac{6378.137}{1450+6378.137}\cdot\cos 10°\right]+10°=26.64°$$

卫星的在轨运动角速度为：

$$\omega_s=2\pi/T_s=\sqrt{\frac{\mu}{(h+R_e)^3}}=\sqrt{\frac{398601.58}{(1450+6378.137)^3}}=9.12\times10^{-4}(\text{rad/s})=0.0522°/\text{s}$$

所以，最长连续服务时间为：

$$t_{max}=2\alpha_{max}/\omega_s=1020.69(\text{s})\approx17(\text{min})$$

2.4　卫星轨道摄动

前面关于卫星轨道的分析和推导都基于以下的基本假设：

① 卫星仅仅受到地球引力场的作用；

② 卫星和地球都被视为点质量物体；

③ 地球是一个理想的球体。

但以上的假设在实际中都是得不到满足的：卫星在空间飞行的时候，会受到其他星体，特别是太阳和月球引力场的作用；地球是一个质量分布不均匀的椭球体，赤道的平均半径比极地的平均半径略大；太阳光压和大气阻力也会对卫星轨道带来不同程度的影响。通常将这些对卫星轨道的影响统称为卫星轨道的摄动。

太阳和月球引力场将会导致静止轨道卫星倾角的变化。地球的椭球体本质会带来轨道升交点的漂移和近地点的旋转。大气阻力也将影响卫星（尤其是低轨卫星）的运动，大气阻力将使低轨卫星运动速度逐步变慢，轨道高度逐步降低，最终在大气层中烧毁，并使得椭圆轨道的形状更趋向于圆形。

通常，摄动将会导致卫星位置从理想轨道产生持续而恒定的漂移，且漂移量与时间呈线性关系。这样，摄动的影响可以反映在卫星轨道要素的变化上。

任意时刻 t_1 卫星的位置可以用式(2-29)所表述的轨道要素来确定：

$$\left[\Omega_0+\frac{\mathrm{d}\Omega}{\mathrm{d}t}\delta t, i_0+\frac{\mathrm{d}i}{\mathrm{d}t}\delta t, \omega_0+\frac{\mathrm{d}\omega}{\mathrm{d}t}\delta t, e_0+\frac{\mathrm{d}e}{\mathrm{d}t}\delta t, a_0+\frac{\mathrm{d}a}{\mathrm{d}t}\delta t, \theta_0+\frac{\mathrm{d}\theta}{\mathrm{d}t}\delta t\right] \tag{2-29}$$

式中，$(\Omega_0, i_0, \omega_0, e_0, a_0, \theta_0)$ 是 t_0 时刻卫星的轨道要素，$\mathrm{d}(\ )/\mathrm{d}t$ 是各轨道要素的线性漂移量，δt 等于 $(t_1 - t_0)$。

为了抵消摄动带来的影响，卫星在其生存周期内需要进行周期性的轨道保持和姿态调整。

2.4.1 地球扁平度的影响

地球是一个赤道半径比极地半径多出约 21 km 的椭球体，地球的非球体本质导致了地球引力场的不均匀，并使得卫星轨道的升交点沿赤道漂移，漂移量为：

$$\dot{\Omega}=-\frac{3}{2}\left(\frac{2\pi}{T}\right)\left(\frac{R_e}{a}\right)^2\frac{J_2}{(1-e^2)^2}\cos i \quad (°/天) \tag{2-30}$$

或者：

$$\dot{\Omega}=-\frac{9.964}{(1-e^2)^2}\left(\frac{R_e}{a}\right)^{3.5}\cos i \quad (°/天) \tag{2-31}$$

漂移方向以地球自转方向为参考。式中的负号意味着：对顺行轨道（倾角小于 90°）升交点向西漂移，对逆行轨道（倾角大于 90°）升交点向东漂移，对极轨道（倾角等于 90°）升交点保持不变。

地球的扁平特性也会导致椭圆轨道的近地点幅角在轨道面内向前或向后旋转，旋转速度为：

$$\dot{\omega}=-\frac{3}{4}\left(\frac{2\pi}{T}\right)\left(\frac{R_e}{a}\right)^2\frac{J_2}{(1-e^2)^2}(5\cos^2 i-1) \quad (°/天) \tag{2-32}$$

或者：

$$\dot{\omega}=-\frac{4.982}{(1-e^2)^2}\left(\frac{R_e}{a}\right)^{3.5}(5\cos^2 i-1) \quad (°/天) \tag{2-33}$$

由式(2-32)和式(2-33)可知，当轨道倾角为 63.4°或 116.6°时，近地点保持不变。

2.4.2 太阳和月球的影响

引力场的干扰与物体间距离的三次方成反比，因此，地球以外的其他星体引力场对静止轨道卫星的影响远大于对低轨卫星的影响。在其他所有的星体中，太阳和月球的引力场的作用是最明显的。虽然太阳的质量大约是月球的 30 倍，但由于距离太远，其引力场对静止轨道卫星的影响强度大约只是月球的一半。

太阳、地球和月球之间的空间关系如图 2-13 所示。

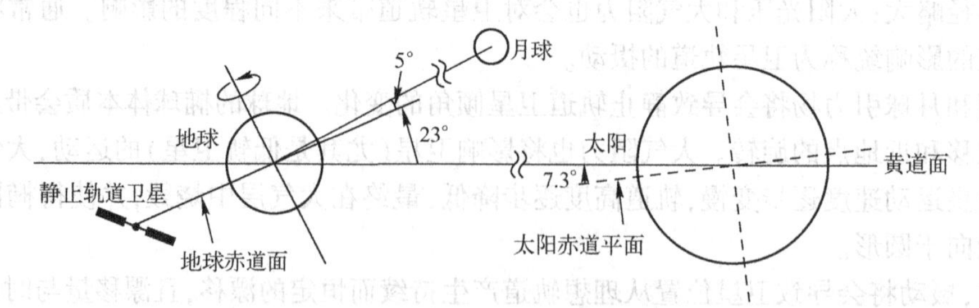

图 2-13 太阳、地球和月球的空间关系示意图

黄道面与太阳赤道平面间有约 7. 3°的倾角,与地球赤道平面间有约 23°的倾角。月球围绕地球旋转的平面与地球赤道平面间有约 5°的倾角。

由于黄道面、太阳赤道平面、地球赤道平面、月球绕地球旋转平面都是不同的,因此围绕地球飞行的卫星受到不同引力场施加的不同方向的外力,使得卫星轨道的倾角发生改变。

太阳和月球对轨道倾角的影响可表示如下:

$$\left(\frac{\mathrm{d}i}{\mathrm{d}t}\right)_{\text{total}}=\sqrt{(A+B\cos\Omega)^2+(C\sin\Omega)^2}\quad (°/年) \tag{2-34}$$

式中,$A=0.8457$,$B=0.0981$,$C=-0.090$,Ω 是月球轨道在黄道面内的右旋升交点赤经,通过下式确定:

$$\Omega=-\frac{2\pi}{18.613}(T-1969.244)\ (弧度/年) \tag{2-35}$$

式中,T 是以年为单位表示的时期。

月球和太阳引力场的联合作用最终会带来静止轨道卫星倾角每年有 0. 85°的平均变化速率。当太阳和月球在卫星轨道的同侧时,静止轨道面的倾角变化速率会比平均值高一些,而在异侧时倾角变化速率会比平均值低一些。例如,在 1998 年和 2006 年出现了每年 0. 94°的最大变化速率,而在 1997 年出现了每年 0. 75°的最小变化速率。实际上,从时间和倾角的角度看,轨道倾角的变化速率都不是恒定的。轨道倾角为 0°时有最大的变化速率,而轨道倾角变为 14. 67°时变化速率则为 0。从最初的 0°倾角开始,静止轨道倾斜到最大值 14. 67°需要 26. 6 年的时间。然后,太阳和月球引力场的作用会改变方向,经过 26. 6 年静止轨道的倾角会回到 0°,再经过 26. 6 年,轨道的倾角将变为-14. 67°。

为了消除静止轨道卫星倾角的变化,需要进行周期性的倾角校正。

2. 5 轨道特性对通信系统性能的影响

2. 5. 1 多普勒频移

当无线通信收发设备间存在相对运动时,接收端接收信号的频率与发射端发射信号的频率间会存在差异,这就是多普勒频移现象。

多普勒频移是无线通信领域的普遍问题,并不仅限于卫星通信。但是,在卫星通信系统中,特别是低轨卫星通信系统中,卫星的飞行速度很快,将会导致比地面移动通信系统更大的多普勒频移,这是移动卫星通信领域的一个重要问题。

当收发设备之间相互靠近时,接收信号的频率将高于发送频率;反之,接收信号的频率将低于发送频率。

当发送设备和接收设备间的径向速度为 V_{T}、发射信号频率为 f_{T}、波长为 λ 时,产生的多普勒频移为:

$$\frac{\Delta f}{f_{\mathrm{T}}}=\frac{V_{\mathrm{T}}}{c}\quad 或\quad \Delta f=V_{\mathrm{T}}\cdot f_{\mathrm{T}}/c=V_{\mathrm{T}}/\lambda \tag{2-36}$$

可见,多普勒频移随着径向速度和信号频率的增加而增加。对于采用高频率(高带宽)的低轨移动卫星通信系统而言,采用快速频率跟踪环路就显得尤为重要了。

例 3 已知某卫星的轨道高度为 1450 km。假设接收机位于轨道面内，系统标称工作频率为 2.5 GHz，试求卫星位于接收机所在水平面时，接收端的多普勒频移。如果系统工作频率为 20 GHz，同样条件下的多普勒频移有多大？

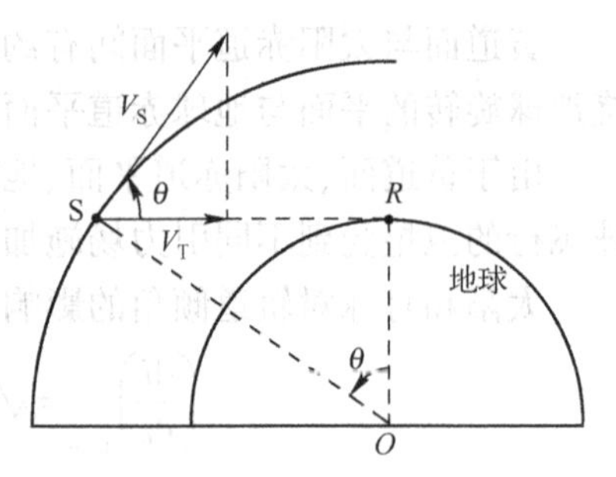

图 2-14 例 3 的图

解：空间几何关系见图 2-14。

卫星 S 的瞬时速度 V_S 为：

$$V_S = 2\pi a/T = \frac{2\pi a}{2\pi\sqrt{\frac{a^3}{\mu}}} = \sqrt{\frac{\mu}{a}} = \sqrt{\frac{398601.58}{6378.137+1450}} = 7.1358(\text{km/s})$$

卫星与接收机间的径向速度 V_T 为：

$$V_T = V_S\cos\theta = 7.1358 \times \frac{6378.137}{6378.137+1450} = 5.8140(\text{km/s})$$

因此，工作频率为 2.5 GHz 时的多普勒频移为：

$$\Delta f = V_T \cdot f_T / c = 5.814 \times 2.5 \times 10^9 / (3 \times 10^5) = 48450(\text{Hz}) = 48.45(\text{kHz})$$

工作频率为 20 GHz 时的多普勒频移为：

$$\Delta f' = V_T \cdot f_T' / c = 5.814 \times 20 \times 10^9 / (3 \times 10^5) = 387600(\text{Hz}) = 387.6(\text{kHz})$$

2.5.2 日食

卫星与太阳之间的直视路径被地球遮挡的现象称为卫星的日食。

对静止轨道卫星而言，日食发生在春分和秋分的前后各 23 天，因为这段时间太阳、地球和卫星几乎处于同一平面内。日食发生时，卫星、地区和太阳的空间关系如图 2-15 所示。

遭遇日食的卫星只能使用星上电池维持工作，这就对星体设计提出了很多要求。

2.5.3 日凌中断

在春分和秋分期间，卫星不仅仅通过地球的阴影部分，也穿越地球和太阳间的直射区域。图 2-15 为太阳、地球和月球的空间关系示意图，图 2-16 为日凌中断条件示意图。

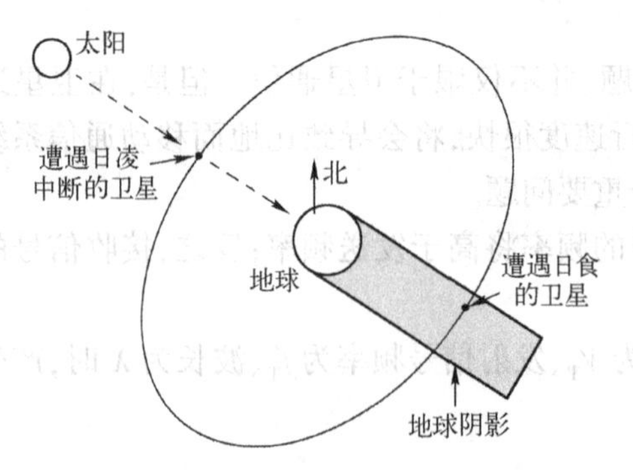

图 2-15 太阳、地球和月球的空间关系示意图

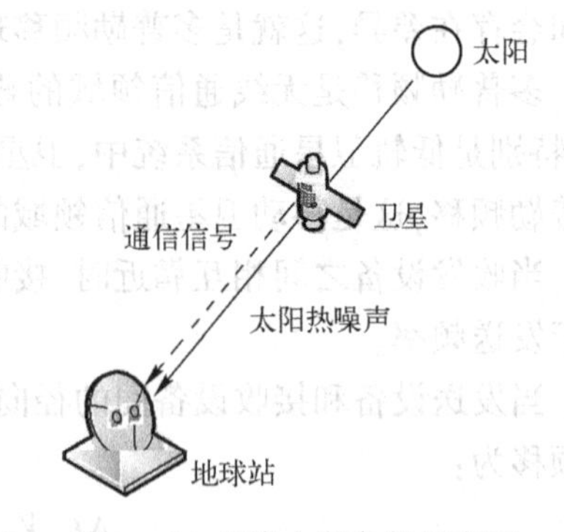

图 2-16 日凌中断条件示意图

由于太阳是非常强的电磁波源，在通信卫星使用的频段（4～50 GHz）内，其等效温度为 6000～10000 K。这期间，卫星地面站的接收天线不仅接收来自卫星的信号，也接收来自太阳的

热噪声。由太阳直射带来的附加噪声温度会使得噪声功率超出接收机的衰落余量,从而导致通信中断发生。

2.6 星座设计

卫星星座可以这样定义:具有相似类型和功能的多颗卫星,分布在相似的或互补的轨道上,协同完成一定的任务。使用卫星星座来为全球主要地区提供无线通信服务的思想可以追溯到 1945 年,Clarke 在无线世界(Wireless World)上发表的论文中提出采用 3 颗静止轨道卫星为赤道区域提供连续覆盖。现在,已经提出了很多的低轨(LEO)、中轨(MEO)和高椭圆轨道(HEO)星座,这些星座能够提供对全球区域或特定目标区域的连续覆盖。已经成功运行的低轨卫星星座系统有铱(Iridium)系统和"全球星"(Globalstar),它们分别提供全球覆盖和对南北纬 70°之间区域的连续覆盖。

2.6.1 星座设计时的基本考虑

在卫星星座的设计中,首先考虑的问题是以最少数量的卫星实现对指定区域的覆盖。如前所述,在给定了最小用户仰角的情况下,轨道高度成为影响单颗卫星覆盖区域大小的唯一因素。虽然单颗的静止轨道卫星能够提供大范围的连续覆盖,但是卫星移动通信系统还是倾向于采用非静止轨道星座。通常,卫星星座的选择会基于以下一些因素:

- 用户仰角应尽可能大。大仰角对卫星移动业务而言是特别重要的。随着仰角的增大,多径和遮蔽问题将得到缓解,使得通信链路的质量得到提高。当然,我们必须在仰角特性和卫星的覆盖区域尺度特性上取得折中,毕竟大仰角意味着小的覆盖半径,也就意味着需要更多的卫星。
- 信号的传输时延应尽可能低。低时延对实施通信服务(语音、视频会议等)是至关重要的,这也从很大程度上限制了移动卫星通信系统的轨道高度选择。
- 卫星有效载荷的能量消耗要尽可能低。毕竟卫星只能依靠太阳能电池板和蓄电池提供能量。
- 如果系统采用星间链路,则面内和面间的星间链路干扰必须限制在可以接受的范围内。这给星座轨道的分布间隔提出了一定的要求。

通常,对一个最佳卫星星座而言,最高效的轨道面是那些卫星在面内均匀分布的平面,而同时这些轨道面的升交点应在赤道平面内等间隔分布。此时,星座中总的卫星数量为 $N=P \cdot S$,其中,P 是轨道面数量,S 是每个轨道面内的卫星数量。

星座设计时另外一个需要考虑的是对覆盖区的多重覆盖问题。多重覆盖能够提升系统的物理抗毁性,支持信号的分集接收,对支持特定的应用和提供有保障的服务是很重要的。

2.6.2 极/近极轨道星座

1. 极轨道星座

当卫星轨道面相对于赤道平面的倾角为 90°时,轨道穿越地球南北极上空,这种类型的轨道称为极轨道。利用多个卫星数量相同的、具有特定空间间隔关系的极轨道面,可以构成覆盖全球或极冠地区的极轨道星座系统。

利用圆极轨道星座实现全球单重覆盖的思想最早由 R. D. Lüder 提出。D. C. Beste 在 Lüder 工作的基础上进行了进一步的分析和优化，通过合理安排轨道面间的间距和卫星间的间隔，使得星座所需的卫星总数最小化。Beste 随后推导了用于全球单重和三重覆盖极轨道星座设计的另一种方法，该方法基于天球上卫星分布最均匀准则来选定轨道面。稍后，W. S. Adams 和 L. Rider 给出了另外一种优化极轨道星座设计的优化方法并被广泛采用。

极轨道星座设计思想基于如图 2-17 所示的卫星覆盖带 (Street of Coverage) 的概念。覆盖带是基于同一轨道面内多颗卫星的相邻重叠覆盖特性，在地面上形成的一个连续覆盖区域。根据图 2-10 可以推出单颗卫星覆盖的半地心角 α 与同一轨道面内卫星组合而成的覆盖带半(地心角)宽度 c 之间满足：

$$c=\arccos\left[\frac{\cos\alpha}{\cos(\pi/S)}\right] \tag{2-37}$$

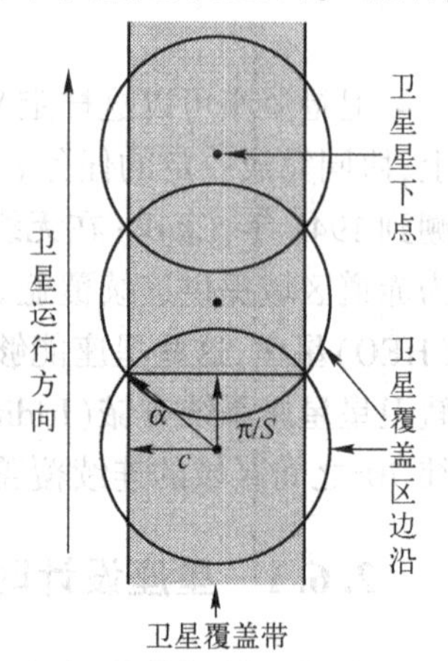

图 2-17 卫星覆盖带

式中，S 为每个轨道面内的卫星数量，π/S 为卫星之间的半地心角宽度。应当指出，该公式对任意倾角的圆轨道卫星系统均适用。

由于 c 为半地心角宽度，即通过地球球心的大圆圆弧所对应的地心角的大小，因此和某一纬度 φ 的纬度圈(给定纬度上，与赤道平面平行的平面与地球表面的相交轨迹)上的纬度圆心角 c' 不同。由球面三角的几何关系可以推导 c 和 c' 的关系为：

$$c'=\arcsin\left[\frac{\sin\beta}{\cos\varphi}\right] \tag{2-38}$$

图 2-18 所示为从极点处观察时，极轨道星座的轨道在赤道平面上的投影。由于极轨道星座中轨道面的升交点和降交点在赤道平面上各占据 180°相位，因此有些文献中又将此类星座称为 π 星座。图中轨道面上的箭头指示了卫星的飞行方向。由图可见，在极轨道星座中，相邻轨道面间的卫星存在着两种相对运动关系：顺行和逆行。顺行轨道面的卫星之间保持固定的空间相位关系，而逆行轨道面的卫星之间的空间相位关系则是变化的。在不同的轨道相对运动关系下，星座轨道面间的经度差是不同的，图 2-19 给出了相邻轨道面覆盖的几何关系。对于顺行轨道面，可以利用合理设计的相邻轨道面卫星之间的相位关系，使得覆盖带以外的覆盖区交错重叠，形成连续的无缝覆盖，从而增大顺行轨道面间的相位差，减少星座所需的轨道面的数量；对于逆行轨道面，由于卫星之间存在着相对运动，不能保持覆盖带以外覆盖区的交错重叠覆盖特性，因此覆盖带以外的覆盖区无法充分利用。根据图 2-19 可以推导极轨道星座中顺行和逆行轨道面之间的经度差 Δ_1 和 Δ_2 分别满足：

$$\Delta_1=\alpha+c \tag{2-39}$$

$$\Delta_2=2c \tag{2-40}$$

式中，α 为单星覆盖的半地心角宽度，c 为单轨道面覆盖带半地心角宽度。

由于极轨道星座的特殊轨道结构(90°倾角，所有轨道面交于南北极点)，星座中的卫星在天球上的分布是不均匀的：卫星在赤道平面上最稀疏，相互间的间隔距离最大；在两极处最密集，相互间的间隔距离最小。因此，在考虑极轨道星座对全球的覆盖时，只需要考虑对赤道实现连续覆盖；在考虑对球冠区域的覆盖时，只需要考虑对球冠的最低纬度圈实现连续覆盖。下面分别讨论星座对全球和对极冠地区覆盖时其参数应满足的条件。

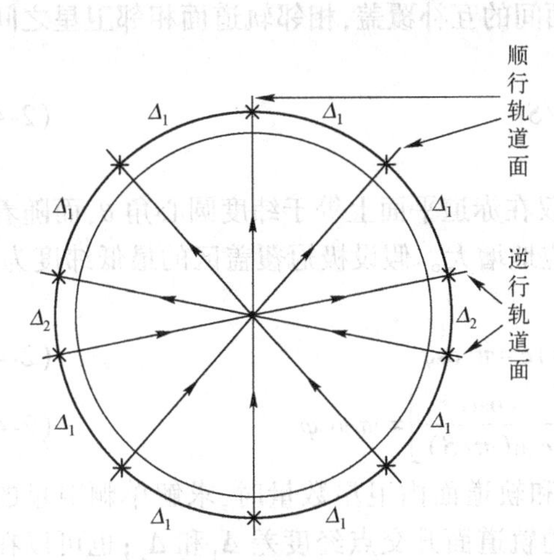

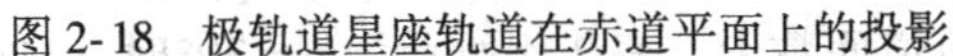

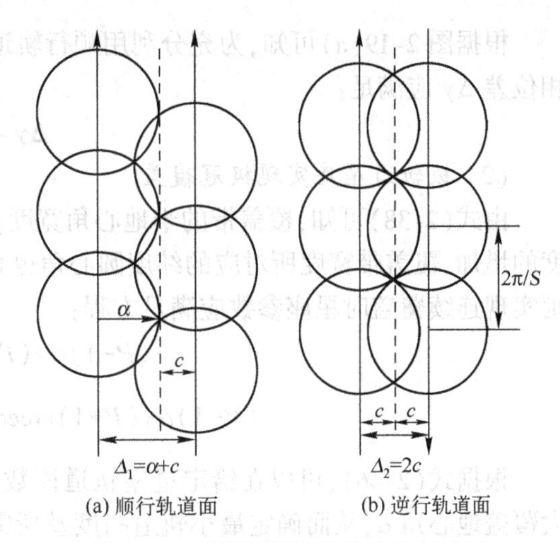

图 2-18　极轨道星座轨道在赤道平面上的投影

图 2-19　相邻轨道面覆盖的几何关系

（1）极轨道星座实现全球覆盖

根据极轨道星座的覆盖特点，可以推导出实现全球覆盖时，星座参数应满足方程：

$$(P-1)\Delta_1+\Delta_2=\pi \tag{2-41}$$

式中，P 为星座总的轨道面数量，Δ_1 和 Δ_2 分别为顺行和逆行轨道面间的经度差。

将式(2-39)和式(2-40)代入式(2-41)得：

$$(P-1)\alpha+(P+1)c=\pi \tag{2-42}$$

将式(2-37)代入式(2-42)可得：

$$(P-1)\alpha+(P+1)\arccos\left[\frac{\cos\alpha}{\cos(\pi/S)}\right]=\pi \tag{2-43}$$

根据式(2-43)，可以在给定星座轨道面数量和轨道面内卫星数量时，求解单颗卫星的最大覆盖地心角 α，从而确定最小轨道高度及所需的轨道面升交点经度差 Δ_1 和 Δ_2；也可以在给定轨道高度和轨道面内卫星数量时，求解所需的轨道面数 P。表 2-3 所示为一些全球单重覆盖极轨道星座的参数。

表 2-3　全球单重覆盖极轨道星座参数（10°用户仰角）

P	S	最大地心角 α(°)	顺行轨道面升交点经度差 Δ_1(°)	轨道高度 (km)	P	S	最大地心角 α(°)	顺行轨道面升交点经度差 Δ_1(°)	轨道高度 (km)
2	3	66.7	104.5	20958.6	4	9	27.6	47.0	1550.6
2	4	57.6	98.4	10127.1	5	9	24.2	38.0	1214.6
2	5	53.2	95.5	7562.4	5	10	23.0	37.7	1115.3
3	5	42.3	66.1	3888.5	5	11	22.2	37.4	1044.3
3	6	38.7	64.3	3135.5	6	11	19.9	31.4	868.0
3	7	36.5	63.2	2738.6	6	12	19.1	31.2	813.8
4	7	30.8	48.3	1917.2	7	12	17.6	26.9	709.3
4	8	28.9	47.6	1694.4	7	13	16.9	27.7	666.1

根据图 2-19(a)可知,为充分利用顺行轨道面间的互补覆盖,相邻轨道面相邻卫星之间的相位差 $\Delta\gamma$ 应满足:

$$\Delta\gamma=\pi/S \tag{2-44}$$

(2) 极轨道星座实现极冠覆盖

由式(2-38)可知,覆盖带的半地心角宽度 β 仅在赤道平面上等于纬度圆心角 θ,而随着纬度的增加,覆盖带宽度所对应的纬度圆心角也相应地增大。假设极冠覆盖区的最低纬度为 φ,则实现连续覆盖时星座参数应满足方程:

$$(P-1)\alpha+(P+1)c=\pi\cos\varphi \tag{2-45}$$

$$(P-1)\alpha+(P+1)\arccos\left[\frac{\cos\alpha}{\cos(\pi/S)}\right]=\pi\cos\varphi \tag{2-46}$$

根据式(2-46),可以在给定星座轨道面数量和轨道面内卫星数量时,求解单颗卫星的最大覆盖地心角 α,从而确定最小轨道高度及所需的轨道面升交点经度差 Δ_1 和 Δ_2;也可以在给定轨道高度和轨道面内卫星数量时,求解所需的轨道面数 P。表 2-4 所示为 $\varphi=30°$时,一些极冠单重覆盖极轨道星座的参数。

表 2-4　极冠单重覆盖极轨道星座的参数(10°用户仰角)

P	S	最大地心角 α(°)	顺行轨道面升交点经度差 Δ_1(°)	轨道高度(km)	P	S	最大地心角 α(°)	顺行轨道面升交点经度差 Δ_1(°)	轨道高度(km)
2	3	64.1	111.8	16549.5	3	7	33.3	64.5	2252.6
2	4	53.4	103.1	7650.0	4	7	28.9	49.6	1692.9
2	5	48.1	98.7	5508.3	4	8	26.8	48.5	1466.2
3	5	39.9	68.4	3373.5	4	9	25.3	47.8	1318.2
3	6	35.8	66.0	2631.5	5	9	22.6	38.8	1077.8

极冠单重覆盖极轨道星座中,相邻轨道面相邻卫星之间的相位差 $\Delta\gamma$ 也满足式(2-44)。

2. 近极轨道星座

极轨道星座虽然能够通过较简单的解析方法确定轨道参数,但是通过对极轨道星座的参数进行分析可以知道,由于相隔 1 个轨道的两个轨道面上的卫星具有相同的相位,因此在轨道面数量多于两个的极轨道星座中,将出现星座卫星在轨道交点(南北极点)相互碰撞的情况。为消除星座中卫星的碰撞,同时保持解析方法在确定星座参数时的可用性,人们展开了对近极轨道星座的研究。

卫星轨道面与赤道平面的夹角为 80°~100°(除 90°)时的轨道称为近极轨道。由于各轨道面的倾角不等于 90°,因此各轨道面的交点不会集中在南北极点上,而是在南北极附近形成多个轨道面交点,每个交点由两个相邻轨道面相交而成。这样,只要相邻两个轨道面上的卫星的相位不同,卫星就不会在交点处发生碰撞。

由于近极轨道星座的倾角接近 90°,因此,仍可以采用覆盖带分析的方法,考虑在赤道区域连续覆盖时的要求,采用解析方法确定最优星座参数。

近极轨道星座中顺行和逆行轨道面之间的经度差 Δ_1' 和 Δ_2' 分别满足:

$$\Delta_1'=\arcsin(\sin\Delta_1/\sin i) \tag{2-47}$$

$$\Delta_2'=\arccos\left(\frac{\cos\Delta_2-\cos^2 i}{\sin^2 i}\right) \tag{2-48}$$

综合式(2-37)、式(2-39)、式(2-40)、式(2-41)、式(2-47)和式(2-48)可得:

$$(P-1)\cdot\arcsin\left\{\frac{\sin\{\alpha+\arccos[\cos\alpha/\cos(\pi/S)]\}}{\sin i}\right\}+\arccos\left\{\frac{\cos\{2\cdot\arccos[\cos\alpha/\cos(\pi/S)]\}-\cos^2 i}{\sin^2 i}\right\}=\pi \tag{2-49}$$

根据式(2-49),可以在给定星座轨道面数量和轨道面内卫星数量时,求解单颗卫星的最大覆盖地心角 α,从而确定最小轨道高度及所需的轨道面升交点经度差 Δ_1' 和 Δ_2'。也可以在给定轨道高度和轨道面内卫星数量时,求解所需的轨道面数 P。表 2-5 所示为倾角为 85°时优化后的全球单重覆盖近极轨道星座的参数。

表 2-5　单重覆盖近极轨道星座参数(倾角 85°,用户仰角 10°)

P	S	α(°)	Δ_1(°)	Δ_1'(°)	轨道高度(km)	P	S	α(°)	Δ_1(°)	Δ_1'(°)	轨道高度(km)
2	3	66.7682	104.6850	103.8252	21063.8928	4	8	28.8361	47.3622	47.6005	1685.6606
2	4	57.8079	98.9190	97.3951	10251.5175	4	9	27.5252	46.8391	47.0729	1541.8649
2	5	53.5892	96.3923	93.9877	7743.2257	5	9	24.1280	37.9109	38.0816	1209.8590
3	5	42.1648	65.7888	66.2803	3862.0274	5	10	22.9885	37.5317	37.7000	1110.4056
3	6	38.5540	63.9987	64.4511	3111.3736	5	11	22.1339	37.2473	37.4139	1039.4163
3	7	36.3131	62.8864	63.3170	2715.6567	6	11	19.8638	31.2820	31.4151	864.8926
4	7	30.7118	48.1105	48.3551	1908.4574						

对近极轨道星座,在考虑轨道倾角的情况下,相邻轨道面相邻卫星之间的相位差 $\Delta\gamma'$ 应满足:

$$\Delta\gamma'=\pi/S-\arctan(\cos i\cdot\tan\Delta_1') \tag{2-50}$$

2.6.3　倾斜圆轨道星座

多年以来,有多位研究者致力于研究倾斜圆轨道星座的优化问题,其中英国人 Walker 和美国人 Ballard 的研究结果得到广泛的认同,成为目前最常用的倾斜圆轨道星座的优化设计方法。Walker 的研究结果指出只需 5 颗卫星便可以实现全球单重覆盖,7 颗卫星便可以实现全球双重覆盖。Ballard 在 Walker 的工作基础上进行了扩充和归纳,得出了通用的优化方法。图 2-20 为倾斜圆轨道星座的命名。Walker 将他研究的星座称为德尔塔(Delta 或 Δ)星座,因为从极点观察时,包含 3 个轨道面的星座地面轨迹将构成一个希腊字母 Δ,如图 2-20(a)所示;Ballard 将他研究的星座称为玫瑰(Rosette)星座,因为从极点观察时星座的轨迹像一朵盛开鲜花的花瓣,如图 2-20(b)所示。

倾斜圆轨道星座设计时通常考虑多个轨道面,各轨道面具有相同的卫星数量、轨道高度和倾角,各轨道面内的卫星在面内均匀分布,各轨道面的右旋升交点在参考平面(通常为赤道面)内均匀分布,相邻轨道面内相邻卫星间存在一定的相位关系。在 Delta 星座中,利用相邻轨道面内相邻卫星的初始相位差来确定星座中各卫星的相对空间位置关系;Rosette 星座中,卫星的初始相位与轨道面的右旋升交点成一定的比例关系。

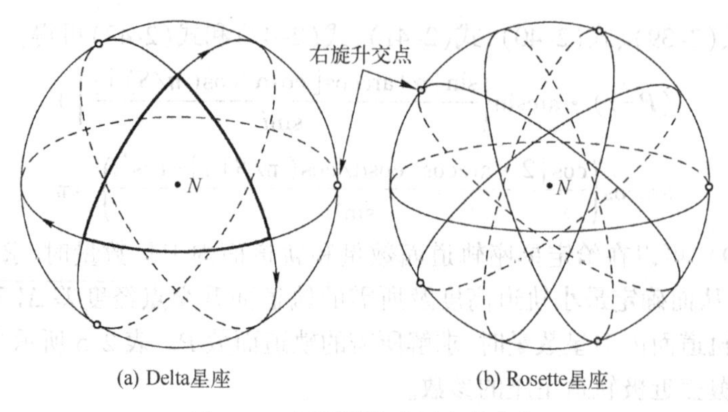

图 2-20　倾斜圆轨道星座的命名

1. Delta 星座

(1) 相邻轨道面相邻卫星相位差

Delta 星座中,不同轨道面内相邻卫星的初始相位差对星座的性能产生很大的影响。

图 2-21 所示为相邻轨道面相邻卫星相位差关系示意图。图中,两条弧线分别是轨道面 1 和 2 的星下点轨迹,轨道面 2 的星下点轨迹中的深色弧段即是两轨道面上卫星间的相位差。由图可知卫星间相位差的计量方法为:以轨道面 1 上卫星所在纬度圈与轨道面 2 的交点为起点,以轨道面 2 上卫星所在位置为终点,沿轨道面 2 按卫星运行方向测量所得的弧段长度。

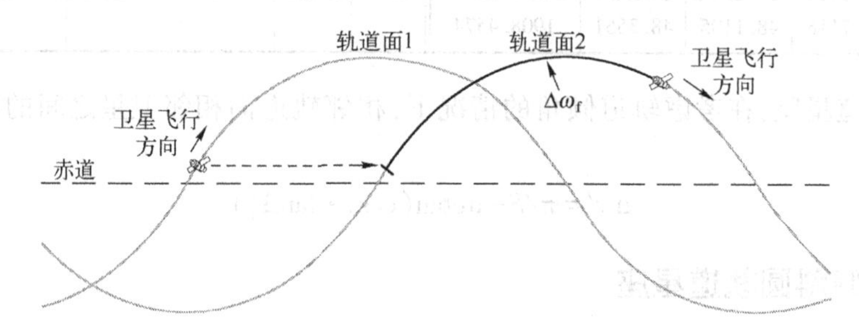

图 2-21　相邻轨道面内相邻卫星相位差关系示意图

(2) Delta 星座标识法

Walker 采用 3 个参数来描述 Delta 星座:$T/P/F$。

- T 代表星座的卫星总数。
- P 代表星座的轨道面数量。
- F 称为相位因子,它确定了相邻轨道相邻卫星的初始相位差 $\Delta\omega_f = 2\pi \cdot F/T$。

通常,再结合卫星的轨道高度 h 和倾角 i,便可以完全确定 Delta 星座所有卫星的位置。于是,也常将 Delta 星座用 5 元素标识为:$T/P/F:h:i$ 或 $T/P/F:i:h$。

例 4　已知某星座的 Delta 标识为:9/3/1:10355:43,假设初始时刻星座的第一个轨道面的升交点赤经为 0°,面上第一颗卫星位于(0°E,0°N),试确定星座各卫星的轨道参数。

解:根据 Delta 星座特性,可知星座多个轨道面的右旋升交点在赤道平面内均匀分布,每个轨道面内的卫星在面内均匀分布,再根据相位因子 F 可以确定各卫星的轨道参数:

- 相邻轨道面的升交点经度差:360°/3 = 120°。

● 面内卫星的相位差：360°/(9/3)=120°。

● 相邻轨道面相邻卫星的相位差：360°×1/9=40°。

再根据已知的第一颗卫星的初始位置，可以得到星座卫星的初始轨道参数见表 2-6。

(3) 最优 Delta 星座

Walker 的研究结果给出了最优全球单重、两重、三重和四重覆盖的 Delta 星座参数，卫星数量 $N=5\sim15$ 时最优全球单重覆盖 Delta 星座的参数见表 2-7。

表 2-6　星座卫星的初始轨道参数

轨道面	卫星编号	升交点赤经(°)	初始幅角(°)
1	SAT1-1	0	0
	SAT1-2	0	120
	SAT1-3	0	240
2	SAT2-1	120	40
	SAT2-2	120	160
	SAT2-3	120	280
3	SAT3-1	240	80
	SAT3-2	240	200
	SAT3-3	240	320

表 2-7　最优全球单重覆盖 Delta 星座参数（最小用户仰角 10°）

T	P	F	i(°)	α_{min}(°)	h(km)
5	5	1	43.7	69.2	27143
6	6	4	53.1	66.4	20334
7	7	5	55.7	60.3	12255
8	8	6	61.9	56.5	9374.2
9	9	7	70.2	54.8	8374.2
10	5	2	57.1	52.2	7089.7
11	11	4	53.8	47.6	5344.4
12	3	1	50.7	47.9	5442.1
13	13	5	58.4	43.8	4257.1
14	7	4	54.0	42.0	3824.3
15	3	1	53.5	42.1	3847.1

2. Rosette 星座

(1) Rosette 星座标识法

Ballard 也采用 3 个参数来描述其星座：(N,P,m)。

● N 代表星座的卫星总数。

● P 代表星座的轨道面数量。

● m 称为协因子，确定了卫星在轨道面内的初始相位。协因子是一个非常重要的玫瑰星座参数，它不仅影响卫星初始时刻在天球上的分布，也影响卫星组成的图案在天球上的旋进速度。

Ballard 采用图 2-22 所示的坐标系来描述卫星在天球上的位置及相互关系。在该坐标系中，卫星的位置由 3 个不变的方向角和 1 个时变的相位角来决定（实际上，该坐标系可以用于描述轨道高度相同、倾角相同的任意圆轨道卫星之间的关系，而并不只限于 Rosette 星座）：

● λ_j 为第 j 个轨道面的右旋升交点。

● i_j 为轨道面的倾角。

● γ_j 为第 j 颗卫星在轨道面内的初始相位，从右旋升交点顺卫星运行方向测量。

● $\chi=2\pi/T$ 为卫星在轨道面内的时变相位。

图中，R_{ij} 是卫星 i 和 j 间的地心角距离，Ψ_{ij} 和 Ψ_{ji} 分别是卫星 i 对 j 和 j 对 i 的方位角。

对卫星总数为 N，轨道面数量为 P，每轨道面内卫星数量为 S 的 Rosette 星座，卫星的方向角具有如下的对称形式：

$$\left.\begin{aligned}\lambda_j=2\pi j/P\\ i_j=i\\ \gamma_j=m\lambda_j=m2\pi j/P=mS(2\pi j/N)\end{aligned}\right\}\begin{aligned}j=0\sim N-1\\ m=(0\sim N-1)/S\\ N=P\cdot S\end{aligned}\tag{2-51}$$

协因子 m 可以是整数也可以是不可约分数。如果 m 是 $0\sim N-1$ 的整数，即意味着 $S=1$，表示星座中每一个轨道面上只有一颗卫星；如果协因子 m 为不可约分数，则一定以 S 为分母，表示星座中每一个轨道面上有 S 颗卫星。

根据图 2-22，Rosette 星座中任意两颗卫星 i 和 j 间的地心角距离 R_{ij} 由下式确定：

$$\begin{aligned}\sin^2(R_{ij}/2)=&\cos^4(i/2)\cdot\sin^2[(m+1)(j-i)(+\pi/P)]+\\&2\sin^2(i/2)\cdot\cos^2(i/2)\cdot\sin^2[m(j-i)(\pi/P)]+\\&\sin^4(i/2)\cdot\sin^2[(m-1)(j-i)(\pi/P)]+\\&2\sin^2(i/2)\cdot\cos^2(i/2)\cdot\sin^2[(j-i)(\pi/P)]\cdot\cos[2\chi+2m(j+i)(\pi/P)]\end{aligned}\tag{2-52}$$

由式(2-52)可见，卫星间的地心角距离是关于时变相位 χ 的函数。

(2) 最优 Rosette 星座

Ballard 采用了最坏观察点的最大地心角最小化准则对星座进行了优化。可以证明，任一时刻地球表面上的最坏观察点是某 3 颗卫星的星下点所构成的球面三角形的中心，该点到 3 颗卫星星下点的地心角距离相同，如图 2-23 所示。

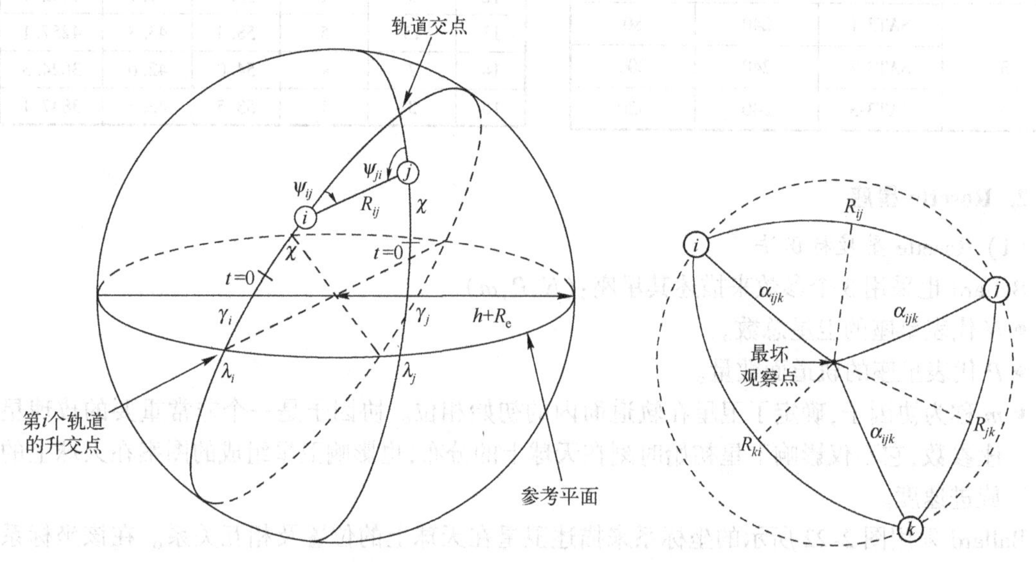

图 2-22　Rosette 星座空间几何关系　　　图 2-23　最坏观察点几何关系示意图

在已知 3 颗卫星间的地心角距离时，最坏观察点与卫星间的瞬时最大地心角 α_{ijk} 可以由式(2-53)确定：

$$\sin^2\alpha_{ijk}=4ABC/[(A+B+C)^2-2(A^2+B^2+C^2)]\tag{2-53}$$

式中，$A=\sin^2(R_{ij}/2)$，$B=\sin^2(R_{jk}/2)$，$C=\sin^2(R_{ki}/2)$。

Ballard 的研究表明，为保证星座的全球覆盖，卫星的最小覆盖地心角 $\alpha_{\min}$ 必须大于或等于最坏观察点与卫星间的最大地心角。Ballard 给出了当 $N=5\sim15$ 时最优全球单重覆盖 Rosette 星座的参数，见表2-8。

(3) Rosette 星座与 Delta 星座的等价性

Ballard 在其研究结果中指出，他的研究结果与 Walker 的 Delta 星座结果是等价的，只是对星座的标识方法上存在较大差异,使用了不同的相位调谐因子(协因子 m 和相位因子 F)。Ballard 还认为,Walker 使用相位因子 F 来描述卫星间的空间相位关系,实际上使得原本简单明了的参数关系变得模糊。

Rosette 星座的协因子 m 和 Delta 星座的相位因子 F 可以相互转换,转换时 F 和 m 之间满足关系:

$$F=\mathrm{mod}(mS,P) \tag{2-54}$$

式中,$\mathrm{mod}(x,y)$ 是对 x 进行模 y 运算。

例 5 ICO 星座的 Delta 标识为 10/2/0,试写出其等价的 Rosette 星座标识。

解:已知,轨道面数量 $P=2$,每轨道面卫星数量 $S=10/2=5$,相位因子 $F=0$。

根据式(2-54),有: $\mathrm{mod}(5m,2)=0 \rightarrow 5m=2n \rightarrow m=2n/5$

显然,根据 Rosette 星座特性,协因子 m 的分子部分取值应不等于 0 并且小于星座卫星数量(即 $0<2n<10$),可以判定 n 的可能取值为 1、2、3 和 4。

所以,协因子为:$m=2n/5=(2/5,4/5,6/5,8/5)$

综上,ICO 星座的 Rosette 表示为:[10,2,(2/5,4/5,6/5,8/5)]。

4 种不同协因子值下 ICO 星座的星座参数见表 2-9。可见,4 种不同协因子所表征的是同一星座,只是卫星的按序编号不同。

表 2-8 最优全球单重覆盖玫瑰星座参数(最小用户仰角 10°)

N	P	m	i(°)	$\alpha_{\min}$(°)	h(km)	T(小时)
5	5	1	43.66	69.15	26992.28	16.90
6	6	4	53.13	66.42	20371.77	12.13
7	7	5	55.69	60.26	12220.51	7.03
8	8	6	61.86	56.52	9388.62	5.49
9	9	7	70.54	54.81	8380.87	4.97
10	10	8	47.93	51.53	6799.09	4.19
11	11	4	53.79	47.62	5344.88	3.52
12	3	1/4,7/4	50.73	47.90	5440.55	3.56
13	13	5	58.44	43.76	4247.84	3.04
14	7	11/2	53.98	41.96	3814.13	2.85
15	3	1/5,4/5,7/5,13/5	53.51	42.13	3852.39	2.87

表 2-9 4 种不同协因子值下 ICO 星座的星座参数

卫星编号	右旋升交点 λ_j	初始相位 γ_j			
		$m=2/5$	$m=4/5$	$m=6/5$	$m=8/5$
SAT1	0	0	0	0	0
SAT2	180	72	144	216	288
SAT3	0	144	288	72	216
SAT4	180	216	72	288	144
SAT5	0	288	216	144	72
SAT6	180	0	0	0	0
SAT7	0	72	144	216	288
SAT8	180	144	288	72	216
SAT9	0	216	72	288	144
SAT10	180	288	216	144	72

2.6.4 共地面轨迹星座

共地面轨迹星座是一种特殊类型的星座,适合实现区域覆盖。

1. 共地面轨迹星座的轨道参数

共地面轨迹星座由轨道高度和倾角相同的多个轨道面组成,每个轨道面内只有一颗卫星,利用地球的自转特性和合理设计的轨道面间的升交点经度差,以及不同轨道面内卫星间的相位差,使得不同轨道面内的多颗卫星具有相同的地面轨迹,称为共地面轨迹星座。

图 2-24 所示为两个轨道面内两颗卫星的空间几何关系。图中,λ_i和 λ_j分别表示卫星 i 和 j 所在轨道面的升交点经度,两轨道面间的经度差 $\Delta\lambda=|\lambda_i-\lambda_j|$;$\Delta\omega$ 表示卫星 j 滞后于卫星 i 的相位,地球以角速度 ω_e绕地轴由西向东旋转。由图可见,如果卫星 j 从当前位置运行到其升交点 λ_j用去的时间和地球自转 $\Delta\lambda$ 用去的时间相同,则卫星 j 和卫星 i 具有相同的星下点轨迹。据此可以推导共地面轨迹星座中相邻轨道面卫星应满足的条件为:

$$\Delta\lambda/\omega_e=\Delta\omega/\omega_s \tag{2-55}$$

式中,$\Delta\lambda$ 是相邻轨道面的经度差;ω_e是地球自转角速度;$\Delta\omega$ 是相邻轨道面中卫星间的相位差;ω_s是卫星在轨的角速度,由卫星的轨道高度 h 决定。

因为地球的自转特性,即使多个轨道面的卫星具有相同的地面轨迹,地面轨迹也会在地球表面上移动。为维持地面轨迹的不变,共地面轨迹星座通常采用回归或准回归轨道,利用良好的地面轨迹重复特性,实现对特定区域的连续覆盖。

回归/准回归轨道卫星的在轨角速度 ω_s 与地球自转的角速度 ω_e 之间满足关系式:

$$\omega_s=\omega_e\cdot N/M \tag{2-56}$$

将式(2-56)代入式(2-55)可得:

$$\Delta\omega=\Delta\lambda\cdot N/M \tag{2-57}$$

由式(2-57)可以看出,在采用回归/准回归轨道的共地面轨迹星座中,相邻轨道面间的升交点经度差 $\Delta\lambda$ 和相邻卫星间的相位差 $\Delta\omega$ 满足简单的线性关系。在确定了卫星的轨道高度之后,便可以通过式(2-57)确定各相邻轨道面间的升交点经度差和相邻卫星间的相位差。

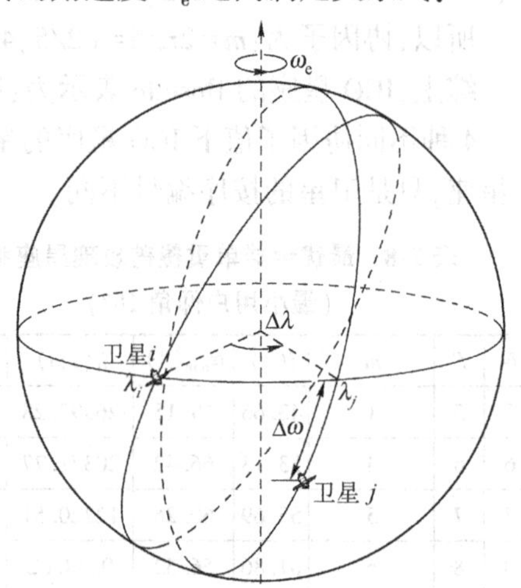

图 2-24　两颗卫星的空间几何关系

必须指出,图 2-24 所示的卫星间相位差 $\Delta\omega$ 与图 2-21 中Delta 星座所定义的卫星间相位差 $\Delta\omega_f$不同。$\Delta\omega$ 是逆卫星运行方向测量得到的,而 $\Delta\omega_f$则是顺卫星运行方向测量得到的,因此它们之间满足 2π 互补关系,即:

$$\Delta\omega_f=2\pi-\Delta\omega \tag{2-58}$$

2. 共地面轨迹星座的编码标识方法

根据共地面轨迹星座中各参数的对应关系,可以仿照 Walker 对 Delta 星座的标识方法,将共地面轨迹星座的各参数标识为:

$$N/\Delta\lambda/(N/M):h:i \quad 或 \quad N/\Delta\lambda/N:h:i \tag{2-59}$$

前一种标识为通用形式,后一种标识则适用于星座采用回归轨道($M=1$)的特殊情况。其中,N 为星座中卫星数量,也即轨道面数量;$\Delta\lambda$ 为星座中相邻轨道面间的升交点经度差;(N/M) 称为调相因子,确定了相邻轨道面相邻卫星间的相位差 $\Delta\omega$ 和 $\Delta\omega_f$,以及卫星轨道高度 h;i 为星座中所有轨道面的倾角。根据开普勒第三定理,卫星高度可由下式确定:

$$h=(M/N)^{2/3}\cdot(R_e+h_{GEO})-R_e \tag{2-60}$$

式中,R_e 为地球的平均半径;h_{GEO}= 35786 km,为静止轨道卫星高度。

3. 共地面轨迹星座与 Delta 星座的等价性

在某些情况下,共地面轨迹星座与 Delta 星座具有等价关系。以下讨论这种等价关系。

Delta 星座的标识为：$T/P/F$。其中，T 为星座中卫星总数量，P 为轨道面数，F 为相位因子(取 $0\sim P-1$ 间的整数)，用于确定相邻轨道相邻卫星间的相位差 $\Delta\omega_f$。

Delta 星座中相邻轨道面的经度差和相邻轨道面相邻卫星的相位差分别为：

$$\Delta\lambda = 2\pi/P \tag{2-61}$$

$$\Delta\omega_f = 2\pi \cdot F/T \tag{2-62}$$

要使得 Delta 星座与共地面轨迹星座等价，首先要满足 $T=P$，即每轨道面一颗卫星的情况；其次必须选择合适的相位因子 F，使得轨道面间经度差和相邻卫星的相位差满足式(2-55)。将式(2-58)、式(2-61)和式(2-62)代入式(2-55)中，可得约束关系式：

$$T-F = \omega_s/\omega_e \tag{2-63}$$

由式(2-63)可知，由于 T 和 F 均是整数，因此等式成立时，ω_s 必然是 ω_e 的整数倍。因此，Delta 星座与共地面轨迹星座等价时，必然采用回归轨道($M=1$)。再根据式(2-56)，可以确定 T、F 和 N 之间满足关系式：

$$F = T-N(N=1\sim T) \tag{2-64}$$

因此，Delta 星座 $T/T/(T-N)$ 与共地面轨迹星座 $T/(2\pi/T)/N$ 是等价的。

例 6 试确定与共地面轨迹星座 6/60/2∶20184∶28.5°等价的 Delta 星座参数。

解：根据共地面轨迹星座标识方法可知：

星座卫星数量 $T=6$。

回归周期内卫星旋转圈数 $N=2$。

根据 Delta 星座与共地面轨迹星座的等价关系式可知等价的 Delta 星座标识为：

6/6/4∶20184∶28.5°

共地面轨迹星座中，在相同的轨道高度和卫星数量的情况下，可以采用多种轨道面间经度差和卫星相位差的参数组合，构成的星座在覆盖特性上是有差异的。目前，关于共地面轨迹星座的最优参数(地面轨迹的升交点赤经、轨道面间经度差和卫星相位差)的选取还没有一套完整的理论方法，主要通过数值仿真方法来获得最佳的参数组合。

2.6.5 太阳同步轨道星座

由于地球的偏平度和内部密度的不均匀性，将引起轨道面围绕地球极轴旋转，所以轨道面的右旋升交点经度将在赤道平面上自西向东漂移，产生所谓轨道面的"进动"，进动的平均角速度为：

$$\frac{d\Omega}{dt} = -9.964\times\left(\frac{R_e}{h+R_e}\right)^{3.5}\times(1-e^2)^{-2}\times\cos i \quad [(°)/d] \tag{2-65}$$

式中，R_e 为地球半径，e 为轨道偏心率，h 为瞬时卫星距离地球表面的高度，i 为轨道倾角。地球在一年时间(365.25d)内绕太阳旋转 360°，公转的平均角速度为 360°/365.25=0.9856[(°)/d]。如果选择合适的轨道参数，使得轨道面进动的平均角速度与地球绕太阳公转的平均角速度相同，这样的轨道称为太阳同步轨道。

轨道面与太阳间的几何关系表现在：轨道面与黄道面(地球绕太阳旋转的平面)的交线与地心-日心连线的夹角保持固定的一个角度 θ。图 2-25 为太阳同步轨道的固定几何关系示意图。这种固定的空间几何关系使得太阳同步轨道中的卫星总是在相同的本地时间经过某一区域的上空。

令式(2-65)等于0.9856°/天可以推导圆太阳同步轨道的轨道高度和轨道倾角之间的制约关系表达式为：

$$\cos i=-4.773\times10^{-15}\times(h+R_e)^{7/2} \tag{2-66}$$

根据式(2-66)可知：

① 由于 $\cos i$ 的取值始终为负，因此倾角 i 的取值范围为 $(90°,180°]$，所以太阳同步轨道一定是逆行轨道。

② 由 $|\cos i|=4.773\times10^{-15}\times(h+R_e)^{3.5}\leqslant1$，可知圆太阳同步轨道的高度是受限的，最高高度为5974.9 km。

图2-26所示为圆太阳同步轨道的倾角与高度的关系。

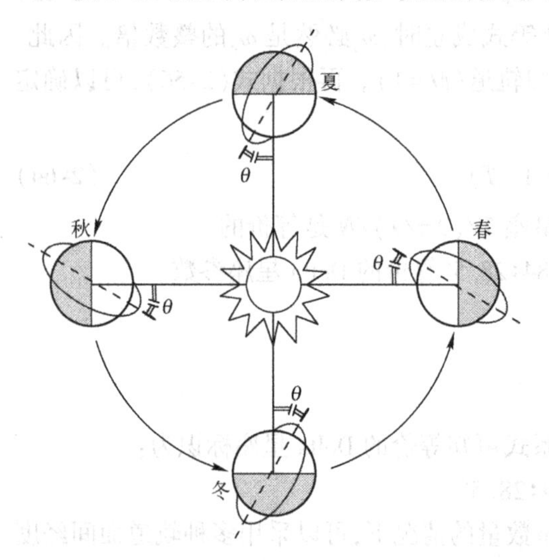

图2-25　太阳同步轨道的固定几何关系示意图

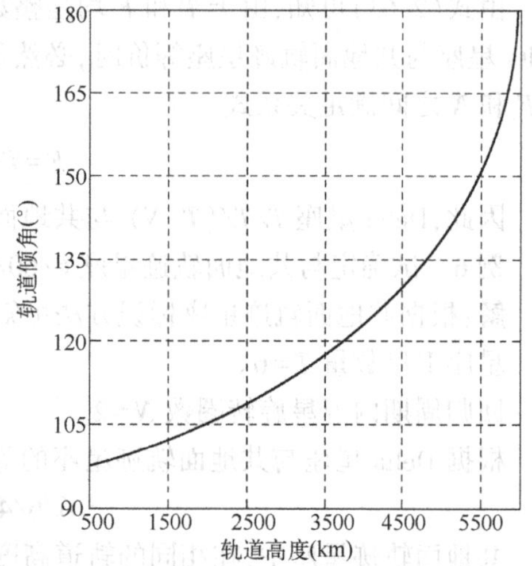

轨道倾角(°)
180
165
150
135
120
105
90
500　1500　2500　3500　4500　5500
轨道高度(km)

图2-26　圆太阳同步轨道的倾角与高度的关系

由于太阳同步轨道卫星总是在相同的本地时间通过同一区域上空，因而广泛地应用于对地观察和监测卫星系统中，以提供在几乎相同的日照条件下对相同地区的观测结果。在实际的观察和监测卫星系统中，卫星的轨道高度通常低于1000 km(如加拿大的RADARSAT1卫星高度为798 km、美国的Landsat7卫星高度为705 km)，其低轨道特性为地球观测提供优良的观测条件和轨道条件。太阳同步轨道也能够用于实现卫星移动通信系统，如由288颗卫星构成的Teledesic系统。

2.7　星间链路

在卫星之间建立星间通信链路(可以是激光链路，也可采用毫米波如Ka频段链路)，每颗卫星将成为空间网的一个节点，使通信信号能不依赖于地面通信网络进行传输，提高传输的效率和系统的独立性，对于组建全球性通信网将是十分方便和灵活的。因此，星间链路(ISL, Inter-Satellite Link)已经成为移动卫星通信系统中的至关重要的技术之一。

通常，可以采用仰角、方位角和星间距离3个参数来描述星间链路的特性。对于非静止轨道星座系统，非同一轨道面内的卫星间存在着相对运动，从而导致星间链路的仰角、方位角和星间距离随时间变化。显然，评价不同星座星间链路建立难易程度的参数实际上是方位角、仰角和星间距离的动态变化范围、变化速率。方位角和仰角的变化要求星载天线具有跟踪能力，这对卫星的稳定性和姿态调整技术提出了较高的要求。链路距离的变化要求天线的发射功率具有自动控制能力,这对卫星的有效载荷提出了较高的要求。

2.7.1 相同轨道高度卫星间的星间链路

相同轨道高度卫星间的星间链路可分为两类:同一轨道面内的轨内星间链路(Intra-Orbit ISL)和不同轨道面之间的轨间星间链路(Inter-Orbit ISL)。在非静止轨道星座系统中,同一轨道面内的两颗卫星能够基本保持不变的相对位置,轨内星间链路的星间距离、方位角和仰角变化很小,因而轨内星间链路的建立相对容易。由于不同轨道面内两颗卫星存在着相对运动,轨间星间链路的方位角、仰角和星间距离一般随时间而变化,因而轨间星间链路的建立相对比较困难。

1. 星间链路仰角的计算

图 2-27 所示为相同轨道高度的两颗卫星的星间链路空间几何关系,它反映了星间链路的仰角关系和卫星间的可视性限制。图中,α 为卫星 A 和 B 所夹地心角;E_A和 E_B分别为卫星 A 和 B 的仰角,是星间链路与卫星所在点的天球切面间的夹角;h 为卫星轨道高度。图中的余隙定义为星间链路与地球表面的距离,是一个重要的系统参数,一般取值为几十到上百千米,以避免星间链路穿越大气层并受到低空复杂电磁环境的干扰。在轨道高度一定的情况下,给定允许的最小余隙(记为 H_P)便可以决定最大星间地心角 α_{max} 和最长星间链路距离 D_{smax}。根据图 2-27 所示的几何关系容易推出:

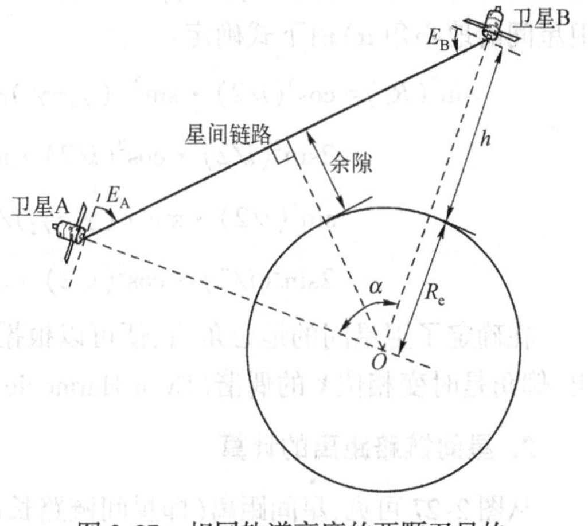

图 2-27　相同轨道高度的两颗卫星的星间链路空间几何关系

仰角:
$$E_A = E_B = -\alpha/2 \tag{2-67}$$

最大地心角:
$$\alpha_{max} = 2\arccos\left[\frac{H_P + R_e}{h + R_e}\right] \tag{2-68}$$

通常,在给定卫星高度和最小余隙高度的情况下,根据式(2-68)可确定最大的星间地心角 α_{max},再根据卫星的瞬时位置计算实际的星间地心角 α。如果 $\alpha > \alpha_{max}$,则卫星相互间不可见,无法建立星间链路;反之,则可以建立星间链路。

(1) 已知卫星位置时的仰角计算

如果两颗卫星的瞬时经纬度位置已知,分别以(λ_{s1}, φ_{s1})和(λ_{s2}, φ_{s2})表示,则卫星所夹的地心角为:

$$\alpha = \arccos[\sin(\varphi_{s1}) \cdot \sin(\varphi_{s2}) + \cos(\varphi_{s1}) \cdot \cos(\varphi_{s2}) \cdot \cos(\lambda_{s1} - \lambda_{s2})] \tag{2-69}$$

然后通过式(2-69)求解瞬时星间链路的仰角。

例 7　某一星座采用的轨道高度为 1414 km。某一时刻,卫星 A 的位置为(0°E,20°N),卫星 B 的位置为(50°E,15°S),问在最小余隙为 50 km 时,卫星 A 和 B 间能否建立星间链路?如果能,此时星间链路的仰角是多少(地球平均半径取 6378.137 km)?

解:根据已知条件可以计算该星座卫星能够建立星间链路时对应的最大地心角为:

$$\alpha_{max}=2\arccos\left[\frac{H_P+R_e}{h+R_e}\right]=2\times\arccos\left[\frac{50+6378.137}{1414+6378.137}\right]=68.83°$$

在已知两颗卫星瞬时经纬度坐标位置时，可根据式(2-69)计算星间的地心角：

$$\alpha=\arccos[\sin(-15°)\sin(20°)+\cos(-15°)\cos(20°)\cos(50°-0°)]=60.34°$$

因为 $\alpha<\alpha_{max}$，所以卫星间可以建立星间链路，此时星间链路的仰角和距离分别为：

$$E_A=E_B=-\alpha/2=-30.17°$$

$$D_s=2\times(1414+6378.137)\times\sin(60.34°/2)=7831.6(\text{km})$$

(2) 已知卫星轨道参数时的仰角计算

对于星座系统而言，更多时候给出的是卫星的轨道参数(包括轨道高度、倾角、升交点赤经和初始幅角等)。以图 2-21 所示的空间相位差关系为基础，如果已知卫星轨道周期为 T，则卫星在轨道面内的时变相位为 $\chi(t)=2\pi t/T$，轨道倾角为 i，两卫星 i 和 j 所在轨道面的经度差为 $\Delta\lambda$，各自的初始幅角为 γ_i 和 γ_j。根据式(2-51)和式(2-52)，卫星 i 对 j 的地心角距离 R_{ij}(即卫星间的地心角 α)由下式确定：

$$\begin{aligned}\sin^2(R_{ij})=&\cos^4(i/2)\cdot\sin^2[(\gamma_j-\gamma_i)/2+\Delta\lambda/2]+\\&2\sin^2(i/2)\cdot\cos^2(i/2)\cdot\sin^2[(\gamma_j-\gamma_i)/2]+\\&\sin^4(i/2)\cdot\sin^2[(\gamma_j-\gamma_i)/2-\Delta\lambda/2]+\\&2\sin^2(i/2)\cdot\cos^2(i/2)\cdot\sin^2(\Delta\lambda/2)\cdot\cos(2\chi+\gamma_j+\gamma_i)\end{aligned}\tag{2-70}$$

在确定了卫星间的地心角后，便可以根据式(2-67)确定瞬时的仰角。由式(2-70)可以看出，仰角是时变相位 χ 的偶谐(Even Harmonic)函数。

2. 星间链路距离的计算

从图 2-27 可见，星间距离(即星间链路长度)由卫星间的地心角唯一地确定。根据图 2-27 所示的几何关系容易推出：

星间距离：
$$D_s=2(h+R_e)\cdot\sin(\alpha/2)\tag{2-71}$$

最大星间距离：
$$D_{smax}=2\sqrt{(h+R_e)^2-(H_P+R_e)^2}\tag{2-72}$$

显然，星间距离也是时变相位 χ 的偶谐函数。

3. 星间链路方位角的计算

方位角的度量以卫星运动方向为基准，沿顺时针方向旋转到卫星连线方向。

图 2-21 中，如果已知轨道高度周期为 T，则卫星在轨道面内的时变相位为 $\chi(t)=2\pi t/T$；轨道倾角为 i；两卫星 i 和 j 所在轨道面的经度差为 $\Delta\lambda$；各自的初始幅角为 γ_i 和 γ_j，则在 t 时刻卫星 i 对 j 的方位角 Ψ_{ij} 由下式确定：

$$\begin{aligned}\Psi_{ij}=\arctan\{&[\sin i\cdot\sin(\Delta\lambda)\cdot\cos(\chi+\gamma_j)-\sin(2i)\cdot\sin^2(\Delta\lambda/2)\cdot\sin(\chi+\gamma_j)]/\\&[\sin^2 i\cdot\sin^2(\Delta\lambda/2)\cdot\sin(2\chi+\gamma_j+\gamma_i)+\cos i\cdot\sin(\Delta\lambda)\cdot\cos(\gamma_j-\gamma_i)+\\&(\cos^2(\Delta\lambda/2)-\cos^2 i\cdot\sin^2(\Delta\lambda/2))\cdot\sin(\gamma_j-\gamma_i)]\}\end{aligned}\tag{2-73}$$

通过对式(2-73)中下标位置互换可以获得计算 j 对 i 的方位角 Ψ_{ji} 的公式。从式(2-73)可以看出，方位角是时变相位 χ 的奇谐(Odd Harmonic)函数。

2.7.2 不同轨道高度卫星间的星间链路

在以 GEO 或 MEO 卫星构建的中继卫星系统中,用户为各种类型的 LEO 卫星或其他类型的航天器。此时的星间链路建立在不同轨道高度的卫星之间。不同轨道高度卫星间星间链路的空间几何关系如图 2-28 所示。图中,h_A是卫星 A 的轨道高度,h_B是卫星 B 的轨道高度,且假定 $h_A<h_B$;α 是两卫星所夹地心角;E_A和 E_B分别为卫星 A 和 B 的仰角。容易推出卫星的仰角满足关系式:

$$E_A=\arctan\left[\left(\cos\alpha-\frac{h_A+R_e}{h_B+R_e}\right)/\sin\alpha\right] \tag{2-74}$$

$$E_B=-E_A-\alpha \tag{2-75}$$

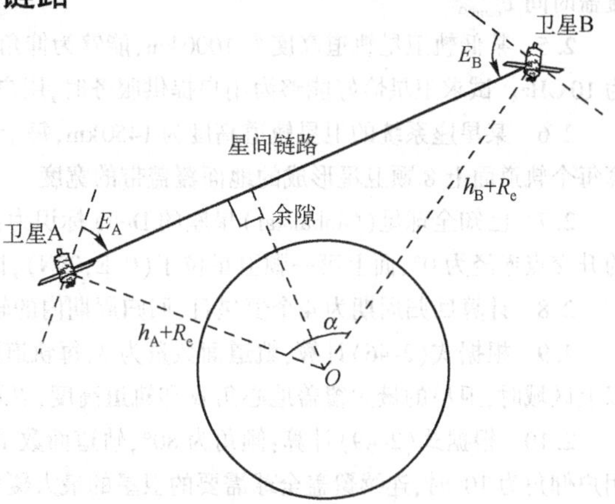

图 2-28 不同轨道高度卫星间星间链路空间几何关系

由式(2-74)和式(2-75)可知,轨道高度较高的卫星将始终有负的仰角值,而高度较低的卫星的仰角则可正可负。

与相同轨道高度时的情况相似,星间链路距离地球表面也应当留有余隙,最小余隙 H_P 对应着最大星间地心角 α_{max} 和最长的星间链路距离 D_{smax},根据图 2-28 所示的几何关系可得:

$$\alpha_{max}=\arccos\left[\frac{H_P+R_e}{h_A+R_e}\right]+\arccos\left[\frac{H_P+R_e}{h_B+R_e}\right] \tag{2-76}$$

$$D_{smax}=\sqrt{(h_A+R_e)^2-(H_P+R_e)^2}+\sqrt{(h_B+R_e)^2-(H_P+R_e)^2} \tag{2-77}$$

在任意时刻 t,GEO 卫星的经纬度坐标(λ_{GEO},0)是固定不变的,只要获得了 LEO 卫星的经纬度坐标(λ_{LEO},φ_{LEO}),那么两颗卫星所对应的地心角 α 为:

$$\alpha=\arccos[\cos(\varphi_{LEO})\cdot\cos(\lambda_{GEO}-\lambda_{LEO})] \tag{2-78}$$

采用式(2-76)计算出 α_{max}后,可以推断:当 $\alpha\leqslant\alpha_{max}$时,GEO 卫星与 LEO 卫星之间能够建立星间链路;当 $\alpha>\alpha_{max}$时,星间链路不能建立。

采用类似的方法,也可以判断其他类型的卫星间是否能够建立星间链路。

由于方位角的大小只与卫星的瞬时经纬度位置相关,与卫星的轨道高度无关,因此计算方法与相同轨道高度卫星间方位角的计算一样。

习题

2.1 计算 LEO(轨道高度 300~1500 km)、MEO(轨道高度 8000~20000 km)和 GEO(轨道高度 35786 km)各典型高度值时的在轨速度和轨道周期。

2.2 全球星系统的卫星轨道高度为 1414 km,在最小仰角为 10°时,求单颗卫星的最大覆盖地心角,以及覆盖区面积和卫星天线的半视角。

2.3 某地面观察点位置为(120°E,45°N),卫星的瞬时位置为(105°E,25°N),轨道高度为 2000 km,计算该时刻地面观察点对卫星的仰角。

2.4　铱系统卫星的轨道高度为 780 km，在最小仰角为 10°时，试计算单颗系统卫星能够提供的最长连续覆盖时间 T_{coun}。

2.5　某低轨卫星轨道高度为 1000 km，能够为仰角在 10°以上的用户提供服务。卫星发射机的工作频率为 10 GHz。试求卫星恰好能够为用户提供服务时，用户接收信号的工作频率是多少？

2.6　某星座系统的卫星轨道高度为 1450 km，每个轨道面上的卫星数量为 8 颗。在最小仰角为 10°时，计算每个轨道面上 8 颗卫星形成的地面覆盖带的宽度。

2.7　已知全球星（Globalstar）星座的 Delta 标识为：48/8/1：1414：52，假设初始时刻星座的第一个轨道面的升交点赤经为 0°，面上第一颗卫星位于（0°E，0°N），试确定星座各卫星的轨道参数。

2.8　计算回归周期为 4 个恒星日，回归周期内的轨道圈数从 5 到 21 的准回归轨道的高度。

2.9　根据式（2-46）计算：轨道面数量为 3，每轨道面卫星数量为 8 的极轨道星座，在连续覆盖南北纬 45°以上区域时，卫星的最大覆盖地心角 α 和轨道高度，以及顺行轨道面间的升交点经度差 Δ_1。

2.10　根据式（2-49）计算：倾角为 80°，轨道面数量为 3，每轨道面卫星数量为 5 的近极轨道星座，在最小用户仰角为 10°时，连续覆盖全球需要的卫星的最大覆盖地心角 α 和轨道高度，以及顺行轨道面间的升交点经度差 Δ_1'。

2.11　给出 Delta 星座 12/3/1 和 14/7/4 的等价 Rosette 星座标识。

2.12　给出以下以 Delta 星座标识描述的星座系统的等价 Rosette 星座标识。①全球星（Globalstar）星座 48/8/1；②Celestri 星座 63/7/5；③M-Star 星座 72/12/5。

2.13　以等价 Delta 星座标识的方式，证明 Ballard 的最优 15 星星座（15，3，1/5），（15，3，4/5），（15，3，7/5）和（15，3，13/5）的等价性。

2.14　判断以下 Delta 星座是否也是共地面轨迹星座：①24/4/2：8042：43；②9/9/4：10355：35；③8/8/4：10355：30；④7/7/4：13892：41。如果是，给出其等价的共地面轨迹星座标识。

2.15　某极轨道星座的参数如表 2-3 中第 5 行（3×5 星座）。在初始时刻，第 1 个轨道面上第 1 颗卫星位于（0°E，0°N）。试判断初始时刻，第 1 个轨道面上第 1 颗和第 3 个轨道面上第 2 颗卫星间是否能够建立星间链路（假定星间链路距地球表面的最近距离为 100 km）。

第3章　链路传输工程

3.1　概　　述

卫星通信系统中,信号的传播路径主要在星地之间和卫星之间。星地之间的电波传播特性由自由空间传播特性和近地大气层的各种影响所确定;而星间链路中电波在卫星之间的传播,可认为只是在自由空间传播,不存在大气层的影响。

对于星地链路,电波传播要经过对流层(含云层和雨层)、平流层、电离层和外层空间,跨越距离大,影响电波传播的因素很多。表3-1给出了卫星通信系统电波传播过程中的问题、产生的物理原因及主要影响。

表3-1　卫星通信系统电波传播过程中的问题、产生的物理原因及主要影响

传播问题	物理原因	主要影响
衰减和噪声增加	大气、云、雨	大约10 GHz以上的频率
信号去极化	雨、冰结晶体	C和Ku频段的双极化系统(取决于系统结构)
折射和大气多径	大气	低仰角跟踪和通信
信号闪烁	电离层和对流层折射扰动	对流层:低仰角和10 GHz以上频率; 电离层:10 GHz以下频率
反射多径和阻塞	地球表面及表面物体	卫星移动业务
传播时延、变化	对流层和电离层	精确的定时、定位、TDMA系统

卫星通信系统的链路设计与以下几个重要技术参数密切相关。

(1) 等效全向辐射功率(EIRP)

等效全向辐射功率为地球站或卫星的天线发射功率 P 与该天线增益 G 的乘积。它表明定向天线在最大辐射方向实际所辐射的功率,可表示为:

$$\mathrm{EIRP}=PG \quad 或 \quad \mathrm{EIRP(dBW)}=P(\mathrm{dBW})+G(\mathrm{dB})$$

(2) 噪声温度(T_e)

噪声温度为将噪声系数折合成电阻元件在相当于某温度下的热噪声,单位为K。噪声温度(T_e)与噪声系数(N_F)的关系为:

$$N_F=10\lg(1+T_e/290)\ (\mathrm{dB})$$

(3) 品质因数(G/T_e)

品质因数为天线增益与噪声温度的比值 G/T_e,其对数值可表示为:

$$[G/T_e]=10\lg(G/T_e)=(10\lg G-10\lg T_e)\ (\mathrm{dB/K})$$

本章首先讨论星地链路的传播特性,包括自由空间传播、大气层对电波传播的影响及卫星通信链路的计算,然后讨论卫星移动通信链路特性、链路中的各种干扰和链路传输质量问题。

3.2 星地链路传播特性

3.2.1 自由空间传播损耗

电波在传播过程中，能量将随传输距离的增大而扩散，由此引起的传播损耗称为链路的自由空间传播损耗。

对于一个各向同性的辐射源，其能量是向周围均匀扩散的。在半径为 d 的球面上（其面积为 $4\pi d^2$）的功率（通量）密度，即单位面积上的功率 P'_r 为：

$$P'_r=\frac{P_t}{4\pi d^2} \tag{3-1}$$

式中，P_t 为辐射源的功率；P'_r 可以看作在距离辐射源 d 处单位天线面积接收的功率，而式（3-1）的分母称为传播（或扩散）因子。图 3-1 所示为各向同性辐射源在某一方向上，在不同距离（分别为 R_1 和 R_2）时以相同的接收天线面积 A 所捕获的辐射能量。显然，距离较近的天线可以接收到更大的功率（图中以辐射线的数目示意），而离发射机越远的相同面积接收天线所能接收到的信号功率越小。接收天线捕获面积的概念工程上称为天线的有效面积。另一个重要的参数是天线的效率，它是有效面积与实际的物理面积之比。典型的天线效率为55%~70%。若接收天线不用反射器，而采用“有源接收面积”（Active Receiving Area，比如包含多个喇叭和阵列的天线）接收电波时，效率可高达90%，但在低于 1 GHz 以下的频段提高天线效率是困难的（因为控制各阵列单元的波束宽度和互耦较困难）。

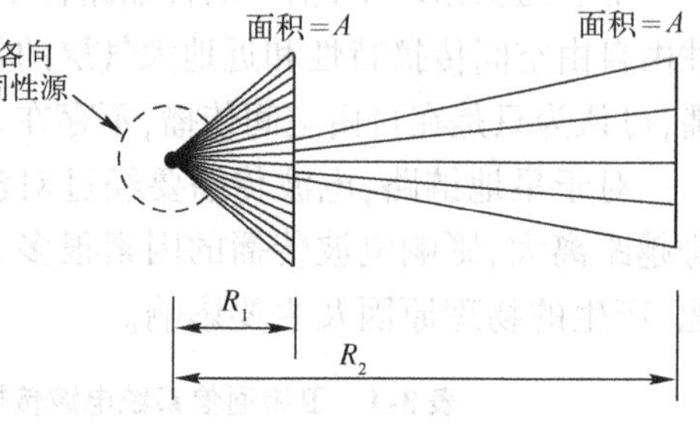

图 3-1 辐射能量

卫星通信系统中的天线都采用定向天线，并用“天线增益”来表征其方向性。发送端（辐射源）采用定向天线，其增益 G_t 为天线在某方向（通常是最大辐射方向）上单位立体角发射的功率与无方向天线（各向同性）的单位立体角发射的功率之比。于是，如果发射端采用定向天线，根据式（3-1）可以得到与发射端距离为 d 处的单位面积所接收的信号功率 P''_r 为：

$$P''_r=\frac{G_tP_t}{4\pi d^2} \tag{3-2}$$

接收天线增益 G_r 为：

$$G_r=\frac{4\pi}{\lambda^2}A_e \tag{3-3}$$

式中，λ 为电波波长，A_e 为接收天线的有效接收面积（等于实际的物理面积与天线效率的乘积）。

显然，接收天线有效面积为 A_e（增益为 G_r）时，接收信号功率 P_r 为：

$$P_r=P''_rA_e=\left(\frac{\lambda}{4\pi d}\right)^2 G_rG_tP_t \tag{3-4}$$

由式（3-2）和式（3-3）分别得

$$P_r = P''_r A_e = \frac{G_t P_t}{4\pi d^2} A_e, \quad A_e = G_r \frac{\lambda^2}{4\pi}$$

则

$$P_r = \frac{G_t P_t}{4\pi d^2} G_r \frac{\lambda^2}{4\pi} = \frac{P_t G_t G_r}{\left(\frac{4\pi d}{\lambda}\right)^2}$$

定义自由空间传输损耗 L_f 为：

$$L_f = \left(\frac{4\pi d}{\lambda}\right)^2 \tag{3-5}$$

L_f 也可以理解为发射和接收天线增益都为 1(0 dBi)时的传输损耗(发射功率与接收功率之比)。

由于工作波长 λ 与频率 f 的关系为：

$$\lambda = c/f \tag{3-6}$$

式中，光速 $c = 2.99792 \times 10^8$ m/s。

于是，式(3-5)可改写为：

$$L_f = \left(\frac{4\pi df}{c}\right)^2 \tag{3-7}$$

若以 dB 为单位，并将 π、c 等常数代入，L_f(dB)可表示为：

$$L_f(\text{dB}) = 92.44 + 20\lg d + 20\lg f \tag{3-8}$$

注意，式(3-8)中 d 的单位为 km，f 的单位为 GHz。

图 3-2 所示为自由空间传播损耗与链路长度的关系曲线。可以看出，GEO 与 LEO 卫星系统链路的传播损耗相差约 30 dB。对于 GEO 系统，若仰角为 30°，则 $d = 38607$ km，此时 C、Ku 频段下行链路(4 GHz 和 12 GHz)的损耗分别为 196.20 dB 和 205.76 dB，上行链路(6 GHz 和 14 GHz)的损耗分别为 199.75 dB 和 207.10 dB。

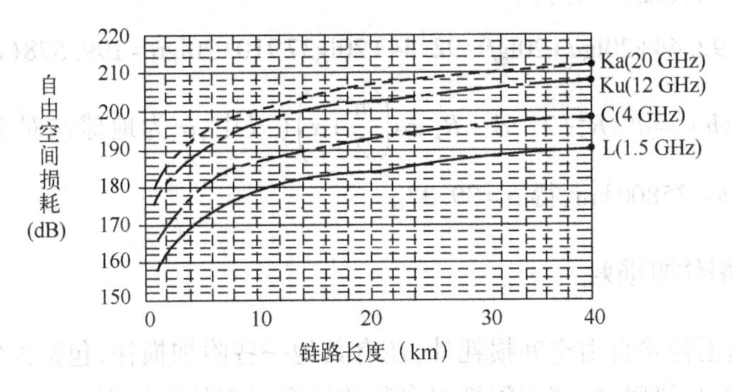

图 3-2　自由空间传播损耗与链路长度的关系曲线

图 3-3 所示为卫星、地球站的几何关系。由图 3-3 不难得到地球站到静止轨道卫星的通信距离(链路长度)d 和仰角 α 的计算公式为：

$$d = 42238 \times \sqrt{1.023 - 0.302\cos e \cdot \cos\Delta g} \quad (\text{km}) \tag{3-9}$$

$$\alpha = \arctan\left(\frac{6.61073 - \cos\gamma}{\sin\gamma}\right) - \gamma \tag{3-10}$$

式中，地心角 $\gamma = \arccos(\cos e \cdot \cos\Delta g)$，$e$ 为地球站的纬度，Δg 为地球站与卫星定点(星下点)的经度之差。

图 3-4 所示为静止轨道卫星与地球站的通信距离关系曲线。图中给出了给定 d 条件下的 e-Δg 曲线。该曲线常用于已知卫星星下点与地球站相对位置后，确定卫星至地球站的通信距离和地球站对卫星的仰角。

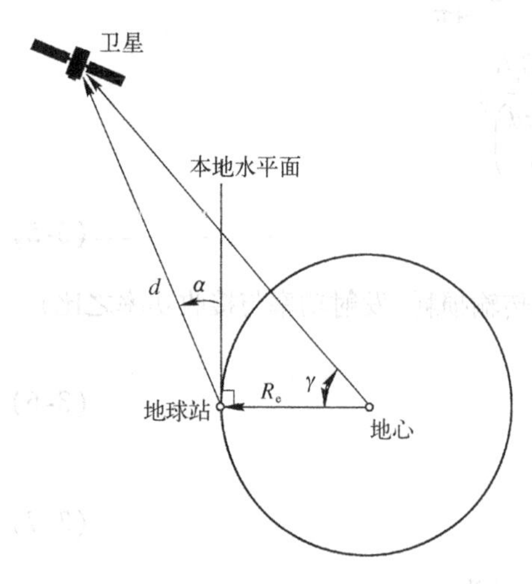

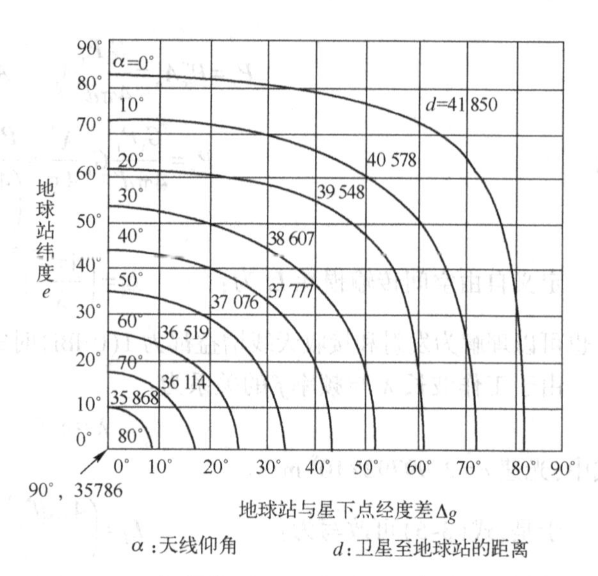

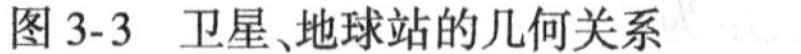

图 3-3　卫星、地球站的几何关系　　　　图 3-4　静止轨道卫星与地球站的通信距离关系曲线

例 1　若静止轨道卫星定位于 E90°,求位于(110°E,40°N)的地球站对卫星的仰角和信号传播距离。若射频频率为 6 GHz,计算链路的自由空间传播损耗。

解:地球站与卫星之间的距离为 d,$e=40°$,$\Delta g=110-90=20°$,则:

$$d=42\,238\times\sqrt{1.023-0.302\cos e\cdot\cos\Delta g}=42\,238\times\sqrt{1.023-0.302\cos40°\cos20°}=37\,910(\mathrm{km})$$

链路的自由空间传播损耗为:

$$L_f=92.44+20\lg d+20\lg f=92.44+20\lg37\,910+20\lg6=199.578(\mathrm{dB})$$

根据公式$(R_e+h)^2=d^2+R_e^2+2\cdot d\cdot R_e\cos\left(\frac{\pi}{2}+\alpha\right)$(式中,$\alpha$ 为地球站对卫星的仰角),由于 $R_e=6\,356.755\ \mathrm{km}$,$h=35800\ \mathrm{km}$,得 $\alpha=39.3°$。

3.2.2　链路附加损耗

星地链路传播损耗除自由空间损耗外,还有其他一些附加损耗,包括大气吸收损耗、雨衰,以及由于折射、散射与绕射、电离层闪烁与多径传播等引起的附加损耗。

1. 大气吸收损耗

在晴朗天气时,大气(主要是 O_2 和 H_2O 分子)对电波传播将带来附加的吸收损耗。在 15~35 GHz 的频率范围内,主要是水蒸气分子对电波吸收而引起的附加损耗,并在 22 GHz 处有峰值(但在高仰角条件下不超过 1 dB)。而在 35~80 GHz 的频率范围内,主要是氧分子的吸收作用并产生额外的附加损耗,且在 60 GHz 处有较大的损耗峰(超过 100 dB)。大气吸收产生的附加损耗见图 3-5。由于在 22 GHz 和 60 GHz 处有损耗峰存在,这些频率不宜用于星地链路,但可用于星间链路。同时由图 3-5 可以看出,从总体上看,吸收损耗随频率的增大而加大,但在 30 GHz处有一最低的谷点,它的附近正是 Ka 频段的“无线电窗口”。

2. 雨衰和云雾的影响

降雨引起的电波传播损耗的增加称为雨衰,雨衰是由于雨滴和雾对微波能量的吸收和散射产生的，并随着频率的增大而加大。通常在 Ku 频段及其以上的频段，雨衰的影响不容忽视。对于更高的频段，雨滴对电波的散射产生的传播损耗更为严重。雨衰不能精确地预告，但在进行链路设计时可做出估计。

雨衰的大小与雨量和电波穿过雨区的有效传输距离有关。同时，对于特定的雨区，电波在雨区内传播路径上不同地点受到的降雨衰减的影响是不同的（即雨区内不同地点的降雨衰减系数是不同的），为了便于计算，工程上用特定仰角时总的雨衰值来表示。图 3-6 所示为不同仰角时的雨衰频率特性。

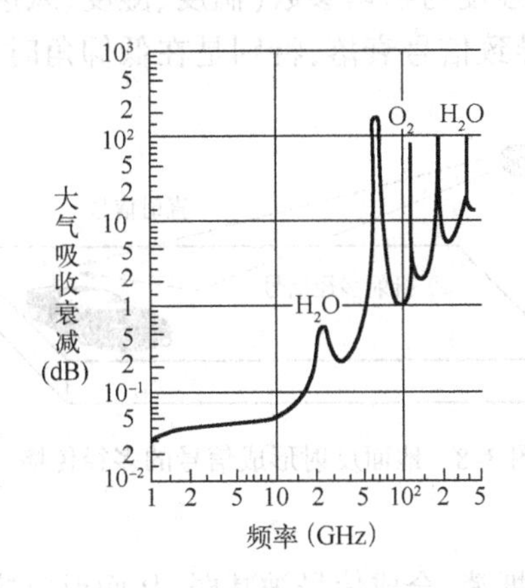

图 3-5　大气吸收产生的附加损耗

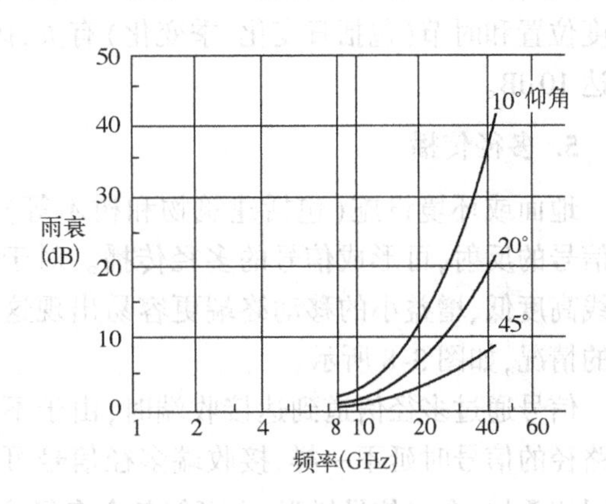

图 3-6　不同仰角时的雨衰频率特性

云、雾引起的损耗为：　　　$L_c = 0.148 f^2 / V_m^{1.43}$ (dB/km)

式中，f 为频率，单位为 GHz；V_m 为能见度，单位为 m。

- 密雾：$V_m < 50$ m。
- 浓雾：$50 \leqslant V_m < 200$ m。
- 中等雾：$200 \leqslant V_m < 500$ m。

雪引起的附加损耗为：$L_s = 7.47 \times 10^{-5} f \cdot I \cdot (1 + 5.77 \times 10^{-5} f^3 I^{0.6})$ (dB/km)

式中，f 为频率，单位为 GHz；I 为降雪强度，单位为 mm/h。15 GHz 下，只有中等强度以上的雪才有影响。

3. 大气折射的影响

在大气层中，离地球表面越高，空气密度越低，对电波的折射率也随之减小，使电磁波在大气层中的传播路径出现弯曲。图 3-7 是微波信号通过大气层时产生折射的示意图。于是地球站在几何上直线对准的只是在卫星实际位置上方的一个虚的卫星位置。由于大气层的不稳定因素，如温度的变化、云层和雾等导致了大气密度分布的不连续变化和起伏，使传播路径产生了随机的、时变的弯曲，从而引起接收信号的起伏。在低仰角的情况下，由于星地传播路径与地面视距微波的路径近于平行，折射还可能形成相互干扰。

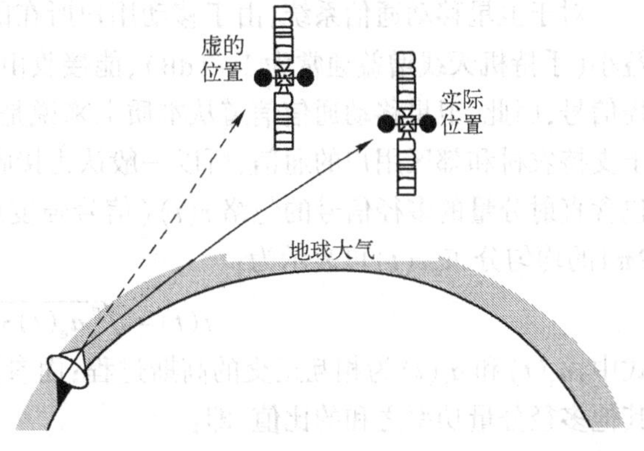

图 3-7　微波信号通过大气层时产生折射示意图

4. 电离层、对流层闪烁的影响

电离层内存在电子密度的随机不均匀性而引起闪烁，其强度大致与频率的平方成反比。因此，电离层闪烁会对较低频段(1 GHz 以下)的电波产生明显的散射和折射，从而引起信号的衰落。比如，对于 200 MHz 的工作频率，电离层闪烁使信号衰落有 10%的时间大于 6 dB。

对流层降雨和闪烁特性主要对较高频段(10 GHz 以上)的电波传播造成较大的影响。前面已经对降雨引起的雨衰进行了讨论。对流层的闪烁强度与物理参数(温度、湿度、风速等)、纬度位置和时节(包括日变化、季变化)有关，闪烁将导致信号衰落，特别是在低仰角时，衰落可达 10 dB。

5. 多径传播

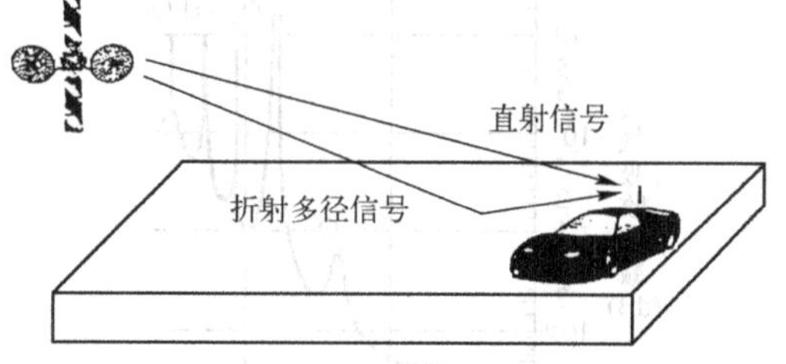

图 3-8　地面反射形成信号的多径传播

地面或环境设施(包括建筑物和树木等)对信号的反射，可形成信号的多径传播。对于天线高度低、增益小的移动终端更容易出现这样的情况，如图 3-8 所示。

信号通过多径信道到达接收端时，由于不同路径的信号时延不一样，接收端多径信号可能同相叠加，合成信号增强，也可能各个多径信号反相抵消，合成信号被减弱，从而形成接收信号的衰落。

3.3　卫星移动通信链路特性

3.3.1　衰落信道模型

对于卫星移动通信系统，由于移动用户所在的地面环境复杂，移动台天线高度低，同时增益小(手持机天线增益通常为 1~2 dB)，能接收由于地面环境反射形成的、来自各个方向的多径信号，因此，卫星移动通信信道从本质上来说是一个多径信道。但是，由于卫星系统主要用于支持农村和郊区用户的通信，所以一般认为接收信号中有直射分量。数学分析的结果表明，包含直射分量的多径信号的包络 $r(t)$(信号强度或功率)服从莱斯(Rice)分布，相位服从[0, 2π]的均匀分布，$r(t)$可表示为：

$$r(t)=\sqrt{[a_c(t)+K]^2+a_s^2(t)} \tag{3-11}$$

式中，$a_c(t)$和 $a_s(t)$为相互正交的高斯过程；而参数 K 称为莱斯因子，它是直射分量的功率与其他多径分量功率之和的比值，即：

$$K=\frac{直射分量功率}{多径分量功率之和}$$

在卫星移动通信系统中，信号的直射分量也可能被诸如树木、输电线或高的地面障碍物所遮蔽。数学分析的结果表明，此时接收信号的强度 $r_1(t)$服从对数高斯条件下的莱斯分布，相位服从[0,2π]的均匀分布。此时，$r_1(t)$可表示为：

$$r_1(t)=\sqrt{[\gamma_c(t)+a_c(t)]^2+[\gamma_s(t)+a_s(t)]^2} \tag{3-12}$$

式中,$\gamma_c(t)$和$\gamma_s(t)$是互为正交的对数高斯过程,其特性由对数高斯分布的均值μ和方差σ^2确定。

对实际的卫星移动通信链路特性的测试结果表明,莱斯信道的莱斯因子K和对数正态莱斯信道的均值μ及方差σ^2都与用户对卫星的仰角α有关。在农村树木遮蔽条件下,K、μ和σ可用以下经验公式计算:

$$\left.\begin{aligned}K(\alpha)&=K_0+K_1\alpha+K_2\alpha^2\\ \mu(\alpha)&=\mu_0+\mu_1\alpha+\mu_2\alpha^2+\mu_3\alpha^3\\ \sigma(\alpha)&=\sigma_0+\sigma_1\alpha\end{aligned}\right\} \tag{3-13}$$

公式中的参数K_0,K_1,…,见表3-2。

表3-2 经验公式(3-13)中的参数值

K	μ	σ
$K_0=2.731$	$\mu_0=2.331$	$\sigma_0=4.5$
$K_1=-0.1074$	$\mu_1=0.1142$	$\sigma_1=-0.05$
$K_2=0.002774$	$\mu_2=-0.001939$	
	$\mu_3=1.049\times10^{-5}$	

图3-9所示为在树木遮蔽条件下,不同仰角时的接收信号电平衰落积累分布特性。纵坐标衰落电平表示在给定仰角条件下,超过横坐标时间百分数的接收电平衰落的分贝数。比如,当仰角为40°时,对应于横坐标95%的衰落电平为9 dB,它表明接收电平的衰落有95%的时间不超过9 dB。衰落电平是指接收电平低于无衰落信道(无多径效应且信号直射分量不被遮蔽)接收电平的数值。由于链路呈衰落特性,因此传输电平预算需留有一定的余量。对于上述的数值例子,若留有9 dB的余量,在相应条件下就能保持链路95%的有效性。

然而,对于低轨道卫星系统来说,由于卫星相对于地面的快速运动,在通信过程中仰角是在不断变化的。因此,从系统设计的角度来讲,希望能仅以移动用户所处的地面环境来确定衰落余量的平均值(不同仰角时的平均值)。这里根据国外测试的大量数据来进行估计,表3-3所示为在不同环境下,接收信号有效性分别为90%、95%和99%时的平均衰落余量。

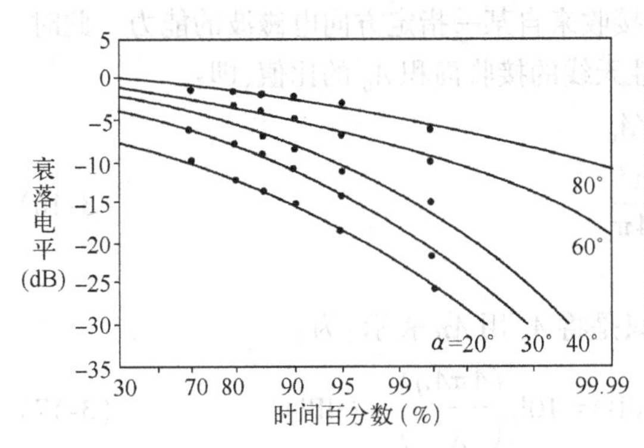

图3-9 接收信号电平衰落积累分布特性

表3-3 平均衰落余量

环 境	不同有效性对应的平均衰落余量(dB)		
	90%	95%	99%
农村开阔地	1.0	1.5	2.5
郊区或非开阔农村	6	8	12
市区	9	11	15

3.3.2 多普勒频移

在卫星移动通信系统中,卫星与地面移动终端之间存在相对运动,因而它们作为发射机或接收机的载体,接收信号相对于发送信号将产生多普勒频移。分析表明,多普勒频移f_D可表示为:

$$f_D=\frac{Vf_c}{c}\cos\theta \tag{3-14}$$

式中,V为卫星与用户的相对运动速度,f_c为射频频率,c为光速,θ为卫星与用户之间的连线与速度V方向的夹角。

卫星移动通信系统可能利用的是静止轨道卫星,也可能是非静止轨道卫星。对于前者,产生多普勒频移是因为用户终端的运动,而后者主要取决于卫星相对地面目标的快速运动。表3-4所示为静止轨道、中轨道(高度约10000 km)和低轨道(高度约1000 km)卫星系统工作在C频段时的最大多普勒频移的典型值,以及在星间切换时多普勒频移的跳变值。

表3-4 多普勒频移

轨道类型	静止轨道	中轨道	低轨道
多普勒频移的典型值(kHz)	±1	±100	±200
切换时多普勒频移的跳变值(kHz)	无	200	400

3.4 天线的方向性和电极化问题

3.4.1 天线增益和方向图

在卫星通信系统中,总是希望卫星的天线仅将其发射功率辐射到所需的覆盖区域,而地球站的天线将射频信号功率只有效地辐射给目的卫星。因此,要求天线具有向特定方向辐射信号的能力,即天线具有方向性。

具有方向性的天线与各向同性的全向天线相比较,能在特定的方向上提供增益。通常,将天线在最大辐射方向上的场强 E 与理想的各向同性天线均匀辐射场强 E_0 的比值,以功率密度计的倍数(或分贝数)称为天线的增益 G:

$$G=\frac{E^2}{E_0^2}=20\lg\frac{E}{E_0}\quad(\text{dBi})\tag{3-15}$$

对于接收天线而言,可以将增益理解为天线接收来自某一指定方向电磁波的能力。此时,增益为天线的有效接收面积 A 与理想的各向同性天线的接收面积 A_0 的比值,即:

$$G=A/A_0$$

各向同性天线的接收面积 A_0 为:

$$A_0=\frac{\lambda^2}{4\pi}\tag{3-16}$$

式中,λ 为波长。

于是,接收天线增益[与式(3-3)相同,这里只是将 A_e 用 $A\eta$ 表示]为:

$$G=\frac{4\pi A}{\lambda^2}\eta=\eta\left[\frac{\pi D}{\lambda}\right]^2\quad\text{或}\quad G(\text{dB})=10\lg\left(\frac{4\pi A\eta}{\lambda^2}\right)\quad(\text{dBi})\tag{3-17}$$

式中,η 为天线效率,D 为天线直径。

天线增益通常是指在最大辐射方向上信号功率增加到的倍数。描述天线在整个空间内辐射功率的分布情况,则利用所谓天线方向图。方向图的主要参数是主瓣的半功率角 $\theta_{0.5}$(单位为度),通常称为波束宽度,其近似估算公式为:

$$\theta_{0.5}\approx 70\frac{\lambda}{D}\tag{3-18}$$

代入式(3-17),并取 $\eta=0.6$,可得天线增益的近似计算式为:

$$G\approx 29\,000/(\theta_{0.5})^2\tag{3-19}$$

在不同的参考文献中,式(3-19)的系数可能有所不同。比如,当天线效率取0.5或0.7时,系数分别约为24 000和33 000。

图 3-10 所示为 C、Ku 频段的天线增益和半功率波束宽度与天线直径的关系曲线。

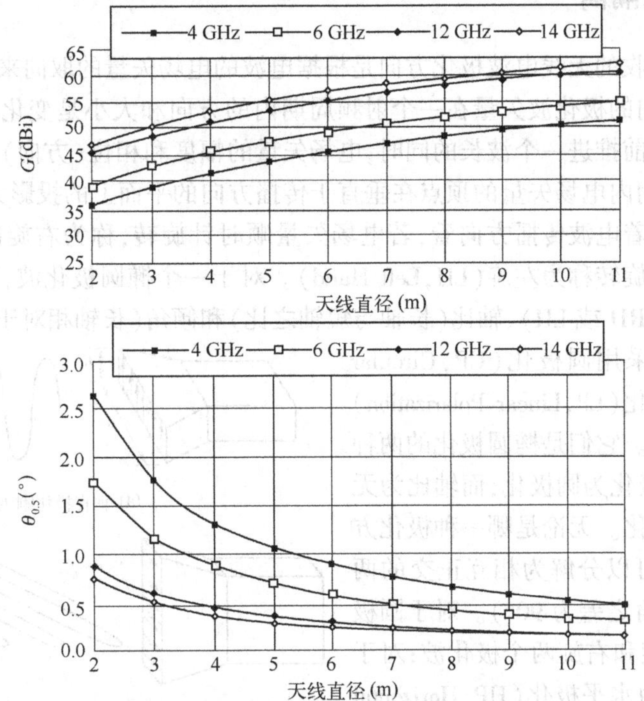

图 3-10 C、Ku 频段的天线增益和半功率波束宽度与天线直径的关系曲线

除主瓣波束宽度外，还有第一旁瓣、第二旁瓣、……以及与主瓣方向相反的后瓣等，统称为旁瓣。对于同相均匀激励的圆口径天线来说，方向图可表示如下：

$$G(\theta)=\frac{J_1\left(\dfrac{\pi D}{\lambda}\sin\theta\right)}{\sin\theta} \tag{3-20}$$

式中，θ 为以主瓣中心轴线为参考的方向角，$J_1(\cdot)$ 为第一类一阶贝塞尔函数。图 3-11 所示为同极化与正交极化的方向图(引自 FCC 报告 FCC/OST R83-2)，第一零点间的波束宽度为 $2\theta_{0.5}$。

发射信号除了在天线主瓣方向辐射外，在旁瓣方向上也有信号的泄漏。这些泄漏信号可能形成对工作在同频段的其他通信系统的干扰，比如，卫星和地面微波中继的 C 频段系统工作在同一频段。图 3-12 为泄漏与地面微波系统形成干扰的示意图。

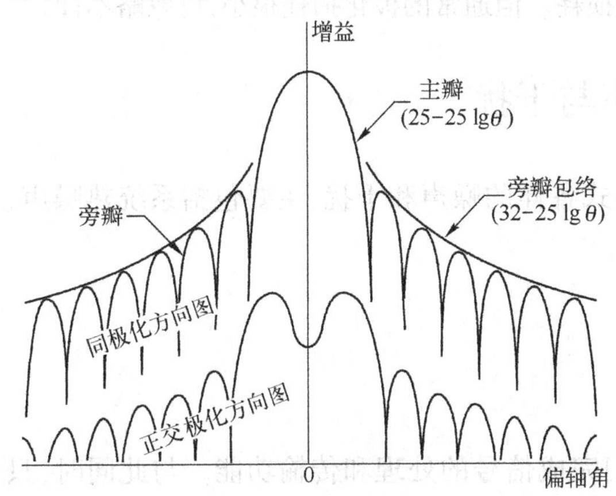

图 3-11 同极化与正交极化的方向图

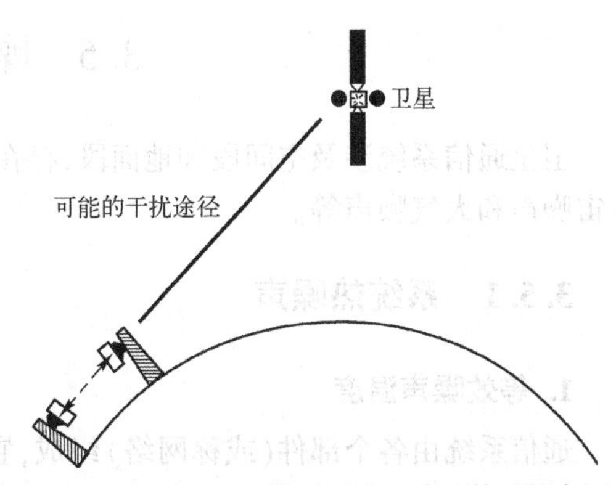

图 3-12 泄漏与地面微波系统形成干扰的示意图

3.4.2 极化隔离

天线发射或接收的无线电波极化方向是根据电波的电场矢量的取向来确定的。电波传播时,垂直于传输方向的极化波矢量在一个射频周期内的方向和大小是变化的,也就是说,电磁波在一个周期内向前推进一个波长的同时,电场矢量的幅度和相位(方向)也随之变化。在一般情况下,一个周期内电场矢量的顶点在垂直于传播方向的平面上的投影为一个椭圆,称为椭圆极化。从天线顺着电波传播方向看,若电场矢量顺时针旋转,称为右旋(RH,Right Hand),而电场矢量逆时针旋转称为左旋(LH,Left Hand)。对于一个椭圆极化波,可以用三个参数来描述它:旋转方向(RH 或 LH)、轴比(长轴与短轴之比)和倾角(长轴相对于基轴的倾角)。

工程上,通常采用圆极化(CP,Circular Polarization)和线极化(LP,Linear Polarization)两种极化工作方式。它们是椭圆极化的两种特例,轴比为 1 的极化为圆极化,而轴比为无限大的极化为线极化。无论是哪一种极化方式,极化波矢量都可以分解为相互正交的两个分量(即它们倾角之差为 90°)。对于圆极化波,可分解为左旋和右旋两个极化波;对于线极化波,则分解为水平极化(HP,Horizontal Polarization)和垂直极化(VP,Vertical Polarization)两个分量。图 3-13所示为由垂直和水平馈源喇叭形成的相互正交的线性极化波。

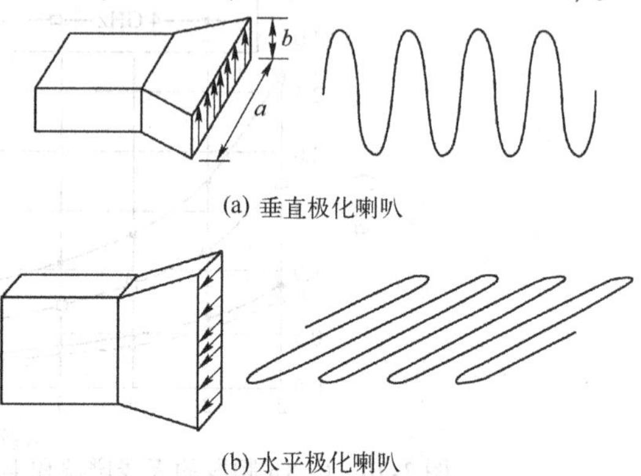

图 3-13 由垂直和水平馈源喇叭形成的相互正交的线极化波

从理论上来说,两个正交极化波是完全隔离的,这就意味着,一个天线可以配置两个接收或发射端口。每个端口只与一个极化波匹配,而与另一个极化波正交。在卫星通信系统中,利用正交极化波的这种特性作为邻近频道发射、接收时的附加隔离是十分有用的。然而,由于实际接收、发射设备的误差,以及电波传播过程中降雨的去极化作用等因素的影响,接收端电波的极化方向已产生了误差,这将引起两个结果:首先,接收的正交分量将有泄漏,并对匹配接收的有用信号形成干扰,使隔离度(定义为有用信号与无用的泄漏信号之比) 下降(通常,工程上极化隔离度的典型值为 30~35 dB,这个典型值为不同极化时在主瓣方向上的增益之差,可参见图 3-11)。其次,匹配接收信号将因误差而有所减弱,称为极化损耗。但通常的极化损耗很小,可忽略不计。

3.5 噪声与干扰

卫星通信系统涉及空间段和地面段,存在各式各样的噪声和干扰,主要包括系统热噪声、宇宙噪声和大气噪声等。

3.5.1 系统热噪声

1. 等效噪声温度

通信系统由各个部件(或称网络)组成,它们完成信号的处理和传输功能。与此同时,只要传导媒质不处于热力学温度的零度,其中带电粒子就存在着随机的热运动,从而产生对有用

信号形成干扰的噪声。噪声的大小以功率谱密度 n_0 来度量,它与温度有关:

$$n_0=kT \tag{3-21}$$

式中,$k=1.38\times10^{-23}$ J/K,为玻耳兹曼常数;T 为噪声源的噪声温度,单位为 K。

可以看出,只要其温度不是热力学温度(K)的零度(相当于−273℃),噪声就不为零,称为热噪声。由式(3-21)还可看出,热噪声的功率谱密度与频率无关,通常称为白噪声,就像白光是由各种波长的单色光组成的一样。

由于任何网络总是具有有限的带宽(用 B 表示),同时,这里假定网络增益为 A。输出端的噪声功率将由两部分组成:一部分为由网络输入端的匹配电阻所产生的输出噪声功率(记为 N_{io}),另一部分为网络内部噪声对输出噪声的贡献 ΔN。于是总的输出噪声功率 N_o 为:

$$N_o=N_{io}+\Delta N=kT_0BA+kT_eBA \tag{3-22}$$

式中,T_0 是输入匹配电阻的噪声温度,第一项是该电阻所产生噪声在输出端的数值,第二项为网络内部噪声在其输出端的贡献,T_e 称为网络的等效噪声温度。显然,它表示将一个噪声温度为 T_e 的噪声源接至理想的无噪声网络输入端时所产生的噪声功率。

2. 等效噪声温度和噪声系数

卫星通信系统的信号传播距离远,损耗大。弱的接收信号需要对接收系统的内部噪声进行较精确的估算,不恰当地提高对系统的要求,会付出较大的代价(如增加发射功率或天线尺寸)。因此,通常采用较精细的等效噪声温度来估算系统噪声性能。然而,在另外一些通信系统中,习惯于用噪声系数来评价接收机的内部噪声。噪声系数 N_F 定义为输入信噪比与输出信噪比之比,于是:

$$N_F=\frac{S_i/N_i}{S_o/N_o}=\frac{S_i/(kBT_0)}{S_i/[kB(T_0+T_e)]}=1+\frac{T_e}{T_0} \tag{3-23}$$

或者:

$$T_e=(N_F-1)T_0 \tag{3-24}$$

3. 有耗无源网络(馈线等)的等效噪声温度

假设有耗无源网络(馈线)的损耗为 L_F,环境温度为 T_0。在输入、输出端匹配的情况下,输出端负载得到的噪声功率 N_o 为:

$$N_o=kBT_0$$

另一方面,输出噪声功率可表示为输入噪声功率(它也等于 kBT_0)对输出的贡献,与网络内部噪声(用等效噪声温度 T_e 表示)对输出的贡献之和。参照式(3-22),式中 $A=1/L_F$,于是 N_o 可表示为:

$$N_o=\frac{kBT_0}{L_F}+\frac{kBT_e}{L_F}$$

于是可得其等效噪声温度(由于特指损耗线 L_F 的温度,T_e 改用 T_F 表示)为:

$$T_F=(L_F-1)T_0 \tag{3-25}$$

可见,馈线损耗越大,则等效噪声温度越高。将式(3-25)与式(3-24)对比,可得无源有耗网络的噪声系数为:

$$N_F=L_F \tag{3-26}$$

4. 级联网络的等效噪声温度

卫星通信接收机前端是由天线、馈线、低噪声放大器、混频器等一系列网络级联组成的,这里讨论如何考虑级联后总的接收机等效噪声温度。

假定级联的 n 个网络的增益和等效噪声温度分别为 $A_1, A_2, \cdots, A_n$ 和 $T_{e1}, T_{e2}, \cdots, T_{en}$。并认为 n 个网络的等效噪声带宽 B 都相同，于是，参照式(3-22)可得第 $1, 2, \cdots, n$ 级网络输出噪声功率分别为：

$$kB(T+T_{e1})A_1$$

$$kB(T+T_{e1})A_1A_2+kBT_{e2}A_2$$

$$\vdots$$

$$kB(T+T_{e1})A_1A_2\cdots A_n+kBT_{e2}A_2A_3\cdots A_n+\cdots+kBA_nT_{en}$$

式中，T 为输入端噪声温度。如果用 $T_{e\sum n}$ 表示 n 个网络级联后总的等效噪声温度，则 n 级网络输出噪声功率可表示为：

$$kB(T+T_{e\sum n})A_1A_2\cdots A_n$$

与上面由 $T_{e1}, T_{e2}, \cdots, T_{en}$ 表示的 n 级网络输出噪声功率对比，可得总的等效噪声温度 $T_{e\sum n}$ 为：

$$T_{e\sum n}=\frac{\sum_{i=1}^{n}\left[T_{ei}\prod_{j=i}^{n}A_j\right]}{\prod_{i=1}^{n}A_i}=T_{e1}+\sum_{i=2}^{n}\left[\frac{T_{ei}}{\prod_{j=1}^{i-1}A_j}\right] \tag{3-27}$$

可以看出，第2级网络内部噪声(其噪声温度为 T_{e2})对总的等效噪声温度的贡献为$\frac{T_{e2}}{A_1}$，而第3级网络的贡献为$\frac{T_{e3}}{A_1A_2}$，……因此，只要第1级网络的增益 A_1 足够大(而 T_{e2} 不是太大)，则第2级网络的内部噪声对接收机总噪声的贡献就较小。同理，当 A_1A_2 足够大时，第3级网络内部噪声的影响就可以忽略，等等。

例2 如图3-14所示，网络由天线、接收机和低噪声放大器(LNA)组成。接收机噪声系数为12 dB，LNA增益为50 dB，其噪声温度为150 K，接收机和LNA之间的电缆损耗为5 dB，天线的噪声温度为35 K。计算网络相对于输入端的噪声温度，假定环境温度为290 K。

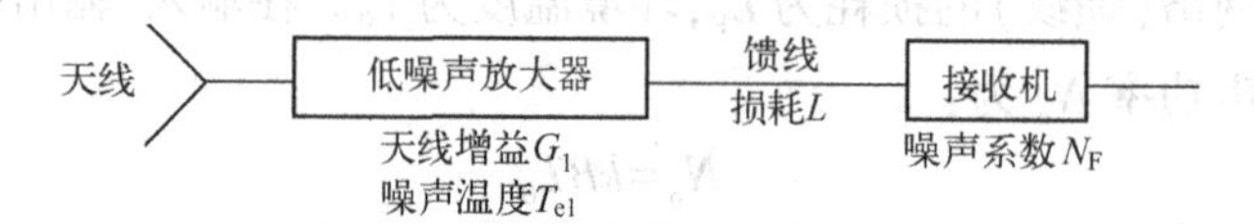

图3-14 例2网络

解：对于接收机，因为其噪声系数为12 dB，即 $N_F=10^{1.2}=15.85$。

对于LNA，其增益为50 dB，即 $G=10^5$。因此，网络相对于输入端的噪声温度为：

$$T_s=T_{ant}+T_{e1}+\frac{(L-1)T_0}{G_1}+\frac{L(N_F-1)T_0}{G_1}$$

$$T_s=35+150+\frac{(3.16-1)\times 290}{10^5}+\frac{3.16\times(15.85-1)\times 290}{10^5}=185(\mathrm{K})$$

3.5.2 宇宙噪声和大气噪声

1. 宇宙噪声

宇宙噪声来自外层空间星体的热气体在星间空间的辐射，其中最主要的噪声干扰源来自太阳。在太阳处于静寂期时,只要接收机的天线不对准太阳,太阳噪声对系统的影响就不大。但是,在每年春分和秋分前后的若干天,对一个大型天线地球站,太阳每天约有几分钟的时间处于地球站天线指向(卫星)的延伸方向,会造成严重干扰。而干扰发生的具体时间与地球站位置有关。

对于采用星间链路的低轨卫星星座通信系统,星座的运行可使太阳处于某些星间链路的延长线上,此时太阳在某卫星天线的前向视角内将形成干扰并可能阻塞该链路。空间网络某些(星间)链路的被阻塞,将影响空间网络的路由策略。

2. 大气和降雨噪声

在电波穿过电离层、对流层时,水蒸气和氧分子的谐振会吸收电波能量而带来附加损耗,同时产生电磁辐射形成噪声,即大气噪声。大气噪声与用户对卫星的仰角有关,仰角越高,电波穿过大气层的传播路径越短,噪声干扰越小。同时,干扰与频率有关,图 3-15 所示为大气噪声和宇宙噪声进入地球站天线引起的噪声温度,图中同时示出了宇宙噪声产生的噪声温度。曲线 A(虚线)是天线指向银河系中心(即所谓指向"热空")干扰达最大时的情况,曲线 B(实线)为天线指向天空其他方位(所谓指向"冷空")时的情况。宇宙噪声及大气和降雨噪声进入地球站天线都会产生噪声温度。

从图 3-15 中的曲线可以看出,0.4~10 GHz 的频率范围是大气噪声较小的一个窗口,这是卫星通信系统首先开发 C 频段的原因之一。同时,在 30 GHz 附近也呈谷点,也是应用 Ka 频段的原因。

降雨噪声是雨、雾等吸收电波能量引起雨衰的同时所产生的电波辐射噪声,暴雨时特别严重。降雨噪声与雨衰一样,在较高频段上(如 10 GHz 以上)影响较大。

大气噪声或降雨噪声的大小可以根据晴天大气的吸收损耗或降雨时雨衰的数值进行计算,就像利用式(3-25)计算有损耗馈线的噪声温度一样。比如,若大气环境温度为 270 K,晴朗天气对 Ku 频段电波的吸收损耗为 0.5 dB,则大气层晴天的噪声温度为:

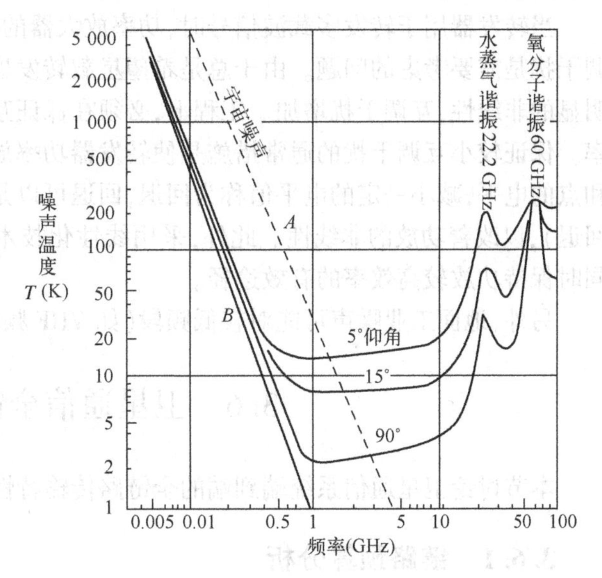

图 3-15 大气噪声和宇宙噪声进入地球站天线引起的噪声温度

$$T_{\mathrm{c}}=270(1-10^{-\frac{0.5}{10}})\approx 29(\mathrm{K})$$

大气噪声并不能全部进入接收机天线,通常考虑 0.90~0.95 的耦合系数,因此,此时大气吸收损耗引起的接收机天线噪声温度为:

$$T_{\mathrm{c}}=0.9\times 29\approx 26(\mathrm{K})$$

若降雨时的雨衰为 3.0 dB,则此时的天线噪声温度为:

$$T_{\mathrm{r}}=0.9[270(1-10^{-\frac{3.0}{10}})]\approx 121(\mathrm{K})$$

上述的例子说明,晴天的天线噪声温度为 26 K,而降雨时的噪声温度将上升到 121 K。

上述分析适用于指向"冷空"的地球站天线噪声。对于卫星接收天线而言,它指向的地球是一个热辐射源,其噪声温度通常被认为是地球表面的平均温度。

工程上,降雨噪声与雨衰往往一并考虑,用留有足够的系统余量的方法来解决。

3.5.3 其他干扰

卫星通信系统内的其他噪声干扰主要包括系统间干扰、共道干扰、互调干扰、交叉极化干扰等。

图 3-12 所示为典型的在卫星天线方向上如何与公用频段的地面微波系统之间产生干扰的情况。为了避免系统间的严重干扰,国际电联对卫星发射功率、天线方向性、工作条件等做出了相应的规定。

不同卫星系统地球站之间的干扰,相邻卫星之间的干扰也可能出现。为此,在天线旁瓣的抑制,指向精度的控制,地球站的选址和站间距离,卫星位置精度保持等方面也有相应的规定。

为了充分利用频率资源,提高系统的频率再用率,相同频道可能分配给指向不同地区的两个波束覆盖区,或利用相互正交的极化方式来隔离同频信道。但波束间的距离隔离和正交极化隔离效果往往都不十分理想,共道干扰是工程设计时必须特别注意的问题。

当转发器用于转发多载波信号时,功率放大器的非线性使各载波信道信号之间形成的互调干扰是需要考虑的问题。由于总是希望星载转发器有较高的功率效率,但高效率使功放呈明显的非线性,互调干扰增加。工程上,必须在保证互调干扰满足要求的条件下提高功放的效率。保证较小互调干扰的通常措施是使转发器功率放大器有足够的回退(从放大器输出的饱和点的电平,减小一定的电平值称为回退,回退可以是输出电平的回退,也可以是输入电平的回退),以改善功放的非线性。此外,采用线性化技术以补偿功放的非线性,是减小互调干扰同时保持功放较高效率的有效途径。

另外,地面工业噪声可能对较低频段(如 VHF 频段)的卫星地球站形成干扰。

3.6 卫星通信全链路质量

本节讨论卫星通信系统端到端的全链路传输特性,以保证系统对传输质量的要求。

3.6.1 链路预算分析

在 3.2 节中,我们已得到电波经自由空间传播后的接收信号功率 P_r 的表示式(3-4)。考虑到发射机到发射天线的馈线(波导)损耗 L_t 和接收天线到接收机的波导传播损耗 L_r,可得到接收信号功率为:

$$P_r=\frac{P_tG_tG_r}{L_fL_tL_r} \tag{3-28}$$

式(3-28)称为功率平衡方程。图 3-16 是微波链路单元与功率平衡方程的示意图,形象地表示了该方程参数(以 dB 计)与微波链路单元电路的对应关系。

确定链路传输质量的指标是信噪比。而在整个链路上,信号经长距离传输后到达接收机的输入端时信号最弱,因此我们关注的也是接收机的输入信噪比。根据前面关于热噪声的分析,接收机的输入噪声功率 N_i 可表示为:

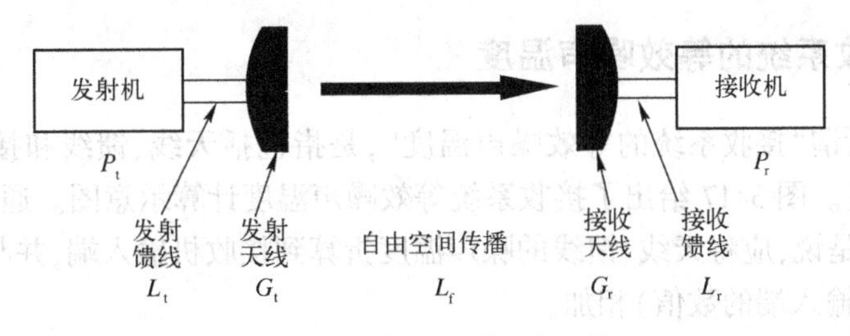

图 3-16　微波链路单元与功率平衡方程示意图

$$N_i = kTB$$

式中，T 为接收系统的等效噪声温度，包括天线等效噪声温度和接收机内部噪声的等效噪声温度。这里，采用卫星通信系统常用的符号 C、G 和 N 来表示接收信号载波功率、接收天线增益和接收端的噪声功率，并定义发射机的等效全向辐射功率 EIRP 为：

$$\mathrm{EIRP} = P_t G_t \tag{3-29}$$

于是，接收信号的载噪比（载波功率与噪声功率之比）C/N 为：

$$C/N = \frac{\mathrm{EIRP} \cdot G}{L_f L_t L_r kBT} \tag{3-30}$$

在进行链路预算分析时，为了避免涉及接收机的带宽，还有两种表示方式——载波功率与噪声功率密度之比 C/n_0 和载波功率与噪声温度之比 C/T。为了简化起见，令 $L = L_f L_t L_r$，于是有：

$$C/n_0 = \frac{\mathrm{EIRP}}{L} \cdot \frac{G}{T} \cdot \frac{1}{k} \tag{3-31}$$

和

$$C/T = \frac{\mathrm{EIRP}}{L} \cdot \frac{G}{T} \tag{3-32}$$

式中，G/T 称为接收系统的品质因数，它是评价接收机性能好坏的重要参数，G/T 值越大，接收性能越好。对于不同类型的卫星通信系统，对 G/T 的要求也有所不同。比如，国际卫星七号（IS-Ⅶ）工作于全球波束的卫星星载接收系统 G/T 值为 −11.5 dB/K，而天线仰角大于 5°的 A 型标准地球站，在晴天的 G/T 值应满足：

$$G/T \geqslant 40.7\,\mathrm{dB/K} + 20\lg\frac{f}{4}$$

式中，f 为工作频率，单位为 GHz。

欧洲通信卫星（EUTELSAT）是区域性波束覆盖，卫星星载接收系统的 G/T 为 −5.3 dB/K，而对地球站 G/T 的要求为 $37.7\,\mathrm{dB/K} + 20\lg\frac{f}{4}$。

卫星移动通信的地面移动终端天线增益通常只有 1~2 dB，G/T 为 −22~−23 dB/K。

例 3　假设卫星链路的传播损耗为 200 dB，余量和其他损耗总计为 3 dB，接收机的 G/T 值为 11 dB/K，EIRP 值为 45 dBW。计算系统接收到的 C/N 值，假设带宽为 36 MHz。

解：

$$C/N = \frac{\mathrm{EIRP} \cdot G}{L_f L_t L_r kBT}$$

$$C/N = \mathrm{EIRP} + G/T - L - k - B = 45 + 11 - 200 - 3 + 228.6 - 75.56 = 6.04\,(\mathrm{dB})$$

3.6.2 接收系统的等效噪声温度

这里讨论的所谓“接收系统的等效噪声温度”，是指包括天线、馈线和接收机内部噪声在内的等效噪声温度。图 3-17 给出了接收系统等效噪声温度计算示意图。通常，以接收机输入端为参考点，也就是说，应将天线、馈线的噪声温度折算到接收机输入端，并与接收机的等效噪声温度(也是在其输入端的数值)相加。

地球站天线噪声主要包括了由天线主瓣进入天线的宇宙噪声、大气噪声和降雨噪声，以及由天线旁瓣进入的地面噪声、太阳噪声等。一般来说，晴天条件下 C 频段天线噪声温度在 30~50 K的范围内，它与下列因素有关：仰角(仰角越大，噪声越小)、天线直径(直径越大，噪声越小)和天气条件(雨天噪声剧增，特别是 10 GHz 以上的频段)。天线的噪声温度用 T_a 表示，它是在馈线的输入端的数值。假设馈线损耗为 L_F，则将其折算到馈线输出端，即接收机输入端(参见图 3-17)时，其等效值 T_{ae} 为：

$$T_{ae}=T_a/L_F \tag{3-33}$$

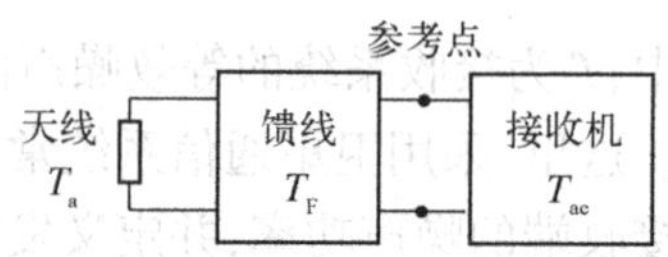

图 3-17 接收系统等效噪声温度计算示意图

假定馈线环境温度为 T_0，根据式(3-24)可得，馈线的噪声温度 T_F 是在馈线的输入端的等效值。

由于馈线噪声已折算到其输入端，因此此时的馈线已为无噪声的理想馈线，其输入和输出的信噪比应相等。而信号(功率)通过馈线后受到 L_F 损耗，于是噪声(功率)也受到同样的损耗，所以与噪声功率成比例的噪声温度折算到其输出端后为：

$$T_{Fe}=\left(1-\frac{1}{L_F}\right)T_0 \tag{3-34}$$

若接收机等效噪声温度为 T_{re}，则整个接收系统的等效噪声温度 T 为：

$$T=T_{ae}+T_{Fe}+T_{re}=\frac{T_a}{L_F}+\left(1-\frac{1}{L_F}\right)T_0+T_{re} \tag{3-35}$$

T_{re} 主要由接收机的前级低噪声放大器 LNA 确定，其后的级联电路的影响可参照级联网络噪声温度的方法进行分析。

3.6.3 全链路传输质量

卫星通信系统全链路的传输质量主要决定于上行和下行链路的载波功率与噪声温度之比，在某些情况下，星载转发器的交调噪声也将对全链路质量产生影响。

参照式(3-32)，上行链路 C/T 值为：

$$(C/T)_u=\frac{(\mathrm{EIRP})_e}{L_u}\left(\frac{G}{T}\right)_s \tag{3-36}$$

式中，$(\mathrm{EIRP})_e$ 为地球站等效全向辐射功率，$(G/T)_s$ 为卫星接收系统品质因数，L_u 为上行链路传输损耗。

同理，下行链路 C/T 值为：

$$(C/T)_d=\frac{(\mathrm{EIRP})_s}{L_d}\left(\frac{G}{T}\right)_e \tag{3-37}$$

式中，$(\mathrm{EIRP})_s$、$(G/T)_e$ 和 L_d 分别为卫星的等效全向辐射功率、地球站接收系统品质因数和下行链路传输损耗。

当星载转发器的行波管放大器(TWTA)同时放大多个载波时,将产生交调噪声,其影响也用载波功率与噪声温度之比$(C/T)_i$来表示。交调噪声的大小与载波数目、各载波间的相对电平、频率配置方案和行波管工作点有关。

为了确定表征全链路传输质量的载波噪声与温度之比C/T,总的等效噪声温度T应为各部分的噪声温度之和,所以有:

$$[C/T]^{-1}=[(C/T)_u]^{-1}+[(C/T)_d]^{-1}+[(C/T)_i]^{-1} \tag{3-38}$$

上述分析结果在实际工程应用中还是不够的,必须考虑到不同应用的非理想情况并留有足够的余量。余量的考虑可以有两种方法:第一种方法是在式(3-37)的右端再加一项$[(C/T)_p]^{-1}$作为系统的余量;第二种方法是,设计链路实际所能提供的信噪比应是在要求的门限信噪比之上的一定数值,设计值与门限之差即为系统余量。余量的考虑包括了尚未计入的附加损耗(如雨衰、大气衰耗、天线指向和跟踪误差引起的损耗,以及多径传播引起的信号衰落——多径衰落等)和设备不理想(调制解调器、同步恢复、正交极化波的鉴别率下降等)引起的性能恶化。

链路预算的任务可以有两种类型:在选定空间转发器和地球站设备(其性能参数已知)的情况下,验证系统能否满足用户的使用要求;在已知空间站或地球站部分参数的条件下,根据实际应用的技术要求,确定对设备另一部分指标的要求。

3.6.4 链路预算实例

这里给出两个链路预算实例,一个是Ku频段的直接到户电视(DTH TV)系统的下行链路预算,另一个是36 MHz带宽的C频段多载波系统链路预算。

1. Ku频段DTH TV系统下行链路预算

在确定的卫星有效载荷参数和选定的地面单收站设备参数条件下,验算下行链路的载噪比C/N。假定卫星发射功率为250 W,天线增益为30 dBi,传输带宽为27 MHz。若地面小型单收(RO)站的天线直径为45 cm,等效噪声温度为140 K。表3-5所示为Ku频段DTH TV系统下行链路预算实例。在只计入自由空间损耗和收、发两端馈线损耗的条件下,接收的C/N值为12.4 dB,而所要求的C/N值为8 dB,尚有4.4 dB的余量。但是,当出现暴雨或严重的多径衰落时,余量可能不足。通常,链路余量由所要求的有效性来确定,而有效性定义为C/N高于门限的时间百分数,在卫星链路中要求的典型值为99%~99.95%。

表3-5 Ku频段DTH TV系统下行链路预算实例

参　数	数　值
发射功率	250 W或24.0 dBW
发射馈线损耗	1.0 dB
发射天线增益	30.0 dBi
EIRP	53.0 dBW
自由空间损耗	205.6 dB
接收机天线增益(直径45 cm)	32.7 dBi
接收端馈线损耗	0.5 dB
接收信号功率	−120.4 dBW
接收噪声功率 (T=140 K,B=27 MHz)	−132.8 dBW
C/N	12.4 dB

2. C频段多载波系统链路预算

上行链路频率为6 GHz,传送距离假定为38607 km(仰角30°)。由式(3-8)可以得到链路传输损耗为:

$$L_{fu}=92.44+91.73+15.56=199.73(\mathrm{dB})$$

假定地球站EIRP=85 dBW,卫星接收机G/T=−11.6 dB/K,则由式(3-32)可得到上行链路的C/T值:

$$(C/T)_u = 85-11.6-199.73 = -126.33(\mathrm{dBW/K})$$

下行链路频率为 4 GHz,传送距离仍为 38 607 km,则链路传输损耗为:

$$L_{fd} = 92.44+91.73+12.04 = 196.21(\mathrm{dB})$$

假定卫星饱和 EIRP = 26 dBW。考虑到转发器工作在多载波情况,为减小交调干扰,卫星功率放大器的输出功率“回退”6 dB。于是,卫星实际工作的 EIRP 为 20 dBW。

若地球站 $G/T = 41$ dB/K,根据式(3-32),可得到下行链路 C/T 值为:

$$(C/T)_d = 20+41.0-196.21 = -135.21(\mathrm{dBW/K})$$

可以看出,由于星载转发器输出功率受限,上、下链路(热)噪声的影响以下行链路较为严重。

对于多载波工作的转发器,典型的交调噪声 $(C/T)_i$ 为 −131.7 dBW/K,而上、下行链路受到的其他干扰的 $(C/T)_p$ 典型值为 −130.5 dBW/K。

根据式(3-38),可得到全链路的 C/T 值为:

$$(C/T)^{-1} = (C/T)_u^{-1}+(C/T)_d^{-1}+(C/T)_i^{-1}+(C/T)_p^{-1}$$

$$= 4.30\times10^{12}+3.319\times10^{13}+1.479\times10^{13}+1.122\times10^{13} = 6.350\times10^{13}$$

于是

$$C/T = -138.03(\mathrm{dBW/K})$$

在确定系统带宽 B(与信息传输速率密切相关)后,可利用式(3-30)和 C/T 的数值,求得接收信(载)噪比 C/N。

3.7 信道对传输信号的损害

在通信系统中,除噪声对接收信号形成干扰外,实际的非理想信道特性也会对传输信号造成损害。如果传输的信号是模拟信号,则信道造成的损害称为失真,而对数字信号的损害称为损伤。这种信号的损害是由于信道的线性失真和非线性失真所引起的。信道的线性失真包括幅度频率失真和相位频率失真。幅度频率失真是在信号带宽内,信道不能提供平坦的增益引起的;而相位频率失真是由于相位频率特性的非线性产生的,即在带内不能提供平坦的群时延特性。线性失真主要由信道中的各滤波器产生,而非线性失真主要由功率放大器(特别是星载行波管放大器 TWTA)产生。信道的非线性失真分为幅度非线性失真和相位非线性失真。前者表示在功放饱和点附近信号振幅增量的压缩,称为 AM-AM;而后者是将输入信号幅度的变化转换为输出信号相位的变化,称为 AM-PM。TWTA 的 AM-PM 的典型值约为 7(°)/dB。

线性失真和非线性失真的比较如表 3-6 所示。

表 3-6 线性失真和非线性失真的比较

失真类型	与输入信号幅度的关系	输出与输入信号的关系	传输函数	新的频率成分	失真产生的原因
线性失真	无	呈线性	为频率或时间的函数	不产生	电抗元件的分布参数
非线性失真	有	呈非线性	为输入信号幅度的函数	产生	非线性元器件

在卫星通信系统中传送的信号类型不同,信道造成损害的具体表现也有所不同。为了便于分析这些损害,将信号分为数字信号(主要指单载波的 TDM 数字信息流)、模拟电视信号和

多载波信号(为 FDM 的模拟或数字信号)。卫星通信系统通常采用的模拟调制方式为 FM,而数字调制方式为 QPSK 或 BPSK。

信道的线性失真,将使模拟信号的波形产生失真,而对数字信号序列将引起符号间的干扰。为克服信道线性失真,一般采用均衡措施,特别是相位频率特性的均衡对减少数字序列的符号间干扰至关重要。在数字通信系统中也常采用自适应均衡的方法,在信道特性未知和时变的情况下,它是克服符号间干扰、改善系统性能的有效措施。

由于 FM 是一种非线性调制,因此 FM 信道(从调频器的输出端到鉴频器的输入端)的任何线性失真(主要产生在中频部分),将使全信道(包括调频和鉴频器在内的整个信道,即从调频器输入端到鉴频器的输出端)呈现非线性失真。它将使 FM/FDM(多载波)信号产生交调失真,对于 FM/TV 信号,将引起色度失真。

卫星通信信道的非线性主要产生在发射机的功率放大器部分,特别是星载转发器的 TWTA,其 AM-AM(幅度)非线性失真将引起 RF 的交调失真,并使发射频谱出现旁瓣,对 FM/FDM 电话信号,将产生可懂串话。AM-PM(相位)失真将使数字通信的接收信号星座图的汇聚点发散(符号间干扰增加)和星座图旋转。如果不采用校正措施,对传输信号(特别是多进制信号)的正确接收不利,误码率将显著增大。

为减少信道非线性失真对系统性能的影响,可采取的措施有非线性补偿(或称线性化),功率放大器输入、输出电平的回退。非线性补偿的方法之一是根据已知的功率放大器非线性特性用互补的特性进行预补偿。预补偿可以在中频以模拟电路实现,也可在基带中以数字方式进行补偿。自适应非线性补偿可以在未知功放非线性特性的情况下进行预失真补偿,适应性强,补偿效果好,但补偿器需构成自适应调节环路,设备复杂。

功率放大器的输入、输出功率回退(也称输入补偿、输出补偿)是减少其非线性失真影响的常用措施,其实质是降低输入、输出功率,使其工作点从饱和点回退到线性较好的范围。图 3-18 所示为星载 TWTA 的典型特性。

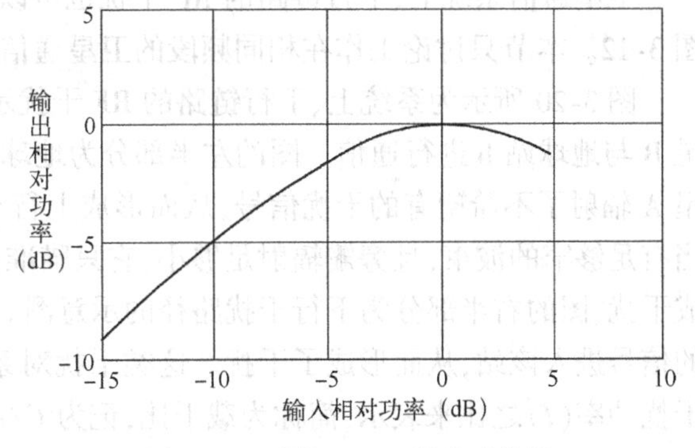

图 3-18　星载 TWTA 的典型特性

在输入、输出相对功率电平为 0 dB 的点是放大器的饱和点。若输入回退(补偿)为 5 dB,即相当于输入功率从将放大器激励至饱和点的电平下降 5 dB,此时相应的输出相对功率下降(也称输出回退或补偿)2 dB;若需输出补偿为 5 dB,则相应的输入补偿为 10 dB。输入、输出补偿能有效地减少多载波信号的交调失真,但降低了功率放大器的功率效率。对于 FDMA 这样的多载波传输的卫星通信系统,图 3-19 所示为星载 TWT 功率放大器在不同输入功率时的载波交调比 C/IM(IM 为交调干扰功率)典型曲线。可以看出,当星载 TWTA 的输入功率增加时,将会产生两个结果:①由于输出功率随之增加,卫星 EIRP 增大,下行链路的 C/N 值将增加;②随着 TWTA 输入功率的增加,放大器趋于饱和,交调噪声增大,使 C/IM 下降。为了说明全链路总的 C/N 值的变化情况,在图 3-19 上同时画出了上行链路的 C/N特性(此时的横轴表示地球站功放的输入功率)。由于地球站功率放大器不像星载设备那样对其体积、质量、设备复杂性及其附属制冷设备等有严格限制,其线性度较星载转发器好得多。因此,在图中的上行链路 C/N 呈线性增长。在考虑上、下行链路 C/N 和交调 C/IM 的情况下，星载 TWT 功率放大器输入功率显然存在一个最佳值，此时全链路具有最大的 C/N 值。

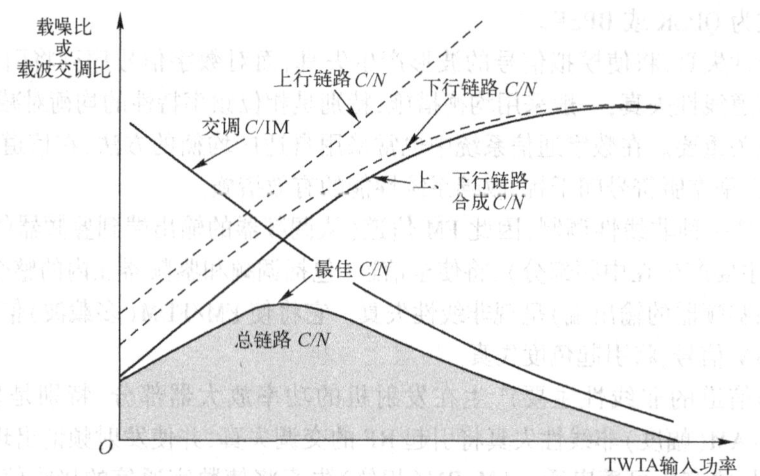

图 3-19　星载 TWT 功率放大器在不同输入功率时的载波互调比 C/IM 典型曲线

3.8　上行、下行链路的 RF 干扰

卫星通信系统上、下行链路之间造成射频（RF，Radio Frequency）干扰的原因之一，是地球站或卫星的相关设备在电磁兼容性方面存在缺陷。这是一个复杂的技术问题，涉及设备的电气设计、结构、制造工艺和安装等诸多方面，不是通信系统的设计问题，这里不予讨论。

卫星通信系统上、下行链路的 RF 干扰也可以是由地面微波中继通信系统引入的，可参见图 3-12。本节只讨论工作在相同频段的卫星通信系统之间的干扰问题。

图 3-20 所示为系统上、下行链路的 RF 干扰示意图，在正常情况下，卫星 A 与地球站 a、卫星 B 与地球站 b 进行通信。图的左半部分为地球站 b 在向卫星 B 发送信号的同时，向相邻卫星 A 辐射了不希望有的干扰信号，从而形成上行干扰的示意图。理论上，地球站 b 的天线应当有足够窄的波束，且旁瓣辐射足够小，它只瞄准自己的目标卫星 B，而不会对相邻卫星 A 形成干扰。图的右半部分为下行干扰路径的示意图。由于地球站 a 接收天线波束不够窄，卫星 B 的信号进入该站，从而形成了干扰。这类干扰对系统性能的影响以有用信号载波功率（C）与干扰功率（I）之比来表示，简称为载干比，记为 C/I。图中的 C/I_d 特指下行载干比。

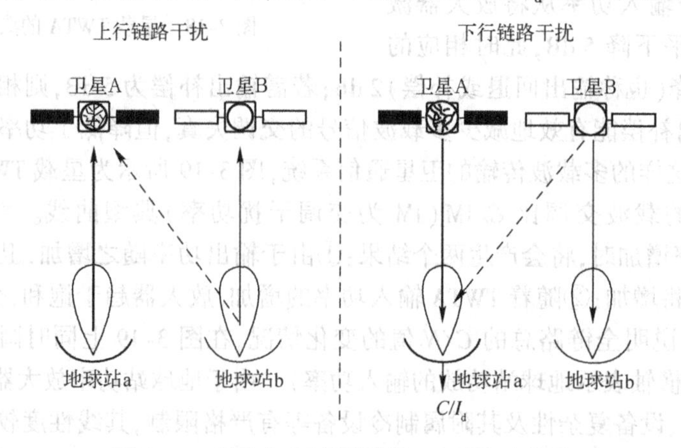

图 3-20　系统上、下行链路的 RF 干扰示意图

地球站天线直径越大，辐射波束宽度越窄，干扰就越小，载干比 C/I 也就越大。图 3-21 所示为"目标卫星"与"相邻卫星"在静止轨道上的间隔为 2°时，C/I 与地球站发射天线直径的关系曲线。而在相同的天线直径条件下，频段越高，波束也越窄，就使上行干扰越小，C/I 也就越大。

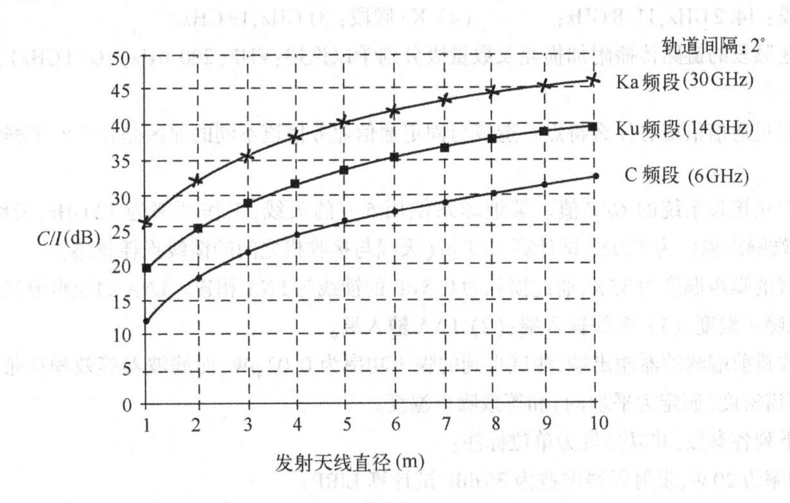

图 3-21 C/I 与地球站发射天线直径的关系曲线

对于卫星固定业务 FSS 应用的情况，地球站天线尺寸较大，波束宽度较窄，上行干扰较小，并可通过频率协调处理加以控制。然而，对于卫星移动业务 MSS 的情况，用户终端天线增益低，它向工作的"目标卫星"和被干扰的"相邻卫星"辐射的功率几乎一样大。通常，应使被干扰的"相邻卫星"工作在不同的频段。在低轨卫星 MSS 系统中，通常有两颗以上卫星同时覆盖地面任一用户，此时，多星同时接收来自同一用户的信号往往被用于多星的分集接收。

卫星的下行干扰的形成（参见图 3-20 的右半部）也是由于地球站 a 的天线波束较宽所引起的。通常卫星天线波束较宽，同时覆盖较大地区的不同地球站，因此下行干扰依靠被干扰地球站 a 的接收天线的窄波束，以抑制来自卫星 B 的干扰。这对大天线的 FSS 地球站是可以做到的，但在 DTH TV（直接到户电视）系统中，地球站只有小的接收天线，这类干扰比较突出。图 3-22 所示为 Ku 频段（12 GHz）的 DTH TV 系统，在不同卫星轨道间隔情况下接收天线直径与来自"相邻卫星"的下行干扰（C/I）的关系。可以看出，如果卫星间隔只有 3°，要达到 10 dB 的 C/I 值，接收天线直径大约需要 0.7 m；如果卫星间隔为 6°，达到 10 dB 的 C/I 值，只需 0.4 m 直径的接收天线。在实际应用中，减小相邻卫星之间的间隔有利于轨道资源的有效利用，而相邻卫星常用正交极化方式进行辅助性的隔离。

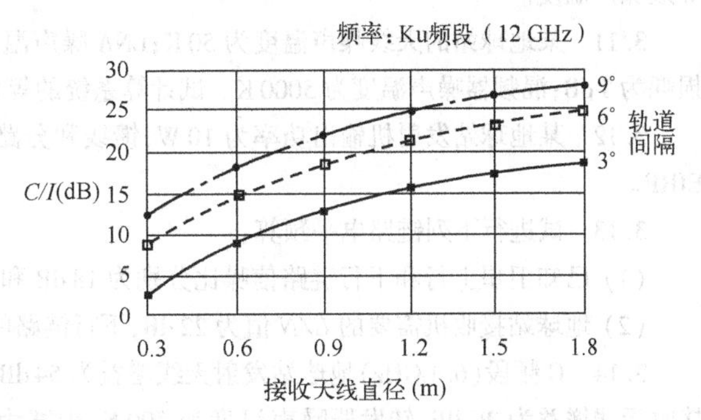

图 3-22 接收天线直径与 C/I 的关系

习题①

3.1　假定卫星距地球站38500 km,试计算以下L、C、Ku和Ka频段频率的传输损耗。

(1) L频段：1.6 GHz,1.5 GHz；　　　　(2) C频段：6.2 GHz,3.9 GHz；

(3) Ku频段：14.2 GHz,11.8 GHz；　　　(4) Ka频段：31 GHz,19 GHz。

3.2　就下述频段的链路传播附加损耗及数量级分别予以论述:VHF(200 MHz),C(4 GHz),Ku(12 GHz),Ka(30 GHz)。

3.3　移动卫星通信信道有什么特点？造成与固定通信业务信道不同的原因是什么？工程设计时通常采取什么措施？

3.4　解释卫星接收系统的 G/T 值。某地球站使用5 m的天线,工作频率为12 GHz,天线噪声温度为100 K,接收机前端噪声温度为120 K,试计算 G/T 值(天线与接收机之间的馈线损耗忽略)。

3.5　设天线的噪声温度为35 K,通过损耗为0.5 dB的馈线与LNA相连。LNA的噪声温度为90 K。试计算以下点的系统噪声温度:(1) 馈线输入端;(2) LNA输入端。

3.6　在接收机前端滤波器输出端,测试得到的噪声功率为0.03 pW,而滤波器等效噪声带宽为10 MHz,试确定噪声功率谱密度(假定为平坦的)和等效噪声温度。

3.7　计算下列各参数,并以分贝为单位标注：

(1) 发射功率为20 W,发射天线增益为35 dBi,试计算EIRP；

(2) 接收机噪声温度为180 K,接收天线增益为25 dBi,试计算 G/T。

3.8　计算下面的天线参数：

(1) 频率为1.5 GHz、4 GHz和12 GHz时,口径为3 m的抛物面天线的增益。

(2) 若天线的半功率波束宽度为2°,其增益为多少？假如要在1.5 GHz频率实现35 dBi的天线增益,该天线直径应为多少？

3.9　试将噪声系数3.0 dB和3.1 dB转换为噪声温度(K)。

3.10　接收系统的前端电路由天线、馈线和两级低噪声放大器组成。若天线噪声温度为50 K,馈线损耗为0.5 dB,两级低噪声放大器的增益都为20 dB,但前级噪声温度为100 K,而后级为300 K,试计算接收系统的等效噪声温度。

3.11　某地球站的天线噪声温度为50 K;LNA噪声温度为100 K,增益为40 dB;天线与LNA之间的馈线损耗为1 dB;混频器噪声温度为5000 K。试计算系统的等效噪声温度。

3.12　某地球站发射机输出功率为10 W,馈线和分路器损耗合计3 dB,发射天线增益为40 dBi,试确定EIRP。

3.13　试进行下列链路电平预算：

(1) 已知卫星上行和下行链路信噪比分别为18 dB和14 dB,求全链路总的信噪比；

(2) 地球站接收机需要的 C/N 值为22 dB,下行链路的 C/N 值为24 dB,相应的上行链路 C/N 值是多少？

3.14　C频段(6.1 GHz)地球站发射天线增益为54 dBi,发射机输出功率为100 W。相距37500 km的卫星接收天线增益为26 dBi,转发器噪声温度为500 K,带宽为36 MHz,增益为110 dB。试计算:(1) 链路损耗;(2) 卫星转发器输出功率(dBW或W);(3) 星载转发器输入噪声功率(dBW);(4) 转发器输入载噪比 C/N。

3.15　14/11 GHz卫星通信系统的星载转发器带宽为54 MHz,(线性工作点的)输出功率为20 W。卫星对某地球站的发射(11 GHz)天线增益为30 dBi,该链路损耗为206 dB(含大气影响在内)。转发器采用FDMA方式支持500个BPSK话路信号的传输(一个话路/载波),每话路编码后速率为50 kb/s,其等效噪声带宽为50 kHz。若地球站天线增益为40 dBi,噪声温度为150 K。试计算：

(1) 星载转发器输出的每话路功率；

---

① 本章习题中的环境温度为290 K。在涉及天线增益的计算中,效率 $\eta=0.55$。

(2) 地球站接收的每路 BPSK 语音信号的 C/N(假定卫星发射的信号是无噪声的)；

(3) 信号门限为 6 dB,余量为多少?

3.16 某 Ku 频段(12.2 GHz)直播卫星电视系统,卫星载有 16 个转发器,每个转发器的输出功率为 200 W,带宽为 25 MHz。卫星天线(轴向)增益为 34 dBi。地面接收机采用直径为 0.5 m 的天线,噪声带宽为 20 MHz,并假定传输距离为 38500 km。

(1) 计算自由空间传播损耗和接收端天线增益。

(2) 接收机处于卫星天线覆盖-3 dB 的等高线处(以轴向增益为参考点),计算接收的信号功率(设大气损耗为 0.5 dB,其他杂散损耗为 0.5 dB)。

(3) 若接收机的噪声温度为 110 K,试计算接收机的噪声功率。

(4) 试计算接收机的 C/N。若允许的最小 C/N 为 10.0 dB,链路余量为多少?

(5) 假定接收机所处地区约有 0.3%的时间处于强降雨状态,强降雨时路径损耗会增加2 dB, 系统噪声温度也增加到 260 K。试计算强降雨时的 C/N,以及门限为 10 dB 时的链路余量。

3.17 某 C 频段(频率为 6.10 GHz)地球站的天线增益为 54 dBi,发射功率为 100 W。卫星接收天线增益为 26 dBi, 与地球站的距离是 37500 km。转发器等效噪声温度为 500 K,带宽为 36 MHz,增益为 110 dB。试计算:(1) 链路传输损耗(含 2 dB 附加损耗);(2) 转发器输入噪声功率;(3) 转发器输入 C/N;(4) 转发器输出(信号)功率。

3.18 某 LEO 卫星采用多波束天线,每波束(对覆盖中心的)增益为 18 dBi。卫星下行链路工作在 2.5 GHz 的频率,发射功率为 0.5 W。地面终端位于波束的覆盖边缘(接收功率较中心区低 3 dB),距卫星 2000 km。若地面终端天线增益为 1 dBi,试计算接收信号功率为多少?若地面终端的噪声温度为 260 K,信道带宽为20 kHz,试计算接收端载噪比 C/N。

3.19 包括天线在内的某接收系统,其天线的输出直接送入低噪声放大器(LNA),天线的噪声温度为 50 K。LNA 的噪声温度为 40 K,增益为 55 dB。LNA 与主接收机之间的同轴电缆损耗为 3 dB,主接收机的噪声系数为 5 dB。计算天线输入端的系统噪声温度。若参考点选在接收机前端,则等效噪声温度又为多少?

第4章 多址技术

4.1 引　言

在卫星通信中,卫星起了类似基站的作用。与基站的不同之处在于,卫星距离地面的高度很高,覆盖区域很广。若为中、低轨卫星,则卫星相对于地面不断运动。通常,一颗卫星可以同时与多个地球站(用户终端)通信,因此从卫星到地球站(用户终端)是多路的,而地球站(用户终端)到卫星则是单路的。通过星载转发器的中继,多个用户信号在射频信道上进行复用,建立各自的信道,以实现点到多点的多边通信。这就是多址技术。多址技术是在通信信号复用的基础上,由不同地球站信号发往公用卫星时,用于实现通信容量的分配和建立各用户之间通信链路的技术。

在介绍多址技术之前,先比较两个基本概念:多路复用和多址技术。

多路复用是将来自不同信息源的各路信息,按某种方式合并成一个多路信号,然后通过同一条信道传送给接收端。接收端再从该多路信号中按相应方式分离出各路信号,分送给不同的用户或终端。简而言之,多路复用是利用一条信道同时传输多路信号的一种技术,可以解决在同一条信道内同时传送多个信号的问题。多路复用方式可分为频分复用、时分复用、码分复用、波分复用等。

多址技术是指多个地球站(用户终端)发射的信号在射频信道上的复用,以实现各个地球站(用户终端)之间的通信。对于卫星通信系统,多址技术指的是多个地球站发射的信号通过星载转发器在射频信道复用,实现各地球站之间通信的一种方式。常见的多址方式有频分多址、时分多址、码分多址和空分多址。

多址技术和多路复用的理论基础都是信号的正交分割原理。多址技术是指多个地球站(用户终端)发射的信号在射频信道上的复用,以实现各地球站(用户终端)之间同一时间、同一方向的用户间的多边通信。多路复用是指一个地球站(用户终端)内的多路低频信号在基带信道上的复用,以实现两个地球站(用户终端)之间双边点对点的通信。

4.2 频分多址(FDMA)技术

4.2.1 MCPC 和 SCPC

对于 FDMA 卫星通信系统,转发器的带宽由多个地球站公用。常用转发器带宽为27 MHz、36 MHz、54 MHz 和 72 MHz。根据地球站业务要求的不同,FDMA 可以分为 SCPC/FDMA 和 MCPC/FDMA 两种类型。MCPC 和 SCPC 的转发器频谱如图 4-1 所示。

SCPC 是单路单载波,即每个载波只传一路语音或数据。由于一个转发器包含多个载波,则一个转发器通道可以承载数百路语音或数据信道。一个地球站可以同时支持一个或多个 SCPC 载波。根据需要,每个通信方向可分配多个载波。MCPC 是多路单载波,即每个载波可以传送多路语音或数据。对于 SCPC 方案，信道可以是预分配的，也可以是动态分配的。

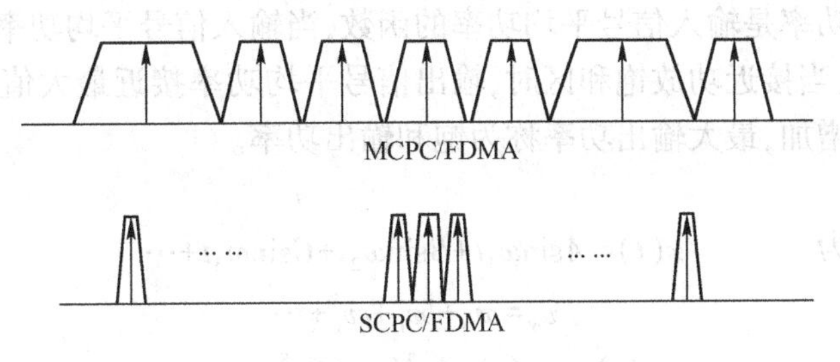

图 4-1　MCPC 和 SCPC 的转发器频谱

4.2.2　FDMA 的非线性效应和交调干扰

当 FDMA(频分多址)应用于卫星通信系统时，一个缺点是转发器会出现非线性效应。其原因是大多数转发器都使用了高功率放大器(HPA, High Power Amplifier)，为了提高效率，很多高功率放大器工作在饱和状态，从而导致了非线性效应。其表现是出现了交调干扰(IMI, Intermodulation Interference)，产生新的频率分量，使接收机的信噪比恶化，降低通信质量。

采用 FDMA 的卫星通信系统，星载转发器同时对多个载波信号进行处理，其高功率放大器对多个载波同时放大。通常功率放大器(简称功放)具有非线性效应，表现在：当输入信号功率低于某一电平(饱和点)时，功放近似工作在线性区；当输入信号功率超过该电平时，功放就进入饱和区或过饱和区，此时大信号压缩小信号，并出现大量交调分量。

当放大器工作在接近饱和点时，输出信号瞬时幅度是输入信号瞬时幅度的非线性函数，即

$$v_o = av_i + bv_i^3 + cv_i^5 + \cdots$$

其中，a,b,c 等是常系数，并交替取正、负值，且 $|a|>|b|>|c|>\cdots$，不同放大器对应的阶数和系数有差异。输出信号的幅度和输入信号的幅度不再保持线性关系，而用非线性函数来表示，出现了非线性幅度转移特性，称为 AM-AM 效应。此外，输入信号幅度的变化，还会引起输出信号相位的变化，这种效应称为 AM-PM 效应。

设 $x(t)$ 和 $y(t)$ 分别为输入和输出信号，$A(t)$ 是输入信号的包络，$\theta(A)$ 是由 AM-PM 转换效应引起的相移，则

$$x(t) = A(t)\cos(\omega_0 t + \phi)$$

$$y(t) = A(t)\cos[\omega_0 t + \phi + \theta(A)]$$

式中，$\theta(A) = \dfrac{\alpha A^2(t)}{[1+\beta A^2(t)]}$，$\alpha,\beta$ 的典型取值为 $\alpha=4.0,\beta=9.1$。

下面针对单载波和多载波分别进行讨论。

(1) 单载波

假设采用简单的非线性函数，$v_o = av_i + bv_i^3$，当输入信号 $x(t) = A\sin\omega_0 t$ 时，若忽略 $3\omega_0(t)$ 以上的高次项(高次项已被滤波掉)，则输出信号为

$$y(t) = ax(t) + bx^3(t) = (aA + 3bA^3/4)\sin\omega_0 t + \cdots \approx (aA + 3bA^3/4)\sin\omega_0 t$$

输入信号的平均功率为 $P_i = A^2/2$，则输出信号的平均功率为

$$P_o=\frac{1}{2}(aA+3bA^3/4)^2=P_i[a+(3b/2)P_i]^2$$

输出信号平均功率是输入信号平均功率的函数，当输入信号平均功率增加时，输出信号平均功率也随之增加，当接近功放饱和区时，输出信号平均功率接近最大值，并不再随输入信号平均功率的增加而增加，最大输出功率称为饱和输出功率。

（2）多载波

假设输入信号为 $x(t)=A\sin\omega_1 t+B\sin\omega_2 t+C\sin\omega_3 t+\cdots$

非线性函数为 $v_o=av_i+bv_i^3+cv_i^5+\cdots$

则输出信号为 $y(t)=ax(t)+bx^3(t)+Cx^5(t)+\cdots$

从上式可以看出，由于功放的非线性效应，在输出中除了原来的频率分量，还产生了新的频率分量，这些新频率为各个输入载波的频率组合，称为交调干扰。当转发器的中心频率远远大于其带宽时，只有奇次项交调分量才会落入转发器频带内，其中由3次方项产生的交调分量对系统的影响最大，其落入转发器带内的组合频率为 $2f_i-f_j$ 和 $f_i+f_j-f_k$。各阶交调分量如图4-2所示。

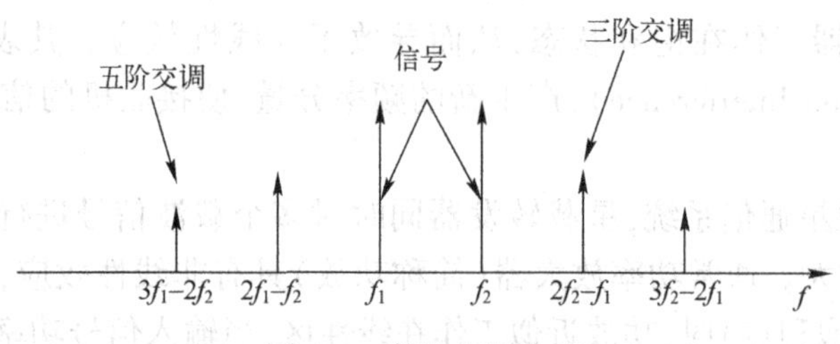

图 4-2　各阶交调分量

在多载波情况下，除了由于幅度非线性产生的交调频率分量，根据高功率放大器的相位特性，由于多载波信号的包络是波动的，因此通过透明转发器时各个载波都会引入变化的相移，也会产生新的交调频率分量。

当输入信号为两个等幅载波时，则 $x(t)=A\sin\omega_1 t+B\sin\omega_2 t,A=B$。

采用非线性函数 $v_o=av_i+bv_i^3$，经过转发器的输出信号，角频率为 ω_1 和 ω_2 的信号幅度为

$$A_{\omega_1,\omega_2}=aA_i[1+(9b/4a)A_i^2]$$

其中，每一个输出载波的平均功率为

$$P_o=P_i[a+(9b/2)P_i]^2$$

其中，$P_i=A^2/2$ 为单个输入载波信号的平均功率。当 $P_i=-\frac{2a}{27b}$时，每一个载波的输出功率达到最大，为$-\frac{8a^3}{243b}$。同单载波情况相比，两个等幅载波的饱和输入功率是单载波饱和输入功率的1/3，总饱和输入功率为单载波饱和输入功率的2/3，总饱和输出功率也是单载波饱和输出功率的2/3。

例1　采用FDMA的转发器交调频率 $\mathrm{IM}=mf_1+nf_2$（m 和 n 为任意整数），如 $f_1=1930\,\mathrm{MHz}$，$f_2=1932\,\mathrm{MHz}$，求落在工作频率为1920～1940 MHz的交调频率。

解：可能出现的交调频率有：$(2n+1)f_1-2nf_2$，$(2n+2)f_1-(2n+1)f_2$，或$(2n+1)f_2-2nf_1$，$(2n+2)f_2-(2n+1)f_1$，$n=0,1,2,\cdots$。

可能的交调频率取值如表 4-1 所示。

由表 4-1 可见,落在工作频率为 1 920~1 940 MHz 范围内的交调频率有:1 920 MHz、1 922 MHz、1 924 MHz、1 926 MHz、1 928 MHz、1 930 MHz、1 932 MHz、1 934 MHz、1 936 MHz、1 938 MHz、1 940 MHz。

表 4-1 可能的交调频率取值

$n=0$	$n=1$	$n=2$	$n=3$
1 930	1 926	1 922	1 918
1 928	1 924	1 920	1 916
1 932	1 936	1 940	1 944
1 934	1 938	1 942	1 946

4.2.3 FDMA 的地球站设备

图 4-3 所示为一个典型的 FDMA 地球站设备的框图。地球站接收和发送支路工作在所指配的载波频率上(图中仅画出垂直极化的通道,水平极化通道与之类似)。由于不同的地球站是以分配不同的频率来区分的,所以是频分多址。在图 4-3 中,地球站收、发载波的信号带宽可支持 8 Mb/s 的 E_2 数据流(或 6 Mb/s 的 T_2 数据流)信号的传输。在 $E_2(T_2)$ 信号带宽内又以 FDM 方式复用 4 路 E_1(或 T_1),也就是将 4 个调制解调器(Modem)分别调谐在各自的副载波上(图中的第 5 个 Modem 作为公用备份),组成 4 个载波的 MCPC 系统。图中左侧的复接与分接器将来自地面网的单路信号(也可以是 E_1 信号)复接为 4 个 E_1 的群信号(E_1 数据流),同时将接收解调后的 4 个 E_1 数据流分接为单路信号,并通过接口送往地面网。图中的合路与分路器将来自调制器的 4 个副载波合为一路送至上变频器,同时对接收的 4 个副载波进行分路,以便送至各自的解调器。为了提高设备的可靠性,图示的系统中还配置了备用的 HPA、LNA,以及上、下变频器。

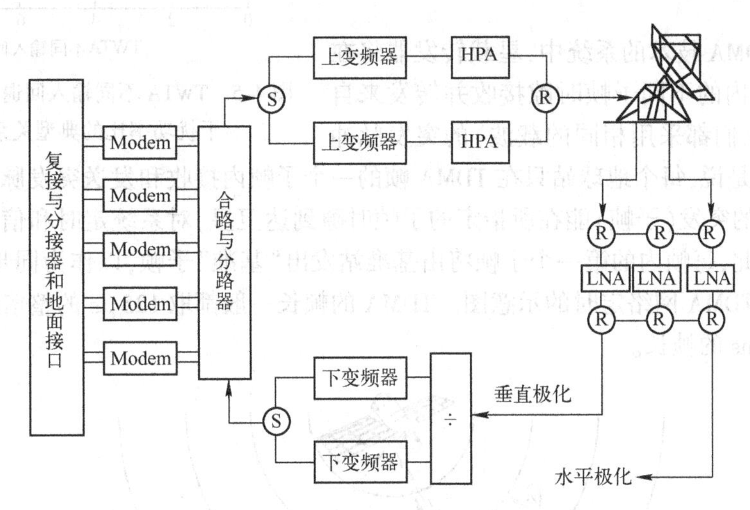

图 4-3 FDMA 地球站设备的框图

上述情况是针对 E_2 这样的中型地球站来进行讨论的。对于更简单的小容量地球站,可以是每个单路信号有一个 Modem,而不是 E_1 的 Modem。图 4-4 所示为 Intelsat 在一个36 MHz转发器带宽内的 SCPC 信道安排方案。整个带宽被分为 800 条 45 kHz 的信道,每条信道以 QPSK 调制方式传送一个话路(含信道间的保护间隔)。为进行频率控制,转发器上还发送一个导频信号。为避免对导频信号的干扰,导频两侧的信道是空闲的。于是,该方案可提供 798 条单向话路或 399 条双向话路。

FDMA 方式的缺点是星载转发器将在多载波的情况下工作。为了减少它们之间的交调干扰,必须使发射功率输出电平比饱和点电平足够低(称为电平"回退"补偿),以保证 HPA 的线性。

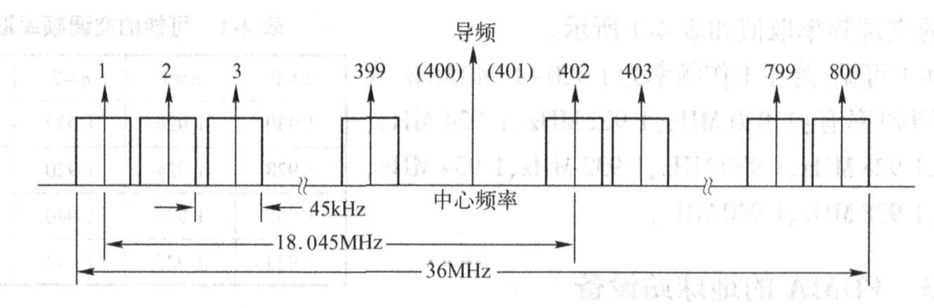

图 4-4 Intelsat 在一个 36 MHz 转发器带宽内的 SCPC 信道安排方案

图 4-5 所示为 CCIR 给出的 TWTA 不同输入回退与载波-交调干扰功率比的典型关系曲线。可以看出，电平回退越多，载波-交调干扰功率比越高；而在相同的电平回退时，载波数越多，载波-交调干扰功率比越低。

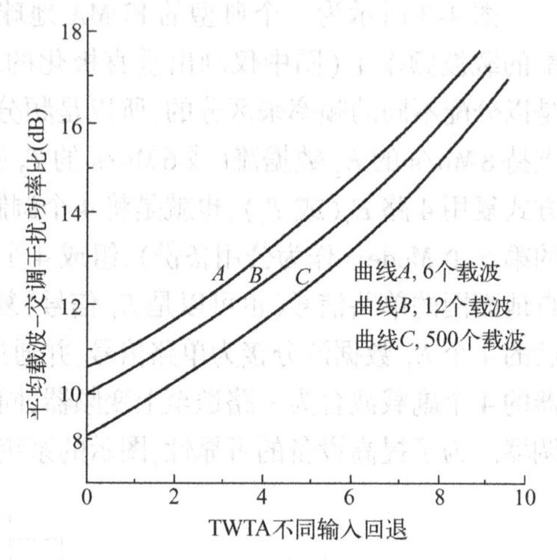

图 4-5 TWTA 不同输入回退与载波-交调干扰功率比的典型关系曲线

4.3 时分多址(TDMA)技术

4.3.1 TDMA 地球站帧格式

在采用 TDMA 技术的系统中，星载转发器将在一个 TDMA 帧内的不同子帧时隙接收并转发来自不同地球站（它们都采用相同的载波）的突发脉冲（子帧）。也就是说，每个地球站只在 TDMA 帧的一个子帧内接收和发送突发脉冲。为了保证每个地面终端的突发（子帧）能在所指定的子帧时隙到达卫星，对系统定时和信号格式将有严格的要求。为此，每帧内的第一个子帧将由基准站发出"基准"子帧，以作为同步和网控之用。图 4-6 所示为 TDMA 网络定时的示意图。TDMA 的帧长一般都取 125 μs 的整倍数。Intelsat 系统通常采用 2 ms 的帧长。

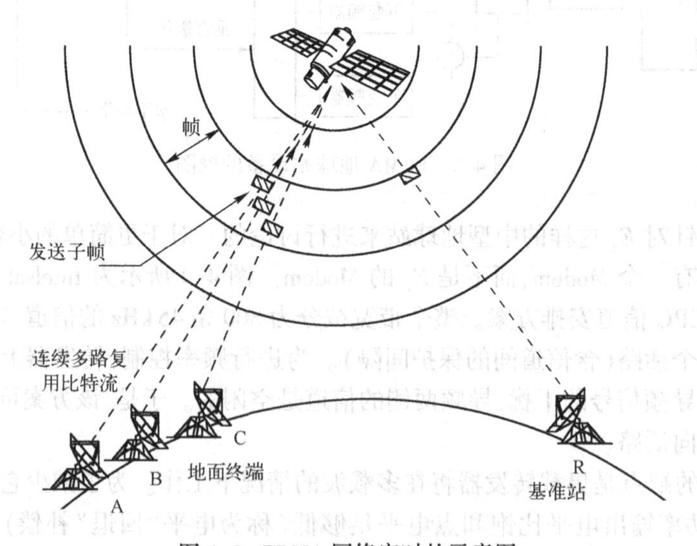

图 4-6 TDMA 网络定时的示意图

TDMA 子帧由报头和信息两部分组成。报头又分为四部分:①载波与比特定时恢复序列,可为接收端提供载波基准和比特定时时钟;②独特码:用以指示 TDMA 帧内子帧的起始位置,以及子帧内各信息的位置,通常还包含站址识别码;③勤务比特:用以传送各地球站之间的勤务电话或数据;④控制比特:用以传送网络管理信息和控制信息。TDMA 子帧的信息部分又被分为若干个信息子帧,而每一信息子帧将发往不同的目的地球站。

图 4-7 所示为 TDMA 系统发送数据的格式和框图。图中,某地球站有三路数据将分别发往 A、B、C 三个地球站。它们首先通过三个接口进入 TDMA 缓冲器,形成串行的信息子帧,并被安排在 TDMA 子帧信息部分的特定位置。

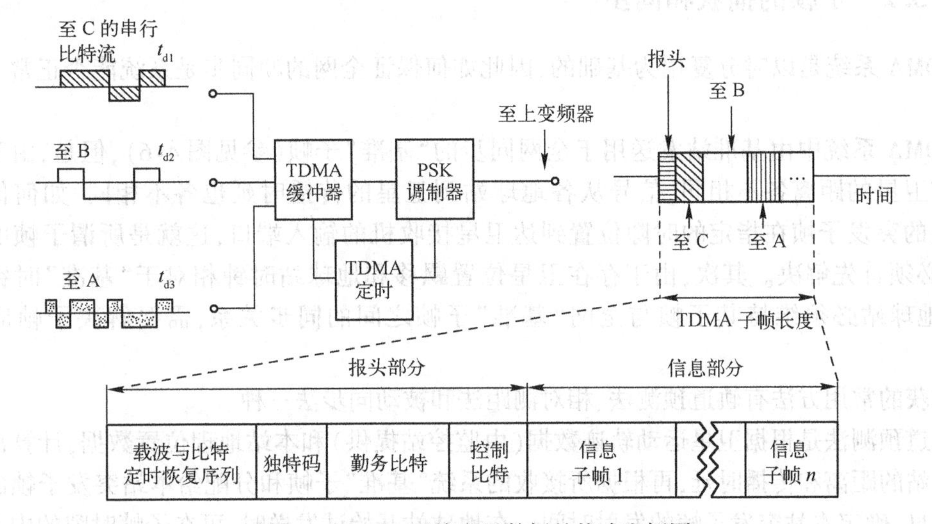

图 4-7　TDMA 系统发送数据的格式和框图

图 4-8 所示为 TDMA 系统接收数据的格式和框图。转发器所转发的(也就是地球站所接收的)TDMA 帧由来自各地球站的突发子帧组成,图示的三个子帧分别来自 A、B、C 三个地球站。为了保证各子帧之间不相互重叠,在它们之间留有一定的保护时间(通常为几 μs)。接收地球站(在图中为 D 站)在对信号进行解调后,由分路设备分别从来自 A、B、C 站的信息子帧中输出传送给本站的数据流。

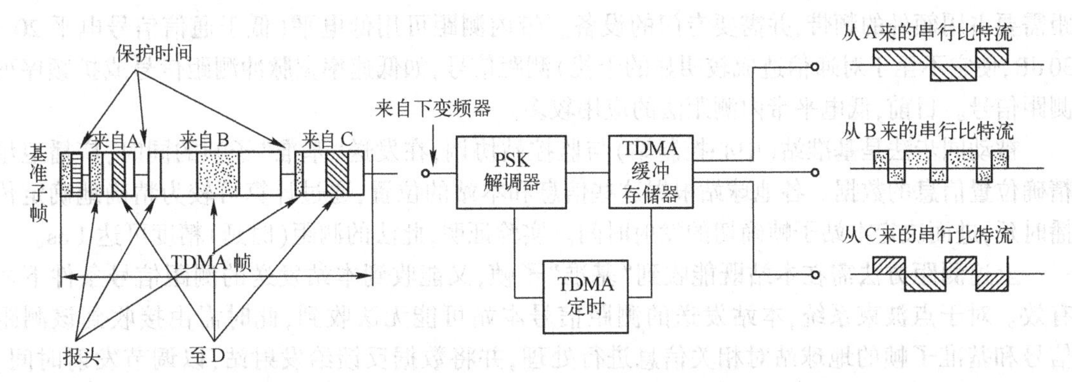

图 4-8　TDMA 系统接收数据的格式和框图

TDMA 帧的效率等于一帧内的信息比特数与总比特数(含保护时隙所占用的比特数)之比。

TDMA 地球站的设备配置框图与图 4-2 所示的 FDMA 站类似,但只有一个高速 Modem。

与 FDMA 系统相比，TDMA 系统的转发器不在多载波的条件下工作，因此几乎可在饱和点附近工作，卫星功率得到了有效的利用。

例 2 Intelsat 卫星的每帧符号数为 120 832，帧周期为 2 ms，帧效率为 0.949，语音信道比特率为 64 kb/s，采用 QPSK 调制，求语音信道容量。

解：符号率为 120 832 symbol/2ms = 60.416M symbol/s，QPSK 调制用 2 bit 表示 1 个符号，所以，$R_T = 60.416 \times 2 = 120.832$ Mb/s。

语音信道容量为 $N = (0.949 \times 120.832 \times 1000)/64 = 1792$。

4.3.2 子帧的捕获和同步

TDMA 系统是以时分复用为基础的，因此如何保证全网的帧同步是系统能否正常工作的关键。

TDMA 系统中由基准站发送用于全网同步的“基准”子帧（参见图 4-6），但是，由于各地球站与卫星的距离各不相同，信号从各地球站到卫星的传播时延也各不相同，如何保证各站发送的突发子帧在指定的时隙位置到达卫星接收机的输入端口，这就是所谓子帧的捕获问题，必须首先解决。其次，由于存在卫星位置飘移和地球站时钟相对于“基准”时钟的偏差，各地球站必须维持其子帧与全网“基准”子帧之间的同步关系，需要解决子帧同步的问题。

捕获的常用方法有轨道预测法、相对测距法和被动同步法三种。

轨道预测法是根据卫星运动轨迹数据（由监控站提供）和本站地理位置数据，计算出卫星与地球站的距离和传播时延，再根据所接收的系统“基准”子帧和分配给本站突发子帧的时隙位置信息，确定本站突发子帧的发射时间。在地球站开始试发送时，可在子帧时隙的中心位置发送捕获子帧（只含子帧报头的短子帧）。通过报头中独特码形成的示位脉冲与“基准”子帧示位脉冲的比较，逐渐将报头调整至预定位置，完成捕获。TT&C 系统不难实现对卫星测距 ±30 km的精度要求，因此最初发射的捕获子帧误差可控制在 ±100 μs 以内。随着测距精度的提高，子帧误差可控制在 ±10 μs 以内。

相对测距法是在不影响其他地球站通信的条件下，用测距信号（通信频带以外的信号或带内低电平信号）完成对卫星与地球站之间传播时延的测试，从而完成捕获的任务。带外测距需要占用额外的频带，并需要专门的设备。带内测距可用低电平（低于通信信号电平 20～30 dB，使它不至于对通信造成较明显的干扰）测距信号，如低速率宽脉冲测距信号或扩频序列测距信号。目前，低电平带内测距法的应用较多。

被动同步法是基准站（中心控制站）与监控站协调，在发送“基准”子帧的同时，广播卫星精确位置信息的数据。各地球站根据这些信息和本站的位置，通过计算可较为精确地确定传播时延，进而决定本站子帧确切的发射时间。实验证明，此法的测距（时延）精度可达 1 ns。

上述测距方法需在本站既能收到“基准”子帧，又能收到本站发送的测距信号条件下才有效。对于点波束系统，本站发送的测距信号本站可能无法收到，此时需由接收到该测距信号和基准子帧的地球站对相关信息进行处理，并将数据反馈给发射站，以调节发射时间。经多次反馈调整后可实现捕获。发射站第一次发射时间是由卫星轨道数据和“基准”子帧粗略估计确定的。

子帧同步的方法之一是将接收的本站发射子帧与“基准”子帧相对（时间）位置进行比较，以调整发射时间，保持所发射的子帧与“基准”子帧之间的同步。对于静止轨道卫星系统，

“地-星-地”传输时延为0.27 s,这意味着发射信号在0.27 s后才能验证发射时间的正确性,因此,在子帧同步过程中,只需0.27 s校正一次。子帧同步的另一种方法是利用锁相的方法使本站的帧定时跟踪“基准”站的帧定时,并根据本站子帧所分配的时隙位置来控制子帧的发射时间。此法涉及地球站和星载转发器在内的时延锁相环路,设备较复杂。

4.3.3 信号比特速率和转发器带宽

在卫星通信系统中,通常采用的调制方式为QPSK或BPSK。由通信原理的知识可以得到,速率为R_b的数据流经过调制后的中频带宽B_{IF}可以表示为

$$B_{IF}=\frac{1+\alpha}{m}R_b \tag{4-1}$$

式中,α为成形滤波器的滚降系数;m与调制的进制数有关,调制方式为QPSK时$m=2$,调制方式为BPSK时$m=1$。

如果TDMA的转发器以单载波的方式工作,式(4-1)表示的中频带宽B_{IF}就是转发器带宽。转发器以单载波TDMA方式工作,适用于大容量枢纽站之间的通信。为适用于一些中、小容量地球站之间的通信,也可采用多载波的TDMA方式工作。

例3 在TDMA卫星通信系统中,若星载转发器的EIRP为26.7 dBW,链路总的传输损耗为200 dB,地球站$G/T=32$ dB/K,成形滤波器滚降系数为0.2,采用的调制方式为QPSK,且要求的误比特率为10^{-5},求可以支持的信号传输速率R_b和所需的中频带宽B_{IF}。

解:由式(3-31)可得接收载波功率与噪声功率谱密度之比为

$$C/n_0(\text{dB})=26.7-200+32+228.6=87.3\ \text{dBHz}$$

而QPSK信号相干解调的误比特率为10^{-5}时,所要求的信噪比(E_b/n_0)为9.5 dB,而且全链路的信噪比(基本上)由下行链路决定。于是,可支持的信号传输速率R_b为(此处假定比特能量$E_b=C/R_b$)

$$R_b=\frac{C}{n_0}-\frac{E_b}{n_0}=87.3-9.5=77.8\ \text{dB b/s}$$

式中的速率单位dB b/s以1 b/s为基准(表示为0 dBb/s)。于是,上述结果表明可支持的信号传输速率R_b为60.26 Mb/s。

利用式(4-1)可得中频带宽为

$$B_{IF}=60.26\times1.2/2=36.15\ \text{MHz}$$

4.4 FDMA与TDMA的比较

卫星TDMA系统和FDMA系统相比具有以下特点:

- 对于TDMA方式,星载转发器在任何时刻都只有一个载波工作,不会产生交调干扰,行波管可以工作在饱和状态,能充分利用转发器的功率;
- TDMA方式对地球站等效全向辐射功率变化的限制没有FDMA方式那样严格;
- TDMA方式可根据各站业务量的大小来调整各站时隙的大小,大小站可以兼容,易于实现按需分配;
- TDMA方式是对各地球站和转发器进行时间分隔,无须FDMA方式的多次变频,简化了电路结构;

- 由于 TDMA 是数字传输，易于存储、速率转换和时域处理；
- 易于进行星上交换处理；
- 资源分配比较灵活；
- TDMA 系统的网同步复杂。

4.4.1 TDMA 和 FDMA 上行链路所需功率的比较

对于采用 FDMA 或 TDMA 不同多址方式的上行链路，如果它们传输的信号速率相同，要求的接收信噪比(E_b/n_0)也相同(且卫星的 G/T 值一样)，那么 TDMA 地球站所需的 EIRP 大于 FDMA 的 EIRP。图 4-9 所示为两种多址方式上行链路的工作示意图。由于从地球站发出的 FDMA 信号是连续传输的，而 TDMA 信号是以突发的方式间断传输的，因此 TDMA 信号的(瞬时)比特率 R_{bT}将比 FDMA 信号的比特率 R_{bF}高(或者说 TDMA 信号的比特持续时间被压缩了)。由于接收载波功率与噪声功率谱密度之比为$\left[\frac{C}{n_0}\right]=\left[\frac{E_b}{n_0}\right]+R_b$，而两种多址方式要求的信噪比($E_b/n_0$)相同，因此 TDMA 所需的$\left[\frac{C}{n_0}\right]_{TDMA}$大于 FDMA 所需的$\left[\frac{C}{n_0}\right]_{FDMA}$。相应地，所需地球站的$[EIRP]_{TDMA}$也大于$[EIRP]_{FDMA}$，而且有

$$\left[\frac{C}{n_0}\right]_{TDMA}-\left[\frac{C}{n_0}\right]_{FDMA}=[EIRP]_{TDMA}-[EIRP]_{FDMA}=R_{bT}-R_{bF} \tag{4-2}$$

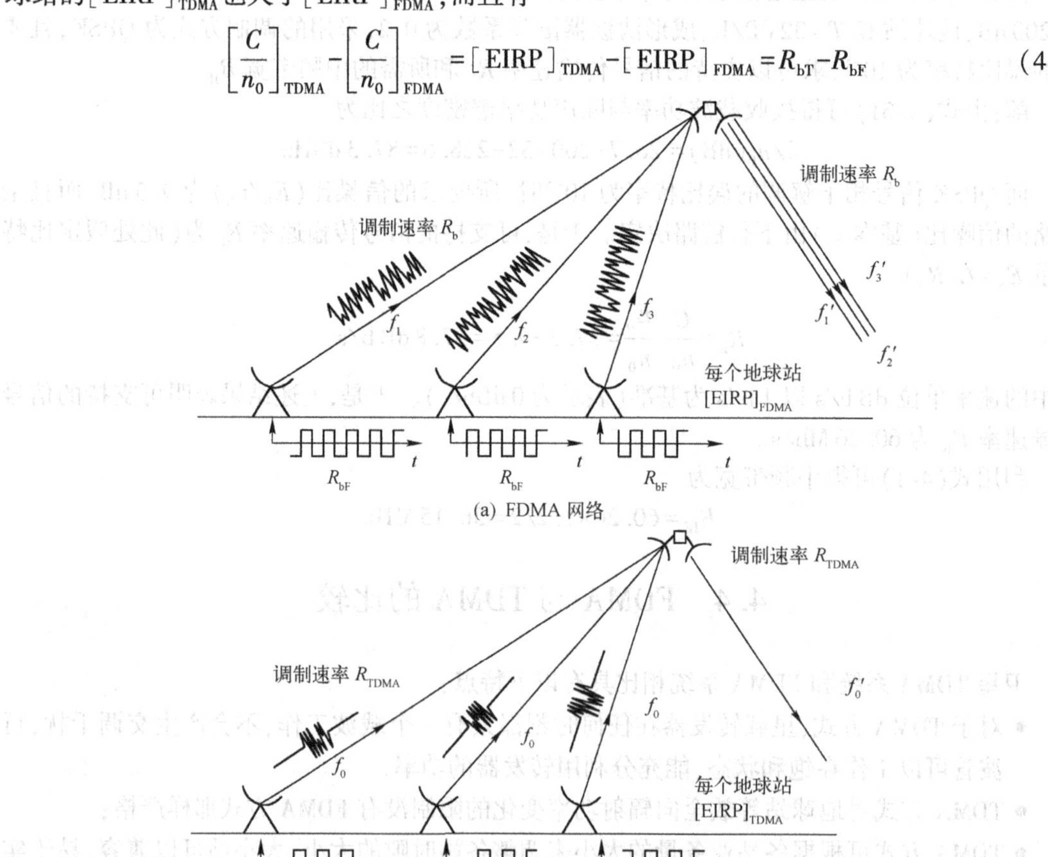

图 4-9 FDMA 和 TDMA 上行链路的工作示意图

对于小容量稀路由的商业卫星通信系统,希望使用小型地球站,因此倾向于采用 FDMA 工作方式。然而,FDMA 系统转发器采用的是多载波工作方式,为减小交调干扰,星载转发器 HPA 需要输出电平回退补偿。而 TDMA 系统不需要补偿,因此能更有效地利用星载转发器。为减小地球站发射功率,在采用 FDMA 的同时,又能充分利用星载转发器的功率,可以考虑这样的星上处理方案:FDMA 的上行链路信号在转发器上首先转换为时分复用格式后再进行放大,称为 FDMA/TDM 工作模式。

4.4.2 功率受限和带宽受限

通过 3.6.3 节关于全链路性能的分析可知,它与上行、下行链路性能和交调特性之间的关系由式(3-38)表示:

$$[C/T]^{-1}=[(C/T)_{\mathrm{u}}]^{-1}+[(C/T)_{\mathrm{d}}]^{-1}+[(C/T)_{\mathrm{i}}]^{-1}$$

在卫星通信系统中,下行链路性能是影响全链路性能的主要因素。因此,对于功率和带宽受限的卫星通信系统来说,主要是转发器的功率和带宽受限问题。

这里利用 4.3.3 节的例子来说明系统的功率和带宽受限问题。在该例中,卫星的 EIRP 能使地球站接收的 $[C/n_0]$ 达到 87.3 dBHz,可支持信号传输所需的最大中频带宽(单载波 TDMA 工作时为转发器带宽)正好是转发器的带宽 36 MHz。此时带宽和功率同时达到极限值,系统是最佳的。如果卫星 EIRP 可提供的 $[C/n_0]$ 大于 87.3 dBHz,也就是说系统可以支持更高的信号传输速率,但转发器带宽只有 36 MHz,则该系统称为“带宽受限系统”。相反,如果卫星 EIRP 可提供的 $[C/n_0]$ 小于 87.3 dBHz,也就是说系统只能支持较低的信号传输速率,而转发器带宽仍有 36 MHz,则该系统称为“功率受限系统”。

对于 FDMA 系统,在转发器的总带宽 B_{TR} 内,将有多个载波接入。这里假定有 K 个载波,且每个载波有同样的带宽(假定为 B)和 EIRP。理想的结果是 $B_{\mathrm{TR}}=KB$,此时若再增加转发器的 EIRP,由于 B_{TR} 的限制,也无法增加接入的载波数,为带宽受限系统。相反,如果卫星的 EIRP 较小,那么可能的情况是,在充分利用系统(转发器)带宽时,地球站接收的 $[C/T]$ 或 $[C/n_0]$ 不能达到所要求的门限值,或者在减小系统应用带宽,即减少接入载波数或降低信号传输速率的条件下,使 $[C/T]$ 或 $[C/n_0]$ 达到所要求的门限值。这就是系统功率受限的情况。

若以转发器的最佳工作状态(即转发器采用单载波且达到饱和 EIRP,正好能充分应用整个带宽,且使地球站接收信噪比达到门限值)为参考,系统采用 FDMA 工作方式时,为减小转发器的交调干扰,输出应有回退补偿(假定为 BOdB)。由于转发器输出 EIRP 的下降,为保证所需的地球站接收信噪比不变,必须降低信号传输速率(以增加比特能量),减小信号带宽。假定减小后的带宽占转发器带宽的比例为 $\beta(\beta<1)$,显然有

$$\beta=10^{-0.1\mathrm{BO}} \tag{4-3}$$

例 4 星载转发器带宽 36 MHz,饱和 EIRP 值为 27 dBW,地面站接收机 G/T 值为 30 dB/K,全部的链路损失为 196 dB。转发器有多个 FDMA 载波,每个载波 3 MHz 带宽。转发器有 6 dB 功率“压缩”(Back-off)。计算单载波情况下的下行链路 C/N 值,并比较在有或没有功率“压缩”情况下该 FDMA 系统中可以容纳的载波数。假设可以忽略上行链路噪声和交调噪声,只考虑单载波时的 C/N 值。

解:单载波情况不会出现交调干扰。假设转发器带宽的 dB 表示为 B_{TR},单载波带宽的 dB 表示为

$$B_c = 10\lg 3\times10^6 = 75.56(\text{dBHz})$$

则 $$C/N = \text{EIRP}+G/T-L+K-B_{TR} = 27+30-196+228.6-75.56 = 14.04(\text{dB})$$

在多载波情况下，只要转发器工作在饱和状态，就会出现交调干扰。

如果没有功率压缩，可支持的载波数量为 $B_{TR}/B_c = 36/3 = 12$。

如果有 6 dB 的功率压缩，即总功率变为原来的 1/4，要使每个载波的通信质量不变，则要求每个载波的发射功率不变。由于总功率变为原来的 1/4，就意味着载波数也变为原来的 1/4，所以压缩 6 dB 功率以后，能支持的载波数为 3。

4.5 码分多址技术

码分多址（CDMA）方式在卫星通信系统中也有应用。它适用于用户（地球站）众多，而链路传输速率又较低的系统，比如卫星移动通信系统或稀路由的 VSAT 系统。

在 CDMA 系统中，各地球站同时使用转发器的同一频带，而每一信号都分配有一特征码（地址码）。在接收端，地球站首先从各站发送的所有信号（各站发送的信号同时同频传输）中识别其特征码，提取并发送给本站的信号，再通过解调、解码获得所传输的信息。为了从所有信号中识别某一信号，一般要采用相干技术。

通常，地址码（特征码）采用自相关性很强，而互相关性很弱，同时可用码的数量足够多的（准）正交码组。在 PN 码中，m 序列或由它派生的 Gold 码常常用作地址码。图 4-10 所示为直扩 CDMA 系统框图。信源码流（速率为 R_b）首先对地址码（其子码（切普，Chip）速率为 R_c）进行第一次调制，即模二加。由于 $R_c \gg R_b$，因此调制后信号频谱被大大地展宽了，所以将第一次调制称为扩频（调制）。扩频后的信号再对中频载波进行 PSK 调制，然后通过发射机（含上变频器）发往上行链路。

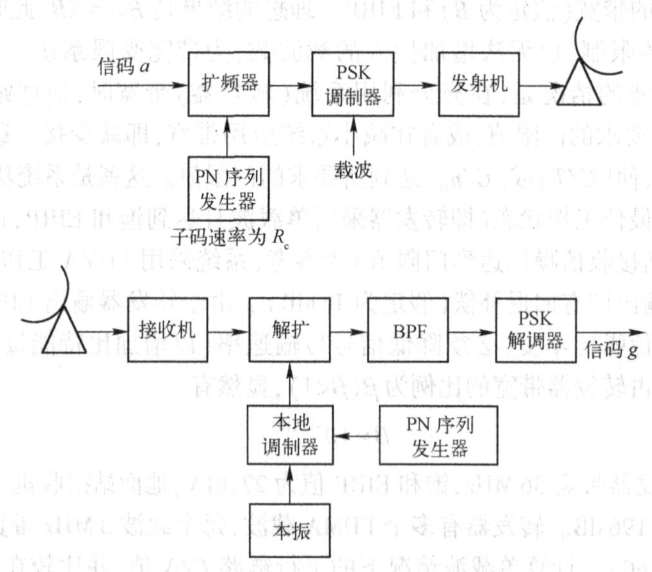

图 4-10　直扩 CDMA 系统框图

在接收端，接收的扩频宽带信号首先应（在中频上）进行解扩，即利用与扩频信号相干的本地地址码信号与之进行相关运算（自相关运算）。解扩后，与本地地址码相干的有用信号分量被还原为窄带的信息信号，而其他站址的信号频谱仍被扩展为宽带信号（互相关运算）。解扩后的信号经过窄带带通滤波器,即可提取出有用信号,而其他站址的无用信号经过滤波器的抑制后,仅为较小的(多址)干扰分量。解扩后的信号再送去解调,可保证解调器在较高信噪比条件下工作。同时可以看出,对于信道白噪声的干扰来说,改善的程度取决于接收机带宽(扩频信号带宽)与解扩后滤波器带宽即信息信号带宽之比,称为扩频处理增益。如果以切普速率 R_c 和信息速率 R_b 分别代表扩频信号带宽和信息信号带宽,则处理增益 G_p 为

$$G_p = \frac{\text{扩频信号带宽}}{\text{信息信号带宽}} = R_c / R_b \tag{4-4}$$

除上述直扩 CDMA 方式(CDMA/DS)外,还有跳频 CDMA 和跳时 CDMA 两种方式。

跳频是得到广泛应用的另外一种扩频方式,其框图如图 4-11 所示。

跳频工作的基本原理是:将信息数据调制成带宽为 B_1 的基带信号,作为发射载波,该载波频率受伪随机码发生器的控制,在带宽为 B_2 的频带内随机跳变,实现从 B_1 到发射信号使用的带宽 B_2 的频谱扩展。

跳时系统框图如图 4-12 所示。

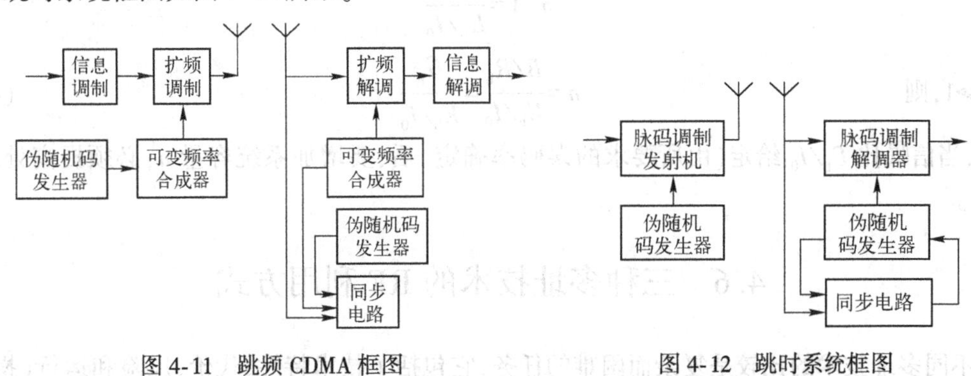

图 4-11　跳频 CDMA 框图　　　图 4-12　跳时系统框图

跳时系统的工作原理是,信息数据送入受伪随机码控制的脉冲调制发射机,发射出携带信息数据的伪随机间隔射频信号。

CDMA 系统具有如下特点。

① 无须对各地球站进行协调,接续灵活方便。在 FDMA 系统中,需要对各站的上行频率和功率严格监控,系统设定的各站的频率和功率不得自行改变,一般也不能自行断开或接通。在新增设线路频率或改变某线路工作频率时,还必须对系统整个载波频谱进行重新排列,以使落入带内的交调产物最小。在 TDMA 系统中,全网有统一的定时和严格的同步,某一链路定时不准或失步时,不但本链路不能正常工作,而且可能会对其他链路形成干扰,甚至使全网不能工作。而 CDMA 系统中各条链路相对独立,各站之间无须协调。同时便于接纳新的用户而不需要信道分配控制,仅在系统容量增加时,传输质量(信噪比)有所下降。

② 抗干扰、抗截获能力强。由于采用了扩频技术,高的处理增益使解扩器输出的信噪比较输入端的信噪比高,从而具有强的抑制信道噪声干扰(包括人为窄带干扰)的能力。同时,由于频谱的扩展,信道上传输的信号功率谱密度很低,难以被截获,而且由于地址码的伪随机性,具有一定的保密性。

③ 具有克服信道多径传播所带来不利影响的能力。这对卫星移动通信系统有一定意义。

④ 频谱利用率低,仅适于低速率的数据传输。由于信号频谱被扩展,在一定转发器带宽和扩频处理增益的条件下,允许的用户信息速率不高。这也是 CDMA 方式不能用于国际、国内大容量干线通信的原因。目前,CDMA 方式除用于军用卫星通信系统外,主要用于卫星移动通信系统

和少数小容量 VSAT 系统(它可以在电磁干扰环境恶劣的市区利用小的天线进行通信)。

CDMA 系统端到端的信号传输质量仍然可以用信噪比(在确定的调制解调方式下可转换为误码率)来表征,但是这里的噪声功率包括两部分:信道高斯噪声功率和系统自身的多址干扰功率。总的噪声干扰功率为两者之和,记为 I,且用 I_0 表示其谱密度。于是,信号功率对总的噪声干扰功率之比为

$$C/I=\frac{R_b E_b}{I_0 B} \tag{4-5}$$

式中,E_b 为比特能量,B 为扩频带宽。

如果系统可允许有 n 个信道同时工作,即允许有 n 个地球站以不同的地址码发射同一载波。假定到达某一接收机的 n 路信号强度和噪声干扰功率都相等,则信噪比可表示为

$$C/I=\frac{1}{n-1}$$

于是

$$n-1=\frac{B/R_b}{E_b/I_0}$$

若 $n\gg1$,则

$$n=\frac{B/R_b}{E_b/I_0}=\frac{G_p}{E_b/I_0} \tag{4-6}$$

可见,当信噪比 E_b/I_0 给定(由所要求的误码率确定)后,要增加系统容量 n,必须提高处理增益 G_p。

4.6 三种多址技术的 RF 利用方式

不同多址技术的比较是复杂而困难的任务,它包括了技术特性、代价、风险和运行(操作)是否方便等方面的问题,而且由于应用环境和目标的不同,各种因素的重要性也不尽相同。本节不对各种多址方式进行比较,而只讨论 FDMA、TDMA 和 CDMA 三种多址方式利用 RF 频带的情况。

三种多址方式利用 RF 频带的情况如图 4-13 所示。作为 FDMA 系统的一个例子,转发器带宽被分为两部分,每部分的带宽和功率相等。来自不同地球站的载波包含了多路信息信道(既可以是模拟的,也可以是数字的),而每个载波的带宽和功率可以是不同的(视信道容量而定)。但是,对这些载波的总功率有严格的限制:转发器输出功率应使放大器工作在饱和点以下的适当电平,以留有足够的余量来保证 RF 的交调失真(IMD)满足要求。在转发器内每个载波的有效带宽之间有一小的保护带,以保证地球站能有效地分离这些载波。在卫星的下行链路中包含了所有的载波,而在波束覆盖区内的任何地球站,可选择接收其中特定的任何一个载波。

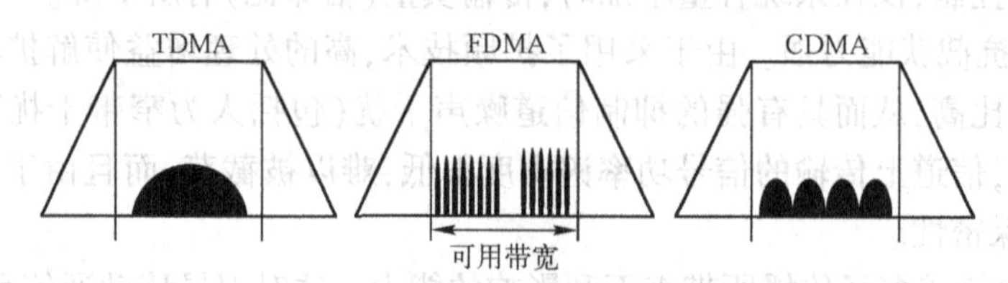

图 4-13 三种多址方式利用 RF 频带的情况

在 TDMA 系统中,所有地球站在上行链路发送的突发脉冲(子帧)在星载转发器的接收机输入端有相等的功率。在全转发器 TDMA 的情况下(如图 4-13 所示的情况),任何时候在转发器内

只存在某一个站发送的宽带突发信号。为了保证各站发送的突发脉冲之间不发生重叠干扰,在各站发送的突发脉冲之间留有短的保护时间是非常必要的(在图 4-13 所示的静态频谱中无法表示),因为在工程上要将时间全部加以利用是几乎不可能的。在 TDMA 系统中,也允许在整个转发器带宽内安排若干个带宽较窄的载波,以分别支持较低速率的 TDMA 子系统,这对降低中、小型地球站的成本有重要意义。当然,此时必须考虑转发器中多载波工作时的交调干扰。

对于 CDMA 系统来说,由于目前的实用系统在扩频后的带宽达不到整个转发器的带宽,因此在一个转发器带宽内安排了若干个载波。在每个载波上有多个 CDMA 信道同时工作,不同信道利用各自的地址码进行调制。此外,由于转发器内同时有多个载波工作,对其总功率有所限制,以防交调干扰超过预定的指标要求。

4.7 ALOHA 协议

ALOHA 是一种用于数据通信的随机(时分)多址方式。用户终端根据其需要向公用信道发送数据分组,并以这种方式来竞争信道。ALOHA 数据分组结构如图 4-14 所示,它由 640 bit 信息加上 32 bit 报头和 32 bit 校验码组成。

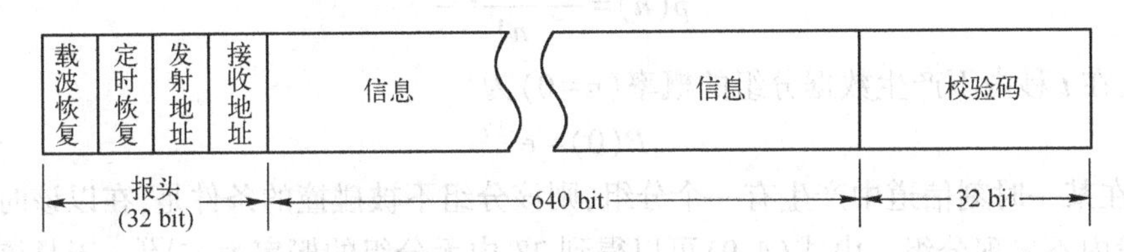

图 4-14 ALOHA 数据分组结构

数据终端一旦将分组编好,即可发送出去。系统内的所有用户终端(工作在同一载频上)都能收到该分组信息,除信息分组的目的终端(在报头中由接收站址表明)外,其他终端都将舍弃这些不属于本终端的信息分组。而目的接收终端在收到此分组信息后,应向发送终端发出"确认信号"。如果接收端检出有错,则向发送端发出请求重发信号。发送端收到接收端要求重发的信号或者发送端在发出信息分组后的一定时间内没有收到接收端发回的确认信号,则重新发送该信息分组。

由于各站发送分组的时间是随机的,因此某些站有可能同时发送分组而发生"碰撞",被"碰撞"的信息都被破坏(可从校验码检出,或根本无法接收),需要这些发送站时延一定时间后重新发送。但重要的是要让它们不再同时重发,否则会再次碰撞。在 ALOHA 系统中,各终端时延时间是随机的,因此,再次碰撞的概率较小。图 4-15 所示为 ALOHA 系统的工作过程。

假定系统内所有用户单位时间内平均新产生 λ 个分组,并被(首次)发往信道。然而,在信道上(转发器)传输的分组中,除用户首次发出的(新产生)分组外,还有因碰撞而传输失败后的重传分组。假定信道中传输的分组数为 λ',而分组碰撞概率为 R,则

$$\lambda=\lambda'(1-R) \tag{4-7}$$

信道利用率 ρ 是系统的一个重要指标,其定义为

$$\rho=\frac{\text{信道有效传送数据分组的时间}}{\text{总时间}}$$

信道有效传送分组的数目,也等于用户首次发往信道的分组数。如果分组持续时间为 T,则单位时间内信道有效传送分组的时间为 λT。

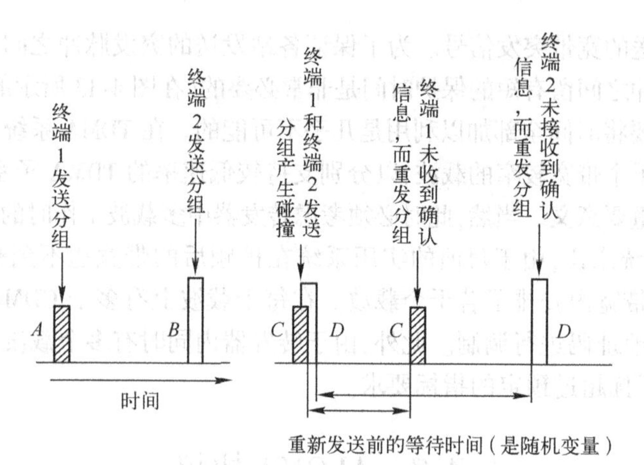

图 4-15 ALOHA 系统的工作过程

与其他的数据通信系统一样,可以假定单位时间内由众多终端发往公用信道的分组数(分组平均到达率)服从泊松分布,于是在 t 秒内信道产生(到达)n 个分组的概率为

$$p(n)=\frac{(\lambda' t)^n \mathrm{e}^{\lambda' t}}{n!} \tag{4-8}$$

于是,在 t 秒内不产生数据分组的概率($n=0$)为

$$P(0)=\mathrm{e}^{-\lambda' t} \tag{4-9}$$

假定在某一时刻信道中产生有一个分组,则该分组不被碰撞的条件是,在以该时刻为中心的 $2T$ 时段内不出现分组。由式(4-9)可以得到 $2T$ 内无分组的概率为 $\mathrm{e}^{-\lambda' 2T}$。于是该分组发生碰撞的概率 R(也是分组重发的概率)为

$$R=1-\mathrm{e}^{-\lambda' 2T} \tag{4-10}$$

于是,单位时间内用于有效传送(不碰撞)分组的时间为 λT,它为信道的利用率 ρ,于是可得

$$\rho=\lambda T=\lambda'(1-R)T=\lambda' T\mathrm{e}^{-2\lambda' T} \tag{4-11}$$

假设分组重发的平均次数为 N,则

$$N=1+R+R^2+R^3+\cdots=\frac{1}{1-R}=\mathrm{e}^{\lambda' 2T} \tag{4-12}$$

于是信道利用率为

$$\rho=\frac{\ln N}{2N} \tag{4-13}$$

由 $\frac{\partial \rho}{\partial N}=0$,可得 $N=\mathrm{e}$ 时,ρ 有极大值:

$$\rho_{\max}=\frac{1}{2\mathrm{e}}=0.184 \tag{4-14}$$

可见,ALOHA 系统的最大信道利用率仅为 18.4%。为此提出一些改进方案,如 S-ALOHA、R-ALOHA 等。相对于这些改进型,将上面分析的 ALOHA 称为纯 ALOHA(P-ALOHA)或经典 ALOHA。

S-ALOHA 称为时隙 ALOHA(Slotted-ALOHA),系统以信号到达转发器输入口的时间为参考点,将时间轴等分为许多时隙(Slot)T_0。系统有统一的时钟,要求每个站的数据分组必须落入某一时隙(通常,分组持续时间与时隙长度相等)。因此,如果发生碰撞,必定是分组完全重叠的碰撞。由于所有用户发送分组的时间必须按系统的统一时隙进行,从而减少了碰撞机会,

提高了信道利用率。在纯 ALOHA 的分析中,信道在某时刻的一个分组不被碰撞的条件是在该时间前、后的 $2T$ 时间内不再产生其他分组。对 S-ALOHA 系统,分组不被碰撞的条件是在 T 时段内不产生新的分组。分析的结果表明,ρ_{max} 可达 0.368。

对于时隙 ALOHA 系统,所有地球站在时间上都要求同步,各地球站只能在每个时隙开始时刻才能发送一帧。

图 4-16 为两个地球站采用时隙 ALOHA 的工作原理示意图。图中的向上的垂直箭头代表帧到达。时隙的长度是使得每帧正好在一个时隙内发送完毕。每一帧到达后,一般都要在缓存中等待一段时间(等待时间小于 T_0),然后才能发送出去。当在一个时隙内有两个或两个以上的帧到达时,则在下一个时隙将产生碰撞。碰撞后重传的策略与纯 ALOHA 的情况相似。

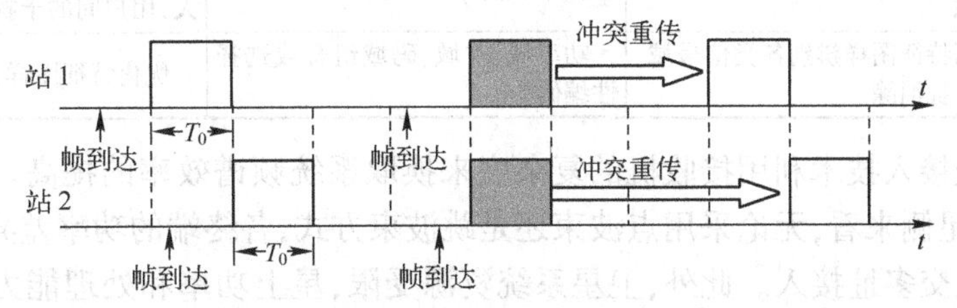

图 4-16　两个地球站采用时隙 ALOHA 的工作原理示意图

R-ALOHA 称为预约 ALOHA(Reserved ALOHA),是在 S-ALOHA 的基础上考虑到系统内各站业务量不均匀而提出的改进型。对于发送数据量较大的站,在它预约的时段内将用较长的分组发送。美国 ARPA(高级研究计划局)开发了一种以 R-ALOHA 方式工作的系统,该系统内分为长和短两种分组,短分组长度为 224 bit,而长分组长度为 1350 bit。比如,某站请求发送三个长分组时,它首先通过 S-ALOHA 信道以短分组提出预约申请通报,在经过卫星链路的 270 ms 时延之后,该站和系统内所有各站都听到了这一通报。如果这一过程中没有其他站同时发出类似通报(预约申请),将根据当前排队情况,将这三个长分组的时隙安排在恰当的时隙位置上,从而完成预约。系统内的其他各站应避开已预约的时隙发送数据,该站按预约的时隙发送分组,不会发生碰撞。而在系统内没有站提出预约申请时,系统将按 S-ALOHA 方式工作。分析表明,R-ALOHA 的信道利用率高达 83%。

4.8　非正交多址技术

针对终端的泛在连接需求,卫星通信系统对多址技术提出了更高要求,迫切需要解决海量终端随机接入和申请授权时大概率碰撞或阻塞的问题。

传统的正交多址接入方式通过将时、频、空、码域资源划分为正交资源块,实现多用户之间的通信,如频分多址(FDMA)、时分多址(TDMA)、码分多址(CDMA)、空分多址(SDMA),以及在 4G/5G 中广泛应用的正交频分多址(OFDMA)等。但是,现有的正交多址方式可供划分的物理资源块有限,频谱利用率不高,难以满足海量终端泛在接入需求。因此有必要发展新的多址接入技术,在正交分割资源基础上,引入非正交多址接入技术,提高系统容量或接入用户数量。

非正交多址接入技术通过功率复用或特征码本设计,允许不同用户占用相同的频谱、时隙和码字等资源,接收机通过多用户检测消除干扰,具有很高的过载率,系统的频谱效率和吞吐量获得提升。目前,主流的非正交多址接入有以下四种:功率域非正交多址接入(Non-orthogonal Multiple Access,NOMA),稀疏码多址接入(Sparse Code Multiple Access,SCMA),多用户共享接入(Multi-User Shared Access,MUSA),图样分割多址接入(Pattern Division Multiple Access,PDMA)。表 4-2 给出了四种非正交多址接入的比较。

表 4-2　非正交多址接入的比较

多址接入	特性		
	关键技术	优势	存在的问题
NOMA	功率域复用,串行干扰消除	能够公平地服务用户	功率域复用技术不成熟,译码复杂度较高
SCMA	稀疏扩频技术,高维调制技术,消息传递算法	码本设计灵活,高维调制增加码本的成形增益	译码器复杂度较高,码本需进一步优化
MUSA	复数域多元码序列扩频,串行干扰消除	技术较简单	低相关性复数域多元码设计难度大,用户间的干扰大
PDMA	利用特征图样辨别各类信号域,串行干扰消除	功率域、空域、码域组合或选择性编码	优化特征图样,技术较为复杂

非正交多址接入技术利用接收机的复杂度来换取系统频谱效率的提高。然而,在卫星通信系统中,从卫星侧来看,无论采用点波束还是跳波束方式,各终端的功率差异不明显,难以实现功率域的非正交多址接入。此外,卫星系统资源受限,星上功率和处理能力有限,接收机复杂度不宜过高。相比较而言,SCMA 和 MUSA 将是适用于卫星通信系统的潜在多址接入技术。图 4-17 是 SCMA 和 MUSA 原理图。

SCMA 的主要技术特征是多维调制和稀疏扩频。通过多维调制,SCMA 可以获得调制增益和成形增益。在 SCMA 中,通过多维调制将各用户的比特序列映射为多维码字。通过稀疏映射将各用户的多维码字映射为多维稀疏码字。SCMA 通过使用稀疏扩展来减少叠加时不同用户符号间的冲突,以支持免授权竞争接入。但导频碰撞问题和多用户信道估计问题是限制 SCMA 性能的主要瓶颈。

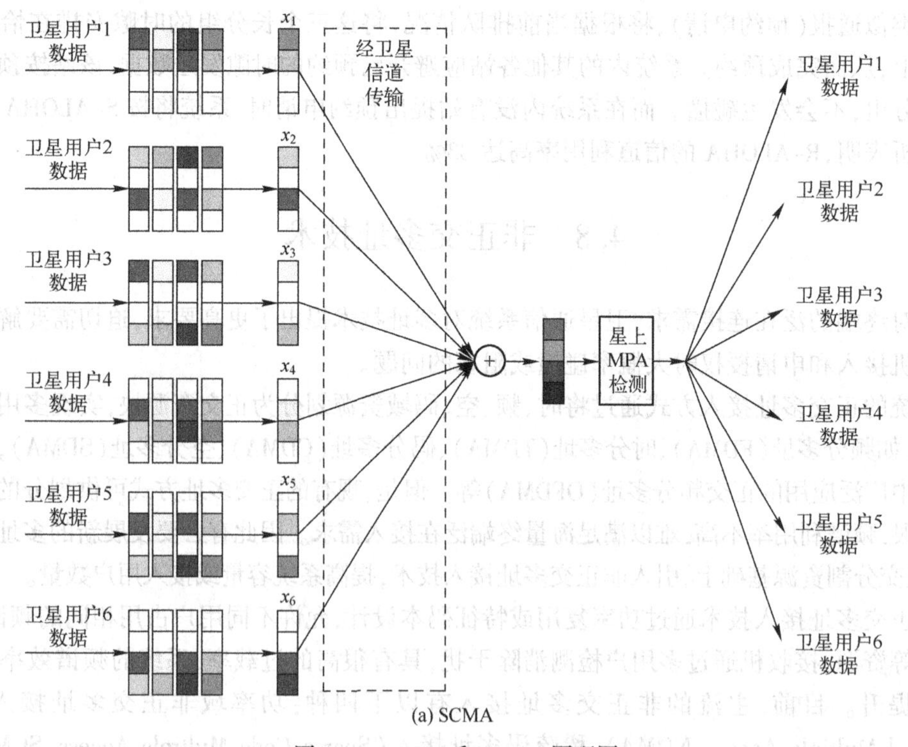

(a) SCMA

图 4-17　SCMA 和 MUSA 原理图

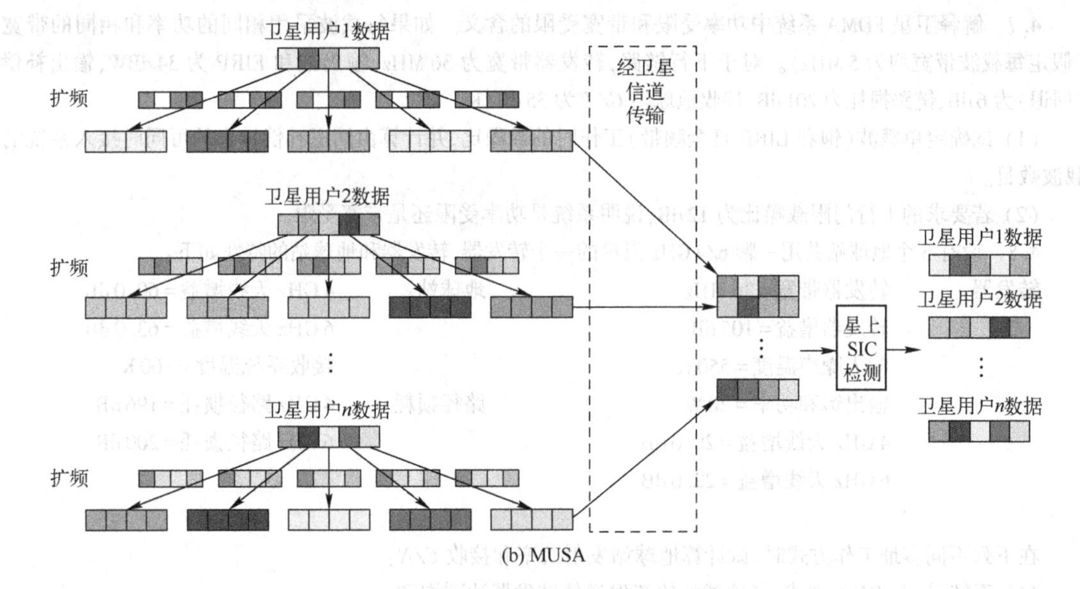

图 4-17　SCMA 和 MUSA 原理图(续)

在 MUSA 系统中，多用户利用短长度的随机非正交复合扩频码在同一资源上传输数据，接收机采用串行干扰消除(SIC)机制进行多用户检测，实现免授权传输和较高的用户超载性能。因为低互相关序列扩展可以保证用户间干扰抑制效果更好，序列扩展技术可以和信号重复一样实现更好的覆盖。不依赖参考信号的多用户检测技术，可以节省导频的开销，以及避开免调度传输所面临的导频碰撞难题。

习题

4.1　解释频分多址 FDMA 的含义，说明它与频分复用 FDM 的区别。

4.2　在 FDMA 模式下，假定一个 80 MHz 的转发器接入 12 个带宽为 6 MHz 的载波，若要求的载波/交调干扰比为 14 dB，试问功放输入回退补偿应(约)为多少？而相应的输出回退补偿又为多少？

4.3　卫星网上行链路接入采用 FDMA，且每个地球站以 2.048 Mb/s 的 E1 速率发送。试计算：

(1) 为了在卫星上达到$[E_b/n_0]=14$ dB，要求的上行链路载噪比$[C/n_0]$；

(2) 为了达到所需的$[C/n_0]$，地球站的 EIRP 应为多少？假定卫星的$[G/T]=8$ dB/K，上行链路损耗为 210 dB。

4.4　(1) 解释在卫星 TDMA 系统中，为什么需要一个参考突发(子帧)？在 TDMA 业务突发(子帧)中，报头的作用是什么？

(2) 解释 TDMA 帧效率的含义。

(3) 在 TDMA 网络中，若业务突发的报头和参考(基准)突发都需要 560 bit，突发之间的保护间隔等效为 120 bit，给定一帧内有 8 个业务突发和 1 个参考突发，帧的总长度等效为 40 800 bit，试计算帧效率。

(4) 若帧周期为 2 ms，语音信道的比特速率为 64 kb/s，计算可承载的等效语音信道数。

4.5　假定信息数据流的信号频谱成形滚降因子为 0.2，并采用 QPSK 调制。通过一个 36 MHz 的转发器传输，其最大的比特速率为多少？

4.6　一个 14 GHz 的上行链路，其总的传输损耗为 212 dB，地球站上行链路天线增益为 46 dBi，卫星的$[G/T]$为 10 dB/K，要求的上行链路信噪比$[E_b/n_0]$为 12 dB。

(1) 若采用 FDMA 方式，计算传送一条 E1(2.048 Mb/s)信号的地球站发射功率为多少？

(2) 若采用 TDMA 方式，下行链路的信息速率为 8×2.048 Mb/s，计算上行地球站所需的发射功率。

4.7　解释卫星 FDMA 系统中功率受限和带宽受限的含义。如果每载波采用相同的功率和相同的带宽(假定每载波带宽均为 5 MHz)。对于下行链路,转发器带宽为 36 MHz,输出饱和 EIRP 为 34 dBW,输出补偿(回退)为 6 dB,链路损耗为 201 dB,接收地球站 G/T 为 35 dB/K。

(1) 试确定单载波(饱和 EIRP 且全频带)工作时的载噪比,并计算由回退补偿带来的可同时接入系统的载波数目。

(2) 若要求的下行门限载噪比为 12 dB,说明系统是功率受限还是带宽受限。

4.8　设有 5 个地球站共用一颗 6/4 GHz 卫星的一个转发器,转发器和地球站的特性如下:

转发器:	转发器带宽 = 36 MHz	地球站:	4 GHz 天线增益 = 60.0 dB
	转发器增益 = 105 dB		6 GHz 天线增益 = 63.0 dB
	输入噪声温度 = 550 K		接收系统温度 = 100 K
	输出饱和功率 = 20 W	路径损耗:	4 GHz 路径损耗 = 196 dB
	4 GHz 天线增益 = 20.0 dB		6 GHz 路径损耗 = 200 dB
	6 GHz 天线增益 = 22.0 dB		

在下列不同多址工作方式时,试计算地球站发射功率和接收 C/N:

(1) 系统采用 TDMA 方式,各地球站轮流发送使转发器达到饱和;

(2) 系统采用 FDMA 方式,此时转发器输出有 6 dB 的回退补偿。

4.9　一个 LEO 卫星系统支持手机通信,用户链路(用户与卫星之间)采用多载波 TDMA 工作方式。手机信道以 10 条为一组,工作在一个副载波上。从手机到卫星的上行链路信号为 BPSK 数据流,信息速率为 10 kb/s。从卫星到(10 个)手机用户的下行信号为 QPSK 数据流,比特率为 100 kb/s。若手机发射功率为 0.2 W,天线增益为 1 dBi,噪声温度为 250 K;卫星发射功率为每路 0.1 W,天线增益为 18 dBi,噪声温度为 500 K。

系统工作在 L 频段,上/下行链路损耗为 161 dB/160 dB。雨衰可以忽略,但建筑物和树木的遮蔽是信道衰落的重要因素,电平预算需留有一定余量。假定上、下行链路均采用了滚降系数为 0.5 的平方根升余弦滚降滤波器。请回答下列问题:

(1) 手机的噪声带宽与上行(从用户至卫星)链路的卫星接收机噪声带宽相比,哪一个更窄?

(2) 上行链路(从手持机到卫星)射频信号和下行链路(从卫星到手持机)射频信号各自占用的带宽为多少?

(3) 若上行链路 BER 门限为 10^{-4},那么链路电平的衰落余量为多少?

(4) 若下行链路 BER 门限为 10^{-4},那么链路电平的衰落余量为多少?

4.10　若 CDMA 系统的处理增益为 255,要求接入系统的每条信道的信噪比为 9 dB。假定系统的高斯噪声干扰可以忽略,最大允许的接入信道数是多少?若高斯噪声干扰电平与系统(接入信道数最大时)的多址干扰电平相同,此时允许接入系统的最大信道数又是多少?

4.11　若一个 CDMA/DS 系统的每个地球站都由一个 1023 bit 的 PN 扩频序列进行扩频,采用 BPSK 调制方式,形成滤波器滚降系数 0.5,码片速率为 30 Mc/s。若要求系统的信噪比为 12 dB,试问系统能支持多少个地球站(忽略高斯噪声的影响)?转发器需要提供多宽的带宽?此时转发器传输的总信息比特速率为多少?如果系统采用 FDMA 或 TDMA 方式,你估计容量会增加吗?如果增加,需要附加什么条件吗?

4.12　多个终端采用 ALOHA 随机接入协议与远端主机通信。信道速率为 4800 b/s。每个终端平均每 3 min 发送一帧,帧长为 400 bit,问终端数目最多允许为多少?若采用时隙 ALOHA 协议,结果又如何?若改变以下数据,分别重新求解上述问题:(1) 帧长变为 1000 bit;(2) 终端每 4 min 发送一帧;(3) 线路速率改为 9600 b/s。

4.13　多个终端采用 ALOHA 随机接入协议与远端主机通信,时隙为 30 ms。大量用户同时工作,使网络每秒平均发送 40 帧(包括重传的)。

(1) 试计算第一次发送即成功的概率。

(2) 试计算正好冲突 k 次然后才发送成功的概率。

(3) 每帧平均要发送多少次?

第5章 星载和地球站设备

卫星通信系统由星载转发器和地球站接收设备及发射设备组成。从图5-1所示的系统方框图可以看出，系统为地面用户提供端到端的链路，发射端输入的信息经编码处理后，进入调制器对载波（中频）进行调制，已调的中频信号经上变频器将频率搬移至所需的上行射频频率，最后经过高功率放大器（HPA，High Power Amplifier）放大后，馈电到发射天线发往卫星。星载转发器除对所接收的上行信号提供足够的增益外，还进行必要的处理（包括将上行频率变换为下行频率），然后经卫星发射天线将信号经下行链路送至接收地球站。地球站首先将接收的微弱信号送入低噪声模块和下变频器（通常安装在室外天线的支架上）。低噪声模块的前端是具有低噪声温度的放大器，以保证接收信号的质量。下变频器、解调器和解码器与发射端的上变频器、调制器和编码器相对应。本章将从系统性能的角度来介绍星载转发器和地球站的主要设备，以及当前技术所能达到的水平，而不讨论设备的电路原理和设备结构。

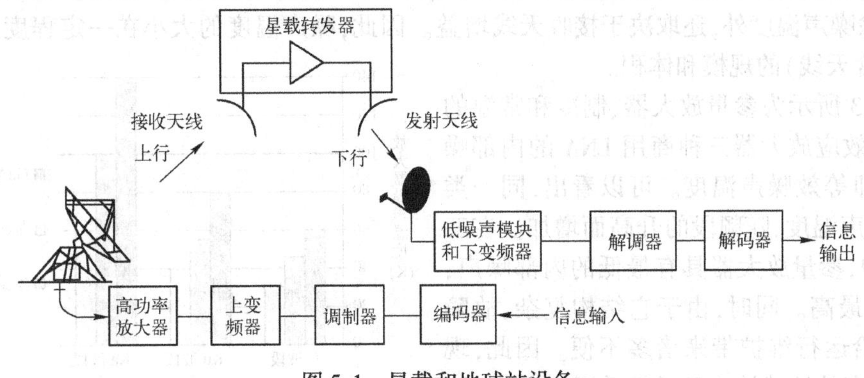

图5-1 星载和地球站设备

5.1 高功率放大器和低噪声放大器

在卫星通信系统的设备中，无论是星载设备还是地球站设备，高功率放大器（HPA）和低噪声放大器（LNA）无疑是两种最重要的部件。

5.1.1 HPA

卫星通信系统中采用的HPA通常有三种类型：行波管放大器（TWTA，Travelling Wave Tube Amplifier）、速调管放大器（KPA，Klystron Power Amplifier）和固态功率放大器（SSPA，Solid State Power Amplifier）。图5-2所示为不同频段时三种放大器的输出功率。可以看出，SSPA的输出功率最小，KPA最大，而TWTA居中。

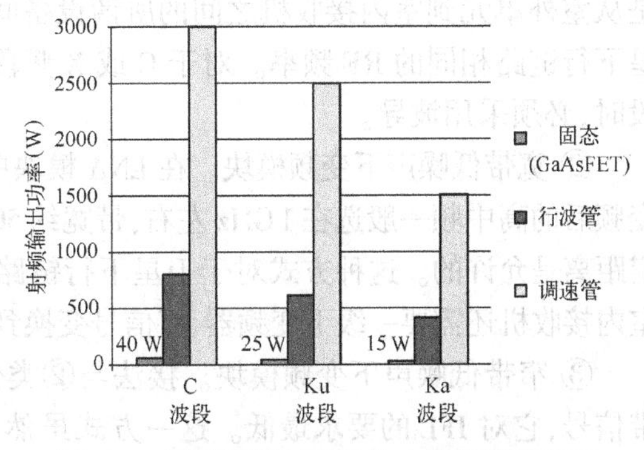

图5-2 不同频段时三种放大器的输出功率

虽然KPA的输出功率最大，但带宽较窄，仅为50～100 MHz。这类放大器被广泛用于电视广播系统的上行站和一些带宽较窄的FDMA

地球站。TWTA 有较宽的带宽,在 C 频段能提供 500 MHz 的带宽,而 Ku 和 Ka 频段的带宽可达 1000 MHz。TWTA 的功率一般为 50~800 W。水冷的 TWTA 可达 10 kW,被用于 Intelsat(国际通信卫星组织)系统的地球站。目前,用于卫星的 TWTA 输出功率一般在 250 W 以下,精心设计的 TWTA 具有寿命长、质量轻和高效率 DC-RF 转换的特点。

KPA 和 TWTA 的功放管都是真空管,采用热阴极发射,需要精密的高压电源。地球站的 HPA 管子在工作几年后需要更换。

在低功率应用场合,如 VSAT 终端站,或 MSS 的 L 和 S 频段转发器,可采用固态功率放大器(SSPA)。目前,SSPA 用的功放管主要是砷化镓场效应半导体管(GaAsFET, Gallium Arsenide Field Effect Transistor),它性能稳定,可长时间工作而无须保养。其带宽介于 KPA 和 TWTA 之间。通常,它以增益 6~10 dB、最大输出功率 3~10 W 的单元电路为基本模块,而更高的增益和功率输出将由多个基本模块组合而成。

5.1.2 LNA

低噪声放大器(LNA)的最重要指标是内部噪声的大小,用等效噪声温度来度量。LNA 位于接收机的前端,其性能在很大程度上决定了整个接收系统的等效噪声温度。要实现给定的 *G/T* 值,除噪声温度外,还取决于接收天线增益。因此,噪声温度的大小在一定程度上决定了接收站(含天线)的规模和体积。

图 5-3 所示为参量放大器、制冷和常温的砷化镓场效应放大器三种商用 LNA 的内部噪声性能,即等效噪声温度。可以看出,同一类 LNA 的噪声温度,随频段的升高而增加。在三种 LNA 中,参量放大器具有最低的内部噪声,但价格也最高。同时,由于它结构复杂,故障率也高,给运行维护带来诸多不便。因此,现在几乎所有的地球站或卫星都采用包含 GaAs-FET 放大器的 LNA。如果采用 Peltier 制冷器,降低 FET 环境的物理温度,这种制冷的 FET LNA 噪声温度将比常温的 LNA 的噪声温度更低。

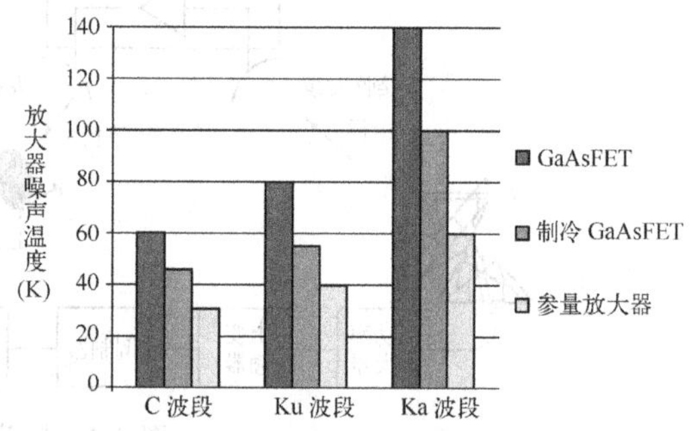

图 5-3　三种 LNA 的内部噪声性能

在实际应用中,LNA 模块安装于天线支架上,以减小与天线之间馈线的损耗,从而降低馈线损耗所带来的噪声(有耗馈线的噪声温度参见式(3-25))对接收系统 *G/T* 的影响。在工程上,LNA 模块有三种接法:

① LNA 模块只有低噪声放大器,不包含下变频器。此时,LNA 的输入、输出频率相同,于是从室外单元到室内接收机之间的所谓设备间链路(IFL, Interfacility Link)传送的频率是与卫星下行链路相同的 RF 频率。对于 C 或 X 频段,IFL 可以采用低损耗的同轴电缆,而 Ku、Ka 频段时,必须采用波导。

② 宽带低噪声下变频模块。在 LNA 模块中除低噪声放大器外,还包含了宽带下变频器,下变频后的高中频一般选在 1 GHz 左右,带宽约 500 MHz。此时,IFL 利用较廉价的同轴电缆传送一定距离是允许的。这种方式对于卫星下行链路工作在什么频段(比如 Ku、Ka 频段)并不重要。室内接收机还需要一级下变频器,将信号变换到低的中频,比如 70 MHz,以便进行解调。

③ 窄带低噪声下变频模块。接法与②类似,但其输出是低中频(如 70 MHz)的单通道窄带信号,它对 IFL 的要求最低。这一方式虽然不具有通用性(因带宽受到限制),但对于较低频段(如 L 频段)的窄带应用具有重要意义。

5.2 星载设备

5.2.1 星载转发器

1. 星载转发器概述

星载转发器接收来自地面的无线电波，经过放大、变换频率后再向地面发射，相当于一个微波中继站。来自地球站或终端、频率为f_1的上行链路射频信号，从星载接收天线进入后，经过带通滤波和低噪声放大，然后下变频(混频)到中频，由于接收信号可能包含多路信号，需要分路并对每路单独处理，之后进行中频放大，放大后的多路信号合为一路，上变频(再混频)到频率为f_2的射频信号，通过高功率放大和带通滤波后送往发射天线，由下行链路发给地球站或终端。其中，主振源包含两个本振，即本振1和本振2，分别用于下变频和上变频。星载转发器通信链路如图5-4所示。

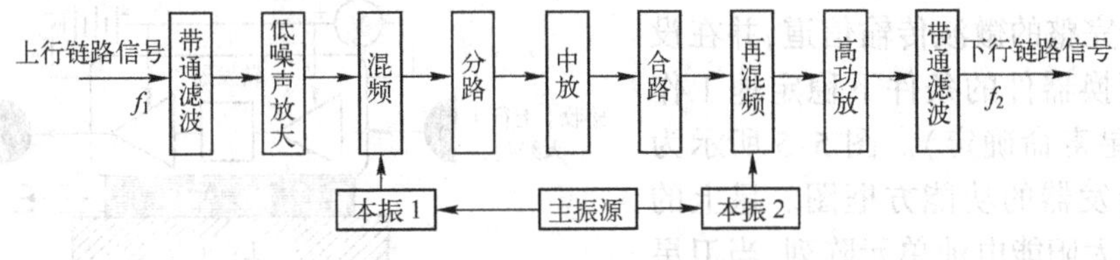

图5-4　星载转发器通信链路

星载转发器由输入设备、调制设备、本振设备、放大设备和发射设备组成，可以转发两地或多地的电报、电话、数据、传真、电视、广播等多类业务。

星载转发器的数量及每个转发器的带宽资源反映了转发器的能力。转发器的数量越多，卫星的通信能力就越强。少于12个转发器、功率小于1000 W的通信卫星称为小容量卫星；有24个转发器、功率在1000~3000 W之间的卫星称为中容量通信卫星；有48个转发器、功率在3000~7000 W之间的卫星称为大容量通信卫星；多于48个转发器、功率在7000 W以上的称为超大容量通信卫星。

2. 星载转发器的类型

星载转发器分为弯管式转发器(或透明转发器)和处理转发器。

弯管式转发器结构简单，性能可靠，适用于卫星有效载荷和电源功率严重受限的情况，但是抗干扰能力差。例如鑫诺一号卫星采用弯管式转发器，不具有星上抗干扰能力。

处理转发器结构相对复杂，将上行信号处理后再转发给地球站(终端)或其他卫星，信号处理一般在中频或基带进行，具有抗干扰能力。

处理转发器根据功能的强弱又分为三类：载波处理转发器，以载波为单位直接对射频信号进行处理，具有星上载波交换能力；比特流处理转发器，增加了解调和再调制功能，可能包括译码和重编码设备等；全基带处理转发器，具有基带信号处理和交换能力，在星上完成存储、压缩、交换、信令处理、重组帧等，具有星上再生能力。星上射频波束交换转发器属于载波处理转发器，解调-再调制转发器属于比特流处理转发器，星载路由器属于全基带处理转发器。

转发器射频部分最重要的指标是EIRP和G/T值，而这两个参数除了取决于HPA输出功率和LNA的等效噪声温度，还与星载天线的增益密切相关。为了使星载转发器能为特定的服务区提供服务，天线应指向服务区，而且希望依服务区的形状而赋形。为此，我们先来讨论点波束天线的问题。

式(3-18)已给出了天线直径D(单位为m)与电波波长λ(单位为m)和波束宽度$\theta_{0.5}$(单

位为度)之间的关系。不同频段的波束宽度与天线直径的关系曲线可参见图 3-10。

EIRP 是转发器下行链路的重要参数,并按式(3-29)进行定义。而转发器的上行链路参数为 G/T 值。有关接收天线增益的分析与发射天线相同,这里考虑的星载转发器等效噪声温度可按下式进行计算:

$$T=\frac{T_a}{L_F}+\left(1-\frac{1}{L_F}\right)\times 270+T_{re}$$

式中,T_a 为星载天线噪声温度,也就是地球表面温度,可认为略高于 270 K;L_F 为输入波导的损耗因子;T_{re} 为星载转发器接收系统的等效噪声温度。

对于 FSS 系统来说,因为地球站通常有大天线和高功率的放大器,对卫星 G/T 的要求不高,容易实现。但是,对于 MSS 系统的手持机用户终端或者廉价的小型 VSAT 地球站来说,卫星接收系统应有足够高的 G/T 值。

3. 弯管式转发器

星载转发器工作于通信卫星平台上,它提供一个完整的微波传输信道,并在没有维修和更换器件的条件下稳定地工作多年(由卫星寿命确定)。图 5-5 所示为星载微波转发器的功能方框图。星上的能量来源于太阳能电池单元阵列,当卫星在地球阴影(也称星食,发生在当地时间凌晨 1 时左右)时,将由星上蓄电池存储的能量提供足够的功率。对于静止轨道卫星,每年的春分和秋分前后的 20 多天,每天都有一段时间(最长可达 70 min)发生星蚀。

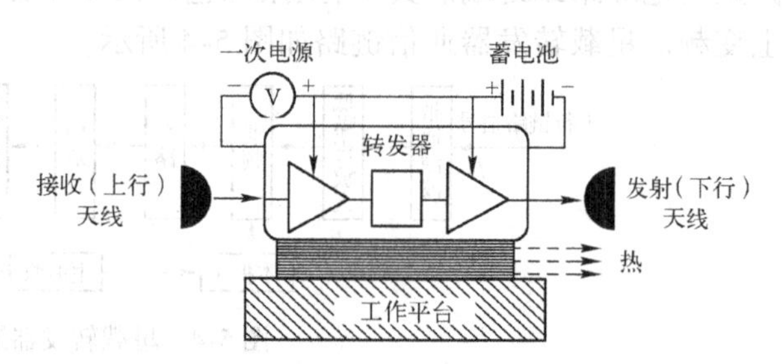

图 5-5　星载微波转发器的功能方框图

图 5-6 所示为弯管式转发器方框图。所谓弯管式转发器是相对于数字处理转发器而言的,弯管式转发器仅完成对信号的放大和将上行频率变换为下行频率。该转发器可以是单信道的宽带转发器(带宽一般为 500 MHz),也可以是多信道转发器。在多信道转发器中,以波导实现的 RF 滤波器组(输入复用器,IMUX,Input Multiplexer)将宽带信道分隔为若干个信道,然后分别进行功率放大(多个转发器),在输出端再将这些多路信号在输出复用器(OMUX,Output Multiplexer)中合成。

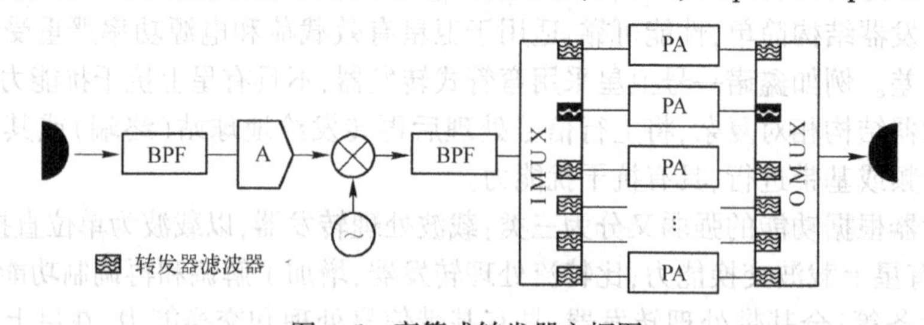

图 5-6　弯管式转发器方框图

星载转发器的功率放大器通常都采用行波管放大器(TWTA)。典型的 TWTA 可将直流电源功率的 60%转换为 RF 输出,而将 40%的能量转换为热能。近年来的 TWTA 可工作 15 年甚至更长时间。为了供给 TWTA 较高的工作电源电压,转发器上还有电源控制器(EPC, Electrical Power Conditioner),能高效地将直流低压转换为直流高压。

为了提高星载转发器的可靠性,一些容易失效的模块或部件都有冗余配置。因此,星上除通信设备及其冗余部分外,还有各种切换开关。

4. 星载处理转发器

(1) 星载处理转发器的基本功能

弯管式转发器发展多年,技术已经成熟。这类转发器限制了迅速发展的数字信号处理器(DSP,Digital Signal Processor)、固态器件和高效高速的超大规模集成电路(VLSI,Very Large Scale Integrator)等大量进入卫星通信领域,而仅在一些不十分重要的方面,如基于数字 VSAT 系统的调制解调器(Modem, Modulation and Demodulation Equipment)、支持卫星电话的多种复接器、回波抵消及 DTH TV 接收机等方面得到应用。

星载处理转发器在将接收的上行信号向地球站转发之前要进行相应的处理。信号处理可实现的转发器功能是多方面的:射频波束交换、解调-再调制处理、中频信道路由和基带分组交换、视频广播卫星对远端节目源的编辑处理及多址方式变换等。实现这些处理技术涉及高速 A/D 变换、快速傅里叶变换(FFT,Fast Fourier Transform)、数字滤波、高速数据的缓存和编解码等。

星载信号处理一般在中频进行,也就是说,接收信号经下变频至中频后,再输入星载处理器。该处理器首先将输入的中频信号变换为数字流,即进行 A/D(模/数)变换。如果输入中频信号带宽为 50 MHz,那么变换器的采样速率必须大于 100 MHz。若每个样值编为 10 bit 的码组(bit 数由输入信号动态范围和允许的量化误差确定),那么 D/A 变换器必须以大于 1 Gb/s 的速率输出数据。通常,处理器面对的是多个(假如为 n 个)波束的中频信号的输入,因此处理器的输出速率在 nGb/s 以上。

(2) 解调-再调制转发器

在卫星通信系统中,连接端-端的链路分为上行和下行两部分,中间由星载转发器中继。弯管式转发器的任务是将接收到的上行微弱信号放大,再转发到下行链路。因此,全链路的噪声是上行和下行链路各自引入噪声(它们相互独立)的叠加,全链路载噪比 C/N 可表示为

$$(C/N)^{-1}=(C/N)_{u}^{-1}+(C/N)_{d}^{-1}$$

式中,$(C/N)_{u}$、$(C/N)_{d}$ 分别为上行和下行载噪比。

如果上行和下行的 C/N 相等,弯管式转发器的全链路 C/N 将比上行(或下行)链路的 C/N 低 3 dB,给系统带来较大的性能恶化。如果在星载转发器采用有解调-再调制的再生中继方式,那么上行链路噪声的影响只以误码的方式传递到下行链路,全链路的比特错误率 BER 为上、下行比特错误率之和,即

$$\text{BER}=(\text{BER})_{u}+(\text{BER})_{d}$$

如果上行和下行链路的比特错误率相等,则全链路的比特错误率仅为上行或下行错误率的 2 倍,此时系统性能的恶化比信噪比降低 3 dB 的影响小很多。因此,解调-再调制转发器能有效地抑制上行链路噪声对整个系统性能的影响。如果上行链路采用前向纠错(FEC),通过转发器上的 FEC 译码,可以更进一步消除上行链路噪声对系统性能的影响。

图 5-7 所示为解调-再调制转发器的一种结构。滤波器组(F_1,F_2,…)首先将转发器带宽内的多路信号进行分路,然后将每一路信号在各自的载波上进行解调。输出的基带数据十分方便于完成各种处理,如交换、重新复接和 FEC 译码等(显然,任何有基带处理功能的转发器

都必须有解调-再调制器）。对经过处理的基带信号再进行调制、上变频和放大，最后，在发往天线之前将各路信号的输出功率进行合成。

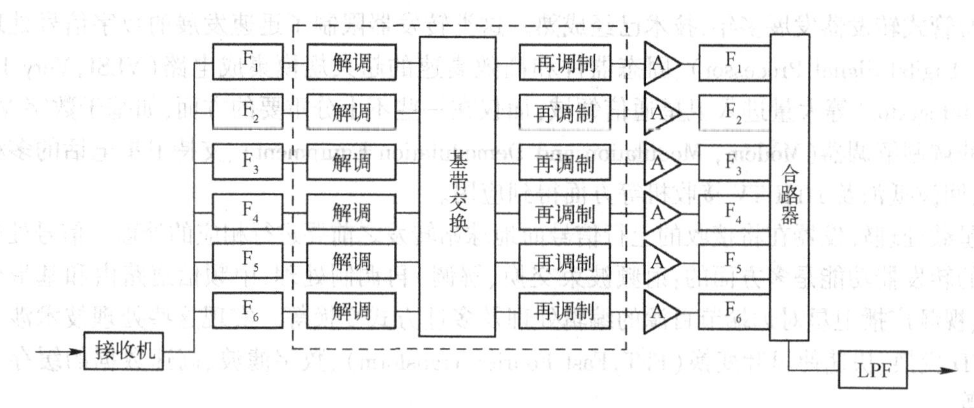

图 5-7 解调-再调制转发器的一种结构

(3) 星上射频波束交换转发器

多波束系统将由卫星天线所形成的多个点波束实现对整个服务区的覆盖。点波束能有效地提高卫星的 EIRP 和 G/T 值，并在各点波束之间实现频率的再利用。然而，任一点波束区域的用户信息都需要与其他波束区域的用户信息进行交换。显然，交换功能在星上实现是合适的。

对于 FDMA 系统，每一上行波束是频分多路信号，将首先利用滤波器组进行分路，以便将各个已组合在一起且将送往不同下行波束的各个信道分离出来，再分别送往各下行波束。这种方式在波束数目较多时，所需的滤波器数量很大（为波束数的平方）。具有众多滤波器的设备不宜用于卫星上。

如果系统为 TDMA 工作方式，可采用时隙控制的开关矩阵来实现波束间的交换，即构成星上波束交换 TDMA（SS-TDMA，Satellite Switched TDMA）转发器。图 5-8 所示为一个 4 波束的星载 SS-TDMA 转发器交换矩阵示意图。利用星载微波交换矩阵，可以在不同点波束之间进行信息交换，也就是说网络允许某一地球站通过转发器（在所分配的时隙内）与本波束或其他波束内的地球站相连接。交换矩阵将在不同波束之间需要传送突发业务时连接相应的波束。比如，在一帧的第一时隙内，上行波束至下行波束的连接是：上行 1→下行 2，上行 2→下行 1，上行 3→下行 4，上行 4→下行 3，在图中以实线连接表示。然后，开关依次接通（按 $T_1, T_2, \cdots, T_4, T_1, \cdots$ 的顺序），可实现波束间信息的交换。在表 5-1 中列出了不同时段上、下行波束之间连接的情况，按照开关的时序位置，来自（上行）波束 1 的 TDMA 信号，应该将其需要连接到波束 1、2、3 和 4 的信号分别安排在时隙 T_4、T_1、T_2 和 T_3 中。交换矩阵中开关的转换方案是网络预先设定并由地面控制站通过数据链路进行控制的。由于要求传输的业务量是随时间而变化的（比如，每天不同的时段有所不同），因此要求转换方案也随之改变。通常可以在星载存储器中预先存储若干转换方案，使之对地面控制指令做出迅速反应，或在每天的特定时段自动改变为特定的转换方案。目前，已有 Intelsat-6、跟踪与数据中继卫星（TDRS，Tracking and Data Relay Satellite）采用了星上波束交换（SS-TDMA）。

实现 SS-TDMA 系统的关键是全网同步，它将保证从不同波束来的突发脉冲按正确的时间到达而不会碰撞。当其连接某地球站的上行链路的波束并不返回到同一下行波束时，要求位于不同波束覆盖范围的发、收地球站必须与卫星交换机同步。

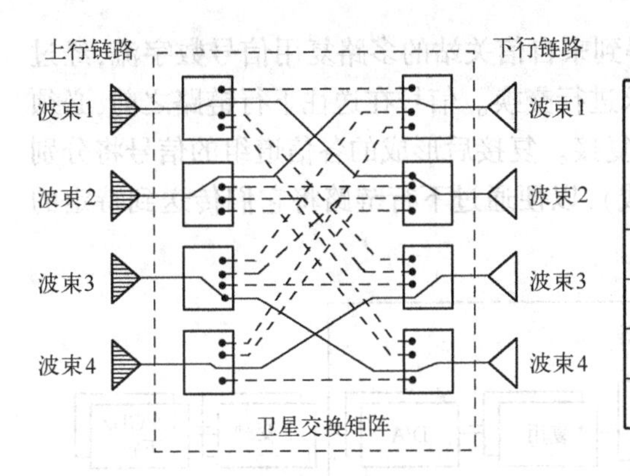

图 5-8　一个 4 波束的星载 SS-TDMA 转发器交换矩阵示意图

表 5-1　不同时段的开关连接状态

时段	通路							
	上行波束	下行波束	上行波束	下行波束	上行波束	下行波束	上行波束	下行波束
T_1	1→2		2→1		3→4		4→3	
T_2	1→3		2→2		3→1		4→4	
T_3	1→4		2→3		3→2		4→1	
T_4	1→1		2→4		3→3		4→2	

(4) 星载路由器

利用矩阵开关实现射频交换的 Intelsat-6,是大容量的 FSS(固定业务)、TDMA 系统,每波束的信号带宽达 250 MHz。若在中频进行处理以便在不同波束之间交换信息,则要求有高的处理速度,目前还难以实现。目前,处理器的处理速度在 MSS(移动业务)系统中实现中频路由并不困难,比如 ACeS(亚洲蜂窝卫星,Asian Cellular Satellite)系统就是采用这一技术进行不同波束间信息交换的。

图 5-9 所示为星载中频路由转发器框图,每个上行(和下行)波束都具有 30 MHz 的带宽。该频带被频分为一组公用信道,供不同用户终端共同使用。上行(左侧)接收信号在中频经 A/D数字化后,通过滤波选择需要与其他波束交链的信道,图中的箭头符号表示信号交叉连接到适当的下行路径(信道)。

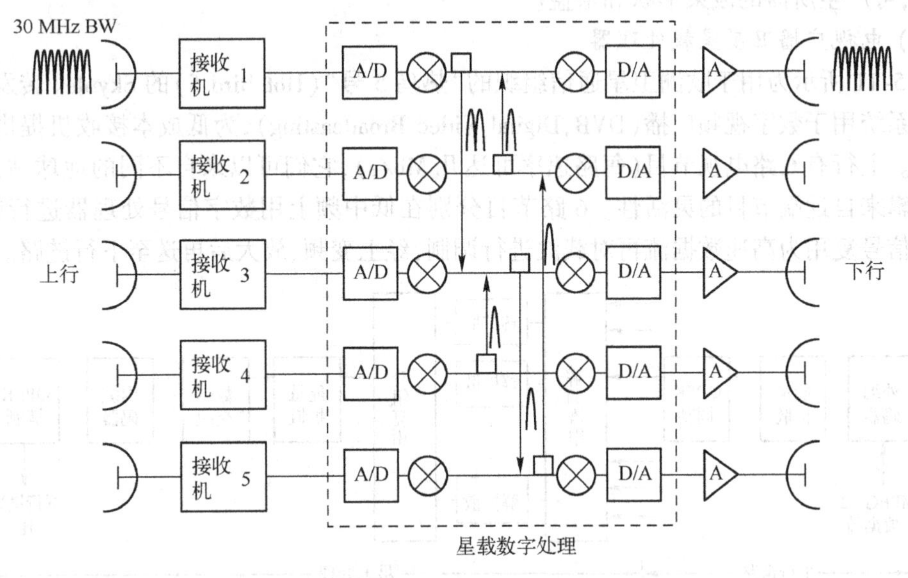

图 5-9　星载中频路由转发器框图

图 5-10 所示为具有动态波束形成的另一种星载路由器框图,也用于 MSS 系统,如 Thuraya (FDMA)和 Inmarsat-4(TDMA)。图示的转发器提供移动用户链路(采用 L 频段 1.5/1.6 GHz)与地面信关站馈电链路之间的处理。以正向处理器为例,由信关站上行链路来的信号经过下

变频器后，进入中频数字处理器的A/D变换器，得到来自信关站的多路复用信号数字流，经过数字分接器得到单路信号。然后存储，并根据要求进行交换。信号在送往下行链路之前，必须按各路信号的目的地址重新在波束形成器中进行复接。复接后形成的各信道组的信号将分别送给相应点波束的馈源（这一过程被称为波束形成），以便通过下行链路将它们传送到特定的波束区域。

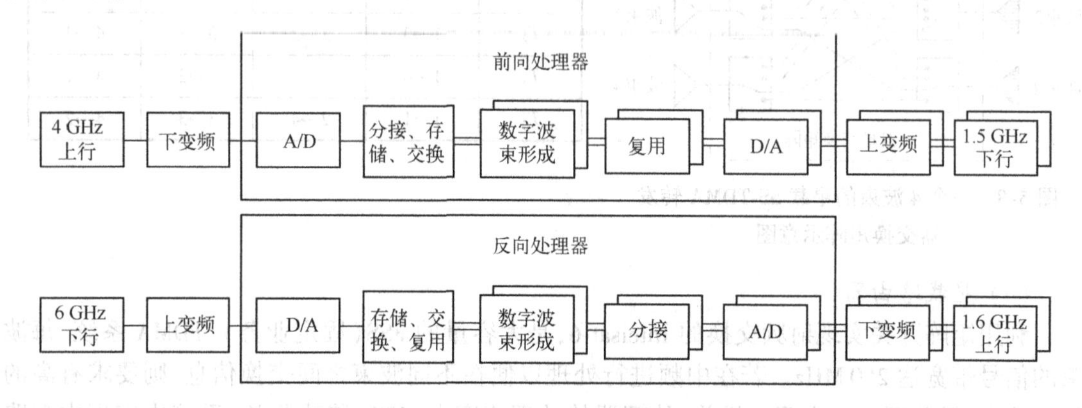

图 5-10　具有动态波束形成的星载路由器框图

目前，数字处理器在星载处理方面所达到的水平如下：

① 用户可以在 50～200 kHz 的带宽内传输信息。此时处理器能支持任何调制和多址方式。

② 可利用网络操作来对“重构”要求做出响应，以改变信道的分配方式。

③ 在波束形成方面，一个信道（的信号）能驱动多个馈源喇叭，通过对它们的幅度和相位的调整，可产生所需的波束形状和增益。

（5）电视广播卫星星载处理器

图 5-11 所示为用于欧洲卫星通信组织的“热鸟 5 号”（Hot Bird 5）的 Skyplex 转发器方框图。该系统用于数字视频广播（DVB，Digital Video Broadcasting），为低成本接收机提供数字电视节目。上行有 6 路电视节目（每路速率可达几 Mb/s），它们可以来自不同的地球站，从而提供了编辑来自远端节目的灵活性。6 路节目分别在低中频上用数字信号处理器进行解调，编辑后的信号复用为高速数据流再对载波进行调制，经上变频、放大后再送至下行链路。

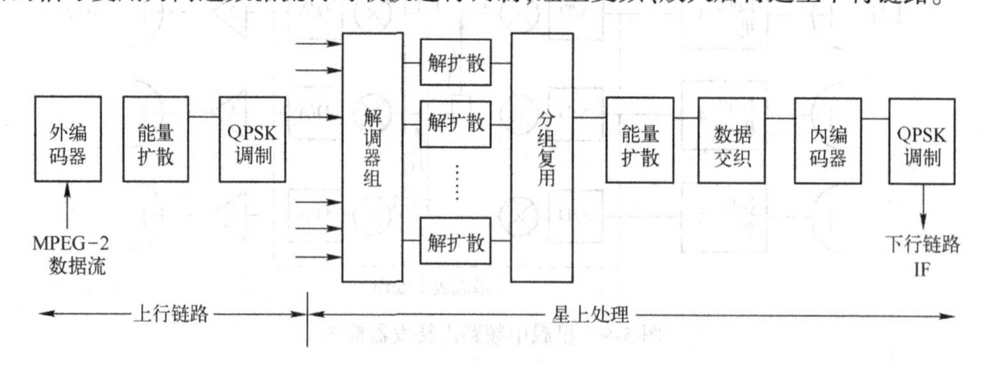

图 5-11　Skyplex 转发器方框图

系统参照了 DVB 标准（详见 9.4 节），但有所修改。DVB 的信道（纠错）编码采用了外码为 RS 编码、内码为卷积码的级联码方式，并在内、外编码器之间插入了数据交织器。一般情况下，整个信道编码器是配置于发射地球站的，而这里由于发射地球站能提供足够大的功率，星载转发器又有处理功能，因此发射地球站发送端仅有外编码器，而内编码在星上完成，同时，数据交织也置于星上。图中有关能量扩散的问题，请参阅9.2节。

(6) 多址方式的变换

星上进行多址方式的变换有可能使系统性能得到一定的改善。比如，上行以FDMA方式接入卫星，地球站发射功率可以比采用TDMA时小，这对第6章将要介绍的VSAT系统有实际意义。但是，FDMA的多载波信号经星载转发器转发时，为减少星载功率放大器的非线性交调失真的影响，输入(或输出)信号电平应有足够的回退，这势必降低了放大器的功率效率。如果在星上能将频分多址接入方式在下行转换为TDMA的工作方式，功放可工作在近饱和点，就能保持高的功率效率。

图5-12所示为将FDMA转换为TDMA的星上处理框图。来自不同地球站的FDMA多路信号首先经滤波器组进行分路，然后经过解调恢复为基带信号。各路基带信号按(在帧内时隙位置)要求构成TDMA帧，成为串行数据流，再进行调制、变频、放大等，发送至下行链路。

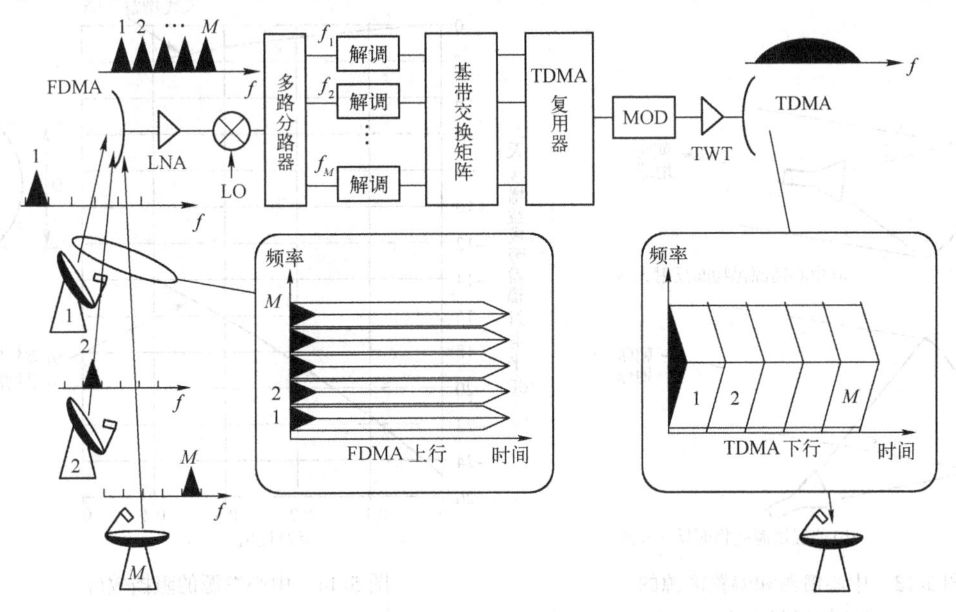

图5-12　将FDMA转换为TDMA的星上处理框图

5.2.2 星载天线

星载天线是卫星有效载荷的重要组成部分。现代星载天线能根据要求提供不同的覆盖特性，如特定形状的区域性覆盖或点波束覆盖，可有效而灵活地利用转发器资源。典型的弯管式转发器，天线覆盖特性通常在卫星发射前就已设计好，不能进行在轨变更。星载数字信号处理转发器提供了灵活性，波束可根据地面控制站的指令重新赋形，或动态地进行调节。

目前使用的星载天线有喇叭天线、抛物面反射天线、赋形天线、相控阵列天线和多波束天线五类。

1. 喇叭天线

对于一定长度的波导，如果在一端用适当频率的微波功率激励它，那么在另一开口端将有部分功率辐射到空间去。辐射效率是进入自由空间的实际辐射功率与总的激励功率之比。没有辐射出去的功率将反射回发射机或耗散为热能。为了提高辐射效率(改善开口端与自由空间的匹配)和增强其方向性,用于辐射电磁波的天线的“波导”的截面应均匀地扩展,做成喇叭形,比如圆锥形、角锥形等(喇叭天线也常作为大型反射器天线的一次辐射馈源)。静止轨道卫星的全球覆盖天线(半功率波束宽度为 17.4°)通常采用圆锥形喇叭天线(通常还附带有一个用以改变电波辐射方向的45°反射面)。

2. 抛物面反射天线

抛物面反射天线有两种:一种是馈源喇叭位于抛物面的焦点处,称为中心馈源的抛物面反射天线;另一种是偏置馈源的抛物面反射天线,如图 5-13 所示。馈源辐射的电波,经过抛物面反射后,平行地发往地球。由于中心馈源将部分地阻挡抛物面反射回来的电波能量(参见图 5-13(a)),使天线增益下降和天线旁瓣辐射电平增加。图 5-14 所示为馈源尺寸 d 与抛物面尺寸 D 的比值与天线增益或旁瓣辐射电平的关系曲线(阻挡效应)。而偏置馈源的天线(参见图 5-13(b))可以避免馈源对电波阻挡所产生的不良影响。

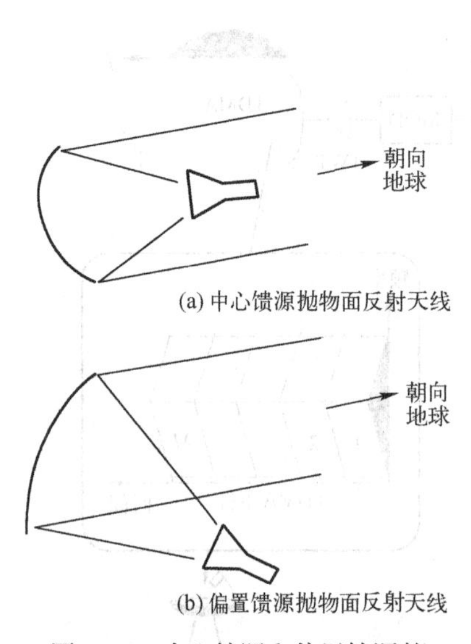

图 5-13　中心馈源和偏置馈源的抛物面反射天线

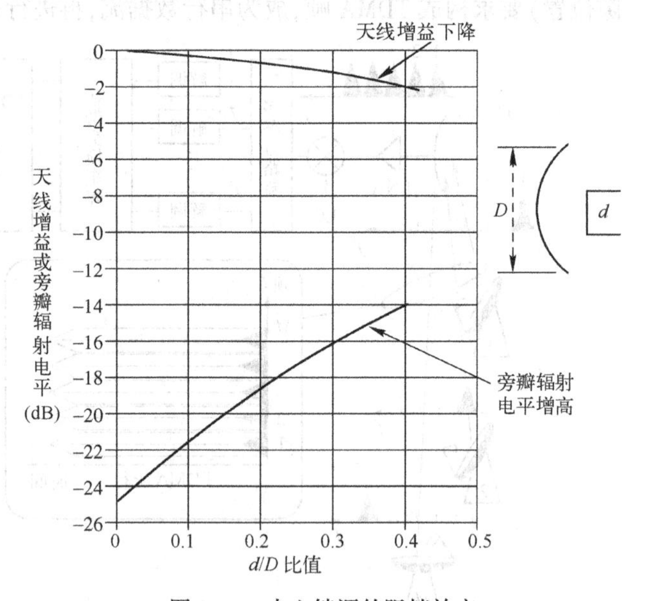

图 5-14　中心馈源的阻挡效应

天线反射面越大,形成的波束宽度越窄。因此,点波束天线都有较大的反射面。比如,美国第一代的静止轨道卫星移动通信系统的星载天线(L 频段)为 8 m,第二代系统为 20 m。

对于较高频段(比如 Ka 频段)的星载天线,可以采用波导透镜天线。

3. 赋形天线

对任意形状服务区的覆盖总希望天线对该区域,也仅对该区域提供大的增益,为此需要天线辐射方向图的主波束为特定形状,以便与服务区的形状相匹配。在图 5-15 所示的例子中,粗线表示的区域为服务区。它可以用多个点波束(图中为 4 个)的组合来对覆盖区进行赋形覆盖。通常的方法是利用多馈源反射面天线来产生,调

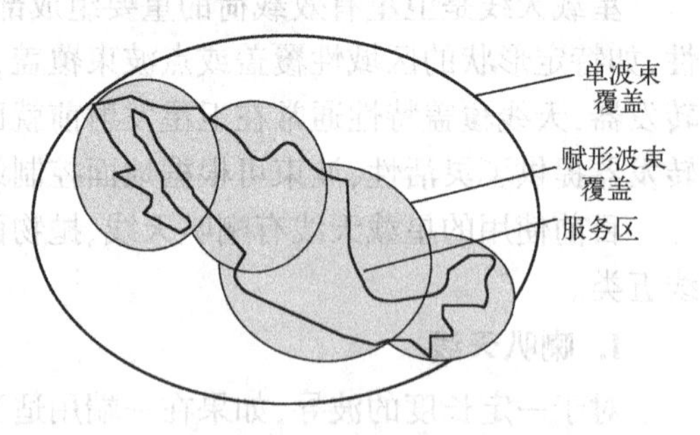

图 5-15　对覆盖区赋形

整多个馈源的相对位置、馈电幅度和相位，以产生多个不同指向的波束，从而在远场合成所需要的赋形波束。当然服务区也可以用一个如图 5-15 所示的椭圆形单波束进行覆盖，但此时覆盖区的面积约为赋形波束覆盖区面积的 2 倍，因此对服务区来说，其功率密度损失了约一半。

采用单个馈源的赋形反射面天线也能产生赋形波束。天线赋形反射面的表面被加工成许多波纹，其波纹深度不超过一个波长。由这种不平坦表面反射的电磁波在某些方向上叠加增强，而另外一些在方向上抵消减弱，从而获得所需的赋形波束。设计时，首先在地图上将覆盖区域分为网格，再根据各个方向期望的天线增益，给每个网格点分配一个加权因子。反射面上的"加扰模型函数"（波纹形状）通过计算机建模获得，并与网格点对应。最后，在计算机上将扰动转换为反射面的表面波纹。至此，就可以计算波纹反射面的赋形波束对覆盖区的覆盖特性（等高线），并与期望的覆盖特性相比较。若未能达到要求，通过对函数或权值的修正进行优化，直到得到一个满意的结果为止。休斯公司的美国大陆赋形波束天线有两种：56 个馈源的反射面天线，质量为 36 kg，损耗约为 1.0 dB；赋形反射面天线（单馈源），质量仅为 6.4 kg，损耗约为 0.3 dB。

赋形波束还可以用直接辐射阵列的相控阵列天线产生。

4. 相控阵列天线和多波束天线

近年来，星载数字信号处理转发器发展迅速。在天线方面，与数字信号处理密切相关的相控阵列天线得到越来越广泛的应用。

阵列天线是由多个辐射单元按一定规律排列组合而成的，其特性与辐射单元的数目、相对位置、激励电流的幅度和相位有关。阵列天线可以组成直线阵、平面阵、圆环阵、圆柱阵及球形阵等，以适应特定的安装环境条件。阵列天线的辐射特性是各单元辐射场的复矢量之和，天线在远区辐射场的方向图为天线单元因子与阵列因子的乘积。单元因子是天线单元的场强方向图，而阵列因子由阵列单元数目、相对位置、激励电流的幅度和相位所确定。

相控阵列天线与普通阵列天线的区别在于，阵列中各单元激励电流的相对相位和功率可以控制，以便在阵列天线不做任何物理移动的情况下，实现波束位置的移动，并完成对辐射波束的赋形。相控阵列天线包括阵列辐射单元、移相器和波束形成网络（也称为馈电网络）。辐射单元可以是带功率放大器（或用于接收天线的低噪声放大器）的单元，这种有源阵列单元虽然复杂，但可以减小馈线的损耗。低轨卫星移动通信系统 Globalstar 采用了有源相控阵列星载天线，形成 16 个点波束辐射。

星载多波束天线的应用是多方面的。比如，跟踪与数据中继卫星用于跟踪不同的低轨用户星；对地面特定的"点"（小的高业务密度地区）进行覆盖；对地面形成蜂窝覆盖，以支持小型移动终端的接入。多波束天线可以由多个馈源和同一反射面天线组成，但更多的是相控阵列天线。

5.2.3 星载电源

星载电源无疑是卫星不可缺少的设备之一，它的任务是电能的产生、储存、变换、调节和分配。电能可以通过化学能、太阳能或核能转换而来。迄今为止，在已发射的航天器中，采用太阳能转换为电能的不少于 90%。目前可实现 18 W/kg 的功率质量比，输出功率为几十瓦至几十千瓦，用于静止轨道卫星的电源寿命可达 12~15 年。

太阳能是通过太阳电池转换为电能的。太阳电池是由单元基片（通常为单晶硅）电池组成（串、并联的组合）的"太阳电池阵"，单元基片的尺寸有 10 mm×20 mm，…，40 mm×40 mm 等多种规格。为了储存电能、保持输出的稳定,需要与蓄电池(通常是镉镍蓄电池或镍氢蓄电池)组联合使用。

太阳能电池的安装有体装式和展开式两类。体装式是将太阳能电池阵布置在航天器的外壳上,但这种方式受限于星体的体形,且整个太阳能电池阵不能同时受到光照,每单位面积的平均功率小(约 26~36 W/m^2),仅适用于功率在 200 W 以下的自旋稳定卫星。展开式太阳能电池阵安装在卫星入轨后再展开的太阳翼上。通常,太阳翼展开后的面积比卫星表面积大很多,可以安装更多的太阳能电池基片,提高输出功率。同时,大多数太阳翼都有对日定向机构,可使整个太阳能电池阵在卫星飞行过程中始终对着太阳,发电能力比体装式大 3~4 倍,可达 70~110 W/m^2。

5.3 通信地球站设备

通信地球站指提供双向数字通信链路的地球站,它主要包括 RF 终端(含天线、HPA、LNA、上变频器和下变频器)、调制与解调器、基带与控制设备,以及用户接口等单元设备,如图 5-16 所示。此外,对于每个固定地球站还必须有可靠的电源供给和维持电气性能所必需的温度和湿度保障设施。RF 终端的 HPA 和 LNA 分别与天线正交极化的两个馈源接口相连,以便在收、发两条支路之间提供正交极化隔离。RF 终端与基带设备之间为中频(IF)接口,完成信号的调制与解调。基带处理器的构成与调制/解调方式和所采用的多址方式相关。复接器可与若干独立的数据信道相连接。图 5-16 中包含了若干冗余配置。地球站的末端是与地面某种类型设备相连接的接口。地面线路可以是光缆或微波链路,它将业务延伸到相应的业务点,如电话交换局、办公楼或电视演播室等。

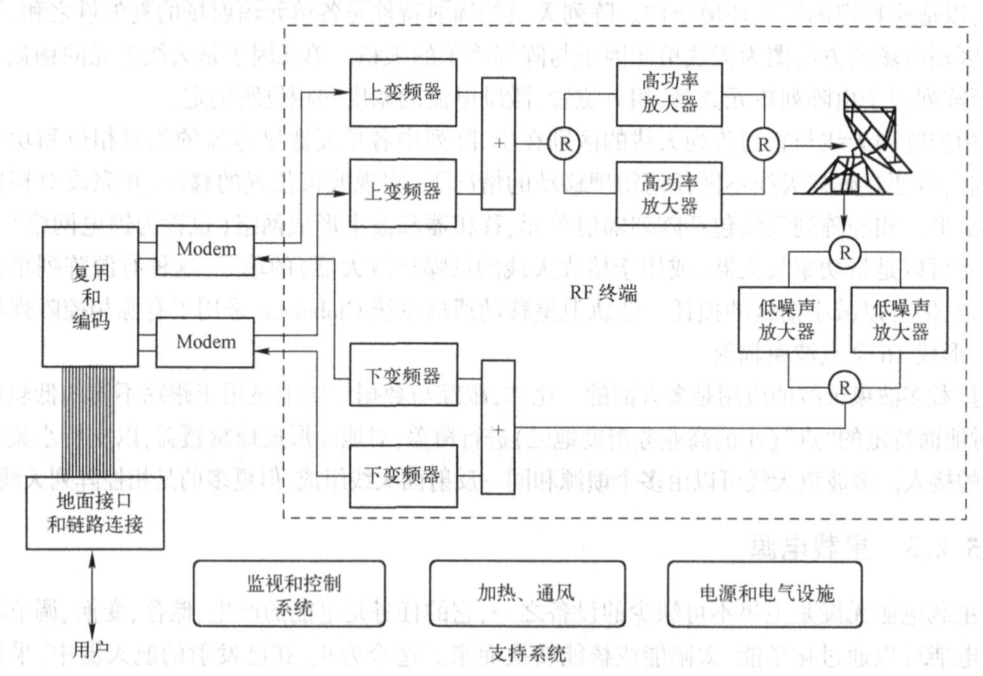

图 5-16 通信地球站主要单元设备

地球站一般都设置有本地或远端的监视和控制(M&C,Monitoring and Control)设备,以便于对地球站的操作和管理。大小不同的地球站,其 M&C 的复杂程度可能很不一样,但从总体上说，它应具备三方面的功能：①为工作人员提供一个集中监测、告警和控制的平台，将各分散监测点的数据和各类告警信号集中到操作台，还可以有存储和打印监测数据的外围设备，并为操作人员提供启闭设备、切换传输路径等操作功能；②向网络控制中心提供地球站的传输和业务质量的实时监测数据；③提供有遥测能力的综合测试功能，以便于对传输指标进行测试和其他常规测试，做出故障判断。

5.3.1　射频部分

地球站的主要性能指标是上行链路的 EIRP 和下行链路的 G/T 值，它们都由地球站的射频部分设备性能所决定。

1. 天线

对于干线的大型地球站，由于可以采用大功率的放大器，系统设计的上行链路较下行链路有较高的传输可靠性，使得雨衰时中断率降低一些。这类地球站往往需要采用几千瓦，至少也需要几百瓦的 HPA，这时必须采用真空管的 HPA（KPA 或 TWTA）。同时，为了达到较高的 EIRP，还需采用高增益的大天线。天线增益取决于上行频率和天线尺寸。早期的 Intelsat C 频段系统曾有过 30 m 直径的巨型天线。而目前一般用于 C、X、Ku 和 Ka 频段的天线直径为7～13 m。大型天线的成本很高，除了大尺寸天线本身的价格高，由于波束很窄，为保持指向误差满足精度要求（应在 3 dB 波束宽度内），需要将它安装在一个全方位俯仰旋转跟踪的机械装置上。重力负荷、抗风负荷、地震和安全性等都必须考虑。因此，随着天线直径的增大，其价格将急剧上升。比如，天线直径从 5 m 增加到 10 m，其增益仅提高 6 dB，但成本增加将超过 10 倍。

由于大型地球站的大功率微波辐射会造成有害于人体健康的环境，因此，大型地球站通常不设置在人群密集的地方，或在其周围进行必要的屏蔽。

卫星通信系统中，目前地球站应用最多的天线是卡塞格伦天线，如图 5-17 所示。它由馈源喇叭、主反射器（抛物面）和副反射器（双曲面）组成。馈源喇叭（一次辐射器）辐射的电波，首先投射到副反射器上，再反射到主反射器上，主反射器电波形成平行波束反射出去，从而形成波束的定向发射。卡塞格伦天线是一种后馈式天线（常规的抛物面天线没有副反射器，馈源喇叭在主反射器的前面，辐射的电波直接投向主反射面，称为前馈式天线），它的馈源和低噪声放大器等组合在一起，有一个较理想的安装位置，减少了馈线损耗带来的不利影响。同时，可以利用对副反射器（其尺寸较主反射器小很多）形状的修正，改善射向主反射器的能量分布，使主反射器上的能量分布更均匀，同时减少能量的"外溢"（投向主反射器之外的能量）损失，从而提高了天线效率。

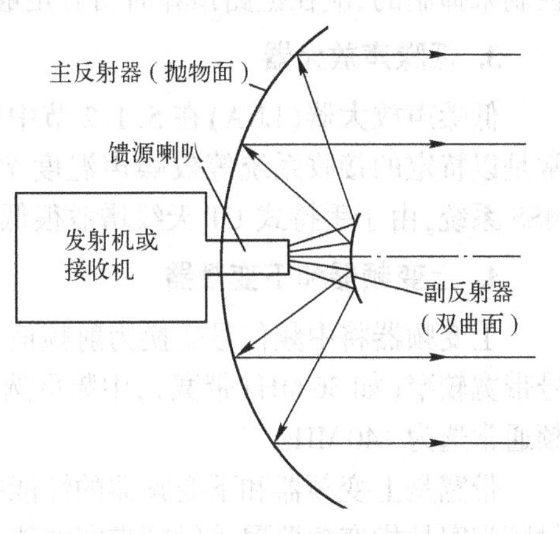

图 5-17　卡塞格伦天线原理图

然而，卡塞格伦天线的副反射器及其支架对主反射器形成的平行波束产生阻挡，从而使效率下降，并产生旁瓣效应。如果采用非旋转对称的反射器（称为偏馈天线），如环面天线反射器，再采用特殊的馈源设计，则可避免卡塞格伦天线副反射器阻挡的不利影响。

对于 NGEO 的 MSS 系统，由于卫星可能出现在天空的任何方位上，再加上用户终端（UT）

的移动性,因此,UT天线基本上应是无方向性的宽波束低增益天线。而用于LEO卫星系统的信关站和TT&C站应有多个增益较高的天线,用于分别跟踪经过其上空的不同卫星。

2. 高功率放大器

在5.1.1节中已经对高功率放大器(HPA)的情况进行了讨论,这里只补充说明几个相关的问题。

有时要求将多个(物理上分离的)频率信道的信号送至同一天线进行发射,这时需要采用耦合系统。如果每一载频采用单独的功率放大器,应在这些HPA后采用合路器作为耦合系统,以便将各单个HPA的输出合路为一个输出口送至天线。HPA后的合路器有两种。一种是波导耦合合路器,常见的有等耦合损耗(损耗为3 dB)的耦合器。该耦合器的缺点是引入了损耗(3 dB),而优点是由于耦合器没有频率特性,发射载频的安排和发射分组时的灵活性高。另一种耦合器是滤波器型合路器,这种以滤波器组构成的合路器能将每一射频通道低损耗地连接到天线公用端口上,但是这种耦合器在载频重新安排和分组时缺乏灵活性。

与HPA后耦合器相对应,HPA前耦合器是将多路发射载波合路后送入一宽带功率放大器进行多载波放大。它操作灵活,不损失HPA宝贵的输出功率,但由于放大的是多载波信号,对放大器的线性度要求较高。

对于频率较高的Ku和Ka频段,地球发射站应有上行链路功率控制(UPC,Uplink Power Control)功能,以便补偿链路衰落的变化(如雨衰)。为此,必须在卫星上进行测量才能进行准确的调节,而卫星并不能提供这一功能。通常用地球站测试的下行功率来近似表示上行链路的状况。

对于MSS终端,UPC用来补偿由于多径传播和阻挡引起的损耗,比如,用户停留在树林中或前面有建筑物的情况下。对于多径传播或用户快速运动引起的信号快衰落是不能通过功率控制来抑制的,应在链路预算时留有足够的功率余量。

3. 低噪声放大器

低噪声放大器(LNA)在5.1.2节中已经讨论,这里不再重复。为了使天线不至于过大,通常是以特定的接收系统等效噪声温度 T 和所需的 G/T 值,确定所需的最小天线增益。对于MSS系统,由于手持式UT天线增益很低(通常为1~2 dBi),其 G/T 值通常低于-20 dB/K。

4. 上变频器和下变频器

上变频器将中频信号变换为射频信号,而下变频器则将射频信号变换为中频信号。若信号带宽较窄(如36 MHz带宽),中频可选为70 MHz。而在带宽较宽(如72 MHz)的情况下,中频通常选为140 MHz。

带宽是上变频器和下变频器的性能指标之一。变频器带宽有射频和中频带宽两种含义。射频带宽是指变频器覆盖射频带宽的能力,即通过改变上(下)变频器的本振频率以实现发射(接收)整个射频频带内的任一载波。而中频带宽取决于变频器覆盖各载波信号带宽的能力,也就是变频器在中频侧的信号带宽。此外,载波频率容差(初始误差和长期频漂)、线性度(其交调干扰应小于HPA产生的干扰)也是变频器的性能指标。

5.3.2 中频和基带处理部分

中频和基带处理部分是地球站的重要组成部分,它具有调制/解调、信道编/解码和复用等重要功能。

调制/解调是在IF载波上进行的，每一载波需要一个Modem。对于FDMA系统，IF将配置多个Modem，而TDMA系统的每个站只需一个Modem，就能接收来自其他地球站的突发数据。当然，TDMA系统的Modem应是宽带的，具有发送和接收相当于网络容量数据速率的能力。

卫星通信链路的误码率较高，同时还存在突发错误，因此在卫星通信系统中通常都要采用前向纠错编码。卷积码是卫星通信系统中常用的编码方式，它表示为(k,n,m)，n/k为编码效率，而m称为约束长度。卷积码的相关内容请参见9.3.3节。

图5-18所示为不同约束长度时的误码（比特）率曲线。在给定误码率的条件下，未编码与编码时所需的信噪比之差，称为编码增益。可以看出，当编码效率为1/2、约束长度为7时，$P_b=10^{-4}$的编码增益约5 dB。注意曲线是在维特比译码、理想量化软判决情况下得到的。如果以3比特量化代替理想量化，则性能下降0.25 dB。若采用硬判决，编码增益将减小2 dB。

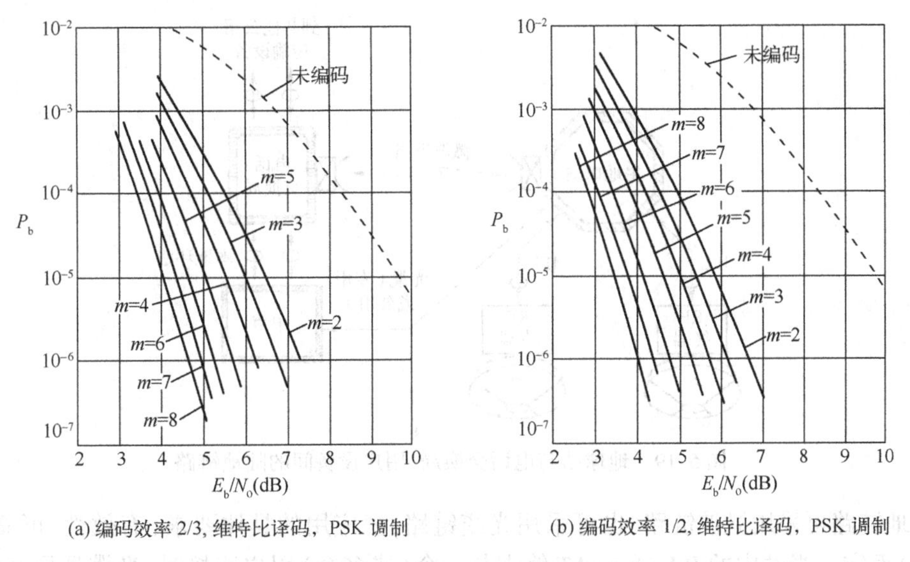

(a) 编码效率2/3，维特比译码，PSK调制　　(b) 编码效率1/2，维特比译码，PSK调制

图5-18　卷积编码的误码率曲线

地球站发送和接收的比特流通常是由不同应用的数据复用而成的，如通信信息数据、网络控制指令和设备监视数据等。最常用的方法是在主数据流（信息数据流）中插入不同的数据块的TDM复用方式或分组方式。并周期性地插入用于提取位同步的定时码字。对于动态带宽分配的系统，最好采用某种形式的分组传输方式，这与一般的电信网相同，可以采用常规的复接器和分组交换机。

5.3.3　地面接口与陆地链路

1. 陆地链路的设置和选择

地球站的地面接口可视为卫星通信系统的业务终点，它通过陆地链路（Tail Link）与地面网或用户终端相连接。大型地球站的地面接口可能非常复杂。地面信关站（它与其他地面网接口）视具体应用情况（或是与电话交换网，或是与广播电视分配系统连接等）而定。对于一些简单的终端，如TVRO、VSAT远端站等，可直接与用户设备（电视机、计算机、电话机或PBX等）相连接。

地球站通过陆地链路与远端的一个或多个用户连接起来,其距离在几百米至几百千米之间。由于C频段卫星系统与地面微波中继系统采用公用频段,所以地球站通常远离城市,以减少系统间的射频干扰(RFI),相应的陆地链路也需要认真考虑。

图5-19所示为地球站与电话交换局、用户设备间所配备的陆地链路的例子。在地球站与RF终端之间的设备间链路(IFL)通常采用电缆,在RF终端的机房内设置有支持相应业务的基带设备和接口设备。如果所有业务(语音、数据和视频)要传送到附近的城市(如电话交换局),其陆地链路传输设备可以是单跳的地面微波链路(最长距离约50 km),并配置足够的发送-接收单元来承载语音、数据和视频业务。位于市区的电信局(图中为电话交换局)则通过由光缆或传统的多芯电缆构成的公用或专用本地环路与用户设备相连接。在地球站与用户设备之间也可设置专用(租用)的陆地链路(图中以光缆为例)直接相连,从而对电信局和本地环路形成旁路,这将允许用户对资源的控制,并消除了通过公用设施所带来的时延。

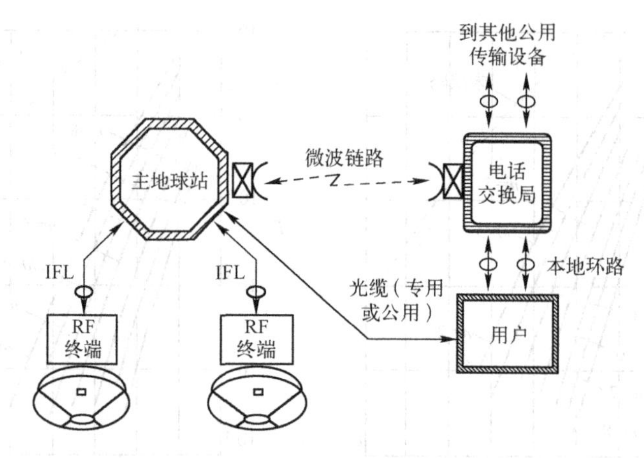

图5-19 地球站与电话交换局、用户设备间的陆地链路

陆地链路可采用微波链路,也可采用光缆链路,视应用的具体要求(有效性、可靠性和经济性等)而定。当站内的IFL或VSAT终端与一个(或多个)用户连接时,光缆是最好的选择,因为光缆噪声小,没有电磁辐射干扰。实际上,对于大型地球站往往选用噪声和干扰性能好的光缆。然而,对于20 km以上的陆地链路,光缆所需的投资比微波链路大。图5-20所示为微波和光纤两种陆地链路所需投资(1999年美国的工程投资)的比较。

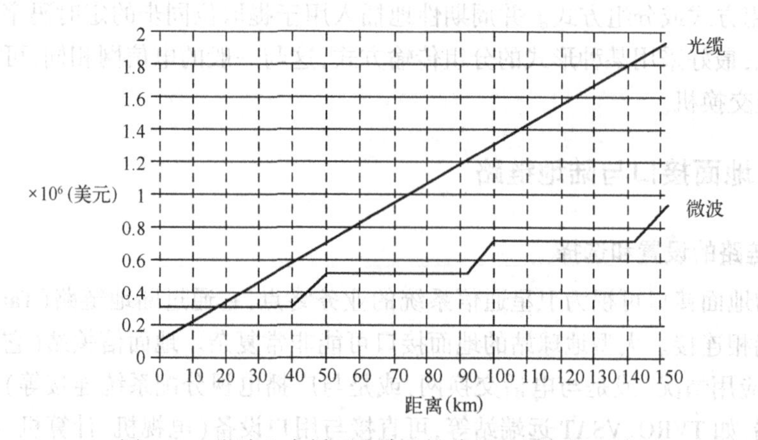

图5-20 微波和光纤两种陆地链路所需投资的比较

2. 地面接口

从一定意义上来说,地球站为用户(或其他通信网)进入卫星通信网提供了某种形式的入口。地球站与用户设备之间的接口,或者与地面网的接口(卫星网与地面网的接口)是卫星通信网设计的重要方面,它对服务质量(QoS)有极大的影响。通常,进入卫星网的业务(特别是数字业务)和信令都需要进行转换。接口标准化是实现设备(地球站与用户设备)之间或不同通信网之间互连互通的有效途径。

卫星通信系统常常用于为两个或多个地面网之间提供连接链路,即使是专用卫星网,其用户也需要与地面公用网或其他专用网的用户进行通信。由于各地面网和卫星网的时钟是相互独立的,而且各网络可能从属于不同地区或国家的运营商,要采用统一的时钟实现同步传输是极其困难的。因此,必须在接口处采取控制时钟误差的措施。基于滑帧,即利用缓存器吸收网间定时误差的准同步工作方式是常用的一种接口技术。

同时还必须指出,在卫星通信系统内部,由于多普勒频移的存在,发送基准时钟的主地球站与卫星和其他地球站的时钟也有误差。

下面首先讨论时钟误差问题,然后再介绍几种常见的接口方式。

(1) 时钟误差与准同步滑帧接口技术

地面公用网时钟的稳准度为$\pm1\times10^{-11}$ s。可以认为,地面网与卫星通信系统的相对频差保持在2×10^{-11}的量级。网络的高稳准时钟为准同步工作奠定了基础。为了吸收频差,接口处设置了缓存器。缓存器“写入”和“读出”的定时分别由接口两侧的系统时钟控制,因此“写”和“读”定时会平缓地产生偏移。当偏移积累到超过某一定值(帧长)时,将有一帧的数据要么被删掉(丢失),要么被重复发送一次,称为滑帧。于是,一次滑帧的操作会将两个系统时钟的偏差重新校正一次。只要平均滑帧的频率足够低,或两次滑帧的平均间隔时间足够长,对系统的某些业务的质量影响就不大。比如,对数据速率为2.048 Mb/s的数据流,在准同步工作条件下,大约7 h将积累1 bit时间偏差。而对于256 bit为一帧的PCM电话基群信号,约72天将产生一次滑帧。而一次滑帧将造成每一个受影响话路中丢失或重复一个样值。如此低的滑帧率是可以接受的,相应的国际标准规定的平均滑帧周期为70 h。

对于静止轨道卫星而言,由于太阳、月球引力的存在和地球引力的不均匀等非理想因素,使卫星与固定地球站之间并不能保持真正的相对静止,从而引起多普勒频移,使卫星和各地球站的定时产生差异。计算表明,在对卫星轨道位置控制的精度范围内,多普勒频率产生的定时误差在$10^{-8}\sim10^{-7}$ s量级。通常,该误差也由设置在地面接口处的缓存器吸收。在实际工程中,将网间时差调整和多普勒频移引起的定时误差修正的缓存器合二为一。

(2) 常用的几种接口

在卫星通信中,除广播电视系统地球站与地面设备尚有模拟接口外,包括语音在内的绝大多数接口都是数字接口。对于同步数据接口,已制定有各种接口规范,相应的协议规定了机械特性(包括连接器类型、插脚分配及安装事项等)、电气特性(包括信号逻辑电平、代码变换规则、输入波形、输出波形等)、功能特性(规定了接口数据和控制线的功能)和规程特性(包括接口的运行规程和操作规程)。

① 电话接口

图5-21所示为电话、数据和模拟电视广播业务的地面接口示意图。图5-21(a)所示的电话接口为模拟语音接口,收、发两个方向各一对线(四线)。它与用户环路二线的转换将由安

装在交换设备内的混合器实现,并由 E(听,Ear)和 M (说,Mouth)线上的"监视信令"实施对电路的控制(E、M 线为单根控制线,以 0 或 5 V 电压表示不同的控制状态)。呼叫信号将由近端的 M 线发出,并送至远端 E 线。当其地球站以音频与陆地链路连接时,地球站的 E 线(M 线)与陆地链路的 M 线(E 线)相连。

实际上,更多的电话接口方式是数字式的。数字电话基群接口有两类:我国与欧洲采用 E1 接口(数据速率为 2.048 Mb/s),美国与日本采用 T1 接口(数据速率为 1.544 Mb/s)。当其地面设备为数字 PBX 或数字处理设备时,它与地球站 TDM 复接器进行连接时最为有效(称为直接数字接口)。通常之所以选用一个基群(比如一帧有 32 个时隙的 E1 接口)为复接器接口通路,是因为它能保留在第 0 和 16 时隙中所承载的信令和监测信息及其与 30 个话路之间的关联。同时,基群接口是一种最常见的标准化接口。

基群接口标准的电气特性应符合 G.703。2.048 Mb/s 接口主要规定有:标准比特率、信号速率最大容差($\pm 50\times10^{-6}$)、定时供给与数据传输方向(同向)、传输码型(HDB3)、输入/输出口规范等。

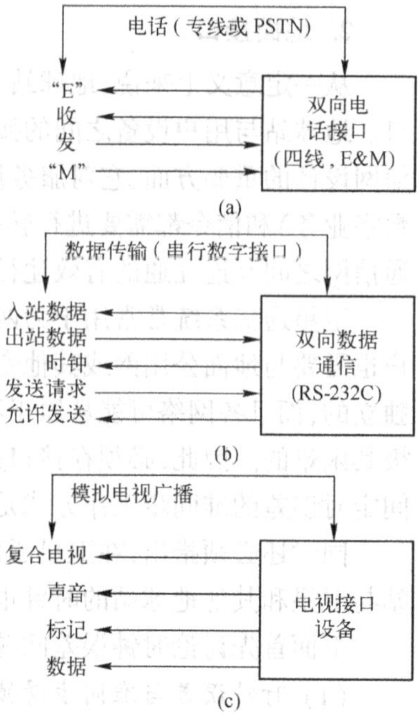

图 5-21 电话、数据和模拟电视广播业务的地面接口示意图

② 数据传输接口

需要考虑在数据传输链路上的基带信号的信息格式、参考定时和控制信号,这涉及数据通信的物理层。数据通信系统的完整功能可由开放系统互连(OSI,Open Systems Interconnection)分层结构模型表示,物理层是协议分层的底层。图 5-21(b)所示的数据接口是用于低速数据通信的 RS-232C 接口的示意图。由于数据通信要求正确的定时,发送端(主端)应为接收端(从属端)提供定时,以便同步工作。如果指定终端(收端)为"主端",则时钟应反方向传送。

当发送端希望发送数据时,请求发送线(RTS,Request To Send)被激活(类似电话模拟接口的 M 线)。若此时接收端不被其他业务所占用,将在允许发送线(CTS,Clear To Send)上做出响应,以便开始进行通信。通常,RTS 和 CTS 合并在一起(双向的)成为监控信令。

对数据通信系统来说,还有许多其他特定的和更有效的接口配置。在建立 OSI 的国际标准方面已进行了大量的工作,以实现系统的互连。

③ 电视接口

图 5-21(c)所示为模拟电视广播接口示意图。对于广播系统,(模拟) 电视信号仅通过接口传送给上行地球站,为单向传输。图示的"复合电视(Composite Video)"是由亮度分量(黑与白)和色度分量(彩色)组成的 TV 基带信号。

数字视频接口将在 5.4.2 节 TV 上行站和广播中心中介绍。

5.4 其他类型的地球站

5.3 节主要介绍了用于固定业务的通信地球站的相关技术问题。地球站的规模大小和复杂性,取决于所提供的业务类型和业务量的大小。本节介绍的地球站包括 TT&C 地球站、TV

上行站和广播中心、TV 单收站,而 MSS 地球站将在 5.5 节介绍。

5.4.1 TT&C 地球站与 SCC

卫星监控系统由地面跟踪、遥测和指令(TT&C)系统,卫星控制中心(SCC),以及星上的遥测、控制、指令分系统组成。卫星监控系统在卫星发射过程中确保其进入预定轨道和在卫星入轨后维持其正确的姿态与正常的工作状态起着关键性作用。

卫星系统的跟踪、遥测和指令站与卫星控制中心应尽可能靠近一些,以节省它们之间连接的数据链路,减少投资。通常,TT&C 和 SCC 分别建在同一城市的远郊和市区,它们之间通过短距离微波或其他专用链路进行连接。这是因为 SCC 一般与其总部在一起,而 TT&C 建在郊外,以避免 RF 干扰和它对环境造成的不利影响。图 5-22 所示为用于两颗静止轨道卫星空间段的 TT&C 和 SCC 方框图。图中的“全跟踪 TT&C 天线”可进行全方位跟踪,以适应卫星发射过程中的变轨操作和对快速运动的卫星进行跟踪的需要。在静止轨道卫星定点后,用于通信的天线只需要有限范围的跟踪能力(在图中没有画出通信用天线,仅以“上/下行链路”指向航天器表示)。

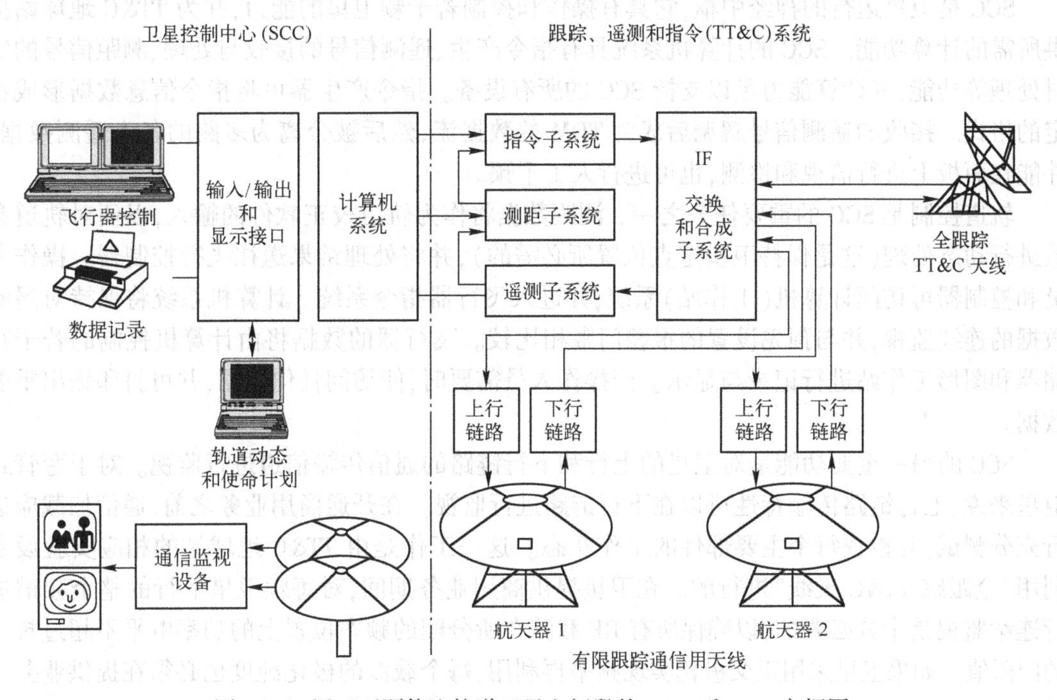

图 5-22　用于两颗静止轨道卫星空间段的 TT&C 和 SCC 方框图

非静止轨道卫星系统的 TT&C 与静止轨道卫星的 TT&C 很类似(在同一时间,它也只能看见少数几颗卫星),但是用于通信的天线指向也应该是能大范围跟踪的“全跟踪 TT&C 天线”。

1. TT&C 地球站

TT&C 地球站具有一般卫星地球站的设备:RF 终端、基带设备和地面接口单元(用于与 SCC 接口)。对于工作在 C、Ku 或 Ka 频段的 GEO 系统,天线直径通常为 10~13 m,以提供足够大的链路余量,使之能应付变轨和在轨运行过程中可能出现的异常情况。

对于非 GEO 系统,通信也必须依靠跟踪天线。所有天线对卫星进行跟踪所需的信息都来自相应的数据系统的数据,这些数据承载了地球站相对卫星的方位和仰角信息。

TT&C 地球站的基带处理部分包括指令子系统、测距子系统和遥测子系统。测距子系统产生一个测距基带信号(它通常是伪随机码或若干相干的正弦波),调制到指令子系统的载波上发往卫星,然后接收由卫星返回的测距信号,解调并与原发送的测距基带信号相比较,以获得接收信号的时延和频率的变化,从而确定卫星的位置和漂移速度。

遥测子系统接收来自卫星的遥测信号,并对其数据进行相应处理,以监视卫星姿态和各部分的工作状态。TT&C 地球站还接收来自卫星的信标,以实现天线对卫星的捕获和跟踪,从而可精确测出卫星方向的方位和仰角。

指令子系统的数据来自 SCC 和测距子系统,以形成指令信号并发往卫星,从而实现对卫星位置、姿态或星载设备工作状态的调整。

对于非 GEO 全球系统来说,应由较多的 TT&C 地球站构成一个网络,若干个 TT&C 地球站的数据流汇集于某一个 SCC,以实现对较多卫星信号的协调和交换,以及对多颗卫星的跟踪和控制,这需要复杂的处理软件。

2. SCC

SCC 是卫星运行的神经中枢,它具有操作和控制若干颗卫星的能力,并为 TT&C 地球站提供所需的计算功能。SCC 的计算机系统具有指令产生、遥测信号的接收与处理、测距信号的实时处理等功能,其计算能力足以支持 SCC 的所有设备。指令产生器可将指令信息数据形成特定的格式。接收的遥测信号解调后成为 TDM 的数据流,然后被分离为多路的各类遥测数据,并能在面板上进行监视和检测,也可进行人工干预。

轨道控制是 SCC 的重要任务之一。测距数据将作为轨道校正软件的输入,以便对轨道参数进行动态处理(这是保持卫星定点位置所必需的),并将处理结果送往飞行控制器。操作人员和控制器可访问计算机(工作站)系统,并进入飞行器指令系统。计算机系统将保持对遥测数据的连续监视,并与预先设置的报警门限相比较。飞行器的数据将由计算机控制的若干存储器和图形工作站进行记录与显示。当操作人员需要时,能访问任何数据,并可打印输出重要数据。

SCC 的另一重要功能是对卫星的上行和下行链路的通信传输信道进行监视。对于弯管式卫星来说,上行链路传输特性可以在下行链路进行监视。在开通商用业务之前,通信加载应进行充分测试,并检查每个主要部件的工作状态。这一工作是由 TT&C 地球站的相应实验设备利用"全跟踪 TT&C 天线"进行的。在卫星提供商用业务期间,对每颗卫星下行的整个频谱进行连续监视是十分必要的,以确保所有 RF 载波在所分配的频率位置上的功率电平不超过规定的门限值。如果卫星采用正交极化实现频率再利用,每个载波的极化纯度也必须在提供业务之前加以检查,并在服务期间对它进行监视。由于卫星的许多上行传输信息不是从 TT&C 地球站发射的,所以具有通信控制的 TT&C 地球站必须有专用通道(勤务电话)与上行地球站保持联系。

通信监视器用于对通信过程进行监视和控制,当它设置在 TT&C 地球站时,可利用有限跟踪的通信天线接收下行频谱,再传送给 SCC,以便用频谱仪和视频监视器进行检测。如果通信监视设备在 SCC(如图 5-22 所示的情况),而与 TT&C 地球站有一定距离,那么 SCC 也可用一个或多个 RO(单收)天线直接接收,而 SCC 只需在卫星覆盖范围内即可。对于利用点波束提供频率再利用的卫星,注意应对每个点波束内的各个地球站进行监视。

对于有星载数字信号处理功能的卫星和用于 MSS 业务的非 GEO 星座系统,通信传输信道的监视问题比前面讨论的弯管式 GEO 卫星系统复杂得多,这是因为信息在星上进行了处理并已重新形成,或者来自卫星的下行链路被分割为若干波束。如果系统采用星间链路,问题就更加复杂了,因为地面不能观察到这些信道的传输状态。此时,每颗卫星上都应设置业务监视的设备,并通过遥测系统的数据中继链路传输监视数据,然后通过专门设置的下行链路传回地面 TT&C 地球站,这些数据将是对卫星系统进行监视和操作的依据。

5.4.2 TV 上行站和广播中心

用于传输商业电视业务的卫星地球站通常都是大型站,它具有大的带宽,并有交换和路由能力。上行站能将来自本地广播中心的 TV 节目通过上行始发(Originate)链路发往卫星,同时具有从地面链路接收节目,并通过上行转发(Retransmit)链路转发至卫星的能力。典型的广播中心可能有多达 200 条的视频始发和转发信道,能同时为不同的用户提供服务。系统能在不改变物理连接的情况下,将视频与声音业务按预定要求进行交换和分配,以接入不同的上行信道。在上行站,同时还有卫星接收设备,以便在下行链路上接收卫星所转发的上行信号,实现对上行链路传输状况的监视。现代 TV 上行站实际上不存在模拟视频信号,信号从模拟到数字的转换已在演播室完成,因而全部接口都是数字化的。

数字视频压缩是现代视频上行站和广播中心的一部分。多路数字视频信号以 TDM 的方式复用,然后对某一载波进行调制,形成多路单载波信号(MCPC,Multiple Channel Per Carrier)。由于压缩视频节目所需的传输容量视画面的情况而定,变化很大(比如,画面慢变化时,编码速率低,只需低的传输速率),因此 TDM 的时隙若不固定分配给对应的某路数字视频信号,而是采用统计复用方式,这样可使视频传输容量倍增。也就是说,如果每帧有 N 个 TDM 时隙,可提供 N 条固定分配信道,而采用统计复用时可供 $2N$ 条数字视频信号同时传输。此外,广播中心的视频节目可接受用户的访问,并有条件地控制其发送。加密技术的采用可以防止侵权访问的发生。

对于视频/语音广播系统,广播中心的路由和交换是整个网络运行的中心。比如,一个8-8路由器,能将 8 个输入端口中的任一端口连接至 8 个输出端口之一。对于上百个视频/语音信道的大容量系统,用一个路由单元是不能完成的,因而必须采用一个交换/路由器组。交换/路由是在计算机的程控下运行的,可支持动态节目目录并接受人工控制。人工操作通常用于对系统运行状况是否正常的观察,只要有必要,在任何情况下都允许人工介入,以保证正确的节目传送到正确的信道。

无论是对于上行站还是广播中心,都需要从某些节目源获得节目。一般来说,视频信号节目是从专门的节目源站获取的,而节目源站的节目往往来自多个远端节目源站。TV 上行站通常经过地面链路(专用微波或光纤链路)从演播室获取节目,也可利用 TVRO 从其他卫星广播中获取节目。

磁带或光碟也是潜在的节目源。磁带(光碟)也趋向于采用与卫星传送一样的数字格式,即采用 CCIR 建议的 601 标准。众多的磁带需要组成一个主磁带库,以便于管理。也有某些设备采用视频服务器,预先录制广告和节目。采用视频服务技术的优点是消除了传输时造成的错误,并允许用户有条件地访问并选择节目。

5.4.3 TV 单收站

TV 单收站(TVRO)主要有两类:一类是直接到户(DTH)系统的家用单收站;另一类是地面有线 TV 系统的“电缆前端”(Cable Head End)TVRO,它通过卫星下行链路为有线电视系统提供节目源。前者只有单个接收机，而后者为了同时接收多套节目，必须配备多个接收机。

图 5-23 所示为具有卫星前端的地面有线电视系统，电缆前端 TVRO 从卫星下行链路获取节目源，然后可通过同轴电缆线路或光纤线路传送给有线电视系统用户，或者通过光纤、微波中继线路传送给其他的电视分配网，当然也可用于地面超短波广播。

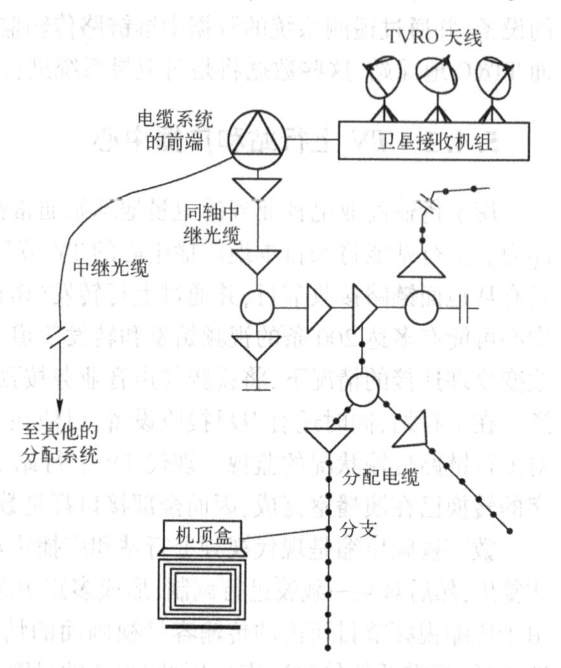

图 5-23　具有卫星前端的地面有线电视系统

1. TVRO 的天线尺寸

TVRO 的成本高低和使用是否方便主要取决于天线的尺寸，而天线的尺寸主要由卫星 EIRP、接收机噪声温度和传播损耗确定。接收机噪声温度主要受当前低噪声放大器所能达到水平的限制，而传播损耗由频段确定（目前的卫星广播电视系统都采用静止轨道卫星，传播距离仅随仰角的不同而略有变化）。

图 5-24 所示为 C(4 GHz) 和 Ku(12 GHz) 频段 TVRO 天线直径与卫星 EIRP 的关系曲线（设定的接收系统噪声温度为 100 K）。可以看出，提高卫星的 EIRP，可有效地减小接收天线尺寸。但是，由于 C 频段是卫星（FSS 和 BSS）系统与地面微波中继系统公用的频段，为了使卫星下行信号不至于对地面微波系统造成干扰，对卫星 EIRP 有所限制，通常不超过 40 dBW。从图上可以看出，当 TVRO 接收天线直径为 1 m 时，所需的 EIRP 约为 42 dBW。而当前的卫星电视直播系统都采用 Ku 频段，卫星的 EIRP 可达 50 dBW 甚至更高，所以 TVRO 天线直径可低于 0.5 m。

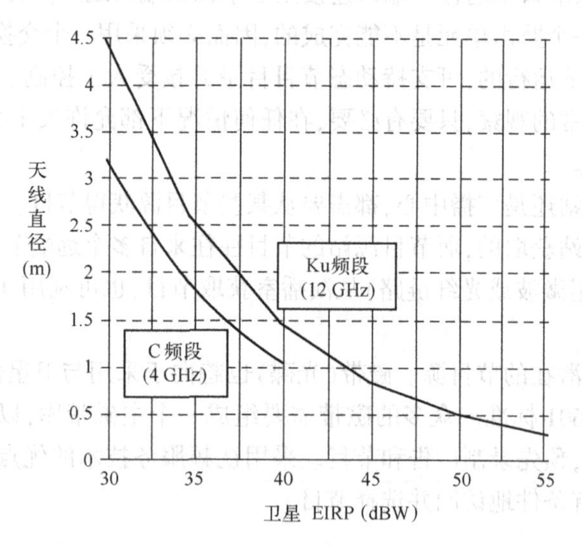

图 5-24　TVRO 天线直径与卫星 EIRP 的关系曲线

考虑到 Ku 频段的雨衰，为了保证可靠度，系统应留有一定的功率余量。对于中国、欧洲和北美这样的北温带地区，天线仰角大于 30°时，对应于图 5-24 中的曲线需再增加 2 dB 的功率余量。而对于具有雷阵雨的热带气候地区，所需的功率余量可达5~10 dB。

2. 有线电视网前端的 TVRO 结构

作为有线电视网前端的 TVRO，它具有同时接收多套节目的能力，如图 5-25 所示。它可以接收若干商业 TV 节目，以便分配给有线 TV 系统。TVRO 前端有若干个接收机（通常，有20~30 个接收机接收一颗卫星的下行链路信号），每个接收机都能恢复一路模拟 TV 信号。而对于数字视频广播，接收机将解调出多路复用的数据流。TVRO 前端的天线通常都足够大，以保证所期望的链路条件下的 E_b/N_0，获得好的信号质量。来自卫星的信号通过天线首先进入低噪声变频模块（LNB）。图 5-25 中只画出了一个 LNB，更多的情况是两个：一个用于垂直极化支路，另一个用于水平极化支路。LNB 输出的宽带多路信号被送至分路器，将多路信号分别送至各接收机。在模拟传输时，每一接收机调谐到不同的频率信道，并将恢复的视频基带及其伴音送至 TV 信道调制器，将频率变换至通常的电视机接收频带内。采用数字传输时，可将接收机恢复的数字视频信号直接在电缆上传输。当然，也可转换为模拟信号，再调制为常规模拟 TV。

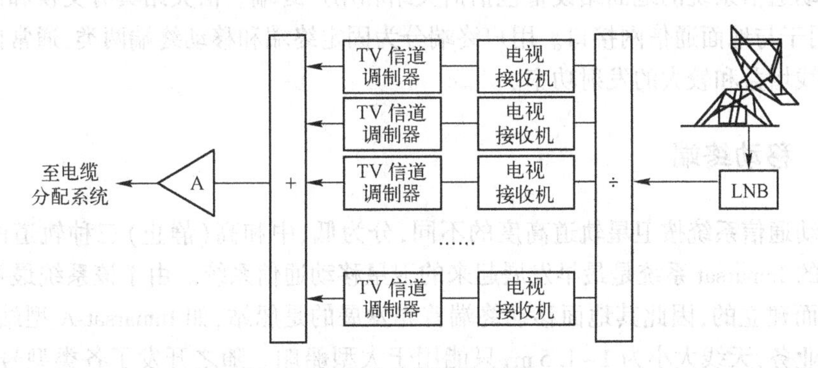

图 5-25 有线电视网前端的 TVRO

3. 直接到户的 TVRO

在 DTH 视频接收机中，除接收卫星信号的前端电路和解调/解码器外，还包含信道调制器，以便与普通电视机相连，使用户通过“DTH 卫星视频接收机”就能观看到所希望的节目。国外早期的 C 频段 TVRO，包括了具有电动机驱动装置和可调极化的天线。这种接收系统由微处理器控制，天线的调节由用户遥控，使之对准所关注的卫星。调谐是自动的，以获得最大的信号功率，并在视频监视器上显示正确信道的节目。

现代的数字 DTH 系统采用固定的小天线，以降低成本和调整的复杂性。但这种简单、低成本的接收机是建立在大功率 Ku 频段直播卫星（DBS，Direct Broadcast Satellite）基础上的。一方面，只有 Ku 频段（不像 C 频段）卫星发射到地面的信号功率通量密度不受限制。另一方面，由于地面接收天线小、增益低、波束宽，容易受到相邻卫星的干扰。因此，通常相邻轨道间隔较小的 FSS 卫星是不宜用作 DBS 卫星的。在早期（1977 年世界无线电行政大会）的 Ku 频段 DBS 规划中限制相邻卫星轨道间隔不小于 6°。但随着卫星测控等技术的提高，为节省轨道资源，已开始采用多星共位的方案。如美国的 DBS1（1993 年发射）、DBS2（1994 年发射）和 DBS3（1996 年发射）都定位在西经 101°，它们的预计寿命为 12 年。每颗星可提供 150 套 DTH 节目（付费电视、体育节目和其他服务各 50 套）。多星共位能使用户用同一天线接收多颗卫星的节目。当然，多星同时工作时，各转发器之间应有隔离措施（通常为频率隔离），同时，各卫星除满足轨道定点精度外,还要满足各星的相对位置控制要求,以避免各卫星之间的相互遮蔽(包括电波和太阳能电池所需阳光的遮蔽)。

DTH 接收机对卫星下行链路的载波进行解调,经解码后的数据流由分接器输出至特定的 TV 信道。每个载波的信道容量(MCPC 方式)的典型值为 5~12 路视频节目,这取决于总的数据速率、压缩参数和是否采用统计复用。统计复用是根据画面的运动需求,动态调整每路视频信号所需的数据率。统计结果表明,采用统计复用后,可使每载波的 TV 信道数几乎加倍。

卫星视频广播是基于 MPEG-2 的传输,其中一些节目经过了专门的加密处理,接收机必须有被认可的解码器方能恢复信息。

5.5 MSS 移动终端和信关站

卫星移动通信系统的地面站设备包括信关站和用户终端。信关站具有交换和网管中心的功能,同时用于与地面通信网接口。用户终端分为固定终端和移动终端两类,通常前者比后者有较高的天线增益和较大的发射功率。

5.5.1 移动终端

卫星移动通信系统按卫星轨道高度的不同,分为低、中和高(静止)三种轨道的系统。静止轨道卫星的 Inmarsat 系统是最早发展起来的卫星移动通信系统。由于该系统最初是为海事通信和救援而建立的,因此其地面移动终端首先发展的是船站,如 Inmarsat-A 型站,提供模拟电话和数据业务,天线大小为 1~1.5 m,只能用于大型船舶。随之开发了各类型号的终端,包括低速数据终端(C 型)、短信息服务终端(D 型)、应急示位终端(E 型)和航空机载站(AEC)。特别是目前用于 Inmarsat-3 卫星点波束系统的 M(或 Mini-M)型终端,是体积小、质量约 2 kg 的便携式终端,得到了较为广泛的使用。

MSAT 是北美的静止轨道卫星移动通信系统,星上采用多波束天线,为北美地区车载用户提供移动通信业务。该系统移动终端采用低增益天线(3~6 dBi),天线覆盖范围广,避免了终端移动时天线对卫星的跟踪和对准的特别要求。

新近建立的一些区域性静止轨道卫星系统(如亚洲蜂窝系统 AceS),考虑在星上采用 13 m 大天线(L 频段),可支持地面手持机通信。

低、中轨道的卫星移动通信系统,都能为手持机用户提供移动通信业务。铱(Iridium)和全球星(Globalstar)系统手持机主要参数见表 5-2。

表 5-2 Iridium 和 Globalstar 系统手持机主要参数

项　目	平均发射功率(W)	天线增益(dBi)	G/T (dB/K)
Iridium	0.4	1.0	−23
Globalstar	0.5	2.5	−22

5.5.2 信关站

前面已经说过,信关站具有网络(用户)管理功能和与地面公用网互连的功能。对于没有星间链路和星上无交换功能的系统,信关站还应有交换功能(路由分配功能)。这里以全球星系统的信关站为例,介绍 MSS 系统中信关站的构成和功能。

全球星系统采用无星间链路的弯管式卫星,信关站具有路由分配和与地面网接口的功能。同时,信关站通过一个外部接口向运营商(业务提供者)报告设备状态和资源状况。运营商可直接控制信关站的相关部分,但不能改变卫星资源的总配置。为保证星座与地面网的协调工作,信关站配置有访问位置存储器和归属位置存储器。

由于系统没有星间链路和星上交换功能,所以终端之间的通信都要通过信关站。因此,覆盖某一用户的卫星如果没有同时覆盖一个信关站,那么该用户是无法进行通信的,也就是说用户并没有被“有效地覆盖”。为此,相邻信关站的距离不能太大,一般选为 1000~3000 km(全球星系统卫星高度为 1414 km,一颗卫星以 10°的最小仰角覆盖地面区域的直径为 5700 km)。在我国建有三个信关站(北京、广州和兰州)。如果需要通信的两个用户不在同一颗卫星的覆盖范围内,用户之间的通信还将借助于两颗卫星覆盖的信关站之间的地面通信链路进行连接。

全球星信关站具有以下的特性:

- 具有与 PSTN 的标准 T1/E1 接口。
- 具有 PLMN 的 GSM 和 AMPS 特性,信关站将起一个基站子系统的作用。
- 采用可编程信令接口,用于连接本地通信基础设施。
- 同一个信关站可为多个运营商公用(最多可达 16 个运营商)。采用防火墙以确保运营商之间的安全。
- 可提供全球漫游业务。
- 具有远程监视和操作功能,可实现无人值守。
- 采用加密技术以确保语音和信令的安全。

信关站由射频子系统、CDMA 设备和交换系统组成。射频子系统包括 4 副有跟踪能力的 5.5 m 天线、300 W 室外固态功率放大器(SSPA)和低噪声放大器(LNA)。天线具有垂直、水平和交叉相结合的三轴定位器,具有灵活跟踪所有轨道上卫星的能力。SSPA 安装在天线背后,以减少从功放到辐射源端口的传输损失。

CDMA 设备包括了处理 CDMA 波形所需的所有设备。交换系统采用 Alcatel 公司的 1000E10 交换机,仅对软件进行了相应修改。交换系统视信关站在整个网络中发挥作用的不同而有所不同。

整个全球星系统的控制中心包括两部分:地面控制中心(GCC)和卫星控制中心(SCC)。它们分别对地面信关站和空间卫星进行监控。

各信关站通过全球星数据网将传输监控和状态数据传送到 GCC 和 SCC。GCC 为信关站制定通信计划,控制分配给每个信关站的卫星资源。信关站可在分配的资源内处理实时业务。

SCC 主要负责控制整个星座,它(通过各信关站)对卫星进行跟踪和控制,获取星上遥测数据,并向卫星发送控制指令。

习题

5.1 用于卫星通信系统的高功率放大器主要有行波管放大器(TWTA)和固态功率放大器(SSPA)两类。请问,它们分别有什么特点?适宜在什么情况下使用?

5.2 地球站和卫星接收系统的等效噪声温度由哪几部分组成?在地球站,为什么总是希望在天线处(经馈线传输至室内接收机前端之前)就将接收信号进行下变频处理?

5.3 为实现对特定形状地区的赋形覆盖,可以采用哪些类型的卫星天线?试计算星载3 m、C 频段

(4 GHz) 天线的半功率波束宽度。如果天线波束指向星下点,请问它能覆盖地面多大的面积?

5.4 静止轨道卫星正对整个地球的覆盖波束宽度为 2×17°。若卫星工作频率为 4 GHz,试计算卫星提供全球覆盖的天线直径是多少?天线增益是多少?

5.5 请问相应的卫星电视广播系统为什么要采用 Ku 频段,而不用 C 频段?为保证天线直径在 1 m 以下的家用卫星电视接收机正常接收,要求卫星的 EIRP 应在多大的量级?试计算接收天线为 0.5 m 时所需的卫星 EIRP。系统参数假定如下:

(1) 频率为 12 GHz,卫星至接收机距离为 39 000 km;

(2) 链路附加损耗为 5 dB(含馈线损耗、雨衰等余量);

(3) 接收机噪声温度为 200 K,天线效率为 0.55;

(4) 一套广播数字视频节目的典型传输速率为 6 Mb/s,所需的接收信噪比为 8.5 dB(误码率 10^{-4},含 1 dB 设备不理想的损失和 1 dB 余量)。

5.6 对于弯管式转发器,如果要求全链路的信噪比固定不变,那么在确定了上行链路信噪比之后,所需的下行链路信噪比也就随之确定了。当全链路信噪比为 7 dB 时,试计算作为下行链路信噪比(横坐标)函数的上行链路信噪比(纵坐标)的曲线。下行链路信噪比的取值范围为 7.2~20 dB。

5.7 某卫星通信系统上、下行链路电平估算结果为:上行链路的卫星接收机输入信噪比为 10 dB,下行链路的地球站接收机输入信噪比为 8 dB。试计算全链路的信噪比为多少?若解调器不理想造成的信噪比损失为 1 dB,信道采用约束长度为 7、码速率为 2/3 的卷积编码,试问全链路的误码率为多少?(可参见图 5-17)

5.8 在 5.7 题中,如果星上采用解调/再调制处理,请问全链路(地球站接收机)的误码率为多少?

5.9 在 5.8 题中,如果地球站发射机和星载转发器的发射功率都减半,并采用(2,1,7)的卷积编码,同时在星上进行译码/再编码,请问此时全链路的误码率又为多少?

5.10 卫星通信系统与地面公用网之间有哪几种接口?系统之间的时钟误差采用什么措施来解决?

5.11 TT&C 和 SCC 有哪些功能?它们是如何实现这些功能的?

5.12 某静止轨道通信卫星的遥测系统对太空舱上 100 个传感器的样本数据进行轮流采集,数据以每样本 8 bit 的 TDM 帧格式(并附加 200 bit 的同步和状态信息)回传地面。若传输速率为 1 kb/s,采用 BPSK 调制方式,请问:

(1) 要完成 100 个传感器一轮采样的全部数据传输,需要多长的时间?

(2) 将长度为 40 000 km 的链路传播时延考虑在内。当太空舱某传感器数据发生变化时,地面控制站可能最长要等待多少时间才能获得该信息?

5.13 TV 上行站和广播中心各有什么功能?

第 6 章　VSAT 通信网

6.1　VSAT 概述

6.1.1　VSAT 的概念和特点

VSAT 早期被称为微型站、小型数据站或甚小孔径终端。20 世纪 80 年代中期，人们习惯称其为 VSAT 终端或 VSAT 系统（网络）。VSAT 系统中小站设备的天线口径通常为 0.3～2.4 m，由主站应用管理软件监测和控制小型地球站。

VSAT 具有以下特点：

- VSAT 系统可支持多种业务类型，包括数据、语音、图像等；
- VSAT 系统可工作在 C 频段或 Ku 频段；
- VSAT 终端天线小、设计结构紧密、功耗小、成本低、安装方便、对环境要求低；
- VSAT 网络组网灵活、独立性强，其网络结构、技术性能、设备特性和网络管理都可以根据用户的要求进行设计和调整；
- 可以与计算机、ISDN 联网。

6.1.2　VSAT 卫星通信网

与传统卫星通信网相比较，VSAT 卫星通信网具有以下特点：

- 面向用户而不是面向网络；
- 使用小口径天线，天线口径为 0.3～2.4 m；
- 智能化功能强，可实现无人操作；
- 使用低功率发射机，功率一般在几瓦以下；
- 集成化程度高，VSAT 从外表看只分为天线、室内单元（IDU）和室外单元（ODU）3 个部分；
- VSAT 站很多，但各站的业务量较小；
- 一般用作专用网。

6.1.3　VSAT 系统分类

按照不同的多址方式、调制方式、传输速率和传输业务，VSAT 系统可分为 5 类，分别是 VSAT、VSAT（SS）、USAT、TSAT、TVSAT，其特点比较如表 6-1 所示。

第 1 类是工作在 Ku 频段的高速双向交互型 VSAT，采用不扩频相移键控调制和自适应带宽接入协议；第 2 类采用直扩技术，可提供单向或双向数据业务；第 3 类是目前最小的双向数据通信地球站，称为特小地球站，采用混合扩频调制和多址技术；第 4 类以 T_1 或低于 T_1 的速率用来双向传输语音、数据和图像的综合业务，不需要中枢站；第 5 类用于电视接收，也用来接收广播质量的语音和高速数据。

表 6-1　5 类 VSAT 系统的特点比较

	VSAT	VSAT(SS)	USAT	TSAT	TVSAT
天线直径(m)	1.2~1.8	0.6~1.2	0.3~0.5	1.2~3.5	1.8~2.4
频段	Ku/C	C	Ku	Ku/C	Ku/C
出站速率(kb/s)	56~512	9.6~32	56	56~1544	
入站速率(kb/s)	16~128	1.2~9.6	2.4	56~1544	
多址方式(入境)	ALOHA S-ALOHA R-ALOHA DA-TDMA	CDMA	CDMA	PA	
多址方式(出境)	TDMA	CDMA	CDMA	PA	PA
调制方式	BPSK/QPSK	DS	FH/DS	QPSK	FM
有无枢纽站	无/有	有	有	无	有
支持的协议	SDLC、X.25、BSC、ASYNC				
网络运行	公用/专用	公用/专用	公用/专用	专用	公用/专用

6.1.4　VSAT 的主要业务类型及应用

除个别宽带业务外,VSAT 卫星通信网几乎可以支持所有现有业务,包括语音、数据、传真、LAN 互连、会议电话、可视电话、低速图像、可视电话会议、采用 FR 接口的动态图像,以及电视、数字音乐等。

VSAT 网可对各种业务分别采用广播(点—多点)、收集(多点—点)、点-点双向交互、点-多点双向交互等多种传递方式,充分说明了 VSAT 的灵活性。VSAT 卫星通信网支持的业务类型及应用如表 6-2 所示。

表 6-2　VSAT 卫星通信网支持的业务类型及应用

业　务		应　用
1. 广播和分配业务		
数据		数据库、气象、新闻、仓库管理、遥控、金融、商业、远地印刷品传递、报表、零售等
图像		传真(Fax)
音频		单向新闻广播、标题音乐、广告和空中交通管制
电视	TVRO(电视单收)	接收文娱节目
	BTV(商业电视)	教育、培训和下行信息业务
2. 收集和监控业务		
数据		新闻、气象、监测、管线状态
图像		图表资料和静止图像
视频		高压缩监视图像
3. 双向交互型业务(星形拓扑)		
数据		信用卡核对、金融事务处理、销售点数据库业务、集中库存控制、CAD/CAM、预订系统、资料检索等
双向交互型业务(点—点)	数据	CPU-CPU、DTE-CPU、LAN 互联、电子邮件、用户电报等
	语音	稀路由语音和应急语音通信
	视频	压缩图像电视会议

VSAT 通信网络设备具有体积较小、智能化、对使用环境要求不高且不受地面网络限制等优点,可应用于不同的领域。

(1) 应急通信

灾害事故发生后,在原地面网络被摧毁或中断的情况下,卫星通信是较好的通信选择方案。掌握灾后实地情况,高效指挥调度,及时安排救援,这些都需要卫星通信作为保障,而 VSAT 通信网正是在恶劣环境下保证通信正常的重要工具。

(2) 军事应用

为适应瞬息万变的现代战场环境,实现全天候、全天时的态势侦察,保障实时可靠的信息传输,获得其他手段难于获得的情报,满足军事需求,有效地为飞机、舰艇、导弹、坦克等主战装备、运输车辆、特种部队和单个士兵提供通信服务,VSAT 卫星网络逐步成为现代作战任务中重要的通信手段。

(3) 航空宽带通信

VSAT 网络可以为航班提供宽带通信服务,未来几年内,预计大部分飞机将为乘客提供通信服务。

(4) 海上通信

在海上保持舰船与陆地、舰船与舰船之间的高质量语音、数据和互联网接入等多媒体通信业务,保障海上作业安全,提高海上作业水平和工作效率。

(5) 移动办公

高端用户希望在移动中能够保持与网络的高速连接,机载、车载以及船载用户对 VSAT 天线设备的需求强烈。全球房车、高端商务车、游艇、商船等民用终端市场逐渐兴起,对移动卫星电视接收及卫星通信有较强烈需求。

(6) 交通运输管理

发达国家已经将 VSAT 通信应用在铁路的运营调度中,大大缓解了交通运输的紧张状态。利用 VSAT 网络可以方便地开展任意两地的通话、电传和电报业务,节省经费和时间。

(7) 科考、水利建设的管理

卫星通信可以协助科研考察、监测水文变化,防止和减少自然灾害的损失。VSAT 通信网可以及时传输气象卫星、海洋卫星、资源卫星和地面监测站获取的信息。

6.2 VSAT 网络结构和地面设备

6.2.1 VSAT 网络结构

20 世纪 80 年代,VSAT 技术在非语音通信业务和计算机联网的需求不断增长的情况下迅速发展起来,系统主要用于在主站(Hub)与各远端小站(VSAT)之间的低速数据传输。具体应用有两个方面:①跨国公司或行业的专用数据网,用于总部与各连锁店(分支机构)之间的数据通信,便于由下而上的信息汇总和由上而下的决策(政策)传达与信息发布。②分级管理的计算机网,用于主机与各分机之间的数据通信。这类网络通常为星形结构,各小站与主站之间可直接进行通信,而小站之间的通信需经主站进行转接。图 6-1 所示为卫星 VSAT 星形网的组成和路径示意图。VSAT 星形网的主站在规模和容量方面都与一个 TDMA 卫星系统地球站相当。实际上,VSAT 星形网的入站链路(从小站到主站的传输链路)通常采用 TDMA 访问协议,传输速率较低,一般为 64 kb/s 或 128 kb/s,这有利于降低小站的成本。而出站链路(从主站到小站)的传输速率较高,数率为 64 kb/s 的整倍数,如 512 kb/s。目前一些系统,出站链路速率可达 2 Mb/s,甚至更高。出站链路与入站链路的数据速率有较大的差别,同时也使得出站和入站的载波发送功率电平不平衡(且主站发送的出站电平总是高于小站发送的入站电平)。这是 VSAT 数据网的一个重要特征。

VSAT 系统在发展中国家的推广应用过程中,各国对其提供的电话业务有较强需求。这种低成本、小容量和稀路由的卫星通信系统,十分适合于为农村和边远地区提供基本的通信业务。语音业务要求系统提供双向对称的链路,并可采用 4.8 kb/s 或 9.6 kb/s 的低速率语音编码终端,多路语音信号复用后可在 64 kb/s 的数据信道中传输。

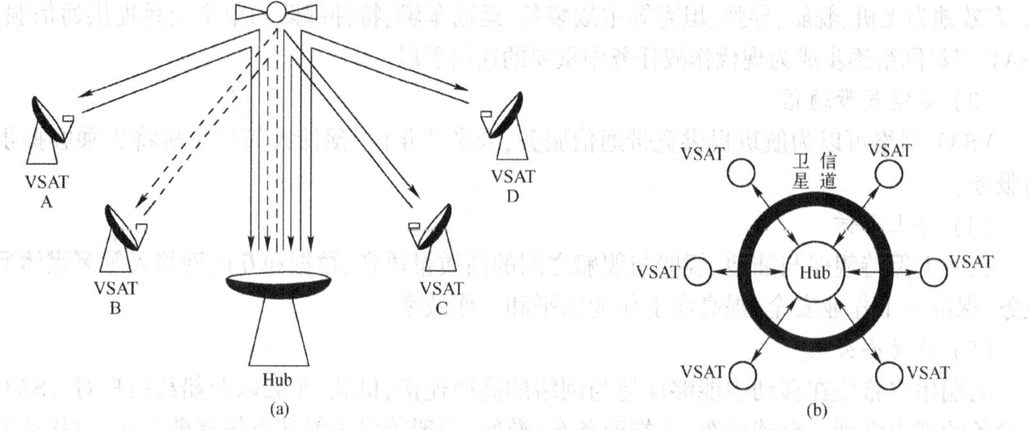

图 6-1　卫星 VSAT 星形网的组成和路径示意图

星形结构的 VSAT 网,两个 VSAT 小站之间的通话需要"两跳"传输,长的传输时延(约 500 ms。另外,语音编码器还有约 20~50 ms 的时延)将严重损害语音的质量,使通话双方有明显的"脱离接触"的感觉。为此,支持语音业务的 VSAT 系统常采用网状结构,使小站之间可不经过主站而直接进行通话。图 6-2 所示为卫星网状电话网的组成和路径示意图。然而,由于网状网中通信是在 VSAT 小站之间直接进行的,而不是在小站与天线尺寸和发射功率均较大的主站之间进行的,因此,与星形数据网相比,要求直接通信小站的天线尺寸和功率均应有所增加,从而增加了小站的成本。

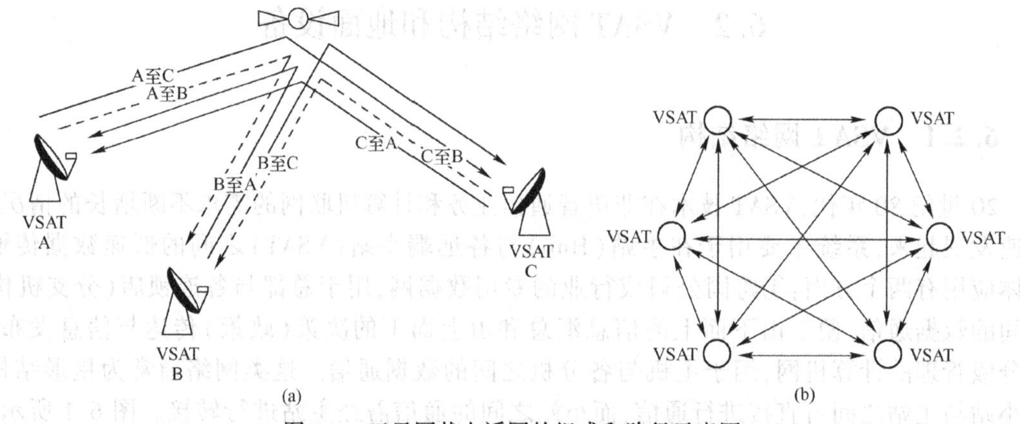

图 6-2　卫星网状电话网的组成和路径示意图

利用 VSAT 系统进行视频通信也是可能的。从主站(Hub)至 VSAT 小站的出站链路,可传输压缩的视频信号(并包含有广播数据),通常可参照卫星数字视频广播标准(DVB-S)。但是,对于从小站至主站的入站链路,由于小站发射功率的限制,只能传送慢变化的图像信号或高压缩比的数字视频信号。比如,以 64 kb/s 的图像信号传输速率,VSAT 小站也可以支持点—多点的电视会议业务。

6.2.2　VSAT 系统的主站和小站设备

1. 主站(Hub)

图 6-3 所示为 VSAT 系统主站和小站设备框图。图的右半部分为主站设备配置,它由 RF 终端、基带处理部分和网管设备组成。RF 终端与通常的地球站 RF 终端相同。基带处理部分包

括 Modem、复用器和编/解码器。Modem 提供了对出站载波的调制功能,并接纳入站的 TDMA 或 ALOHA 信道,对信号进行解调。基带处理部分与用户数据终端设备(计算机)和语音终端有相应的接口,并能完成对地面链路的访问。数据复接是必要的,同时,因为卫星链路在路径传播时延和错误概率性能及相关协议等方面均与地面系统有所不同,主站的软件部分应实现用户接口与卫星空间链路之间的必要的协议转换,最基本的是多址访问、数据通信格式的转换。

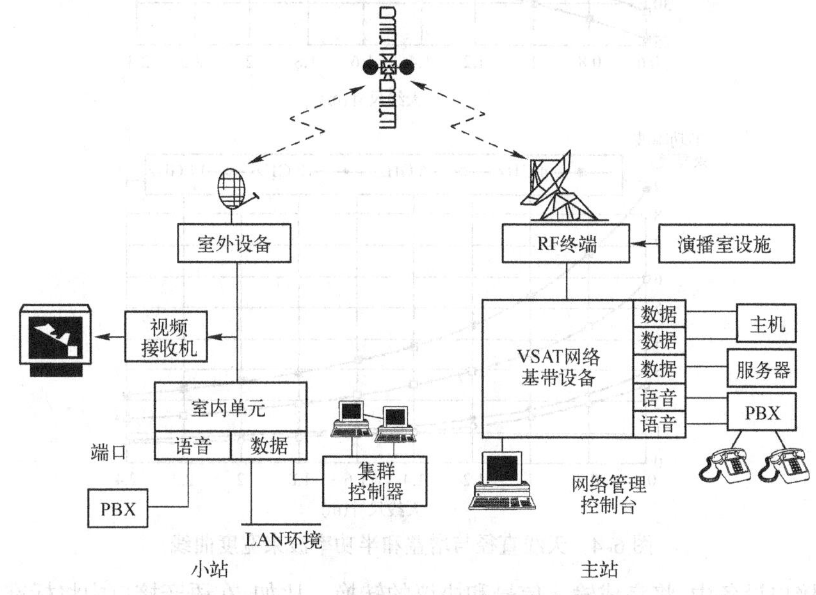

图 6-3 VSAT 系统主站和小站设备框图

主站的设备配置比远端小站复杂,同时发射功率高,天线也大得多,它具有支持上千小站接入的能力。主站较强的功能可使小站得以简化和降低成本,而众多小站的价格在整个系统成本中占支配地位。通常,C 频段主站天线直径为 7~13 m,而 Ku 频段为 3.5~8 m。发射功率一般为几十至几百瓦。

除通常意义下的专用大型主站(Dedicated Large Hub)外,还有分配式主站(Shared Hub)和小型主站(Mini Hub)。分配式主站(也称中型主站)用于当 VSAT 网中有若干个相对独立的子网时,从节省投资成本和便于管理的角度考虑,每个子网(一般不超过 500 个小站)分配一个分配式主站是适宜的。小型主站是在卫星发射功率增大、低噪声接收设备性能提高的前提下出现的。为了降低成本,对于小站数目不多(300~400 个)的 VSAT 网,可采用天线尺寸为 2~5 m 的小型主站。表 6-3 列出了典型的主站参数。

2. 小站(VSAT)

VSAT 远端小站可以具有“全业务”,即双向的语音、数据和视频单收业务。VSAT 小站室内单元的尺寸与一台 PC 接近。它提供双向的语音、数据业务,可与本地 LAN 相连,也可以是视频单收站。室外设备为由接收 LNB(含下变频器)和发送 SSPA(发射功率为 1~10 W)与上变频器组成的 RF 模块,通常与天线装配在一起。由于采用固态器件,设备集成度高,可靠性好,可以不用备份(特别是有地面公用网作为备用时)。天线通常为直径 1~2.5 m(C 频段不超过 3.5 m,而单收站可小于 1 m)的偏馈抛物面天线。图 6-4 所示为 C 频段和 Ku 频段天线直径与增益(效率为 0.6)和半功率波束宽度曲线(图 3-10 所示为直径较大时的增益-半功率波束宽度曲线)。

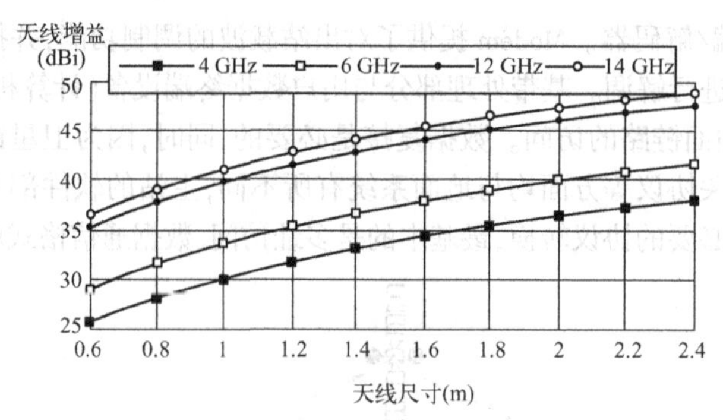

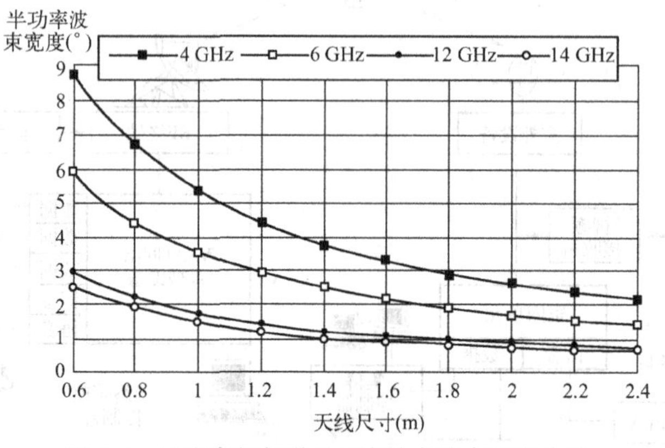

图 6-4　天线直径与增益和半功率波束宽度曲线

在小站接口设备中,将完成输入信号和协议的转换。比如,在语音接口中将标准的公用电话网协议转换为 VSAT 网络协议,而在数据接口中将数据协议(如 TCP/IP)转换为 VSAT 协议。

表 6-4 列出了典型的 VSAT 小站参数。

表 6-3　典型的主站参数

发送频带	14. 0~14. 5 GHz(Ku 频段) 5. 925~6. 425 GHz(C 频段)
接收频带	10. 7~12. 75 GHz(Ku 频段) 3. 625~4. 2 GHz(C 频段)
天线形式	轴对称双反射器
天线尺寸	2~5 m(小型) 5~8 m(中型) 8~10 m(大型)
极化方式	线极化(Ku 频段) 圆极化(C 频段)
极化隔离	35 dB(沿轴向)
功率放大器输出功率	3~15 W SSPA(Ku 频段) 5~20 W SSPA(C 频段) 50~100 W TWTA(Ku 频段) 100~200 W TWTA(C 频段)
接收机噪声温度	80~120 K(Ku 频段) 35~55 K(C 频段)

表 6-4　典型的 VSAT 小站参数

发送频带	14. 0~14. 5 GHz(Ku 频段) 5. 925~6. 425 GHz(C 频段)
接收频带	10. 7~12. 75 GHz(Ku 频段) 3. 625~4. 2 GHz(C 频段)
天线形式	偏置单反射器
天线尺寸	1. 8~3. 5 m(C 频段) 1. 2~1. 8 m(Ku 频段)
极化方式	线极化(Ku 频段) 圆极化(C 频段)
极化隔离	30 dB(沿轴向)
功率放大器输出功率	0. 5~5 W SSPA(Ku 频段) 3~30 W SSPA(C 频段)
低噪声接收机	
接收机噪声温度	80~120 K(Ku 频段) 35~55 K(C 频段)
EIRP	44~55 dBW(C 频段) 43~53 dBW(Ku 频段)
G/T	13~14 dB/K(C 频段) 19~23 dB/K(Ku 频段,99. 99 %的时间) 14~18 dB/K(Ku 频段,晴朗天空)

3. 小站对相邻卫星的干扰问题

由于 VSAT 小站的天线较小,波束宽度较宽,相邻卫星(比如,与相邻卫星轨道位置相隔 2°~4°)也在其波束范围内。如果两颗相邻卫星采用相同的频率和极化方式,将彼此形成干扰。图 6-5 所示为由于 VSAT 小站天线辐射波束较宽而引起的干扰示意图,WSAT 是小站所希望的(目标)卫星,而 USAT 是不希望的、被干扰的相邻卫星。

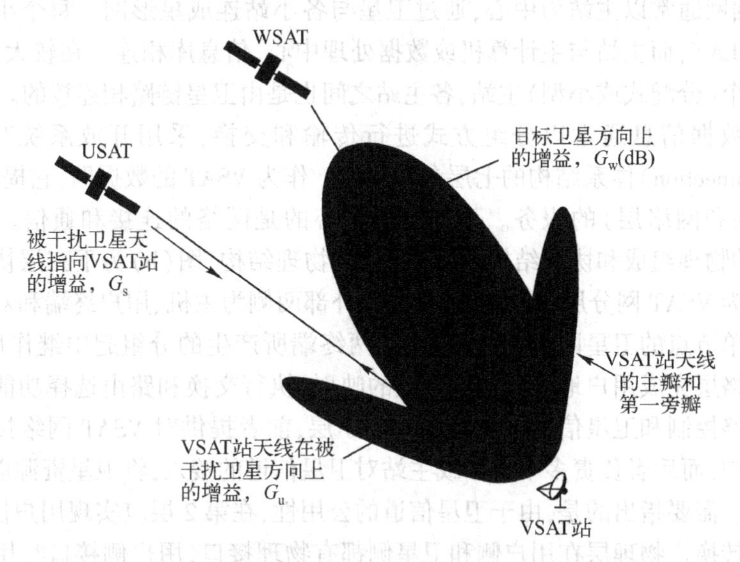

图 6-5　VSAT 小站天线辐射波束较宽而引起的干扰示意图

被干扰的相邻卫星 USAT 接收的干扰功率由以下因素确定:

① 干扰站的发射功率。

② 干扰站天线在被干扰卫星方向上的增益。

③ 被干扰卫星天线指向干扰站方向上的增益。

④ 干扰站至被干扰卫星的路径传播损耗。

由于卫星要覆盖较大范围的众多地球站,天线具有宽的波束,同时 VSAT 站到 WSAT 和 USAT 两颗卫星的自由空间传播损耗大致相等(两颗卫星相隔较近)。因此,干扰的关键因素在于 VSAT 小站的发射功率和天线辐射的方向性。为了管控小站对相邻卫星的干扰,ITU-R 建议 S. 728 规定了 Ku(14 GHz)频段的 VSAT 小站在偏离天线主瓣轴线角度 ϕ 的方向上,允许的 EIRP 最大值如下:

偏离轴线的角度	任意 40 kHz 频带内的最大 EIRP
$2.5° \leqslant \phi \leqslant 7°$	$33-25\lg\phi$ dBW
$7° < \phi \leqslant 9.2°$	12 dBW
$9.2° < \phi \leqslant 48°$	$36-25\lg\phi$ dBW
$\phi > 48°$	−6 dBW

需要指出的是:①上述数据是对 WSAT 和 USAT 卫星轨道间隔为 3°的要求,间隔为 2°时,允许的最大 EIRP 值将降低 8dBW;②对于 CDMA 的 VSAT 系统,可能有 N 个 VSAT 小站同时以相同频率发射,这时允许的最大 EIRP 值应减小 $10\lg N$(dBW)。

6.3 VSAT数据网

6.3.1 网络体系结构

VSAT数据网通常以主站为中心，通过卫星与各小站连成星形网。每个小站支持一组用户终端或本地LAN，而主站与主计算机或数据处理中心、信息库相连。在较大规模的网络中，可能存在有多个(分配式或小型)主站，各主站之间也是由卫星链路相连接的。

数据网的数据信息通常以分组方式进行传输和交换，采用开放系统互连(OSI，Open Systems Interconnection)体系结构的七层参考模型。作为VSAT的数据网，它提供下三层(物理层、数据链路层和网络层)的服务。下三层所关心的是网络的连接和通信。图6-6所示为VSAT数据网的物理组成和协议结构图。图(a)为物理结构，图(b)为下三层协议。图的下部中大的方框内为VSAT网分层协议结构，而方框外部两侧为主机、用户终端和对应地面网的协议结构。对于单节点的卫星网来说，它对系统两终端所产生的分组起中继作用，实现第1~3层的功能。网络层完成用户地址与网络地址的映射，执行交换和路由选择功能。数据链路层又分为数据链路控制和卫星信道接入控制两个子层，前者提供对VSAT网络接口与用户终端之间的链路控制，而后者负责多个小站或主站对卫星信道的接入，将卫星资源以适当方式分配给各个地球站。需要指出的是，由于卫星信道的公用性，在第2层应实现用户协议与VSAT网络多址协议的转换。物理层在用户侧和卫星侧都有物理接口，用户侧接口与用户终端硬件相连，而卫星侧除调制-解调之外，通常都有前向纠错编码(FEC)。

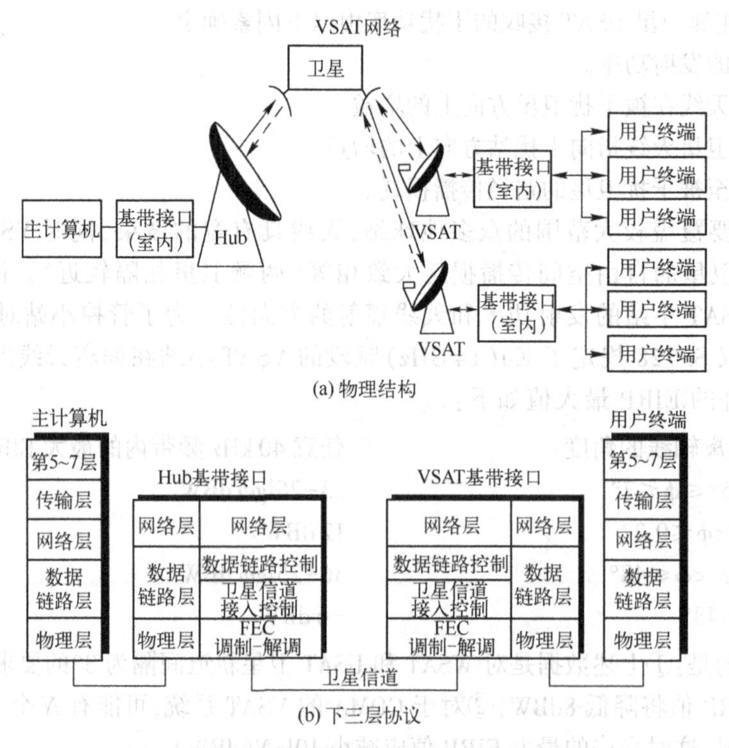

图6-6 VSAT数据网的物理组成和协议结构图

6.3.2 卫星链路传输特性对协议和系统性能的影响

卫星链路与地面通信链路相比较,具有传播时延大、比特错误率高的特点。(静止轨道)卫星链路端-端往返时延达 260 ms,而地面网中一条 3000 km 长的光纤链路传输时延仅为 10 ms。在卫星信道上采用前向纠错编码(通常为卷积编码)后,能达到的比特错误率约为 $10^{-6}\sim10^{-7}$,而地面光纤网的比特错误率可达 10^{-9}的量级。

数据通信网中通常采用自动请求重传(ARQ,Automatic Repeat Request)机制进行数据分组传输,该机制在链路比特错误率较高的卫星数据网中更显重要。发送用户发出若干数据分组后,应在规定的时段内收到接收端的正确接收应答信号 ACK,才能发送新的数据分组。数据分组在通信链路上的传播时延是影响传输性能(如吞吐量)和相关协议的重要因素。将地面网中行之有效的协议直接用于链路传输时延大的 VSAT 系统时,将延缓信道的建立时间,传输效率也将大大降低。

为了解决卫星链路所固有的长传输时延的影响,有必要对用户接入协议进行修改,通常采用协议仿真(Emulation)或称协议"欺骗"(Spoofing)的策略。协议仿真是将卫星(VSAT)系统隔离起来作为一个独立的子网,再与地面网相连接。具体的做法是在 VSAT 卫星站设置一个时延补偿单元(SDU),在通信过程中两个卫星用户终端之间的握手信号改由本地 SDU 提供应答(并暂存用户端来的数据),从而避免了这些往返传输的握手信号需要通过长时延的卫星链路传送的问题,消除了因终端长时间等待应答而不能正常发送数据的影响,同时也减轻了卫星链路传送握手信号的负担。两个卫星站(SDU)之间只有建链、拆链等必要的管理控制信息和用户数据信息通过卫星链路进行传输。而在两个卫星站 SDU 之间的通信协议是专门为卫星链路设计的,因此,SDU 也可以看成协议转换器。

前面已经说明,有前向纠错编码卫星链路的比特错误率仍比地面通信链路的比特错误率高,因此在主站(计算机)到小站数据传输过程中采用了自动重传请求的错误控制机制 ARQ。ARQ 有多种协议,它们在长传播时延和高比特错误率条件下的性能有很大的不同。

ARQ 通常有停等 S-W(Stop-and-Wait)、回退 *n* 帧 GB*n*(Go-Back-*n*)和选择性重传 SR(Selective-Repeat)三种协议。

- S-W 协议:在发送一帧数据之后,主计算机处于等待状态,直至接收到有效的应答 ACK,再发送下一帧数据。如果收到的是无效应答 NACK(表示接收端未正确接收),主计算机将重发该帧。
- GB*n* 协议:主机在未收到无效应答 NACK 之前,将连续发送数据帧(但帧的数目受滑动窗口大小的限制)。在收到第 *n* 帧的无效应答 NACK 时,发送端将重发第 *n* 帧及其后续所有帧的数据。
- SR 协议:主机在未收到无效应答 NACK 之前,将连续发送数据帧(帧的数目也受滑动窗口大小的限制)。在收到第 *n* 帧的无效应答 NACK 时,发送端将只插入需要重发的第 *n* 帧,然后继续发送数据帧。

三种协议的信道有效性公式如下。

S-W 协议:
$$\eta_{\mathrm{cSW}}=\frac{D(1-P_{\mathrm{f}})}{(R_{\mathrm{b}}T_{\mathrm{RT}})}$$

GB*n* 协议:
$$\eta_{\mathrm{cGB}}=\frac{D(1-P_{\mathrm{f}})}{[L(1-P_{\mathrm{f}})+R_{\mathrm{b}}T_{\mathrm{RT}}P_{\mathrm{f}}]}$$

SR 协议：$$\eta_{cSR}=\frac{D(1-P_f)}{L}$$

式中，D 为每帧信息比特数；L 为帧长（比特数），$L=D+H$（H 为报头比特数）；$P_f=1-(1-\text{BER})^L$ 为帧错误率，BER 为比特错误率；R_b 为连接的信息比特率；T_{RT}为往返时延（包括处理时延和传播时延）。

处理时延包括正向成帧的处理时延 L/R_b 和反向成帧的处理时延 Λ/R_b。其中，Λ 为反向帧（ACK）的长度，与帧长 L 相比可以忽略。

当 L、D、H 分别为 1048 bit、1000 bit、48 bit 和 $R_b=64$ kb/s 时，不同比特错误率条件下，S-W 和 GBn 两种协议的信道有效性与往返时延的关系曲线如图 6-7 所示。SR 协议与信道传播时延无关，当 BER$=10^{-4}$时，$\eta_{cSR}=0.86$，而 BER 小于 10^{-5}时，η_{cSR}已达 0.95。

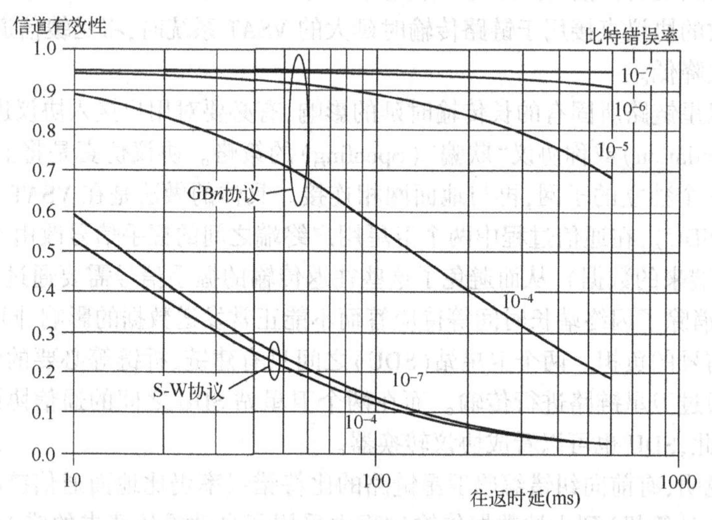

图 6-7　S-W 和 GBn 协议信道有效性与往返时延的关系曲线

6.3.3　VSAT 星形数据网多址协议

在第 4 章中已经介绍了卫星通信系统采用的多址技术，这里主要结合 VSAT 星形数据网采用的多址技术进行讨论，而对网状 VSAT 电话网的多址技术将在下节进行较详细的讨论。

ALOHA 是卫星数据网采用的主要多址协议，但它不是唯一的，也不是在任何情况下都是最佳的。下面对 VSAT 数据网的多址协议进行一些补充介绍。

VSAT 数据网中传输的数据业务大致可分为三类：事务处理的交互式（Interactive）业务或查询/响应（Q/R，Query/Response）短信息、电子邮件、长的数据报文。用于事务处理的短信息，一般不超过 100 个字符；电子邮件的数据量较大，但能容忍较长的传输时延；批量数据的长报文不仅数据量较大（用以传输文件、图表等），并希望有较高的传输速率的支持，以使时延不致太大。图 6-8所示为三种数据业务的参数范围，即

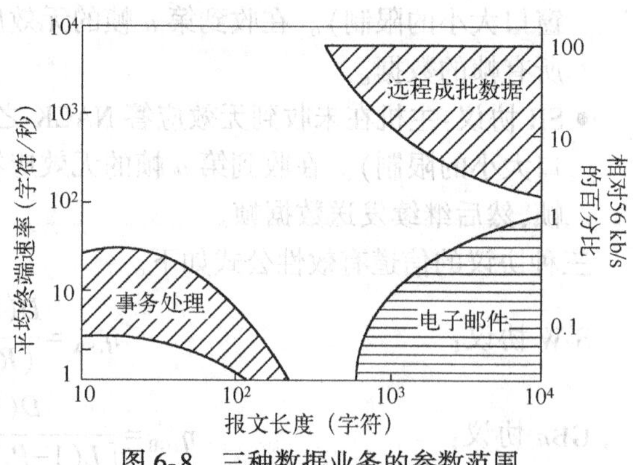

图 6-8　三种数据业务的参数范围

不同业务的报文长度和平均的终端速率范围。

研究表明,对于不同的数据业务,最佳的多址协议也是不同的。图 6-9 所示为在功率受限(图 6-9(a))和带宽受限(图 6-9(b))条件下,不同多址协议工作的最佳区域。所谓最佳区域是指报文长度范围和终端传输速率范围在该区域内时,采用相应的多址协议可使系统容量最大。

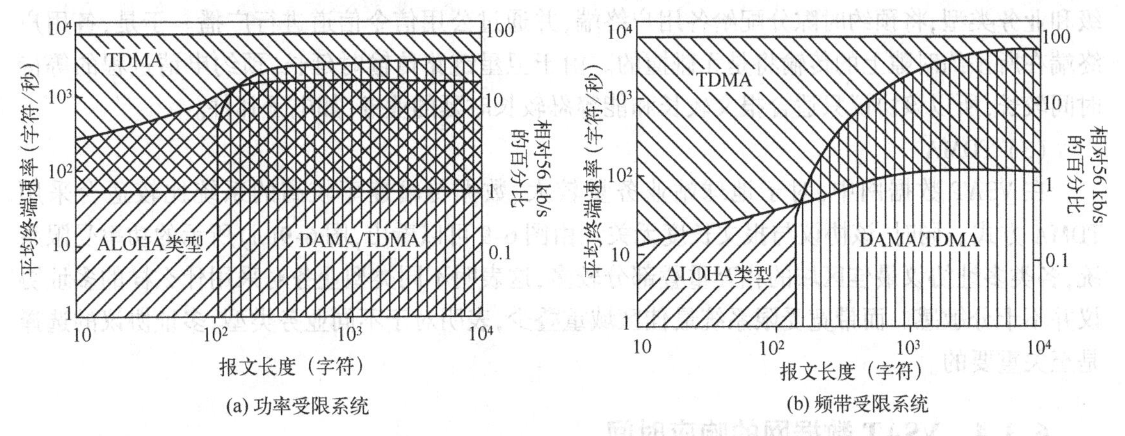

(a) 功率受限系统

(b) 频带受限系统

图 6-9　不同多址协议的最佳工作区域

功率受限和带宽受限是指系统的配置和参数使功率或频带成为制约系统容量的关键性因素。对于功率受限系统,其特点是小站天线尺寸偏小、出站业务量与入站业务量之比较高、系统可用性指标要求高。带宽受限系统的特点是:小站天线尺寸较大、有强的前向纠错能力、出站业务量与入站业务量之比较小和系统可用性指标要求低。制约 VSAT 系统性能的关键在于出站链路下行信道的传输特性,该特性(在小站天线尺寸给定条件下)主要受限于卫星的发射功率。这里所说的“系统配置和参数”,包括可供选择的小站天线尺寸(与 *G/T* 有关)、出站信号速率的(相对)大小和对系统性能的要求等。如果系统性能估算(实质上是出站链路下行信道的电平估算)的结果是,在支持给定信号传输速率的条件下,卫星发射功率不足,系统呈功率受限状态。相对而言,此时卫星链路的带宽有余(可支持较高速率的传输),此时称系统为功率受限系统。相反,如果估算结果是所需卫星功率较小,卫星功率容量过剩,此时称系统为带宽受限系统。因为这样的系统受频带所限无法支持更高的传输速率。若能增加系统传输带宽,并使系统的功率资源和频带资源均得到充分应用,此时的系统(设计)是最佳的。

多址技术已在第 4 章中进行了讨论,这里仅对图 6-9 所示的功率受限和带宽受限两种系统采用下述三类型多址协议时的最佳工作区域进行补充说明。

(1) ALOHA 类型

从图 6-9 可以看出,ALOHA 类型的多址协议适合于报文较短和小站平均数据率较低(业务量较小)的情况。这类多址协议除包括第 4 章中介绍的 P-ALOHA、S-ALOHA 和 R-ALOHA 外,还有一类非时隙的选择拒绝 ALOHA(SREJ-ALOHA)。该协议无须系统的(时隙)分组同步,而以 P-ALOHA 的方式发送分组。由于系统内绝大多数的碰撞都不是 100%的碰撞,于是 SREJ-ALOHA 将每个分组再分解为若干小分组,每个小分组有各自的报头和前导同步码,可以单独检测和接收。当分组发生(部分)碰撞时,未被碰撞的那一部分小分组仍可恢复(碰撞部分小分组可利用选择性重传机制来恢复)。因此,SREJ-ALOHA 的吞吐量在理论上(不考虑增加的开销）与 S-ALOHA 相当。同时，SREJ-ALOHA 适用于长度可变的报文。

（2）DAMA/ TDMA

TDMA 技术在第 4 章中已有介绍，而 DAMA（Demand Assigned Multiple Access）是按需分配多址方案，用户首先在短的预约申请时隙内，以竞争的方式发出预约申请信号（通常采用 S-ALOHA方式），从而使多址碰撞只发生在预约层上。一旦预约成功，系统将按用户的优先等级和业务类型，将预约时隙分配给各用户终端，并通过公用信令信道进行广播。于是，各用户终端在所预约时隙上的传输将是无碰撞的。由于卫星链路传输时延长，预约申请过程的等待时间较长，所以该协议只适合报文较长和能容忍较长时延的业务，如电子邮件。

（3）TDMA

在 VSAT 数据网中，对于地球站业务量较大、数据传输速率较高的系统比较适合采用 TDMA 方式。同时，该协议与报文长度无关。由图 6-9 可以看出，图 6-9（a）所示的功率受限系统，各类多址协议最佳区域的相互重叠部分较多，这表明不同类型业务对采用什么样的多址协议并不十分敏感。而带宽受限系统最佳区域重叠少，表明对于不同业务类型，多址协议的选择是至关重要的。

6.3.4 VSAT 数据网的响应时间

作为交互式的 VSAT 数据网，远端小站通过 VSAT 数据网对主站的主计算机进行查询的过程如下：首先小站用户终端发出查询信号，并在小站的终端处理器（PAD）形成数据分组，经卫星入站链路传送到主站。在主站，查询信号分组通过前端处理器处理并进行寻址，然后进入主计算机。寻址时延与循环探寻周期、主站捕获小站信息的能力与控制方式及后续设备的处理容量等有关。主计算机处理完成用户待查询的相关信息后，形成响应信息并被送至前端处理器以形成响应数据分组，再装入 TDM 帧中。载有响应分组的 TDM 数据流由主站通过卫星出站链路发送给小站用户。从用户终端发出查询信息到收到响应信号的时间称为 VSAT 数据网的响应时间。如上所述，它与诸多因素有关，但可给出典型的响应时间如下：

（1）小站→主站

- 小站处理时延（含线路连接时延、处理时延和排队等待时延）：最小 50 ms。
- 卫星链路时延：250 ms。
- RA/TDMA（随机分配/时分多址）时延（设分组长 1120 bit，速率 56 kb/s）：20 ms。
- 主站前端处理时延（与小站处理时延类同）：最小 50 ms。
- 寻址时延：通常取 250 ms。
- 主机接续和处理时延：处理时延的取值与用户的查询需求、主机功能和信息数据库规模等密切相关，其范围变化较大，此处取 1 s。

由小站→主站的时延合计为：1.62 s。

（2）主站→小站

- 主站前端处理器时延：50 ms。
- 卫星链路时延：250 ms。
- 小站处理、寻址及接续至小站的时延：250 ms。

由主站→小站的时延合计：550 ms。

于是，VSAT 数据网的响应时间为：2.17 s。

6.4 VSAT电话网

6.4.1 VSAT电话网的特点

VSAT电话网与数据网相比较有两个显著的不同:一是网络结构,二是多址技术。

在卫星通信系统中,空间链路的传播时延较大。对于静止轨道卫星系统,两个地球站之间的传播时延达250ms,往返时延为0.5s。而语音为实时性业务,如果支持电话业务的通信系统时延较大,将对语音通信质量产生较大的影响。因此,静止轨道卫星VSAT系统应避免语音信号的双跳传输(往返时延可达1.0s),否则语音信号质量的主观印象分(为5分制)将降低0.8分之多。

支持语音业务的VSAT网必须使用网状结构,方能使两个通信小站之间直接建立单跳的通信链路。当然,作为VSAT电话网的传送控制、管理信息的控制子网仍然是星形的,由主站(网控中心)负责卫星信道的分配,处理话路的交换,并执行对网络的监视、诊断和管理。控制子网、公用信令信道的入站链路采用S-ALOHA多址方式(要求信令在重传一次的条件下碰撞概率小于0.1%),出站链路为TDM。

由于电话网需实现小站之间直接的单跳通信,而数据网小站之间的通信是由主站转发的双跳通信,因此对语音小站的EIRP和*G/T*的要求,要比对数据小站的要求高。这是因为星形数据网的通信链路建立在小站与主站之间,主站有较大的天线,EIRP和*G/T*都较高,因此对小站的要求可以低些。图6-10所示为VSAT系统小站间单跳通信和经由主站Hub转接双跳通信时系统参数比较示意图。对于星载转发器参数和系统性能(误码率BER)给定的条件下,双跳(数据)通信时出站链路和入站链路的工作点分别位于图6-10的*A*点和*B*点,通信的Hub一端具有高EIRP或高*G/T*,通信在保证给定BER的同时,可支持一定速率的信号传输,即有较高的系统容量。单跳(语音)通信是VSAT小站之间的直接通信,工作点位于*C*点,由于EIRP和*G/T*都较低,在保证给定的BER条件下,支持的传输速率较低,其系统容量将比双跳系统小。显然,如果单跳系统要达到双跳系统的容量,小站必须提高EIRP和*G/T*,也就是说,语音小站的EIRP和*G/T*应比数据小站高,或者说语音小站有较大的天线。

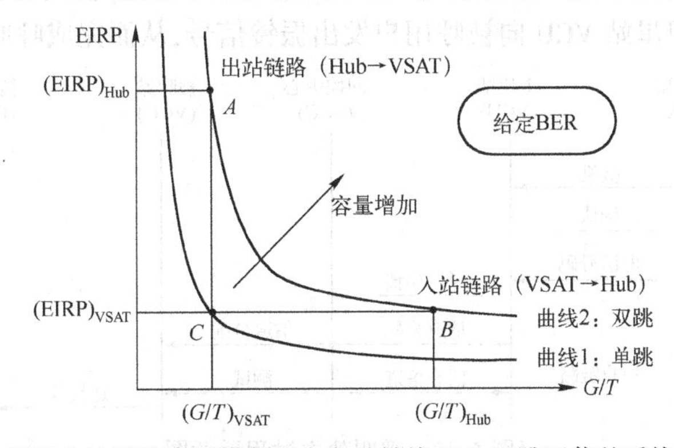

图6-10 VSAT系统小站间单跳通信和经由主站转接Hub双跳通信的系统参数比较示意图

6.4.2 VSAT电话网的多址方式

语音业务与数据业务相比,其传输速率较恒定,且持续较长时间(与数据突发时间相比)。因此,多址方式不宜采用ALOHA,而通常采用FDMA、TDMA或两者组合的方式。由于VSAT

系统是稀路由系统,小站的数目较多,而每站的语音路数较少。若采用 FDMA 方式,可降低对小站 EIRP 的要求,比如,对于有 100 个站的网络,如果多址接入方式从 SCPC 改用 TDMA 后,为保持信息传输速率不变,各站发送信息的比特宽度将减小为 1/100。若要保持相同的接收信噪比,各站的发射功率应增加 100 倍,极大地增加了 VSAT 小站的成本。

然而,SCPC 接入方式使星载功率放大器工作在多载波状态下,放大器(输入或输出)电平必须有足够的回退,使功放效率降低。采用如图 6-11 所示的多载波 TDMA(MF-TDMA)多址方式,是降低对小站 EIRP 要求和减少转发器载波数目的一种折中方案。而理想的方法是采用将 FDMA 转换为 TDM 的星上处理技术。

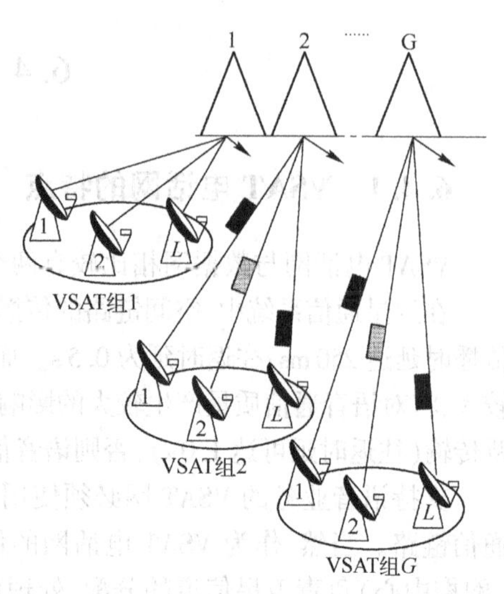

图 6-11　多载波 TDMA 多址方式

6.4.3　VSAT 电话网的 DAMA 方式

由于 VSAT 系统是一种小站众多,但各站话务量较小的稀路由网络,因此,按需分配多址(DAMA)技术的采用就更为重要。在 VSAT 电话网的 DAMA 控制系统中,将全网的语音信道集中于网管中心统一管理和分配。同时,系统有公用信令信道用作用户申请信道和网管中心分配、管理信道的信令传输。

图 6-12 所示为呼叫建立过程的示意图。在呼叫过程中,主呼用户首先通过用户交换机(PBX)的出中继线向 VSAT 站的话路信道单元(VCU)发出摘机信号,经 VCU 确认后向用户送拨号音。主呼用户拨号,发出被呼用户电话号码。该号码(被呼地址信息)在卫星站的监控单元形成具有某标准格式(如 SDLC)的呼叫申请信息。然后,申请信息通过卫星 ALOHA 信道送到主站的卫星控制中心(SCC),如果系统有可用的空闲信道且被呼 VCU 中继线有空闲,则由网管中心向主呼用户、被呼用户分配信道(如果无空闲,则示忙)。所分配的信道经测试通过后,由被呼用户侧的卫星站 VCU 向被呼用户发出振铃信号,从而完成呼叫建立过程。

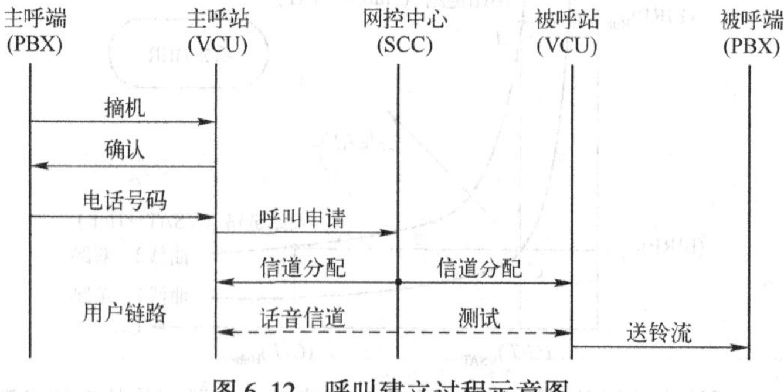

图 6-12　呼叫建立过程示意图

图 6-13 所示为话终拆线过程示意图,拆线过程中用户的挂机信号将通过卫星站的 VCU 直接传送给与之通话的另一卫星站 VCU。在挂机用户端的 VCU 收到对方的拆线响应信号后,VCU 向网控中心发出“通话完毕”的信号。经 SCC 确认后,系统将收回信道,即将信道的状态由“忙”转换为“闲”,以备新的呼叫到达时进行分配使用。

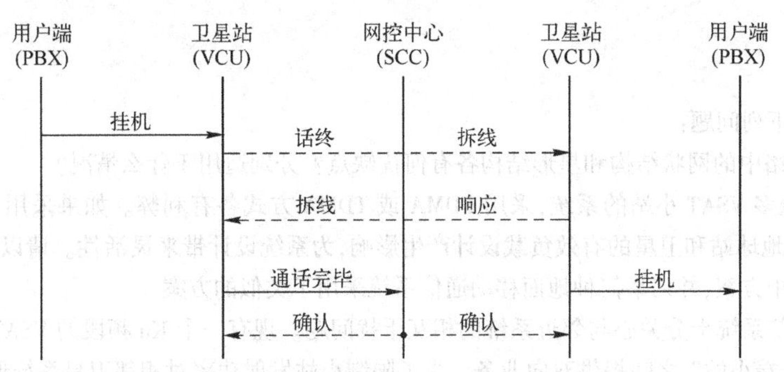

图 6-13　话终拆线过程示意图

休斯网络系统公司推出的 TES(Telephone Earth Station)系统是一种 VSAT 电话网。系统可工作于 C 频段或 Ku 频段,VSAT 站天线尺寸有 1.8 m×2.4 m、2.4 m×2.4 m、3.7 m×2.4 m 和 5.5 m×2.4 m 多种,可传输 32 kb/s 的 ADPCM 语音或 16 kb/s RELP(残余激励线性预测编码)语音或 5.6 kb/s CELP(码激励线性预测编码)语音,以及数据、图像、电视信号等。固态功率放大器输出功率为:C 频段有 5 W、10 W、20 W、50 W 四种,Ku 频段有 1 W、3 W、5 W 三种。对于多址方式,通信信道为 SCPC/FDMA,信令信道为 ALOHA。

6.5　VSAT 系统链路设计实例

例 1　某 VSAT 系统的卫星位置为 62°E,转发器工作方式为透明转发,假设主站和 VSAT 小站与卫星的距离均为 40000 km。卫星接收机的 G/T 值为 0 dB/K,每个 VSAT 载波的 EIRP 为 17 dBW,转发器载波对交调噪声功率密度的比值为 70 dB。上行链路频率为14.5 GHz,地球站主站(Hub)的最大等效全向辐射功率(EIRP)为 55 dBW,调制方式为 BPSK,信道编码采用 1/2 的前向纠错卷积码,衰落余量为 5 dB。下行链路频率为 12 GHz, VSAT 站的 G/T 值为 20 dB/K,VSAT 站的天线口径为 1.5 m,衰落余量为 5 dB,E_b/N_o 为 7 dB。求该系统对 VSAT 用户可以提供的比特率。

解:首先根据自由空间的链路传播损耗公式计算损耗:

$$L_f=92.44+20\lg d+20\lg f$$

则上、下行链路的自由空间传播损耗分别为 207.71 dB 和 206.06 dB。

下行链路的载波对噪声功率密度比为:

$$\begin{aligned}(C/N_o)_d&=\text{EIRP}_s-L_{fd}-L_{md}+(G/T)_e-10\lg k\\&=17-206.06-5+20+228.6=54.54(\text{dBHz})\end{aligned}$$

上行链路的载波对噪声功率密度比为:

$$\begin{aligned}(C/N_o)_u&=\text{EIRP}_e-l_{fu}-L_{mu}+(G/T)_s-10\lg k\\&=55-207.71-5+0+228.6=70.89(\text{dBHz})\end{aligned}$$

则接收机处的总载波对噪声功率密度比为:

$$(C/N_o)_t^{-1}=(C/N_o)_u^{-1}+(C/N)_d^{-1}$$

由此可以计算出$(C/N_o)_t=54.43$ dBHz。

因为$(C/N_o)_t=E_b/N_o+10\lg R$,故传输比特率 $R=55.373$ kb/s。

由于采用 1/2 码率前向纠错编码,传输比特率要加倍,因此 VSAT 用户实际可用的信息比特率为 27.686 kb/s。

习题

6.1 请回答下列问题：

(1) VSAT网络中的网状结构和星形结构各有何优缺点？分别适用于什么情况？

(2) 对于有众多VSAT小站的系统,采用FDMA或TDMA方式各有利弊。如果采用多载波TDMA(MF-TDMA)方式,将对地球站和卫星的有效负载设计产生影响,为系统设计带来灵活性。请以简单的数字实例来说明,评价这一折中方案,并列举何种地面移动通信系统采用了类似的方案。

6.2 卫星通信系统十分关心与邻近系统的相互干扰问题。现有一个Ku频段的VSAT系统,被用来为某地区的“办公室终端小站”之间提供双向业务。为了限制小站发射功率对相邻卫星系统形成干扰,对其天线辐射特性有所限制,在轨道间隔3°的条件下,通常在偏离波束主轴线(孔径轴向)ϕ角(ϕ在2.5°到7°之间)处的任意40 kHz频带内,限制其最大辐射的EIRP公式为:$33-25\lg\phi$(dBW)。

(1) 试计算偏离天线波束主轴线3°处所允许的最大EIRP。

(2) 考虑一套上行链路(频率14 GHz),天线效率为0.55,孔径分别为1.0 m、0.8 m、0.6 m、0.4 m和0.2 m。试计算(波束主轴上的)天线增益。

(3) 问题(2)中天线的3 dB(半功率)波束宽度$\theta_{0.5}$为多少？

(4) 假定天线6 dB波束宽度等于1.5×3 dB波束宽度,10 dB波束宽度等于2×3 dB波束宽度,利用插值方法估算各天线偏离波束主轴3°处的增益。

(5) 若有三种输出的放大器可供选择:在40 kHz带宽内的发射功率分别为1.0 W、0.5 W和0.1 W。假定放大器与天线之间没有损耗,那么在使用三种可能的放大器时,问题(2)中各天线(在40 kHz带宽内)的EIRP分别为多少？

(6) 在问题(4)中各天线与放大器的组合中,在偏离天线主轴3°处(在40 kHz带宽内)的EIRP分别为多少？

(7) 上面哪些天线和放大器的组合满足问题(1)的离轴EIRP限制？

6.3 一个Ku频段星形网络中,有100个VSAT地球站用FDMA方式共用一个54 MHz的转发器,信道间保护带宽为51 kHz。每个VSAT站的数据信息速率为128 kb/s,并以QPSK调制、滚降系数0.4和半速率(即1/2)FEC的信道编码方式发送。入站上行链路载噪比是19.0 dB。转发器输出功率补偿(回退)3 dB时,下行链路(一条信道的)载噪比也是19.0 dB。

(1) 试计算每个VSAT站传输所占用的射频带宽。

(2) 当转发器带宽受限于54 MHz时,试计算网络中所能容纳的VSAT地球站最大数目。

(3) 若地球站的数目增加至上述的最大值时(注意,无论地球站数目增加与否,转发器功率容量都是固定不变的),试计算下行链路的主站接收载噪比。

(4) 若主站接收机的门限载噪比为9.0 dB,入站链路载噪比的余量为多少？

6.4 一个VSAT系统由一个主站、两个Ku频段星载转发器和若干VSAT站组成。每个VSAT站发送和接收的数据信息速率都是64 kb/s。入站链路为SCPC-FDMA,出站链路为TDM。入、出链路均采用BPSK调制和半速率FEC编码。并假定接收噪声带宽与信号比特速率相同。

系统参数假定如下：

① 频率

入站链路(利用转发器1):上行14.0 GHz,下行11.7 GHz。

出站链路(利用转发器2):上行14.1 GHz,下行11.8 GHz。

② 传输距离

假定所有地球站到卫星的距离均为39000 km。

③ 星载转发器(含转发器1和2)

输出最大功率为20 W,带宽为54 MHz,噪声温度为500 K,天线增益(收和发)为34 dBi。

④ 地球站

主站:最大发射功率为200 W,噪声温度为150 K,发射天线增益为50 dBi,接收天线增益为48.5 dBi。

VSAT 站：最大发射功率为 2 W，天线直径为 1 m。

试就下列问题分别进行计算：

（1）入站链路

入站信号通过转发器 1 进行传输，信号成形滤波器滚降系数为 0.25，多址方式为 SCPC-FDMA，信道间隔为 200 kHz。

① 一个信道内信号的实际传输带宽为多少？相邻信道间的保护频带为多宽？入站上行的信道容量（信道数）为多少？

② 试计算入站上行链路传输损耗（附加损耗合计共 2 dB）、转发器 1 的输入噪声功率和载噪比。

③ 若要求的全链路载噪比为 14 dB，试计算所需的下行链路载噪比。

④ 试计算入站下行链路传输损耗（附加损耗合计为 2 dB）。若转发器输出功率回退 2 dB，试问，要达到问题③计算得到的下行载噪比，每信道所需的卫星发射功率为多少？

⑤ 根据问题④计算的每信道所需功率，试问转发器功率放大器回退 3 dB 时，能支持多少个下行信道？系统是功率受限？还是带宽受限？

（2）出站链路

出站链路为 TDM 数据流。若（全链路）要求 BER = 10^{-6}，则需要的接收 C/N 为 10 dB（理论门限值为 6.1 dB，这里考虑了 3.9 dB 余量以克服雨衰等影响）。为了进行设计计算，可先以 1 Mb/s 速率（即接收机噪声带宽为 1 MHz）的比特流进行试算。

① 试计算出站上行链路的传输损耗（附加损耗合计 42 dB）和转发器 2 的输入载噪比（假定地球站输出功率有 3 dB 的回退补偿）。

② 若出站链路转发器 2 输出功率回退 1 dB，试计算下行链路（有附加损耗 2 dB）VSAT 站的接收载噪比。

③ 试计算出站全链路载噪比。该数值比所要求的 10 dB 门限值高多少？若这一余量被用来支持更高速率的 TDM 数据流，其速率为多少？它所需的转发器带宽是多少？该系统是功率受限？还是带宽受限？

6.5　主站通过卫星系统与 3 个 VSAT 小站通信。卫星上/下行频率为 6/4 GHz。上行采用 TDM 方式，下行采用 FDMA 多址方式。主站信源数据速率为 2 Mb/s，采用 1/2 卷积编码、BPSK 调制，频谱成形滚降因子为 0.25。行波管输出功率为 20 W。主站天线增益为 53 dB。上行链路传播距离为 36000 km。卫星接收天线增益为 24 dB，星载 LNA 放大器等效噪声温度为 500 K。星载行波管放大器饱和输出功率为 30 W。由于下行采用 FDMA 方式，输出功率回退 3 dB，交调载噪比为 14 dB。卫星发射天线增益为 24 dB。下行链路传播距离为 38000 km。三个 VSAT 小站在三个频点分别接收相同的数据。VSAT 小站天线直径为 3.22 m，天线效率为 0.55，天线噪声温度为 100 K。馈线损耗为 0.5 dB。LNA 放大器增益为 20 dB，等效噪声温度为 200 K。接收机等效噪声温度为 300K。室温 $T_0 = 290$ K。计算：

（1）星载转发器输入信号功率？星载转发器输入噪声功率？星载转发器输入信噪比？

（2）VSAT 小站接收机输入信号功率？VSAT 小站接收机输入噪声功率？VSAT 小站接收机下行链路信噪比？全链路信噪比？

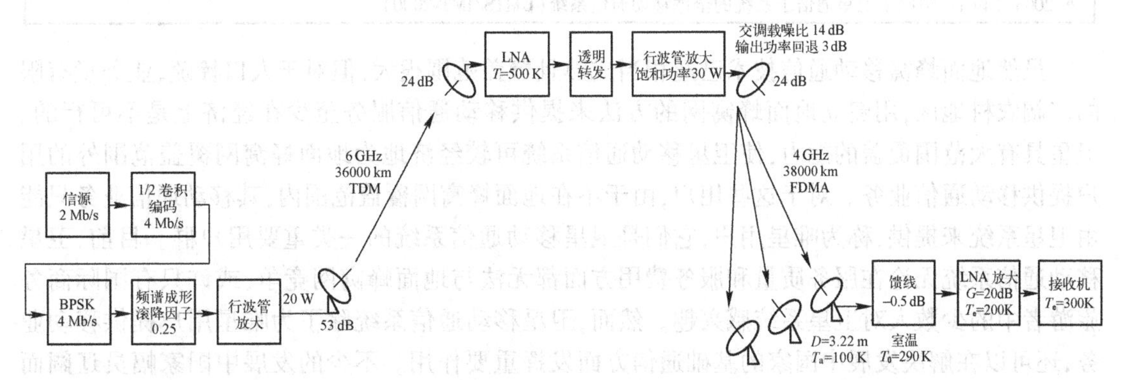

第 7 章　卫星移动通信系统

由于非静止轨道卫星具有轨道高度较低、传输路径短、传输损耗小等特点，更利于支持低功率的手持终端，因此更广泛地应用于卫星移动通信系统中。本章重点介绍非静止轨道卫星的轨道特性、结构和性能特点；分析了卫星星间链路的基本特性；通过对实际系统的介绍，描述了卫星移动通信系统可能采用的不同体制和技术方案；最后给出了 WARC 等关于全球卫星移动通信频段的分配情况。

7.1　引　　言

20 世纪 80 年代以来，全球地面蜂窝移动通信系统获得了飞速的发展。与此同时，卫星移动通信技术也逐渐发展和成熟起来。早期的卫星移动通信系统多采用静止轨道卫星，由于链路传播损耗大，移动终端的小型化受到一定的限制，因此该阶段的系统通常为各种舰载、机载或车载终端提供服务。随着静止轨道卫星功率的增加和天线特性的改善，以及终端接收技术的改进，使得静止轨道卫星移动通信系统能够支持各种的手持终端。目前，低轨卫星星座系统和采用了多点波束技术的静止轨道卫星系统都能够支持低功率的手持终端。卫星移动通信系统的发展过程见表 7-1。

表 7-1　卫星移动通信系统的发展过程

第一代卫星移动通信系统：模拟信号技术
• 1976 年，由 3 颗静止轨道卫星构成的 MARISAT 系统成为第 1 个提供海事移动通信服务的卫星系统（舰载地球站 40 W 发射功率，天线直径 1.2 m） • 1982 年，Inmarsat-A 成为第 1 个海事卫星移动电话系统
第二代卫星移动通信系统：数字传输技术
• 1988 年，Inmarsat-C 成为第 1 个陆地卫星移动数据通信系统 • 1993 年，Inmarsat-M 和澳大利亚的 Mobilesat 成为第 1 个数字陆地卫星移动电话系统，支持公文包大小的终端 • 1996 年，Inmarsat-3 可支持便携式的膝上型电话终端
第三代卫星移动通信系统：手持终端
• 1998 年，铱（Iridium）系统成为首个支持手持终端的全球低轨卫星移动通信系统 • 2003 年以后，集成了卫星通信子系统的全球移动通信系统（UMTS/IMT-2000）

虽然地面蜂窝移动通信技术已经相当成熟且覆盖范围很大，但对于人口稀疏、业务量有限的广阔农村地区，用建立地面蜂窝网的方法来提供移动通信服务至少在经济上是不可行的。卫星具有大范围覆盖的能力，使卫星移动通信系统可较经济地为地面蜂窝网覆盖范围外的用户提供移动通信业务。对于这些用户，由于不在地面蜂窝网覆盖范围内，其移动通信业务只能由卫星系统来提供，称为唯星用户，它们是卫星移动通信系统的一类重要用户群。目前，卫星移动通信系统无论在服务质量和服务费用方面都无法与地面蜂窝网竞争，或许只有国际商务旅游者中的少数人对卫星系统感兴趣。然而，卫星移动通信系统除了为唯星用户提供移动业务，还可以在解决发展中国家的基础通信方面发挥重要作用。不少的发展中国家幅员辽阔而经济发展又很不平衡，一些偏远地区和农村还缺乏基本的通信手段。对于其中的某些地区，利

用地面通信网的延伸和扩展来覆盖显然是不可能的。尽管利用VSAT固定业务卫星链路可以解决一些边远地区重要城镇的通信问题，但无法从根本上解决国家通信网的全国覆盖问题。建立卫星移动通信系统可以使覆盖区内的小型、低成本终端（可以是固定"电话亭"，它比VSAT小站便宜不少，轻便得多）能通过卫星链路与其他用户（可以是卫星系统用户，也可以是经过卫星系统网关进入地面公用网的用户）进行通信，以从真正意义上解决通信网的全国覆盖问题。这种利用卫星移动通信系统来为广大农村地区提供基本的通信业务（语音和低速数据业务）的方法，经济且见效快，对发展中国家具有普遍意义。表7-2所示为卫星移动通信系统与地面移动通信系统的特性比较。

表7-2 卫星移动通信系统与地面移动通信系统的特性比较

卫星移动通信系统	地面移动通信系统
易于快速实现大范围的完全覆盖	覆盖范围随地面基础设施的建设而持续增长
全球通用	多标准，无法全球通用
频率利用率低	频率利用率高（蜂窝小区小）
遮蔽效应使得通信链路恶化	提供足够的链路余量以补偿信号衰落
适合于低人口密度、有限业务量的农村环境	适用于高人口密度、大业务量的城市环境

国际电联（ITU）提出卫星移动通信系统可采用的非静止轨道类型包括低轨（LEO，轨道高度700~2000 km）、中轨（MEO，轨道高度8000~20000 km）和高椭圆轨道（HEO，远地点高度可达40000 km）。LEO卫星的轨道高度低，信号传输衰耗小，传输时延短，特别利于支持手持终端，但为实现全球覆盖所需的卫星数量较多。铱（Iridium）系统和全球星（Globalstar）系统是LEO星座的典型代表。MEO卫星的信号传输衰耗较小，传输时延较短，也可以支持手持终端，且实现全球覆盖所需的卫星数量也较少。HEO卫星在远地点附近工作，而近地点关闭不工作，因此椭圆轨道系统通常只工作于南半球或北半球的"半球系统"，并且对高纬度地区覆盖性能较好（仰角高），而低纬度地区的覆盖性能差，更适合处于高纬度地区的国家（如俄罗斯和北欧国家）。欧洲国家曾考虑阿基米德（Archimedes）计划采用HEO轨道，系统包含运行周期为12小时的4颗卫星，每颗卫星每天交替工作6小时，能为高纬度的欧洲地区提供不小于56°的高仰角覆盖。目前，在实际的非静止轨道卫星系统中，采用圆轨道的居多，因此圆轨道是我们讨论的重点。

7.2 卫星移动通信系统网络结构

卫星移动通信系统的基本网络结构如图7-1所示，通常包括3部分：空间段、地面段和用户段。

7.2.1 空间段

空间段提供网络用户与信关站之间的连接。用户通过空间段的互连也能够由最新一代的卫星来实现。空间段由一个或多个卫星星座构成，每个星座又涉及一系列轨道参数和独立的卫星参数。星座通常采用特定的轨道形式，当然也可以采用混合轨道的星座形式。采用混合轨道的一个例子是ELLIPSO系统，该系统采用圆轨道提供对低纬度区域的覆盖而采用倾斜轨道提供对北半球高纬度地区的覆盖。空间段轨道参数通常根据指定覆盖区规定的服务质量(QoS)要求,在系统设计的最初阶段便确定了。为提供全球覆盖,必须非常谨慎地设计系统的空间段,应充分考虑系统网络的技术和商业需求。简单地说,通信卫星就是位于空中的长距离中继器,其主要功能是接收上行信号并传输到下行的接收器中。随着技术的发展,现在的通信卫星装配有由多个部分组成的多信道中继器,类似于地面微波中继链路的中继器。中继器中的每一个通道被称为一个转发器,它负责完成信号放大、干扰抑制和频率变化功能。卫星的通信结构主要有 3 种可选的形式:透明转发有效载荷、星上处理能力、星座内星间链路或星座到其他数据中继卫星的星座间星间链路。

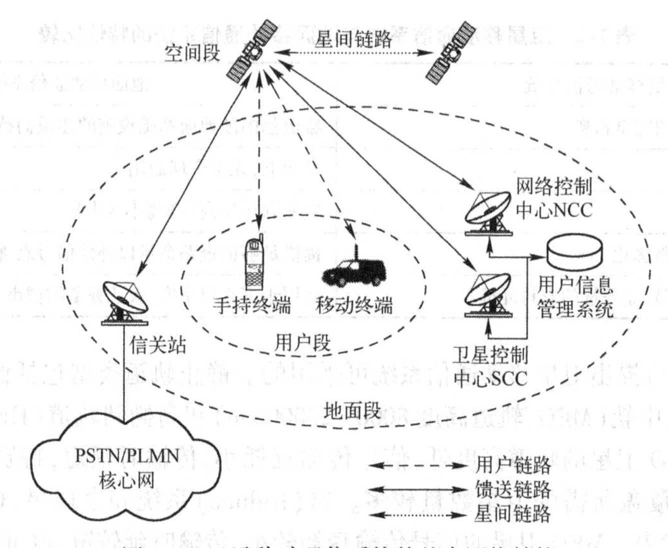

图 7-1　卫星移动通信系统的基本网络结构

空间段可以由多个网络共享。对非静止轨道卫星系统,空间段可以从时间和空间上共享。时间共享指同一地区的不同网络在不同的时间分享卫星资源,这种方式也用在静止轨道卫星系统中。空间共享指不同地区的不同网络分享卫星的资源。时间和空间共享不能保障对特定地区的连续覆盖。一个非连续覆盖的非静止轨道卫星系统为不同地区的不同网络提供空间共享,为同一地区的不同网络提供时间共享。与空间共享相比,时间共享需要更加有效的协作过程。除了完成通信任务,空间段还能够完成资源管理和路由功能,也能够通过星间链路实现空中网络连通性,这些都依赖于卫星载荷的智能程度。

空间段的设计可采用多种方法,取决于轨道类型和星上有效载荷所采用的技术。空间段中的卫星可以采用星间链路 ISL 或轨间链路 IOL(Inter-Orbit Links)直接连接。此处,星间链路 ISL 指同一轨道高度卫星间的空间链路,而轨间链路 IOL 指不同轨道高度卫星间的空间链路(通常是低轨卫星与静止中继卫星之间)。如果卫星再搭载有星上交换设备,则可以构成一个空中网络。通常,空间段越复杂,系统对地面网络的依赖就越低,从而减少了对信关站的需求。

图 7-2 所示为欧洲通信标准化协会(ETSI)给出的 4 种卫星个人通信网络(S-PCN)结构。此网络结构主要关注非静止轨道卫星的使用,有时也采用 GEO 卫星进行中继。

图(a)中,空间段采用透明转发器,系统依赖于地面网络来连接信关站,卫星没有建立星间链路的能力,移动用户间的呼叫传输时延至少等于非静止轨道卫星两跳的传输时延加上信

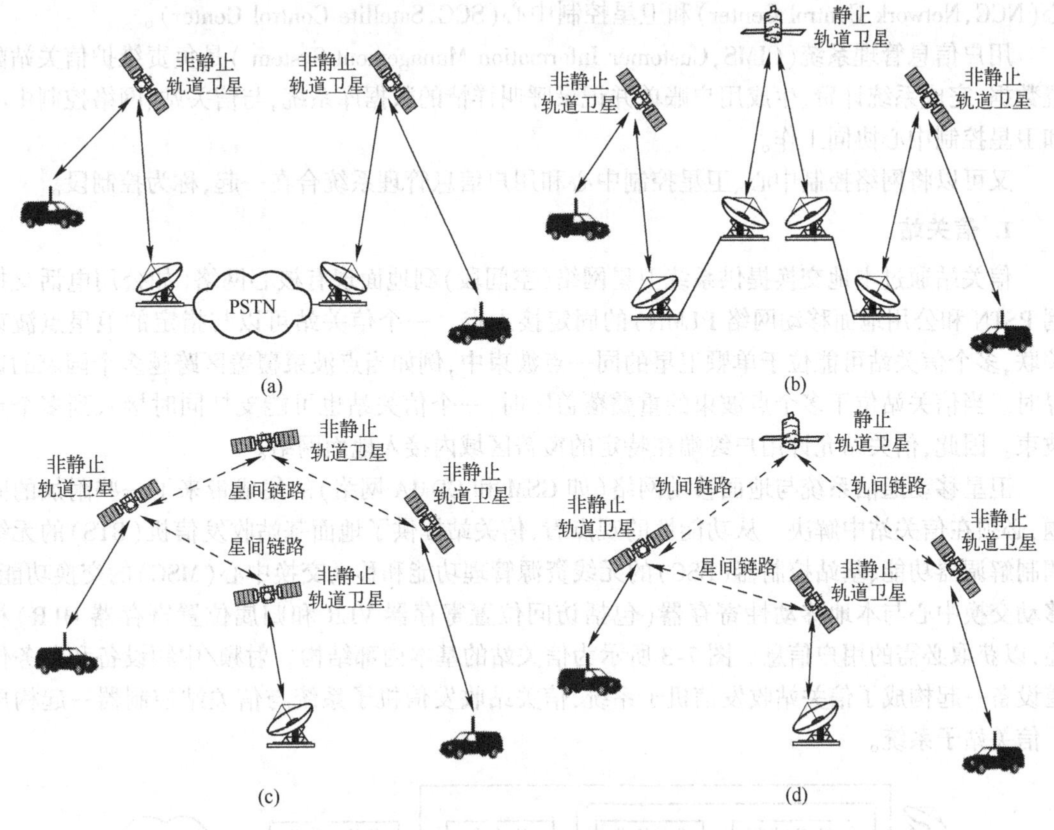

图 7-2　4 种卫星个人通信网络结构

关站间的地面网络传输时延。全球星系统采用该结构方案为移动用户提供服务。

图(b)同样没有采用星间链路,使用静止轨道卫星提供信关站之间的连接。静止轨道卫星的使用减少了系统对地面网络的依赖,但会带来数据的长距离传输。该结构中,移动用户间的呼叫传输时延至少等于非静止轨道卫星两跳的传输时延加上静止轨道卫星一跳的传输时延。

图(c)使用了星间链路来实现相同轨道结构卫星的互连。系统仍然需要信关站来完成一些网络功能,但对其的依赖性已经下降。移动用户间的呼叫传输时延是变化的,依赖于在卫星和星间链路构成的空中骨干网络的路由选择。铱系统采用该结构方案为移动用户提供服务。

图(d)中使用了双层卫星网络构建的混合星座结构。非静止轨道卫星使用星间链路进行互连,使用轨间链路与静止轨道数据中继卫星互连。移动用户间的呼叫传输时延等于两个非静止轨道卫星半跳的时延加上非静止轨道卫星到静止轨道卫星的一跳的时延。在该结构中,为保证非静止轨道卫星的全球性互连,需要至少 3 颗静止轨道中继卫星。

原则上,全球覆盖卫星网络能够使用任一种网络结构或它们的组合,系统设计时必须在网络管理的复杂性、信号传输时延和系统成本间做出折中选择。

7.2.2　地面段

一般情况下,地面段由 3 个主要部分构成:信关站(也称为固定地球站 FES)、网络控制中心(NCC,Network Control Center)和卫星控制中心(SCC,Satellite Control Center)。

用户信息管理系统(CIMS,Customer Information Management System)是负责维护信关站配置数据、完成系统计费、生成用户账单并记录呼叫详情的数据库系统,与信关站、网络控制中心和卫星控制中心协同工作。

又可以将网络控制中心、卫星控制中心和用户信息管理系统合在一起,称为控制段。

1. 信关站

信关站通过本地交换提供系统卫星网络(空间段)到地面现有核心网络(如公用电话交换网 PSTN 和公用地面移动网络 PLMN)的固定接入点。一个信关站可以与指定的卫星点波束关联,多个信关站可能位于单颗卫星的同一点波束中,例如当点波束覆盖区跨越多个国家的边界时。当信关站位于多个点波束的重叠覆盖区时,一个信关站也可能支持同时接入到多个点波束。因此,信关站允许用户终端在特定的覆盖区域内接入地面网络。

卫星移动通信系统与地面移动网络(如 GSM 和 CDMA 网络)的集成带来了一些附加的问题,必须在信关站中解决。从功能性的观点看,信关站提供了地面基站收发信机(BTS)的无线调制解调器功能、基站控制器(BSC)的无线资源管理功能和移动交换中心(MSC)的交换功能。移动交换中心与本地移动性寄存器(包括访问位置寄存器 VLR 和归属位置寄存器 HLR)相连,以获取必需的用户信息。图 7-3 所示为信关站的基本内部结构。射频/中频设备和业务信道设备一起构成了信关站收发信机子系统,信关站收发信机子系统与信关站控制器一起构成了信关站子系统。

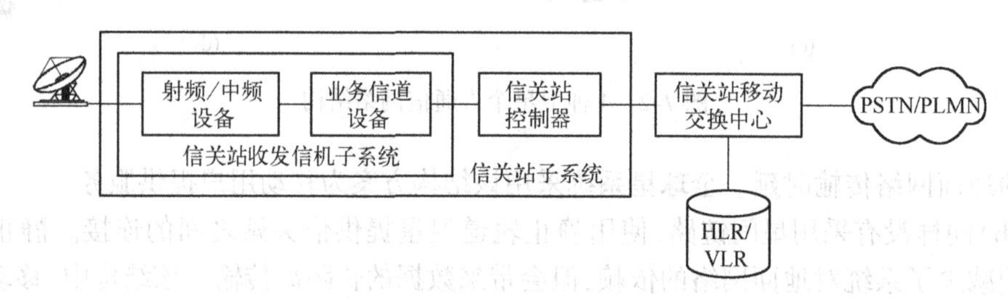

图 7-3　信关站的基本内部结构

2. 网络控制中心

网络控制中心有时又称为网络管理站(NMS,Network Management Station),与用户信息管理系统 CIMS 相连,协同完成卫星资源的管理、网络管理和控制相关的逻辑功能。按照功能又可以将其划分为网络管理功能组和呼叫控制功能组。

网络管理功能组的主要任务包括:

- 管理呼叫通信流的整体概况;
- 系统资源管理和网络同步;
- 运行和维护(OAM)功能;
- 站内信令链路管理;
- 拥塞控制;
- 提供对用户终端试运行的支持。

呼叫控制功能组的主要任务包括:

- 公共信道信令功能;
- 移动呼叫发起端的信关站选择;

- 定义信关站的配置。

3. 卫星控制中心

卫星控制中心负责监视卫星星座的性能，控制卫星的轨道位置。与卫星有效载荷相关的特殊呼叫控制功能也能够由卫星控制中心来完成，按照功能又可以划分为卫星控制功能组和呼叫控制功能组。

卫星控制功能组的主要任务包括：

- 产生和分发星历；
- 产生和传送对卫星有效载荷和公用舱的命令；
- 接收和处理遥测信息；
- 传输波束指向命令；
- 产生和传送变轨操作命令；
- 执行距离校正。

呼叫控制功能组完成移动用户到移动用户呼叫的实时交换。

7.2.3 用户段

用户段由各种用户终端组成。用户终端的特性高度地依赖于其应用和工作环境。用户终端可以分为两个主要的类别。

(1) 移动(Mobile)终端

移动终端指支持在移动中工作的终端，又可细分为两类——移动个人终端和移动集群终端。移动个人终端主要指各种手持和掌上设备，也包括各种置于移动平台(如汽车)上的终端。移动集群终端适合于团体使用，装配于某个集体运输系统(如汽车、飞机、火车或航天器)中的各成员上。

(2) 便携(Portable)终端

便携终端指尺寸与公文包或笔记本电脑相当的可搬移的设备。这些设备可以从一个地方搬移到另一个地方，但不支持在搬运移动过程中的通信。

7.3 卫星移动通信频率规划

目前，卫星移动通信系统工作于多个频段。频段的选取主要取决于系统提供的服务类型。最初，国际电联为卫星移动通信服务分配了L/S频段的频谱，随着系统范围扩大和服务的增长，对带宽的需求导致更多的频谱被分配，范围从甚高频(VHF)到Ka频段，并最终到达V频段。

卫星移动通信业务频率分配是先后通过WARC-87、WARC-92(1987年和1992年的世界无线电行政大会，World Administrative Radio Conferences)和WRC-95、WRC-97、WRC-2000(1995、1997和2000年世界无线电大会，World Radio Conferences)会议分配的。

WARC-87为卫星移动通信业务分配的频谱为L频段。该频段用于用户业务链路(Service Link)，即用于移动用户与卫星之间的传输链路，当时主要用于GEO卫星系统移动业务，在WARC-87大会上没有考虑NGEO系统的问题。卫星移动业务(MSS)共有3种：陆地卫星移动业务(LMSS，Land Mobile Satellite Service)、海事卫星移动业务(MMSS，Marine Mobile Satellite Service)和航空卫星移动业务(AMSS，Aeronautical Mobile Satellite Service)。表7-3所示为WARC-87

的 MSS 频谱分配，表中，传输方向的向下箭头表示下行链路，向上箭头表示上行链路。

表 7-3 WARC-87 的 MSS 频谱分配

频率（MHz）	传输方向	业务类型
1530.0～1533.0	↓	LMSS 和 MMSS
1533.0～1544.0	↓	MMSS 和低速率 LMSS
1545.0～1555.0	↓	AMSS（可公用）
1555.0～1559.0	↓	LMSS
1626.5～1631.5	↑	MMSS 和低速率 LMSS
1631.5～1634.5	↑	LMSS 和 MMSS
1634.5～1645.5	↑	MMSS 和低速率 LMSS
1646.5～1656.5	↑	AMSS（可公用）
1656.5～1660.5	↑	LMSS

WARC-92 为全球 3 个频率区域分配了 NGEO 卫星移动通信业务和卫星无线定位业务（RDSS，Radio Determination Satellite Service）的使用频段，包括 VHF、UHF、L 和 S 频段，如图 7-4 所示。图中，传输方向的向下箭头表示下行链路，向上箭头表示上行链路；大写字母表示的是主要使用业务，小写字母表示的是次要使用业务。

LEO 系统被分为大 LEO（Big LEO）和小 LEO（Little LEO）两类，前者可支持语音和低速数据，而后者只能传送低速数据。所分配的 1 GHz 以下 VHF 和 UHF 只用于 NGEO 系统，特别是用于小 LEO 数据系统。INMARSAT（国际海事卫星，现更名为国际移动卫星 Telstra）和澳大利亚的 Optus（即 Mobilesat）这两个重要的 GEO 系统的工作频段是：1525～1559 MHz（下行）和 1631.5～1660.5 MHz（上行），以及 1545～1559 MHz（下行）和 1646.5～1660.5 MHz（上行）。WARC-92 的最重要的举措是为世界范围（包括三个区域）MSS 和 RDSS 分配了 1610～1626.5 MHz（上行）和 2483.5～2500 MHz（下行）频段。

美国联邦通信委员会 FCC 将 1610～1626.5 MHz 进一步划分为两部分，较低的 11.35 MHz 带宽（1610～1621.35 MHz）用于 CDMA 系统，较高的 5.15 MHz 带宽（1621.35～1626.5 MHz）用于 TDMA/FDMA 系统。同时应当指出，低端的 11.35 MHz 是分配给两个或两个以上 CDMA 系统的公用频段，如果只有一个 CDMA 系统，将只能获得其中 1610～1618.25 MHz 中的 8.25 MHz 带宽，而 1618.25～1621.35 MHz 中的 3.1 MHz 带宽将划归 TDMA/FDMA 系统，以便扩大系统容量。

在上面所列举的卫星移动通信频段是指用户业务链路（卫星与用户之间的链路）频段。而对于大 LEO 和 MEO 系统的馈电链路，即卫星与信关站之间的链路，WARC-95 考虑了 C、Ku 和 Ka 多个频段。并对 Ka 频段的卫星移动通信馈电链路频段和 NGEO 的 FSS（固定卫星业务）频段进行了分配。表 7-4 所示为若干系统的用户链路和馈电链路的频段。馈电链路业务可视为 FSS 业务。

表 7-4 若干系统的用户链路和馈电链路的频段

	Iridium	Globalstar	New ICO	Constellation	Ellipso
上行用户链路（MHz）	1616～1626.5	1610～1626.5	1985～2015	2483.5～2500	1610～1626.5
下行用户链路（MHz）	1616～1626.5	2483.5～2500	2170～2200	1610～1626.5	2483.5～2500
上行馈电链路（GHz）	29.1～29.3	5.091～5.250	5.150～5.250	5.091～5.250	15.45～15.65
下行馈电链路（GHz）	19.4～19.6	6.875～7.055	6.975～7.075	6.924～7.075	6.875～7.075

Ka 频段用于 FSS 的频段是 17.7～20.2 GHz 和 27.5～30.0 GHz，包括了用于 NGEO FSS 和 NGEO MSS 的馈电链路及 GEO FSS。WRC-97 确定了以其中的 2×500 MHz 支持 NGEO FSS 和以 2×400 MHz 支持 MSS 馈电链路。频段的其余部分用于 GEO FSS。

WARC-92的频率分配(MHz)	传输方向	ITU世界分区 1	2	3
137~137.025		←	MSS	→
137.025~137.175		←	mss	→
137.175~137.825		←	MSS	→
137.825~138		←	mss	→
148~149.9		←	MSS	→
149.9~150.05		←	LMSS	→
312~315		←	mss	→
387~390		←	mss	→
399~400.05		←	MSS	→
400.15~401		←	MSS	→
1492~1525		—	MSS	—
1525~1530		MMSS,lmss	←	MSS →
1530~1533		←	MMSS,LMSS	→
1533~1535		MMSS	←	MMSS,lmss
1535~1544		←	MMSS	→
1544~1545		←	MSS	→
1545~1555		←	AMSS(R)	→
1555~1559		←	LMSS	→
1610~1610.6		MSS	MSS,RDSS	MSS,rdss
1610.6~1613.8		MSS	MSS,RDSS	MSS,rdss
1613.8~1626.5		MSS,mss	MSS,RDSS,mss	MSS,rdss,mss
1625.5~1631.5		mmss,lmss	MSS	MSS
1631.5~1634.5		←	MMSS,LMSS	→
1634.5~1645.5		←	MMSS,lmss	→
1645.5~1646.5		←	MSS	→
1646.5~1656.5		←	AMSS	→
1656.5~1660		←	LMSS	→
1660~1660.5		←	LMSS	→
1675~1690		—	MSS	—
1690~1700		—	MSS	—
1675~1690		—	MSS	—
1690~1700		—	MSS	—
1700~1710		—	MSS	—
1930~1970		—	mss	—
1970~1980		—	MSS	—
1980~2010		←	MSS	→
2120~2160		—	mss	—
2160~2170		—	MSS	—
2170~2200		←	MSS	→
2483~2500		MSS	MSS,RDSS	MSS,rdss
2500~2520		←	MSS	→
2670~2690		←	MSS	→

图 7-4　WARC-92 的频谱分配

WARC-2000 在卫星移动通信和 GEO FSS 方面的频率规划包括：

- 关于 IMT-2000 卫星部分的问题，WARC-2000 会议充分考虑到 IMT-2000 卫星应用与其他非IMT-2000 的业务间公用性研究没有完成，因此决定由各国主管部门自愿考虑使用这些频段，其中包括 1610~1626.5/2483.5~2500 MHz 频段。
- 关于在 1~3 GHz 频段，会议决定开展包括可能用于 MSS 的 1518~1525 MHz、1683~1690 MHz 频段与现有业务的公用研究，为 MSS 频率的划分做准备。
- 关于 NGEO FSS 的问题：①为保护 GEO FSS 和 GEO BSS（静止轨道卫星广播业务）

系统对来自多个 NGEO FSS 系统的总干扰不超过规定要求，操作 NGEO FSS 的主管部门应采取相应措施（包括对自身系统的修改）。当其总干扰超过规定标准时，NGEO FSS 系统主管部门应采取一切必要手段减小总的干扰电平，直至达到要求为止。②原划分给 FSS 的 12.2～12.5 GHz 频段，规定其只能用于国内或区域性子系统的限制被取消。

7.4 典型卫星移动通信系统简介

由于设计的目标和系统体制方案的不同，不同的卫星移动通信系统间会存在很大的差异。本节将介绍一些有代表性的系统，包括采用非静止轨道的 Iridium 和 Globalstar 系统，以及采用静止轨道来支持手持机的亚洲蜂窝移动卫星系统 ACeS 和 Thuraya。

7.4.1 非静止轨道卫星移动通信系统

1. 铱系统

铱（Iridium）系统是第一个全球覆盖的 LEO 卫星蜂窝系统，支持语音、数据和定位业务。由于采用了星间链路，系统可以在不依赖于地面通信网的情况下支持地球上任何位置用户之间的通信。铱系统于 20 世纪 80 年代末由 Motorola 推出，20 世纪 90 年代初开始开发，耗资 37 亿美元，于 1998 年 11 月开始商业运行。由于昂贵的通话费和一般的服务质量，系统的用户数比预计的少很多（至 1999 年 8 月，用户数尚不足 3 万，而维持系统正常运行所需的最少用户数为 65 万），庞大的系统运行、维护开支和巨额的亏损与债务，迫使铱公司于 2000 年 3 月宣告破产，目前，美国国防部出资维持着铱系统的运行。

铱系统失败的原因是多方面的，包括投资大、风险高，市场定位不当，长的开发周期和地面蜂窝出乎意料的高速发展对市场的冲击，以及集资策略不妥和经营不善等。然而，铱系统在技术上的先进性是毋庸置疑的，它成功地向人们展示了全球低轨卫星蜂窝系统是实际可行的，从而向全球个人通信迈出了一大步。新技术的发展或多或少会受到社会政治和经济因素的影响，但从长远来看，新技术的生命力在发展过程中将起主导的作用。

（1）系统空间段

铱系统星座最初的设计由 77 颗 LEO 卫星组成，它与铱元素的 77 个电子围绕原子核运行类似，因此被命名为铱系统。后来，星座修改为 66 颗卫星，它们分布在 6 个圆形的、倾角为 86.4°的近极轨道面上，顺行轨道面间间隔 27°，轨道高度780 km。每个轨道面上均匀分布 11 颗卫星，每颗卫星的质量为 689 kg，卫星设计寿命为 5～8 年。铱星座中的每颗卫星提供 48 个点波束，在地面形成 48 个蜂窝小区，在最小仰角为 8.2°的情况下，每个小区直径为 600 km，每颗卫星的覆盖区直径约 4700 km，星座对全球形成无缝覆盖蜂窝，如图 7-5 所示。每颗卫星的一个点波束支持 80 个信道，于是单颗卫星可提供

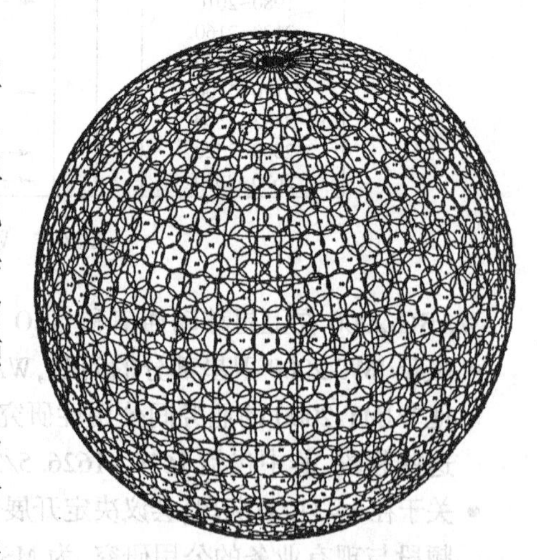

图 7-5　铱系统点波束对全球的覆盖蜂窝

3840个信道。

从1997年5月5日到1999年6月12日的2年多时间,共有88颗铱系统卫星发射到轨道中,其中前1年发射了72颗。铱系统采用了3种运载火箭来发射这88颗卫星,其中11枚美国波音公司的德尔塔2型(DeltaⅡ)火箭发射了55颗,3枚俄罗斯质子(Proton)火箭发射了21颗,7枚中国长征2型(2C/SD)火箭发射了14颗。

铱系统是目前为止唯一使用了系统内星间链路的低轨卫星移动通信系统。星间链路的使用使得系统成为一个可以不依赖地面通信网络的自主的全球移动通信系统,能够支持全球任何位置(包括海洋与低空)两个用户之间的实时通信。铱系统每颗卫星具有4条星间链路,其中,两条是面内星间链路,分别与同轨道面的前、后卫星相连,两条是面间星间链路,分别与左、右相邻轨道面中最近的卫星相连。图7-6所示为铱系统星间链路。

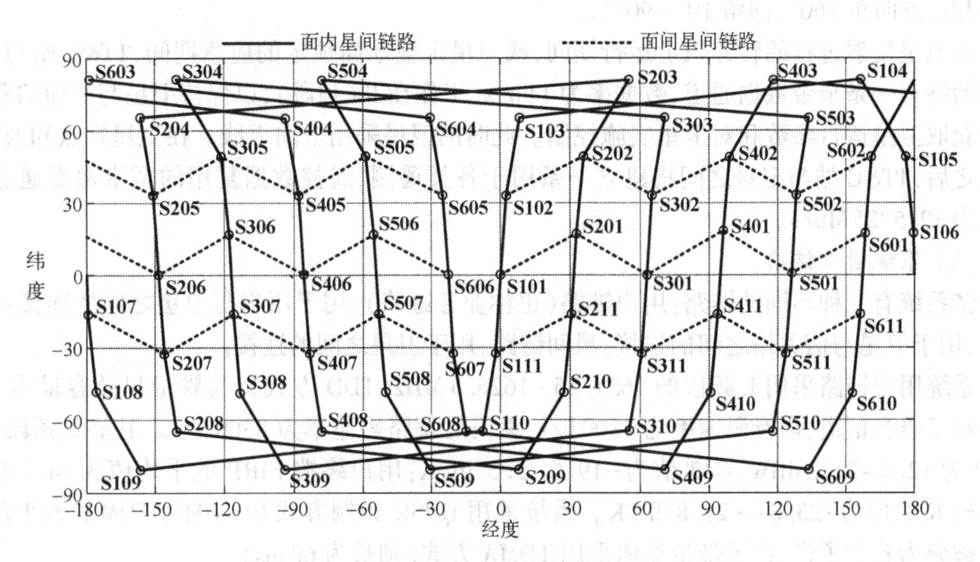

图7-6　铱系统星间链路

由图可以看出极/近极轨道星座系统存在的主要问题:①对于铱系统这样的近极轨道系统,由于逆行轨道面间的卫星相对运动速度快,星间链路的仰角、方位角和距离变化范围大且速度快,对星体的稳定性和天线指向、捕获和跟踪性能的要求都很高,星间链路的建立很困难,因此星间链路网络在逆行轨道处存在着缝隙(Seam);②由于系统卫星在接近地球南、北极的高纬度地区上空很密集,地面覆盖区相互重叠,为避免各卫星的点波束小区间及星间链路间的信号干扰,运行到该地区上空的一些卫星将停止工作。因此,从图中可见,在高纬度地区卫星的面间星间链路被关闭。这种卫星频繁关闭的情况对系统的稳定性是不利的。

(2)系统地面段

铱系统的地面段包括信关站、用户终端以及遥测、跟踪和控制站(TT&C)。

由于铱系统采用了星间链路,因此只需在全球设置少数几个信关站即可。信关站用于配置与地面公用电话交换网(PSTN)的接口,并完成呼叫连接(包括移动管理和信道分配)。由于考虑到国家和地区的主权和经济利益,实际上系统按照国家和地域差别在全球设置了共12个信关站,分别位于美国亚利桑那州的坦佩、泰国曼谷、俄罗斯莫斯科、日本东京、韩国首尔、巴西里约热内卢、意大利罗马、印度孟买、中国北京、中国台北、沙特吉达,以及一个美军专用关口站(在夏威夷)。信关站与卫星之间由馈电链路连接。信关站有 3 副天线和射频前端,第 1 副天线用于跟踪过顶卫星并进行通信,另 1 副天线与下一卫星保持联系,第 3 副天线备用。信关站天线 EIRP 为 51.6 dBW(晴天)~77.6 dBW(雨天),*G/T* 值为 22.9 dB/K。信关站从功能上分为归属信关站和本地信关站两类。归属信关站是用户单元登记注册的信关站,它存储有用户的位置信息,产生用户计费信息,并确定用户是否有权建立呼叫或使用某种业务。本地信关站是用户附近的某一信关站,它支持附近用户呼叫的建立和越区切换,并对用户进行定位。

用户终端有手持机、车载台和半固定终端 3 种类型。系统手持机设计为双模终端,能够支持地面蜂窝通信网络的多种标准(如 GSM、PDC、DAMPS 或 CDMA),既适用于铱系统,又适用于本地地面蜂窝网络。系统手持机的参数如下:EIRP 的平均值为-4.7 dBW(350 mW),峰值可达 8.5 dBW(7W),此时假定天线增益为0 dBi。而实际上,手机采用 4 线螺旋天线,增益为 1~3 dBi(方向角 360°,仰角 10°~90°)。

在卫星发射过程的转移轨道运行期间,或卫星未被地面锁定的应急期间,TT&C 站与卫星之间始终有一条窄带数据通道,数据率为 1 kb/s(工作在 Ka 频段),以保持卫星与地面的联络,便于获取卫星运行参数和对卫星实施控制。此时的卫星采用全向天线。在卫星定点和通信网建立之后,TT&C 站与卫星之间将建立一条用于各类遥测、遥控数据复用的宽带数据通道,数据率为 12.5/25 Mb/s。

(3) 系统通信链路

铱系统有三种不同的链路:用户链路(也称业务链路),用于用户与卫星之间的连接;馈电链路,用于卫星与信关站之间的连接;星间链路,用于卫星之间的连接。

系统用户链路采用 L 频段的 1621.35~1626.5 MHz(TDD 方式),每颗卫星总容量为 3840 路全双工语音信道,语音码速率为 4800 b/s,编码后每路码速率为 8500 b/s。卫星 L 频段天线 EIRP 为 12.4~31.2 dBW,*G/T* 值为-19.6~5.3 dB/K;用户终端 EIRP 的平均值为-4.7 dBW,接收机 *G/T* 值为-23.8~-21.8 dB/K。系统采用 QPSK 调制方式和 TDMA/FDMA 多址方式,频带被分为若干子带,在子带带宽内采用 TDMA 方式(帧长为 60 ms)。

馈电链路使用 Ka 频段,上行 29.1~29.4 GHz,下行 19.3~19.6 GHz。每颗卫星上、下各有两条 25 MHz 带宽的信道,总容量为 2000 路全双工话路。卫星 Ka 频段天线 EIRP 为 14.5~27.5 dBW,*G/T* 值为-10.1 dB/K。卫星发射天线增益为 18 dBi,接收增益为 21.5 dBi。上行和下行链路的雨衰储备分别达 26 dB 和 13 dB。

星间链路也工作在 Ka 频段,为 23.18~23.38 GHz。每颗卫星的 4 条链路分别连接前、后、左、右各相邻卫星,每一条链路信道带宽为 15 MHz,容量为 600 个双工语音信道。星间链路天线的 EIRP 为 39.5 dBW,*G/T* 值为 8dB/K,天线增益为 36 dBi。

(4) 系统运行

如果将铱系统与地面蜂窝网相比较,一颗卫星相当于一个基站,但由于卫星相对于地面的飞行速度很快(约 25000 km/h),可认为蜂窝在移动,而用户是相对静止的。因此用户与蜂窝之间相对运动引起的切换(包括波束间切换和星间切换)是有规律的,并与星座运行规律密切相关。系统的基本功能包括呼叫处理、路由分配与交换、用户移动性管理、频率资源管理和网络管理等。

为了完成与移动用户的连接,铱系统同地面移动通信系统一样,所有用户都必须随时将其位置信息报告给系统。在铱系统中,当用户开机后,将自动通过本地信关站将位置信息传到归属信关站的位置信息存储器,以备用户在被呼叫时,系统能在其所在的小区进行寻呼。

呼叫建立过程为:①主呼用户通过当前可视卫星将主、被呼用户号码发向本地信关站。②本地信关站向主、被呼用户归属信关站查询他们是否为有效用户,确定是否允许接入(建立通信链路),并查被呼用户的位置信息和是否已开机。③如果主、被呼用户为有效用户,且被呼用户已开机,则根据系统资源状况和用户的位置信息分配信道,并同时向被呼用户发起寻呼(振铃)。④被呼用户摘机后,通过所分配的信道可建立连接。⑤在通话过程中,用户的小区切换由本地信关站支持实施。

铱系统的卫星控制中心SCC与各卫星之间有一条数据信道(Ka频段、速率低于1 Mb/s),以提供星座管理和网络管理功能所必需的控制信令和相关状态信息的传送。星座管理系统负责对卫星的控制和监视,包括:对卫星轨道的测控,并在适当时候命令卫星上的助推火箭点火,以修正其轨道;对星上各系统工作状态的监测和控制,对故障的诊断和排除;支持卫星的发射和测试;使寿命终结的卫星安全地脱离星座(降低轨道高度)。

网络管理系统负责通信网的日常维护和管理及紧急情况下的监视和控制,包括:对通信网各节点和链路工作状态的监视,由网络结构变化引起的相关操作(如路由表的更新,节点的启用和撤销等),计费,故障诊断与排除、告警等。

2007年2月,铱星通信公司正式宣布铱"下一代"卫星更新计划。2017年1月,铱"下一代"卫星发射活动正式启动,第一次发射任务圆满完成。在2017年至2019年的两年时间内,经过总共8次发射任务,成功发射75颗卫星,铱"下一代"卫星于2019年1月全部完成在轨部署,在2019年2月激活最后2颗卫星后,铱卫星系统正式完成了对其星座的升级,由初代铱卫星系统升级为"下一代"卫星系统。

铱"下一代"卫星系统保持了6个轨道面66颗卫星的结构,轨道高度不变,卫星间依然通过星间链路互联。在66颗在轨运行卫星的基础上,增加了15颗备份卫星,其中6颗为地面备份卫星,9颗为在轨备份卫星,在运行卫星出现故障时,在轨备份卫星可迅速移动至相应位置并激活,确保其服务的连续性和稳定性。除此之外,铱"下一代"卫星还支持搭载二级载荷,进一步丰富和提升了其卫星系统的服务种类及能力。

相较于第一代铱卫星系统,铱"下一代"卫星系统极大地提升了其服务性能。用户侧的总容量从200万提升到了300万。铱"下一代"卫星提供L频段高达1.5 Mb/s和Ka频段8 Mb/s的高速服务,它采用48个L频段相控阵阵列天线,覆盖地球表面直径4700 km。Ka频段也提供地面网关的通信和相邻轨道卫星的交联。除兼容第一代铱卫星系统的终端和服务外,铱"下一代"卫星系统还引入了IP技术和私有网络网关等,增加了宽带分配的功能,并且支持软件升级,为未来的服务升级预留了通道。

在空间由66颗卫星组成交联星座,允许地球上任何位置的地面或空中的用户通信,组成几乎覆盖地球上任何地方的全球网络。铱"下一代"卫星内置一套"ADS-B"飞机自动监视接收机,为飞机提供连续的天基监视与控制,甚至在海洋和偏远地区也可实现。

铱星除了通信的功能外,还可应用于导航定位增强。在复杂电磁环境下,全球卫星导航系统(GNSS)会出现脆弱性。一是GNSS基本导航服务能提供的定位精度只有10 m左右,无法满足高精度用户的需求;二是GNSS卫星大多为中高轨卫星,卫星导航信号到达地面时十分微弱,不足以提供室内、城市峡谷、树林遮挡等场景下的可靠连续定位服务。此外,由于卫星导航民用信号的频点和结构是公开的,易受欺骗和干扰。

铱系统是低轨卫星系统,信号落地功率较高,信号自由空间传播损耗较小,有较大的多普勒频移,借助低轨卫星增强 GNSS 服务或者作为 GNSS 的有效备份,可大大提高 GNSS 的性能。铱系统实现了全球覆盖,其地面终端接收到的信号强度比 GPS 大约高 30 dB,铱系统提供定位与授时 (STL) 服务,具备作为 GPS 备份或补充的能力,有效提高了用户在信号遮蔽甚至 GNSS 拒止条件下的导航定位服务性能。

2. 全球星系统

全球星(Globalstar)系统由美国劳拉空间和通信公司和 Qualcomm 公司提出,与铱系统提出的时间差不多。1996 年 11 月,全球星系统获得了美国联邦通信委员会颁发的运营证书。全球星系统是以支持语音业务为主的全球低轨卫星移动通信系统,总投资逾 26 亿美元。由于系统没有采用星间链路,系统用户将通过卫星链路接入地面公用网,在地面网的支持下实现全球卫星移动通信,因此,全球星系统只是地面网的补充和延伸。与铱系统相比,全球星系统简单、风险低、运营费用低,对各国(地区)运营商有一定的吸引力(全球星公司将系统空间段资源批发给各地的运营商)。全球星系统由空间段、地面段和用户段构成,如图 7-7 所示。

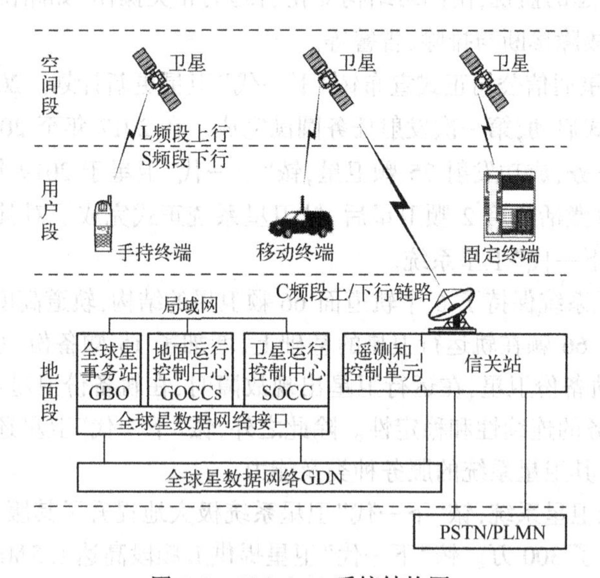

图 7-7　Globalstar 系统结构图

(1) 系统空间段

全球星系统空间段采用倾斜轨道星座。星座共 48 颗卫星,分布在 8 个倾角为 52°的轨道面上,轨道高度为 1414 km。采用 Walker 星座描述法的星座参数为 48/8/1:/4/4:52,即意味着相邻轨道相邻卫星间的相位差为 360°/48×1 = 7. 5°。在最小仰角为 10°的情况下,星座能够连续覆盖南北纬 70°之间的区域。全球星系统卫星瞬时的分布和对地覆盖情况如图 7-8 所示。

全球星系统从 1998 年 5 月第一次发射 4 颗卫星开始,到 2000 年初共发射了 48 颗工作卫星和 4 颗备用卫星入轨(1999 年 9 月,全球星系统经历了一次灾难性的发射,这次发射失败共导致系统损失了 12 颗卫星,因而也推迟了系统的运营开始时间)。有两种运载火箭被用于发射这 52 颗卫星,其中 7 枚波音公司的德尔塔 2 型(Delta Ⅱ)火箭发射了 28 颗,6 枚 SoyuzIkar 火箭发射了 24 颗。

全球星卫星的质量为 450 kg,星上电源功率为 1100 W,卫星设计寿命为 7. 5 年,每颗卫星可提供 2800 条语音信道。全球星卫星的 L/S 频段天线为有源相控阵天线,在地面形成 16 个

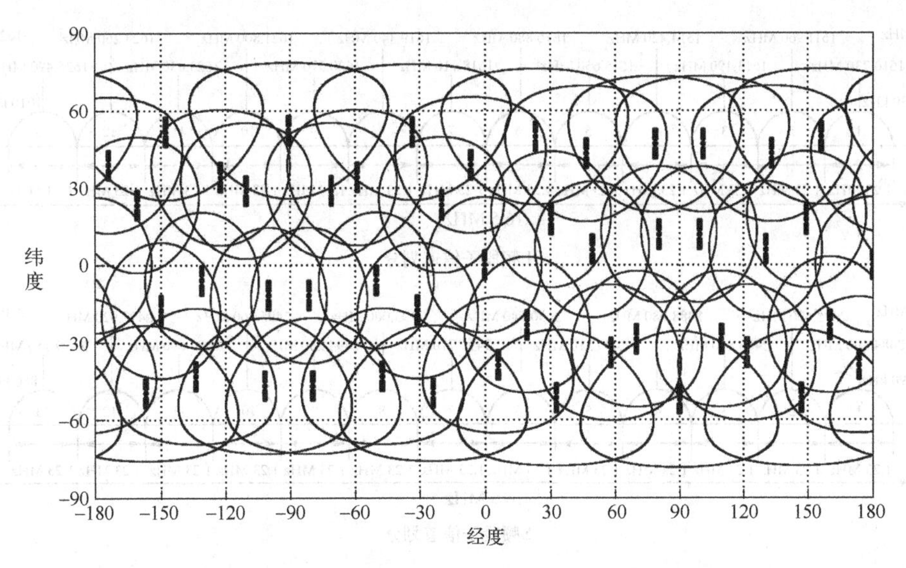

图 7-8　全球星系统卫星瞬时的分布和对地覆盖情况

点波束覆盖区。用户链路采用 FDD 双工方式，上行采用 L 频段，下行采用 S 频段，两个频段的点波束分配情况如图 7-9 所示。

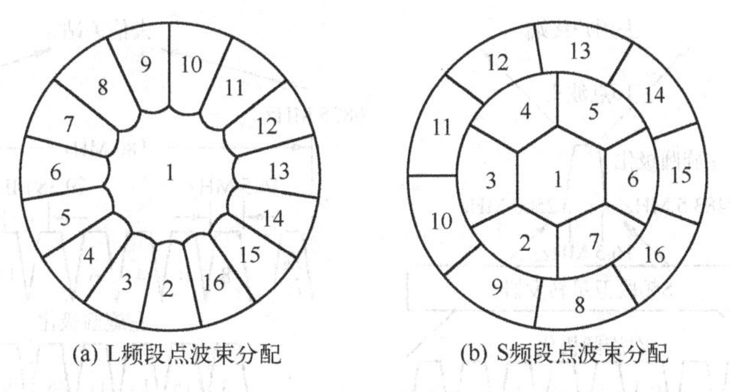

图 7-9　Globalstar 系统两个频段的点波束分配情况

L 频段的点波束结构提供最佳的地面覆盖，使得用户终端的发射功率最小化；S 频段的点波束结构为服务区域提供一种等通量（Isoflux）覆盖。等通量覆盖意味着波束覆盖边沿的增益高于波束中心，从而补偿了覆盖边沿的传输距离较长而带来的较多传输损耗，使得卫星到整个覆盖区内所有地方的传输损耗几乎相同，因而称为等通量。

全球星系统使用的 L 频段频率为 1610.0 ~ 1625.5 MHz；S 频段频率为 2483.5 ~ 2500.0 MHz。每个频段的 16.5 MHz 带宽被分为 13 个 1.23 MHz 的频分子信道，如图 7-10 所示。

全球星系统采用 CDMA 多址通信方式，相同的一组频率在每颗卫星的 16 个点波束中复用。在每一个频分子信道中，采用不同的伪随机码（PN）来区别不同的逻辑信道。

全球星系统的馈电链路采用 C 频段，上行频率为 5091 ~ 5250 MHz，带宽为 159 MHz；下行频率为 6875 ~ 7055 MHz，带宽为 180 MHz。C 频段天线采用宽波束覆盖，地面信关站使用抛物面天线跟踪卫星。上行和下行频段均按频分复用方式划分出 9 个子信道，最低频率的子信道分别用作命令和遥测信道，其余的 8 个带宽均为 16.5 MHz，中心间隔 19.38 MHz 的子信道又通

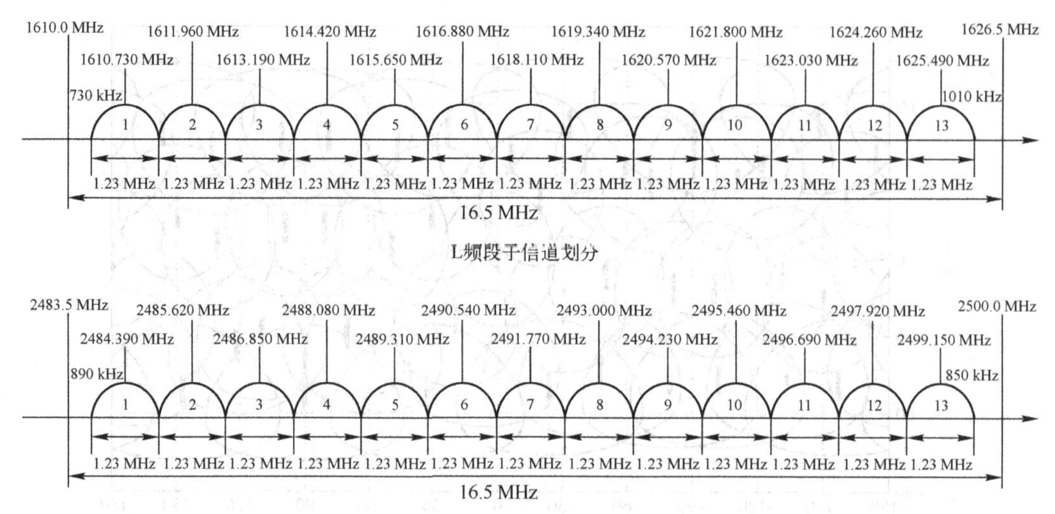

图 7-10　Globalstar 系统 L/S 频段子信道划分方案

过不同的极化方式(左旋和右旋圆极化)分为 16 个子信道,分别对应于卫星的 16 个点波束,对应关系如图 7-11 所示。

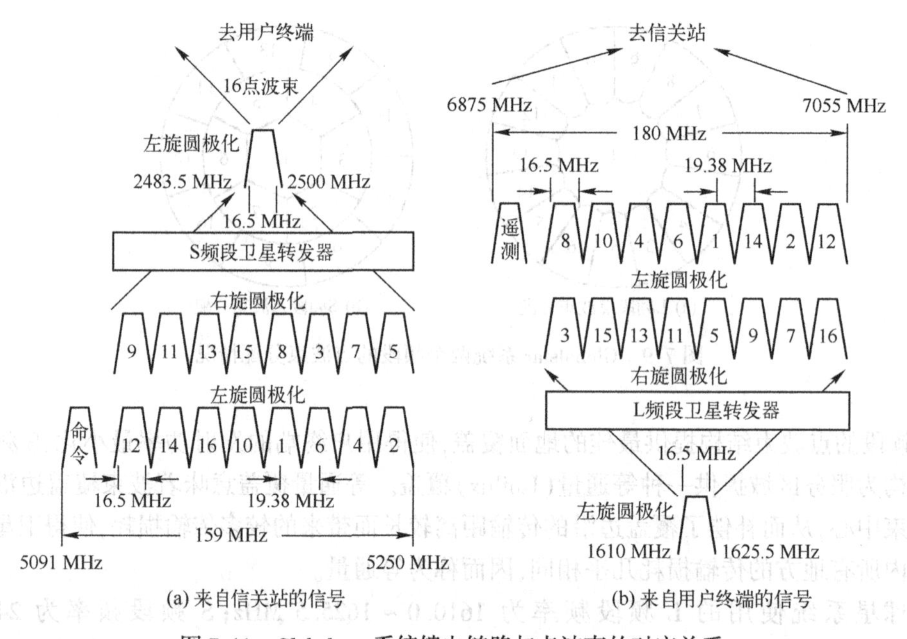

图 7-11　Globalstar 系统馈电链路与点波束的对应关系

(2) 系统地面段

全球星系统的地面段由信关站、地面运行控制中心(GOCCs,Ground Operation Control Centres)和卫星运行管理中心(SOCC,Satellite Operation Control Centre)组成。

全球星系统没有采用星间链路,卫星采用透明转发方式而没有星上处理和信号路由功能,因此只有在移动用户和信关站同时处于同一颗卫星的覆盖区时,才能在移动用户与固定网络之间建立通信链路。为实现全球服务,全球星系统需要建立分布于全球的约 150~200 个地面信关站,每个信关站的服务范围半径约500km,可以同时为多个国家提供服务。本地的全球星服务提供商负责地面信关站的运行工作。每个信关站有3~4副天线和1个交换台,提供与本地固定或移动网络的连接。

地面运行控制中心负责完成系统卫星资源的规划和管理,另外,还负责监测系统性能并保障信关站的资源预留。卫星运行管理中心负责监控和管理系统空间段的卫星。地面运行控制中心和卫星运行管理中心可以位于同一地点或在地理位置上分开。当它们在地理位置上分开时,通过全球星数据网络进行连接;当它们在同一地点时,可以通过局域网进行连接,但仍然有经由全球星数据网络的通信链路,以防止局域网连接线路的失效。地面运行控制中心和卫星运行管理中心通过全球星数据网络连接到信关站。

(3) 系统用户段

全球星系统的用户终端有多种,包括手持终端、移动终端和固定终端3种。为了与地面蜂窝网兼容,制造商提供有双/三模式终端。除语音、数据终端外,还将推出寻呼和传信终端及用户定位的用户终端。

第二代"全球星"卫星系统由阿尔卡特·阿莱尼亚空间公司研发,为全球企业、政府和个人用户提供卫星语音、数据的移动服务。"全球星"卫星重700kg,2片3联太阳能帆板,初始功率为2.2kW,末级功率为1.7kW,设计寿命15年。"全球星"卫星采用简单、高效、可靠性强的"弯管"式转发器设计,装载16台C频段至S频段转发器,16台L频段至C频段转发器。"全球星"卫星系统分为空间段、地面段和用户段。" 全球星 "卫星通信系统地面段主要由关口站 、卫星运行控制中心(SOCC)、地面运行控制中心(GOCC)和全球星数据网组成。关口站把全球星卫星的无线网络与地面公网和移动网相连。每一个关口站同时与3颗卫星通信,并将来自不同卫星数据流的信号进行合成。全球星可以与固定网、移动网之间相互兼容。关口站的设计采用了灵活的模块式结构,可随着市场需求进行扩建。"全球星"系统在全球范围(南北极除外)提供无缝隙覆盖,提供低价的卫星移动通信业务,包括语音、传真、数据、短信息、定位等。"全球星"系统可保证全球范围内(南北极除外)的任何个人实现在任何地点、任何时间与其他任何人以任何方式通信。

第二代"全球星"积极开拓的业务领域很多,包括自动相关监视广播(ADS-B)服务,为微小卫星提供数据中继服务等,但最值得关注的是地面低功率服务(TLPS)业务,即为天地共用"全球星"的卫星-地面频点,在地面提供无线局域网服务。不仅如此,全球星还关注与该频段相邻的无线局域网频道,希望能够在整个频段内提供4G业务。这在很大程度上与"全球星"的系统特性是弯管(Bent-Pipe)而不是"铱"星的星间链路有关,"全球星"的系统非常依赖地面的网关站覆盖,因此其逐渐打起了地面业务的主意。而最新的联邦通信委员会文件显示,"全球星"的"天地一体化"计划部分获批。

7.4.2 静止轨道卫星移动通信系统

虽然采用静止轨道卫星来支持移动手持机的通信面临着很大的技术挑战,但是静止轨道卫星成熟的技术和强大的功能仍然吸引了许多公司和组织开发基于静止轨道卫星的、采用L频段的移动通信系统。这些区域开发的卫星系统致力于为人口稀疏地区或地面移动网络的盲区提供移动通信服务,包括澳大利亚的OPTUS、日本的N-star、北美的MSAT、东南亚的亚洲蜂窝移动卫星通信系统(ACeS,Asian Cellular Satellite)和中东的Thuraya。

1. Inmarsat 系统

Inmarsat 系统是最早的静止轨道卫星移动通信系统，利用美国通信卫星公司（COMSAT）的 Marisat 卫星进行通信。20 世纪 70 年代中期为了增强海上船只的安全保障，国际电联决定将 L 频段中的 1535～1542.5 MHz 和 1636.5～1644 MHz 分配给航海卫星业务。1982 年成立国际海事卫星组织，开始提供全球海事卫星通信服务。1985 年将航空通信纳入业务范围，1994 年 12 月的特别大会上，国际海事卫星组织更名为国际移动卫星组织。它拥有 79 个成员国，在 143 个国家拥有 4 万多台各类卫星通信设备，成为全球唯一的海上、空中和陆地商用及遇险安全的通信服务提供者。Inmarsat 是国际海事卫星组织指定海上遇险安全呼救的唯一通信系统，作为国际民航组织唯一的全球通信系统，要求所有跨洋区飞行的飞机必须安装 Inmarsat 终端。Inmarsat 目前拥有 13 颗地球同步轨道卫星，现在主用的第四代系统有 4 颗卫星。

Inmarsat 系统由卫星、岸站、船站、网络协调站等部分组成。

（1）卫星

Inmarsat 系统的空间段由四颗工作卫星和在轨道上等待随时启用的五颗备用卫星组成。这些卫星位于距离地球赤道上空约 35700 km 的同步轨道上，轨道上卫星的运动与地球自转同步，即与地球表面保持相对固定位置。所有 Inmarsat 卫星受位于英国伦敦 Inmarsat 总部的卫星控制中心（SCC）的控制，以保证每颗卫星的正常运行。

每颗卫星可覆盖地球表面约 1/3 面积，覆盖区内地球上的卫星终端的天线与所覆盖的卫星处于视距范围内。四个卫星覆盖区分别是大西洋东区、大西洋西区、太平洋区和印度洋区。目前使用的是 Inmarsat 第三代卫星，它们拥有 48 dBW 的全向辐射功率，比第二代卫星高 8 倍，同时第三代卫星有一个全球波束转发器和五个点波束转发器。由于点波束和双极化技术的引入，使得在第三代卫星上可以动态地进行功率和频带分配，从而大大提高了卫星信道资源的利用率。为了降低终端尺寸及发射电平，Inmarsat-3 系统通过卫星的点波束系统进行通信。除南北纬 75°以上的极地区域外，四个卫星几乎可以覆盖全球所有的陆地区域。

（2）岸站（CES）

CES 是指设在海岸附近的地球站，归各国主管部门所有，并归它们经营。它既是卫星系统与地面系统的接口，又是一个控制和接续中心。其主要功能为：

- 对从船舶或陆上来的呼叫进行分配并建立信道
- 信道状态（空闲、正在受理申请、占线等）监视和排队管理
- 船舶识别码的编排和核对
- 登记呼叫，产生计费信息
- 遇难信息侦收
- 星载转发器频率偏差的补偿
- 通过卫星的自环测试
- 在多岸站运行时的网络控制功能
- 对船舶终端进行基本测试

每一海域至少有一个岸站具备上述功能。典型的 CES 抛物面天线直径为 11～14 m，收发机采用双频段工作方式，C 频段用于语音，L 频段用于用户电报、数据和分配信道。

（3）船站（SES）

SES 是设在船上的地球站。因此，SES 的天线在跟踪卫星时，必须能够排除船身移位及船

身的侧滚、纵滚、偏航所产生的影响;同时在体积上SES必须设计得小而轻,使其不会影响船的稳定性,在收发机带宽方面又要设计得有足够带宽,能提供各种通信业务。为此,对SES采取了以下技术措施:

- 选用L频段
- 采用SCPC/FDMA制式及话路激活技术,以充分利用转发器带宽
- 卫星采用极子碗状阵列天线,使全球波束的边缘地区也有较强的场强
- 采用改善的高功率放大器(HPA),来弥补因天线尺寸较小所造成天线增益不高的情况
- L频段的各种波导分路和滤波设备,广泛采用表面声波器件(SAW)
- 采用四轴陀螺稳定系统来确保天线跟踪卫星

SES根据Inmarsat业务的发展被分为A型站、B型站、M型站和C型站,1992—1993年投入应用的B、M型站,采用了数字技术,它们最终将取代A型站和C型站。

每个SES都有自己的专用号码,通常SES由甲板上设备(ADE)和甲板下设备(BDE)两大部分组成。ADE包含天线、双工器和天线罩;BDE包含低噪声放大器、固态高功率放大器等射频设备,以及天线控制设备和其他电子设备。射频部分也可装在ADE天线罩内。

(4) 网路协调站(NCS)

网路协调站(NCS)是整个系统的一个重要组成部分。在每个洋区至少有一个地球站兼作网络协调站,并由它来完成该洋区内卫星通信网络必要的信道控制和分配工作。大西洋区的NCS设在美国的Southbury,太平洋区的NCS设在日本的茨城县,印度洋区的NCS设在日本的山口县。

Inmarsat业务的发展如表7-5所示。其中移动性较强的Inmarsat-C及M的开发是因Inmarsat-3卫星的成功发射,而逐步走向实用的。Inmarsat-A/B的体积相当于衣箱大小,Inmarsat-C/M体积相当于公文包大小。

表7-5 Inmarsat业务的发展

业　务	日　期	使用终端
Inmarsat-A	1982年	初期的语音和数据终端
Inmarsat-Aero	1990年	航空语音和数据终端
Inmarsat-C	1991年	公文包式数据终端
Inmarsat-M	1993年	公文包式数字电话终端
Inmarsat-B	1993年	数字全业务终端
全球寻呼	1994年	袖珍式寻呼机
导航业务	1995年	各种专用业务终端
音频广播	20世纪90年代中期	尚未规范化
Inmarsat-P	在发展和完善中	手持式卫星电话

在Inmarsat-P的开发过程中,第一步是在1991年年底推出的Inmarsat-C终端,它是采用信息存储转发方式进行通信的。移动用户可事先在显示屏上编辑好电文,然后以数据包形式通过卫星发往所需的地面站,地面站在收完最后一组数据包后,对数据包进行复原处理,最后通过国际电信网在几秒钟内将电报送达用户。

采用存储转发方式,可以使Inmarsat卫星的工作容量得到最大限度的利用,从而降低用户的费用;还可以使用户充分利用陆地通信网中各种通信方式发送数据。Inmarsat-C终端把接收机、发射机、天线三者集成在一个仅有16开书本大小的公文包内,重约3~5 kg,其天线使用小型的定向或全向天线,很易于指向卫星。

Inmarsat-M终端是Inmarsat于1992年底推出的,它是通向全球个人移动通信的桥梁。它可提供直接拨号、双向电话、第三类传真(GROUP-3)和数据通信,提供单跳、全球范围内的移动、稀路由电话服务,具有直接与国际电信网连接的选择能力。该终端已经广泛用于各类船舶、航空用户及各种类型的车辆。即使船舶、飞机、车辆在行进中,其天线也能够自动跟踪卫

星,随时保持与卫星的联系。随着世界网络信令系统的发展,Inmarsat-M 终端将提供单一号码的入口接续,并与蜂窝系统互连。

Inmarsat 为了实现全球个人移动通信,在 1991 年 9 月公布了 Inmarsat 21 世纪工程计划,也就是现在的 ICO 通信系统。目前体积小、质量轻、费用低的通信终端(称 Inmarsat-P 终端),已经能够提供用户越洋的全球手持卫星语音通信,以及数据、寻呼、定位等业务,并能与国际公众通信网(PSTNS)接口。

Inmarsat 于 2005 年发布了第四代卫星通信网络 ——BGAN(Broadband Global Area Network)。BGAN 系统继承了终端小巧、便于携带、操作简单(非工程师级产品)的优点,同时在系统设计上突破了以往系统基于电路交换的技术体制,其空间段依照 3GPP 技术体制设计,实现了强大的 IP 数据交换功能,是真正意义上的全球宽带卫星传输网络(覆盖南、北纬 78°以内)。作为新一代移动卫星宽带系统,BGAN 实现了单个信道可提供 512 kb/s 的数据传输速率,并借助先进的卫星信道保障带宽技术,满足各个行业的应用需求。

Inmarsat 四代星采用了先进的点波束技术,每颗卫星上有 1 个全球波束、19 个宽点波束、193 个窄点波束。先进的卫星星体技术使得地面终端的体积较第三代终端体积减小了 50%。特别是 Inmarsat 依据多年在应急通信领域的运营经验,在四代星上创新性地实现了星体通信资源的整合调配技术,可满足在热点区域卫星地面终端使用数量剧增的通信需求,并在汶川地震、海地地震、日本海啸等多次重大事件中得到了应用。

2008 年,在 Inmarsat 四代星投入运营还不到 3 年时,Inmarsat 就着手研制下一代海事卫星系统——Inmarsat 五代星,构建全球宽带无线网络 Global Xpress,提供无缝的全球覆盖和移动宽带服务。

2. 亚洲蜂窝卫星通信系统 ACeS

亚洲蜂窝卫星通信系统(ACeS)公司是由印度尼西亚的 PSN 公司、美国洛克希德·马丁(Lockheed Martin)全球通信公司、菲律宾长途电话公司(PLDT)和泰国 Jasmine 公司共同组建的合股公司。ACeS 系统的目标是利用静止轨道卫星为亚洲范围内的国家提供区域性的卫星移动通信业务,包括数字语音、传真、短消息和数据传输服务,并实现与地面公用电话交换网 PSTN 和地面移动通信网 PLMN(GSM 网络)的无缝连接。截至 2002 年 9 月,ACeS 系统的实际用户(移动与固定用户)已经超过 50000 人。

ACeS 系统的第一颗卫星 Garuda-1 于 2000 年 2 月发射,定位于东经 123°上空,Garuda-1 卫星的形状如图 7-12 所示。Garuda-1 卫星由美国 Lockheed Martin 公司制造,使用该公司的 A2100AX 卫星公用舱。卫星总质量约为 4.5 吨,是当时生产的最重的商用卫星之一。卫星设计工作寿命为 12 年。星上电源功率在卫星生命期的初期为 14 千瓦,末期约为 9 千瓦。Garuda-1 卫星的星载伞装赋形天线直径为 12 m,具有 140 个点波束,在地面产生 140 个宏小区,覆盖亚洲 24 个国家和地区,覆盖面积超过 2850 万平方千米,覆盖区人口超过 30 亿。卫星同时装配有 L 频段和 C 频段的转发器,在与地面信关站通信时使用 C 频段,与移动/固定用户通信时使用 L 频段。卫星还装配有一个高级数字信号处理器,用于点波束形成和在不同的点波束间进行星上路由和交换。

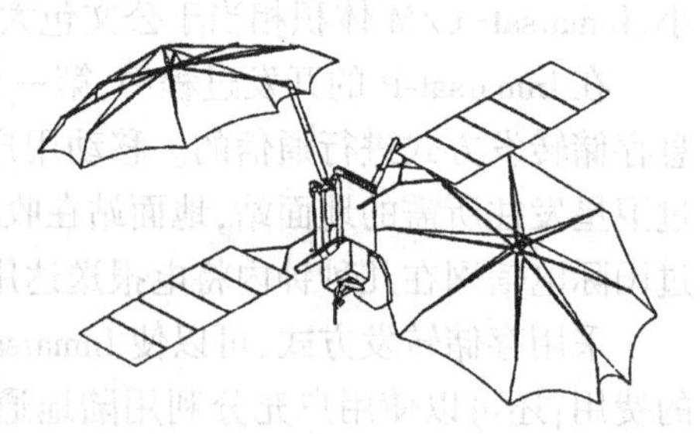

图 7-12　Garuda-1 卫星的形状

Garuda-1 卫星可同时提供 11000 路语音信道,能够为 200 万用户提供通信服务,每年的总计通信业务时间可达 50 亿分钟。ACeS 系统的第二颗卫星 Garuda-2,由 Lockheed Martin 商用卫星中心制造。Garuda-2 将首先作为 Garuda-1 的备用星,并能够使得 ACeS 系统的覆盖范围扩展到西亚、中亚、中东、欧洲和非洲北部。计划中的 Garuda-3 卫星将使得 ACeS 系统的覆盖范围继续向西扩展,而卫星的性能将有进一步的改善,例如将星载天线直径扩大到16~20 m。

ACeS 的信关站是系统与其他的地面通信网络的接口,连接了 PSTN 和 PLMN 网络,允许系统用户与全球任何相连网络内的各种类型的终端进行通信。每个 ACeS 信关站的基本工作是为本地注册用户在整个服务区内提供一个独立的卫星数字移动电话网络,用户也可以从其他信关站或 GSM 网络漫游到本地的信关站。信关站采用直径为 12 m 的 C 频段收发天线,如图 7-13 所示,用于建立卫星链路连接和实现其他的一些管理功能。每个信关站目前提供 600 路语音通路,可以增加到 3000 路以增加用户容量。目前,ACeS 系统的 3 个信关站分别位于印度尼西亚雅加达、菲律宾苏比克湾、泰国曼谷,印度新德里和中国台湾地区台北市的信关站正在建设中。

ACeS 系统使用由瑞典 Ericsson 公司制造的移动用户手持终端 ACeS R-190,其外观如图 7-14 所示。该手持机为双模机,可以自动地在地面 GSM(900)网络和 ACeS 卫星网络间切换,通话时间超过 2 小时 40 分,待机时间在 GSM 网络中超过 47 小时,ACeS 网络中超过 42 小时。手机尺寸为:13 cm×5 cm×3. 2 cm,使用超薄电池时质量仅为 210 g。

图 7-13　ACeS 系统的信关站天线

图 7-14　ACeS R-190 外观

ACeS 系统的用户链路使用 L 频段:上行 1626. 5~1660. 5 MHz,下行 1525. 0~1559. 0 MHz;馈电链路采用 C 频段,上行 6. 425~6. 725 GHz,下行 3. 400~3. 700 GHz。用户链路的上行带宽为 50 kHz,采用 GMSK 调制方式和 FDD/TDMA/FDMA 多址接入方式;馈电链路上行带宽为 200 kHz,采用 OQPSK 调制方式和 FDD/TDMA/FDMA 多址接入方式。

3. Thuraya 系统

Thuraya 公司 1997 年在阿联酋创立,系统的总投资为 11 亿美元。Thuraya 系统提供区域性的卫星移动通信业务,支持包括语音、传真、短消息、数据传输和 GPS 定位服务。系统利用静止轨道卫星覆盖面积广的特点,满足用户对区域内移动通信业务的无缝覆盖要求,提供一个连续的、广阔的通信区域。

Thuraya 系统的空间段计划由 3 颗地球同步轨道卫星组成,每颗卫星均装配高功率多点波束天线和移动通信有效载荷。卫星 Thuraya-1 和 Thuraya-2 已分别于 2000 年 10 月 21 日和 2003 年 6 月发射入轨,分别定位于东经 28. 5°和 44°,轨道倾角为 6. 3°,Thuraya-3 由波音公司制造。Thuraya 系统目前的覆盖区域包括欧洲绝大部分地区、中东、北部和中部非洲、西亚、中亚和南亚的共 110 个国家和地区,覆盖区人口数超过 23 亿。

Thuraya-1 卫星装配有 TRW 公司新型的直径为 12. 25 m 的 L 频段孔径收发天线,结合波音公司的星上数字信号处理器,形成动态相控阵天线,产生 250~300 个在轨可重定向的点波束来形成覆盖区域内的宏小区,提供与地面 GSM 网络服务兼容的卫星移动通信服务。星上数字信号处理器能直接对用户呼叫进行转接,或发送到地面网络。卫星最多能够同时提供13750 个双向信道。Thuraya-1 卫星采用灵活的通信流量自适应控制技术,通过对星上有效通信载荷资源的重新分配,改变对不同区域的用户支持特性,以最优方式满足重业务地区的通信需求。在极限情况下,Thuraya-1 卫星可以将总功率的 20%分配给单个的点波束,产生热点(Hot Spot)波束。

Thuraya-2 由美国波音公司制造,采用和 Thuraya-1 相同的技术,但比 Thuraya-1 增加了10%的星上电能储备和 40%的通信容量,使得 Thuraya-2 有更长的使用寿命和更大的系统容量。Thuraya-2 使得系统的覆盖范围向非洲扩展。

Thuraya 系统地面段由主信关站(Primary Gateway)和区域信关站(Regional Gateway)组成。唯一的主信关站位于阿联酋的沙迦,负责整个 Thuraya 系统网络的管理和控制,同时又是移动卫星业务的主数字交换中心。区域信关站各自独立工作,提供到区域性地面网络的接入服务。

Thuraya 系统的动态双模式卫星电话体积和地面蜂窝系统的相当,集成了卫星网络和地面 GSM 网络功能,能提供高质量的语音和数据服务并支持传真、短消息和 GPS 定位服务。由美国 Hughes 公司和 Ascom 公司制造的两种 Thuraya 系统终端外形如图 7-15 所示。

图 7-15　两种 Thuraya 系统终端外形

Thuraya 系统采用 FDD/TDMA/FDMA 接入方式,采用QPSK 调制技术,系统阻塞率低于 2%。系统的用户链路采用 L 频段,上行频带 1626. 5~1660. 5 MHz,下行频带 1525. 0~1559. 0 MHz;馈电链路采用 C 频段,上行 6425. 0~6725. 0 MHz,下行 3400. 0~3625. 0 MHz。另外,卫星采用的动态功率控制技术能够提供10 dB的链路余量。

4. 天通一号系统

天通一号是我国的卫星移动通信系统,也被称为“中国版海事卫星”,它工作于 S 频段,上行 1980~2010 MHz,下行 2170~2200 MHz。天通一号跟第四代海事卫星类似,也采用地球同步静止轨道(GEO)卫星,用三颗卫星实现了全球覆盖。两者都采用了多波束频分复用,都属于窄带卫星移动通信系统,所以天通一号也被称为中国版“海事卫星”。

2011 年,我国首个卫星移动通信系统“天通一号卫星移动通信系统”工程正式启动。2016 年 8 月 6 日,天通一号卫星成功发射,这也是我国卫星移动通信系统的首发星,主要为中国及周边、中东、非洲等相关地区,以及太平洋、印度洋大部分海域的用户提供全天候、全天时、稳定可靠的移动通信服务,支持语音、短消息和数据业务。

该系统是我国自主研制建设的,也是我国空间信息基础设施的重要组成部分。天通一号卫星拥有超过 100 个点波束,第一岛链覆盖区域广,除了包括我国的领土和邻海,还包括其他一些国家的领土和邻海。用户链路为 S 频段,可以同时支持超过 100 万用户。

支持天通一号卫星移动通信系统的终端包括手持型、便携型、车载型、数据采集型等多种。

其中,手持型采用安卓操作系统,支持中文用户操作界面,并且采用多模方式,可以兼容地面4G 移动通信。天通一号支持多种业务类型,包括:卫星电话、短信、传真、位置服务、数据传输、互联网接入、视频回传、LDR 数据传输。可以拨打全球任意地面固定和移动电话,速率为 1.2 Kb/s、2.4 Kb/s 和 4 Kb/s。提供自主定位和北斗/GPS 两种定位方式,支持位置管理和追踪功能,可与地面公网移动终端互联互通,传真速率为 9.6 Kb/s,数据传输、互联网接入、视频回传最高速率可达到 384 Kb/s,LDR 数据支持短信、9.6 Kb/s 分组和 9.6 Kb/s 物联网三种低速数据。

习题

7.1 根据卫星移动通信系统与地面移动通信系统的特点,分析天地一体化融合发展的技术途径。

7.2 分析铱系统、Globalstar 系统、Inmarsat 系统的发展趋势。

7.3 全球星系统采用了如图 7-2(a)所示的网络结构,而铱系统则采用了如图 7-2(c)所示的网络结构。试说明这两种结构的异同点和优缺点。

7.4 在用户最小仰角为 10°,非静止轨道卫星高度为 1450 km 时,计算图 7-2(a)和图 7-2(b)中的端对端时延(假设各链路距离最大化,并忽略各种处理时延和地面网络的传输时延)。

第 8 章　卫星宽带通信系统

本章介绍卫星宽带通信系统。讨论卫星宽带通信系统的结构，分析将 Internet 网络中广泛使用的 TCP 协议运用到卫星通信网络中时所面临的问题和相应的解决方法；分析 IP 技术在卫星中的应用特性，并介绍了两种主要的卫星 IP 技术；简单介绍已经提出的多个卫星宽带通信系统的方案和特性；最后给出一个实际的卫星宽带平台的具体应用情况。

8.1　引　　言

卫星宽带通信是指通过卫星进行语音、数据、图像和视频的处理和传送，其主要目标是为多媒体和高数据速率的互联网应用提供一种无所不在的通信方式，其与上一代卫星网络的最大区别是，由低速语音及数据业务变为高速互联网和多媒体业务。

卫星宽带通信根据用途可分为中继型和面向用户型两类。中继型是将卫星链路作为中继链路，为分布在不同区域或国家间的宽带网络提供互连的能力，这通常称为“宽带岛互连”；面向用户型是卫星链路通过用户网络接口直接为大量的终端用户提供宽带网的接入链路，这时的卫星链路不仅是面向网络的中继线路，而且是面向用户的“空中交换机”。

卫星通信系统支持 Internet 业务，较地面网有其特殊的价值。它可用作接入网，也可为 Internet 大型节点（如 Internet 网络营运商 ISP）之间提供高速中继通道。作为接入网应用时，由于卫星系统覆盖范围广，对支持地面网不能覆盖地区用户的接入有重要意义，也就是说，卫星通信系统将 Internet 延伸到了更广阔的全球无缝覆盖范围。同时，由于卫星系统可以实现用户在任何时间、任何地点高速率地从 Internet 上获取信息，而地面网通过电话线的 ADSL 接入服务要求用户与交换节点之间的距离应在 5~6 km 之内，因此直接利用卫星接入 Internet 的用户越来越多。吉莱特（Gilat）公司与微软等合作推出了一种利用双向 VSAT 实现的 StarBand（原名为Gilat To Home）的 Internet 接入服务，能提供下行 40 Mb/s，上行 153.6 Kb/s 的数据速率（但个人用户只能获得下行 400 Kb/s、上行 56~100 Kb/s 的速率）。

卫星通信系统也可作为 Internet 的骨干网应用。Internet 源于美国，大部分 Internet 网站的信源都存储在美国的服务器上。ISP 为了与 Internet 骨干网连接，乐于利用卫星链路直接连接到美国的方式，从而绕过路由复杂的地面网。统计表明，全球已有 11%的 ISP 采用卫星信道，而全球最大的卫星通信营运商 Intelsat 的频率资源中，已有 15%用于 Internet 业务。

此外，由于 Internet 上行（用户到服务器方向）和下行（服务器到用户方向）的业务量是不对称的，下行业务量为上行业务量的 4~8 倍，因此，营运商若租用地面双工光纤线路，将使上行链路不会满载，或者使下行链路发生拥塞。卫星系统很容易实现 Internet 业务所需的不对称连接（其下行和上行业务量之比的典型值约为 8:1）。因而卫星宽带通信系统受到 ISP 的普遍关注。

宽带卫星通信大致可分为三代：

（1）第一代：从 20 世纪 80 年代到 2004 年，其主要特点是：

① 用户的可用速率为 56~256 Kb/s；

② 用户单元分布零散；

③ 主要用于对实时性和连续性要求不高的脉冲式数据传送；

④ 没有基于互联网协议(IP)标准，主要是因为早期的卫星服务要早于地面互联网服务；

⑤ 没有专用卫星，租用某颗卫星上的部分转发器；

⑥ 需要通过卫星调制解调器和地面终端技术进行系统性能加强。

(2) 第二代：2005—2007 年发射建立的系统，其主要特点是：

① 用户的可用速率为 0.256~5 Mb/s；

② 大多数用户是个人消费者和小型企业；

③ 多数都使用专用卫星；

④ 卫星通信采用 Ku 和 Ka 频段，广泛采用点波束和频率复用技术；

⑤ 通过加强地面 IP 路由技术来提高服务质量。

(3) 第三代：从 2008 年开始计划的系统，其主要特点是：

① 用户的可用速率最高可达到 20 Mb/s；

② 能够提供真正的视频多媒体互联网业务；

③ 每颗专用卫星的通信容量能达到 100 Gb/s；

④ 每颗卫星可满足 200~500 万用户的需求；

⑤ 采用高功率的 Ka 频段点波束和频率复用技术；

⑥ 利用下一代终端调制技术增加终端物理层容量。

国外现有的宽带卫星通信服务系统主要有泰国 IP-STAR 系统、欧洲 SES 公司的“天体 2 连接”(Astra2Connect)服务系统、欧洲通信卫星公司的“双向”(TWOWAY)服务系统、美国卫讯公司的狂蓝-1(WildBlue-1)卫星服务系统、加拿大电信卫星控股公司的“电信卫星”(TeleSat)服务系统和美国休斯网络公司的休斯网络服务系统等。而我国的宽带卫星通信系统还在建设之中。

当前，国际上卫星宽带通信业务发展主要表现在两方面。一方面是在传统的 VSAT 技术基础上开发新产品并利用现有 C 和 Ku 频段卫星资源，快速地建立起宽带通信系统，以满足用户的急需，并在与快速发展的地面宽带通信业务竞争中争夺生存空间；另一方面是发展频率更高的 Ka 等频段新型卫星宽带通信系统，以适应新业务的需求，并力争与发展中的地面宽带通信系统相适应，起到应有的补充和延伸作用。

8.2 卫星宽带通信系统结构

卫星宽带通信系统的主要功能可以分为两大类：一类是为用户或用户群提供 Internet 骨干网络的高速接入，另一类是作为骨干传输网络，连接不同地理位置的 Internet 网络营运商。

为了独立于地面网络，大部分卫星宽带通信系统将使用微波或激光星间链路实现系统的卫星互连，构成空间骨干传输网络。

由于卫星链路的传输损耗大，在高传输速率情况下，要求用户使用具有较大口径的接收和发射天线。因此，短时间内，卫星宽带系统将只能支持便携式的终端，无法支持更小尺寸终端移动中的高速通信。

利用卫星通信系统覆盖范围广的特性,可以将广阔地理范围内离散分布的单个用户或用户群(可能通过局域网连接)接入到Internet骨干网中。图8-1所示为交互式卫星宽带接入系统网络结构,图8-2所示为非对称卫星宽带接入系统网络结构。

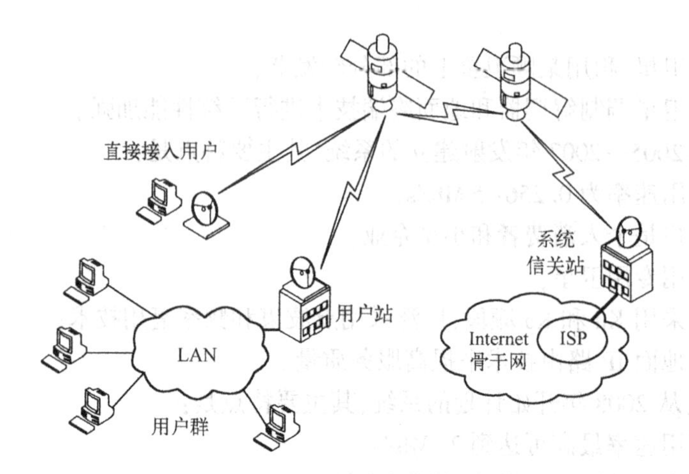

图8-1　交互式卫星宽带接入系统网络结构

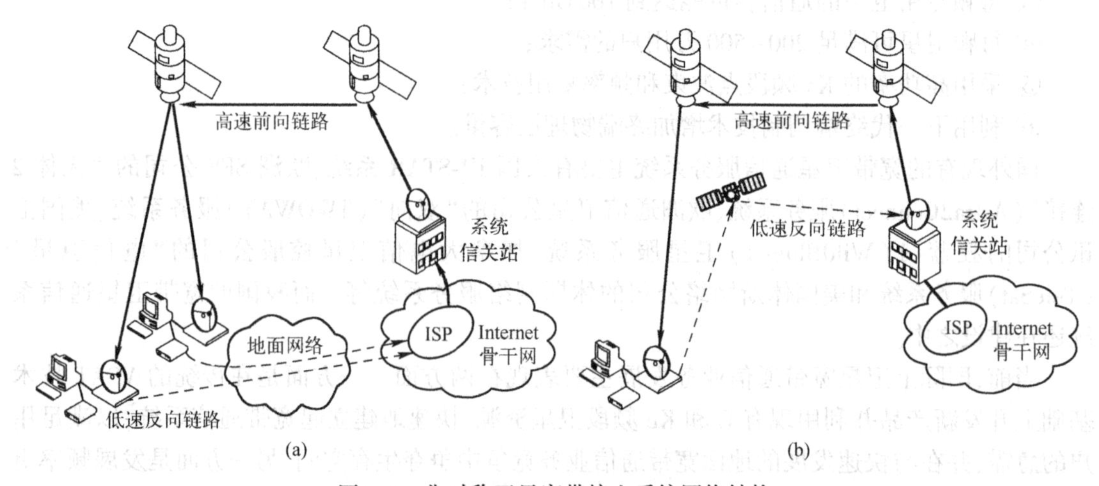

图8-2　非对称卫星宽带接入系统网络结构

在图8-1中,单个用户通过小口径天线直接接入到卫星宽带网络,因此又称为直接接入用户。用户群通过用户站接入到卫星宽带网络,卫星宽带网络通过系统信关站与Internet骨干网的ISP连接。由于用户可以直接向卫星发送数据并从卫星接收数据,因此用户与卫星宽带网络之间完成交互式通信。将这样的一种系统网络结构称为交互式卫星宽带Internet接入系统结构。

虽然不断发展的卫星技术使得用户终端的尺寸越来越小,如超小口径终端USAT,但交互式的终端仍然非常昂贵,阻碍了系统直接到户的实现。受到Internet业务非对称性的启发,考虑到用户从网络服务器中获取(接收)的数据远多于其向网络发送的数据,可以采用类似于电视广播卫星协议的结构。从ISP到系统信关站,再经卫星到用户的单向链路称为前向链路,该链路具有高带宽、大容量的特点;从用户到ISP的单向链路称为反向链路,该链路仅需要较小的传输速率。这种非对称卫星宽带接入系统网络结构如图 8-2 所示。每个用户采用仅具有接收功能的卫星天线系统,从卫星宽带系统的高速下行广播信道中接收数据。在图 8-2(a)中,低速反向链路通过地面网络(如拨号网络)直接接入到 ISP 中;在图 8-2(b)中,低速反向链路通过低速卫星网络接入到系统信关站,再接入到 ISP。

卫星宽带骨干传输系统结构如图 8-3 所示。不同地理范围的 ISP 通过卫星宽带通信系统提供的高速传输链路进行互连,完成远距离 ISP 之间的信息及时交互。

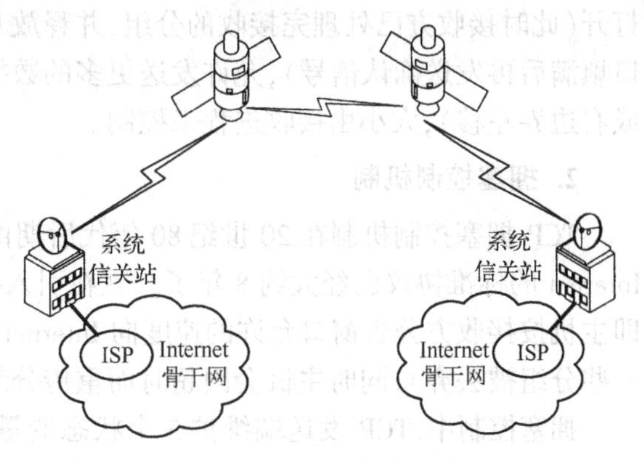

图 8-3　卫星宽带骨干传输系统结构

8.3　卫星 TCP 技术

8.3.1　TCP 协议概况

TCP 协议是一个面向连接的,端对端、进程对进程的可靠传输协议,为用户提供字节流传输服务。由于 TCP 基于不可靠的 IP 服务来提供可靠的数据传输,因此,TCP 采用了端对端流量控制、拥塞控制和错误控制机制来保证服务的可靠性。

TCP 使用滑动窗口协议来实现端对端流量控制,使用慢启动、拥塞避免、快速重传和快速恢复算法来完成拥塞控制,使用确认信息包、定时器和重传机制来实现错误控制。在实现上,各种控制机制之间有着密不可分的内在联系,相互制约相互影响。

1. 滑动窗口协议

滑动窗口协议可由图 8-4 说明。

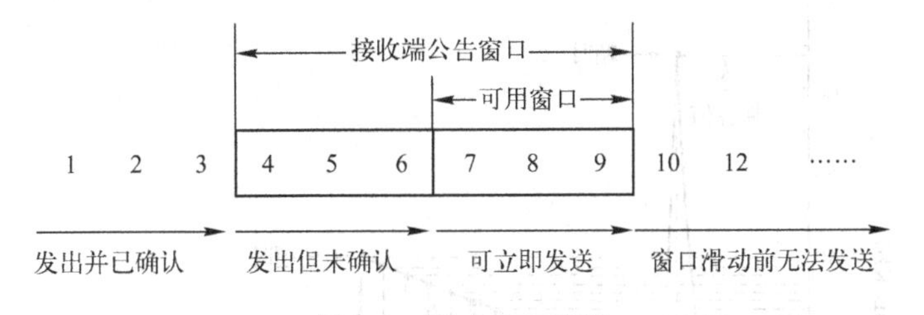

图 8-4　滑动窗口协议

图中的“接收端公告窗口”即为发送滑动窗口,是接收端公告发送端的窗口大小数值,在图示的例子中,它包含了编号为 4~9 的 6 个数据段,窗口尺寸(大小)为 6。序号为 1~3 的报文段是已经确认的报文段;窗口中序号为 4~6 的三个报文段已发出,但未被确认;序号为 7~9 的报文段可立即发送;而序号为 10(及其之后)的报文段不能发送,只有数据段 4(或 4~6)被确认之后,窗口向前(向右)滑动,数据段 10(或 10~12)才被允许发送。窗口左边界的右移表明已发出的数据段被确认(发送端收到接收方的确认信号);窗口右边界的右移,表明窗口被打开(此时接收方已处理完接收的分组,并释放其占用的TCP接收缓冲区,接收方不必等待窗口填满后再发送确认信号),允许发送更多的数据。窗口允许缩小或关闭(可视为左边界右移或右边界左移),大小由接收进程来控制。

2. 拥塞控制机制

TCP拥塞控制机制在20世纪80年代后期由Van Jacobson提出,那时TCP/IP协议栈成为Internet的标准协议已经大约8年了。就在引入拥塞控制之前,Internet正受拥塞崩溃的困扰,即主机按接收方公告窗口允许的速度向Internet发送分组,在一些路由器上会发生拥塞(造成一些分组被丢弃),同时主机会因超时而重传分组,引起更严重的拥塞。

拥塞控制中,TCP发送端维护3个状态变量:拥塞窗口CWND、接收端公告窗口RWND和慢启动门限SSTHRESH。CWND用于保证发送端不会使得网络超载,而RWND用于保证发送端不会使得接收缓冲器溢出。TCP发送端可以发送的数据量是CWND和RWND的最小值。CWND、RWND和SSTHRESH均是以字节为单位计量的。SSTHRESH一般在TCP连接建立时初始化为65535字节。

TCP的拥塞控制机制随TCP协议版本的不同而不同,在目前最常见的TCP-Reno中,拥塞控制机制由慢启动、拥塞避免、快速重传和快速恢复算法构成。TCP-Reno的拥塞控制流程如图8-5所示。

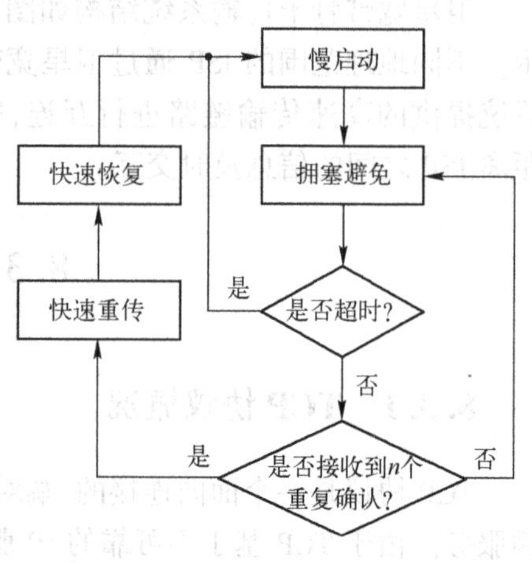

图8-5　TCP-Reno的拥塞控制流程

慢启动算法是在一个新建立或恢复的TCP连接上发起数据流的方法。当1个TCP连接建立后,CWND被初始化为1个最大报文段长度(MSS,Maximum Segment Size),发送1个最大报文段长度的数据;在收到确认信号后,CWND增加为2个最大报文段长度大小;当2个报文段得到确认后,CWND增加为4个最大报文段长度大小,以此类推。因此,CWND的大小按指数增长。CWND尺寸变化示意图如图8-6所示。当CWND增大到SSTHRESH时,慢启动结束,进入拥塞避免阶段。

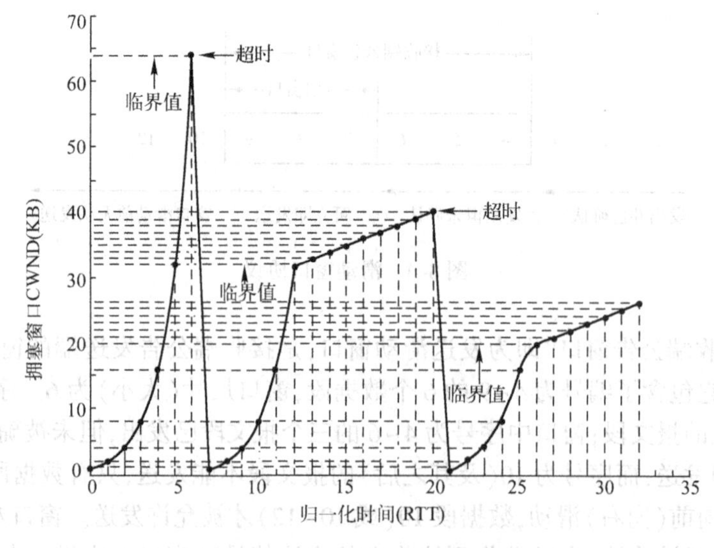

图8-6　CWND尺寸变化示意图

为什么这种“指数增长”机制会被叫作“慢”启动呢？因为这是与 TCP 的最初机制相比较而言的。考虑一下当连接建立以后发送方准备开始发送分组时,如果发送方按照接收方公告窗口的大小来确定发送窗口的大小(这正是慢启动机制出现以前 TCP 的运行方式),那么,即使网络有足够的带宽,路由器也可能因为这种突发的业务量,而无法提供足够的缓存来处理这些分组。因此,拥塞就很可能发生。而慢启动则使发送窗口的大小是逐渐增加的,从而在一定程度上避免了业务量增长的突发性,所以,尽管慢启动使发送窗口指数增长,也要比立即使发送窗口有接收方公告窗口那么大要“慢”多了。

在拥塞避免阶段,发送端的 CWND 在每个往返程时间(RTT)内增加一个最大报文段长度,因此 CWND 按线性规律增长。

当网络拥塞发生时,就会丢失报文段。有两种报文段丢失的指示方法:发生超时和接收到重复确认(Duplicate ACK)。超时机制是发送端主观判断网络拥塞的方法,而重复确认则是发送端根据接收端的指示判断报文段丢失的方法。由图 8-5 可见,由超时和重复确认所引起的拥塞控制行为是完全不一样的。

发送端在发送报文段后启动重传定时器,如果定时器溢出时还没有收到确认,发送端就重传该数据报文段,并将 SSTHRESH 重新设置为当前 CWND 值的一半,重新开始慢启动过程。

接收端在接收到失序的报文段后,将立即产生一个重复确认。这个重复确认的目的在于让发送端知道收到一个失序的报文段,并通告自己希望收到的报文段的序号。对于接收端,由于不知道一个重复确认是由一个丢失的报文段引起的,还是由于仅仅出现了几个报文段的重新排序,因此需要等待少量重复确认到来。假如只是一些报文段的重新排序,则在重新排序的报文段被处理并产生一个新的确认之前,只可能产生 1 ~ 2 个重复确认。如果连续收到 3 个或 3 个以上的重复确认,就认为是一个报文段丢失了,此时无须等待定时器的溢出,应立即重传丢失的数据报文段,这就是快速重传算法。接下来执行的不是慢启动算法而是拥塞避免算法,这就是快速恢复算法。

图 8-6 所示为慢启动-拥塞避免算法中 CWND 尺寸变化的示意图。图中横坐标为往返程时间 RTT(即以 RTT 为基本时间单位),纵坐标为拥塞窗口 CWND 大小。连接建立时,SSTHRESH 被设置为 64 KB,最大报文段长度设置为 1 KB,初始 CWND 为 1 KB。从 0 时刻起,CWND 按指数规律迅速增大,这一过程持续了大约 6 个 RTT,在达到初始的慢启动门限值 SSTHRESH(64 KB)时,发生定时器超时(即发生拥塞),此时 SSTHRESH 设置为时刻 6 时 CWND 的一半(即 32 KB),重新开始慢启动过程。随后,CWND 又按指数规律增大,到时刻 12 达到慢启动门限值(32 KB),进入拥塞避免阶段,CWND 开始线性增大。时刻 20 时,CWND 增大到 40 KB,发生了定时器超时,此时 SSTHRESH 又减小为当前 CWND 值的一半(20 KB),从时刻 21 开始再次进入慢启动过程。当 CWND 指数增长到当前的 SSTHRESH 值时(时刻 26),又进入拥塞避免阶段,窗口线性增大。如果一直不出现超时和重复确认现象,CWND 会一直增大到接收方公告窗口 RWND 的大小。此时,CWND 将停止增大,只要不出现超时和重复确认,并且 RWND 也保持不变,则 CWND 保持不变。

图 8-6 有三点需要说明。第一,该图是一个说明图,不是一个实际的 TCP 连接,因此在图中没有因等待超时而出现的拥塞窗口不变的水平线段。第二,该图实际上只描述了针对超时状态下的慢启动和拥塞避免过程,对于因为重复确认引起的拥塞控制未在图中表示出来,但是应该记住这几种机制往往是作为一个整体实现 TCP 拥塞控制的。第三,在时刻 25,拥塞窗口为 16,但是时刻 26,拥塞窗口却为 20,而不是 32。这是因为“拥塞窗口表现出指数增长的原因

是，在慢启动期间，每收到一个确认信号，拥塞窗口就增加一个最大报文段长度，而不会等整个发送窗口内的分组都确认后才给拥塞窗口增加一个最大报文段长度的值”。在时刻25~26的RTT时间内发送方收到了多个正确的确认，所以拥塞窗口增长到20。这仍然符合指数增长的特征。

8.3.2 卫星网络中TCP存在的问题

TCP协议最初是针对地面有线通信网络设计的，网络的时延和误码率都很低。因此在协议设计中，可以采用确认机制来进行端对端的流量控制和拥塞控制，并认为所有的报文段丢失都是由于网络的拥塞造成的。这些使得传统的标准TCP协议在具有高时延带宽积的网络中，特别是卫星网络中的性能下降很多。总体上，造成TCP协议在卫星网络中性能下降的主要原因包括：卫星链路的长时延、卫星网络的高时延带宽积、卫星链路的高错误率和卫星链路的不对称性。

1. 长时延对TCP协议性能的影响

在新的TCP连接建立后，收发双方都不清楚传输网络中的业务负载情况，因此使用慢启动来逐步探测传输链路的有效带宽。对1个TCP连接，传输速率b约为：

$$b \approx \mathrm{CWND}/\mathrm{RTT} \tag{8-1}$$

式中，CWND为拥塞窗口，RTT为往返程时间。

因此，在TCP未使用时延确认（即每报文段确认）时，传输比特速率达到B所需的时间为：

$$t_{\mathrm{SS}} \approx \mathrm{RTT} \cdot (1+\log_2 B \cdot \mathrm{RTT}/l) \tag{8-2}$$

式中，l为报文段的平均长度（比特数）。在采用时延确认（即每收到2个报文段确认一次）时，传输比特速率达到B所需的时间为：

$$t_{\mathrm{SS}} = \mathrm{RTT} \cdot (1+\log_{1.5} B \cdot \mathrm{RTT}/l) \tag{8-3}$$

静止轨道（GEO）卫星的单跳传输时延约为250 ms，再考虑到50 ms的地面网络传输时延和处理时延，静止轨道卫星网络中RTT的典型值约为550 ms；中轨（MEO）卫星网络中RTT的典型值约为250 ms；低轨（LEO）卫星网络中RTT的典型值约为50 ms。如果发送的数据报文段的平均长度为1 KB，则在不同的速率B和不同的确认方式下，TCP协议的慢启动过程持续时间见表8-1。

表8-1 TCP协议的慢启动过程持续时间

轨道类型	t_{SS}(s)					
	每报文段确认			时延确认		
	B=1 Mb/s	B=10 Mb/s	B=155 Mb/s	B=1 Mb/s	B=10 Mb/s	B=155 Mb/s
低轨	0.18	0.35	0.55	0.28	0.56	0.90
中轨	1.49	2.32	3.31	2.37	3.79	5.48
静止轨道	3.91	5.73	7.91	6.29	9.41	13.13

由表可见，随着轨道高度和RTT值的增加，慢启动过程中传输速率增加的速度将降低。有很多实际的TCP应用基于小文件的传输（如HTTP协议），这些小文件的传输很可能会在慢启动过程中结束。也就是说，TCP连接很可能没有充分利用有效的网络资源。

2. 大带宽时延积对 TCP 协议性能的影响

一个 TCP 连接中,链路的最大有效带宽与连接的往返程时间 RTT 之积称为带宽时延积(BDP)。BDP 说明了一个 TCP 链路在一个 RTT 内的最大吞吐量。对于卫星网络,由于时延较大,因此其链路的带宽时延积较大。对往返程时延分别为 50 ms、250 ms 和 550 ms 的低轨、中轨和静止轨道卫星系统而言,在不同带宽(速率)情况下的带宽时延积见表 8-2。

表 8-2 不同轨道类型、不同带宽情况下的带宽时延积

BDP(KB)	带宽					
	128 kb/s	244 kb/s	1 Mb/s	2 Mb/s	45 Mb/s	155 Mb/s
低轨(RTT=50 ms)	0.8	1.525	6.25	12.5	281.25	968.75
中轨(RTT=250 ms)	4	7.625	31.25	62.5	1406.25	4843.75
静止轨道(RTT=550 ms)	8.8	16.775	68.75	137.5	3093.75	10656.25

TCP 的流量控制是通过连接双方公告自己的窗口大小(以字节数计)来实现的。在 TCP 头部中,窗口大小是一个 16 位的域段,也就是说窗口的最大值为 2^{16}B = 65535 B(即 64 KB)。一方面,发送端在发送报文段的过程中,在未收到已发送报文段的确认信息之前,发送端发送的数据量不应超过该窗口的大小。另一方面,发送端从开始向 TCP 连接发送数据到它收到来自接收端的确认,所需时间为往返程时间 RTT。在这期间,发送端以一定速率(通常称 TCP 连接的带宽)发送的数据量被称为该连接的容量:

$$\text{连接容量}=\text{带宽(速率,bit/s)}\times\text{RTT} \tag{8-4}$$

显然,连接容量是发送端在接收到返回的确认信息之前所能发送的最大数据量,受到接收窗口大小和往返程时间的限制。

对于卫星这样具有较大传输时延的系统,为了充分利用给定的带宽资源,必须在接收到确认信息之前发送足够多的数据到网络中,这就需要 TCP 连接的窗口足够大。

3. 高错误率对 TCP 协议性能的影响

地面有线传输网络的错误率很低,典型的误码率值低于 10^{-10},而卫星链路的误码率通常在 10^{-2}~10^{-6}之间(无纠错编码时)。传输错误从三个方面影响 TCP 的吞吐率性能。第一,因出错而丢失的报文段必须被重传,因此增加了网络资源的消耗。第二,TCP 发送端始终将报文段的丢失理解为网络拥塞,因而降低了其传输速率。在具有高错误率特性的卫星链路中,这样的处理方法会使得网络资源的利用率出现不必要的急剧下降。第三,反向链路上的确认包丢失将会导致已经接收到的报文段的超时重传,进一步降低协议的吞吐率性能。此外,卫星链路的错误具有突发性(Bursty),而快速重传和快速恢复算法通常不能处理单个窗口内的多个错误,因此 TCP 协议的拥塞避免机制将严重限制窗口的增长。考虑到在卫星链路中使用 TCP 时需要更大的窗口尺寸(与时延带宽积有相同数量级),突发错误带来的负面影响就更加严重了。

4. 链路的不对称性对 TCP 协议性能的影响

将 TCP 连接中发送端到接收端的链路定义为前向链路,而将接收端到发送端的链路定义为反向链路。因此,前向链路中传输报文段,反向链路中传输确认包。

与地面网络不同,卫星网络中 TCP 的前向和反向链路在带宽上通常有着很大的不对称性，即前向链路的有效带宽远大于反向链路的带宽。造成这种现象的主要原因是终端成本的限制，高带宽传输的发射功率和天线尺寸需求将使得终端成本大幅度提高。使用较慢的反向链路可以设计性价比更高的接收机，可以节约宝贵的卫星链路带宽。考虑到大量 TCP 传输的单向特性（如从网络服务器到远程主机），较慢的反向链路在很大程度上是可以接收的。一些解决方法放弃采用昂贵的卫星链路而使用廉价的地面拨号线路来实现反向链路，这样，报文段和确认包通过网络中完全分离的路径传输，使得反向链路可以避免确认包丢失问题。

卫星链路的不对称性对 TCP 性能产生了很大的影响。对一个 TCP 连接而言，为使得前向链路的吞吐率最大化，需要反向链路有充足的带宽和足够低的丢失率，因为 TCP 连接基于稳定的确认包来增加窗口尺寸并发送新的数据报文段。当反向链路只具有有限带宽时，确认包的聚集和丢失使得确认信号流具有突发特性，带来 3 种影响：①发送的数据流变得更具突发性；②降低拥塞窗口 CWND 的增长速度；③快速恢复机制的效率降低。

8.3.3 改善卫星 TCP 性能的方法

改善在包含卫星链路的异构网络中 TCP 协议性能的方法已经得到了广泛的研究，主要的解决方法可以粗略地分为两类：端对端的解决方法和基于中间件（Middleware）的解决方法（非端对端的解决方法）。

1. 端对端的解决方法

端对端的解决方法保持了标准 TCP 协议的端对端连接特性，是对标准 TCP 协议中一些基本参数的调整及协议的扩展，改进定时机制，采用更先进的流控和分组丢失恢复算法等。

（1）TCP 增强技术

① 增大初始窗口（Increasing Initial Window）

慢启动算法中初始窗口很小（仅为 1 个 MSS），使慢启动时间较长，RFC 2414 针对这一情况提出按式（8-5）确定初始窗口：

$$\text{初始窗口} = \min\{4\times \text{MSS}, \max(2\times \text{MSS}, 4380)\} \tag{8-5}$$

式中，MSS 代表收发双方允许的最大报文段长度，以字节计量。

按照这种方法，在每报文段确认时，慢启动算法中所需要的最大接收窗口恢复时间可以缩短为：

$$\text{慢启动时间} = \text{RTT}\cdot(\log_2 W_{\max} - \log_2 W_{\text{init}})$$

式中，$W_{\max}$ 为最大允许接收窗口，W_{init} 为初始窗口。

增大了 CWND 的初始值后，允许发送端在第一个往返程时间内发送更多的报文段，触发更多的确认信号，因此使得拥塞窗口的增加更快。

② 字节计数（Byte Counting）

字节计数是一种 TCP 确认计算方式。在 TCP 协议中是通过确认来指示数据是否正确接收的，每收到一个确认，就表示有一些数据被正确接收了，这些数据就叫作这个确认所覆盖的数据。在标准 TCP 确认计算方式中，发送端每接收到一个确认，拥塞窗口就会以最大报文段长度为单位增加。但在字节计数方式中，拥塞窗口的增加数量是由每个确认所覆盖的先前未确认的字节数目来决定的，而不是由确认的数目决定的。这样就使得拥塞窗口的增加与已正确传输的数据量相关而不依赖于接收端确认的间隔。

目前，有两种字节计数的算法：无限字节计数（UBC）和受限字节计数（LBC）。

UBC 每接收到一个确认就简单地根据确认覆盖的未确认字节数目来增加拥塞窗口，而 LBC 则限制拥塞窗口增加为 2 段。LBC 的限制扼杀了累计确认带来的发送数据突然增加，这里所谓的累计确认是指覆盖多于 2 段未确认数据的确认。累计确认的产生可能是由于设计上的原因或者执行缺陷和确认丢失所致的。LBC 与 UBC 相比，防止了大量线性增加的突发数据，从而减少了数据的丢失并提高了传输效率。另外，UBC 在慢启动过程中由于丢失恢复机制的影响将产生大量突发数据，因为丢失恢复机制将产生大量累积的确认，从而极大地降低传输效率。因此，在突发机制尚未研究清楚之前，不宜使用 UBC。

字节计算能够减少拥塞窗口增加到卫星信道所需大小的时间。在一个比较字节计算和标准拥塞窗口增加算法的仿真中，证实了 LBC 能够改善传输性能，但使数据丢失率略微增加。字节计算的实现需要改动 TCP 协议栈，并且违反了 RFC2581 的建议（使拥塞窗口过快增加），因此不能用于共享网络。

③ 慢启动后的时延确认（DAASS）

所谓时延确认是指数据接收端不是对每一个收到的报文段进行确认，而是收到第 2 个完整的报文段时才确认，如果第 2 个完整的报文段在规定的时间没有到达，也必须生成一个确认（这个时间不能超过 500 ms）。在慢启动过程中 TCP 发送端根据接收到的确认数目来增加拥塞窗口的大小，而时延确认将接收端发出的确认数目减少了一半，因此拥塞窗口大小增加的速度就减慢了。于是提出了一种解决方案，称为 DAASS，其全称是 Delayed ACKs After Slow Start。顾名思义就是在慢启动后才使用时延确认，这样在 TCP 连接主动增加拥塞窗口大小时提供了足够多的确认，而在 TCP 连接稳定后减少确认数目以节约网络资源。在实际仿真中使用 DAASS 比在慢启动过程中一直使用时延确认在传输时间上有所改善，但是 DAASS 也稍微增加了一点错误率，这是由拥塞窗口相对增长较快造成的。

DAASS 的主要问题是如何实现。接收端必须知道发送端什么时候开始慢启动过程，从而决定是否使用时延确认。为了达到这个目的，接收端可以一直观察发送端的数据流量的变化，并根据这一变化调整确认方式，也可以由发送端发出一个消息（可能是 TCP 头中的一个比特）指示开始进入慢启动阶段。另外，在交互信道中 DAASS 会增加上行信道的确认拥塞，如果上行信道的带宽不够，就会降低传输效率。

如上所述，DAASS 会增加上行信道中确认数目，这与降低确认拥塞的机制相互矛盾，它们之间的相互影响和同时使用的结果还有待讨论。DAASS 和大初始窗口机制有一些相同的作用，因此两者不宜同时使用，但这也有待研究。DAASS 还抵消了 LBC 的作用，因为在慢启动过程中每个确认只覆盖一个报文段，这时字节计数和标准方式没有区别。

④ 选择确认（SACK）

选择确认是针对 TCP 协议中的累积确认（Cumulative Acknowledgement）机制提出的。TCP 协议的累积确认机制有如下特点，接收到的数据段如果不是位于接收窗口的最左边，则不确认。这使得发送端要么等待一个往返程时间（RTT）来找出每个丢失的帧，要么不必要地重发已接收的数据段。使用累积确认机制时，多个数据段丢失将使 TCP 连接丢失基于确认的时钟，从而降低了 TCP 的性能。因为卫星信道的误码率比地面信道要高，所以发生多个数据段丢失的概率更大。另外，如果使用大窗口选项，每个窗口中包含的数据段更多，发生多个数据段丢失的概率还要大。如果发生多个数据段丢失，累积确认机制对每个丢失的数据段都要用一个 RTT 时间才能重发。在卫星信道中 RTT 较大，重发所需时间更多，造成 TCP 性能急剧下降。

选择确认是一种纠正发生多个数据段丢失时的TCP处理的策略。使用选择确认，接收端可以告诉发送端所有接收成功的数据段序列号，从而使发送端只重发那些确实丢失的数据段，提高了TCP传输的性能。

选择确认目前已成为TCP协议扩展的一部分，它使用了两个TCP选项。第一个选项是SACK使能选项，此选项放在同步段中传送，表示一旦TCP连接建立就可以使用选择确认选项。另外一个就是选择确认选项，当选择确认选项允许使用SACK时，选择确认选项就可以在TCP连接中传送了。选择确认选项被包括在从数据接收端发送到发送端的数据段中。

选择确认选项由接收端发给发送端，通知发送端已接收的和需要接收的数据段的不连续的情况。数据接收端等待接收数据（可能需要重发）来填满已接收数据段间的空缺。当丢失的数据段接收到后，接收端将增加确认的TCP头中的确认数目域的窗口左边界。选择确认选项并没有改变确认数目域的意义。这个选项包括所有在窗口中已经接收到的连续的数据块的列表。每个连续的数据块在选择确认选项中由两个32位整数定义，用数据块的第一个序列号来标记数据块的左边界，用紧接数据块的最后一个序列号来标记数据块的右边界。

每个数据块表示接收到的连续数据字节数，也就是说，数据块左方和右方的数据都没有接收成功。一个列出n个数据块的选择确认选项的长度为$8n+2$，因此40 B的TCP选项域最多可以定义4个数据块。另外，选择确认一般和时间信息选项一起使用，时间信息选项占用10 B，最多只能定义3个选择确认块。

研究表明，在卫星信道中使用SACK比标准的TCP在性能上有很大改进。

⑤ 显式拥塞通告（ECN）

在网络开始拥塞时，显式通告机制将IP包头中1 bit ECN域设置为1来通知终端节点。相应地，终端节点减小其传输速率，因此可以避免网络出现严重的拥塞现象并导致大量不必要的报文段丢失。另外，发送端可以在重传定时器超时或接收到3个重复确认之前就可以收到显式的拥塞信息，因此，如果一个报文段丢失而没有拥塞指示，则该报文段的丢失就一定是由链路的错误造成的，发送端无须降低其传输速率。

ECN方法的实现要求IP支持ECN域，要求TCP能够获得IP包头中的信息，因此需要对TCP/IP协议栈中的部分协议进行相应的修改，这样，为支持ECN，Internet网络中所有的路由器都需要进行重新设计。

（2）TCP Vegas

TCP Vegas从另一个角度处理拥塞问题，它不以包丢失作为拥塞指示，而使用传输速率来实现拥塞控制。在每一个往返程时间，发送端基于传输窗口和测量的往返程时间来计算传输速率。计算出的速率与期望的速率相比较，期望的速率等于传输窗口除以基本往返程时间（Base RTT）。基本往返程时间是迄今为止测得的最小往返程时间。基本思想是：如果网络中没有拥塞，测量的速率应接近于期望的速率。使用2个门限值来触发传输速率的增或减，依赖于信道是否未充分利用或超载。TCP-Reno在没有报文段丢失时总是增大其拥塞窗口，因此将周期性地导致包丢失和窗口大小的波动。TCP Vegas能够减小其窗口以避免拥塞，因此在达到平衡状态后不会使窗口的大小产生波动。

发送端测得的往返程时间更多时候是由反向链路的拥塞造成的，而不是前向链路造成的，因此 TCP Vegas 在不对称信道情况下的工作性能不理想。

(3) TCP-Peach

TCP-Peach 是由 Ian F. Akyildiz 等针对卫星网络提出的一种新的拥塞控制方案，使用了两个新的算法：突发启动(Sudden Start)和高速恢复(Rapid Recovery)，分别取代了 TCP-Reno 中的慢启动和快速恢复算法。

TCP-Peach 包含以下 4 个算法：突发启动、拥塞避免、快速重传和高速恢复，其拥塞控制流程如图 8-7所示。拥塞避免算法和快速重传算法可以采用 TCP-Reno 或 TCP-Vegas 中的标准算法。

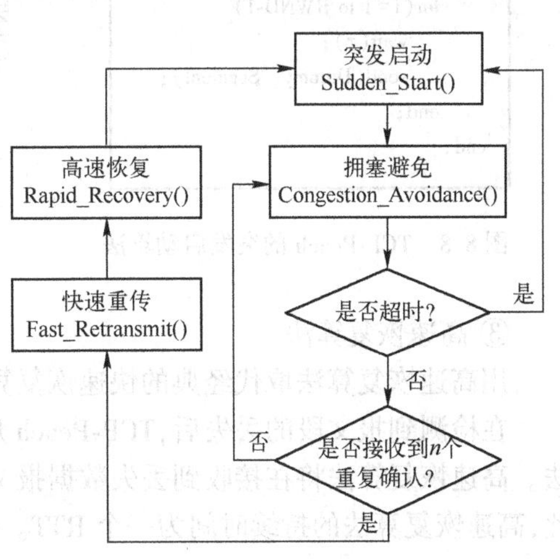

图 8-7　TCP-Peach 的拥塞控制流程

① 虚报文段(Dummy Segments)

虚报文段是由发送端产生的低优先级的报文段，是最近传输的数据报文段的复制。对接收端而言，虚报文段不包含任何新的信息。

发送端使用虚报文段来探查有效网络资源。如果 TCP 连接路径上的某个路由器发生了拥塞，它会首先丢弃携带虚报文段的 IP 分组。因此，虚报文段的传输并不会使数据报文段的传输吞吐率下降。如果路由器没有发生拥塞，虚报文段可以到达接收端。发送端使用 TCP 包头中 6 个保留比特位中的 1 个来区别虚报文段和数据报文段。因此，接收端可以识别虚报文段并向发送端发送确认信号。与虚报文段的处理相似，虚报文段的确认信号也被封装在低优先级的 IP 分组中，并使用 1 个或多个 TCP 包头中 6 个保留比特位来区别于其他数据报文段的确认信号。这需要对接收端的实现进行简单的修改。发送端将接收到的虚报文段的确认信号解释为网络中存在未使用的资源并相应地增大传输速率。

TCP-Peach 发送端能够在突发启动阶段检验接收端是否实现了所需的修改。如果没有实现，TCP-Peach 发送端就停止发送虚报文段，进而按照 TCP-Reno 的标准算法运行。

在 TCP-Peach 中，在突发启动和高速恢复阶段发送的虚报文段的确认信号可能在拥塞避免阶段收到，因此，TCP-Peach 也对拥塞避免算法进行了相应的修改。

IP 服务类型(TOS)字段用于实现优先级划分。实际上，IP 包头中 TOS 字段的 8 bit 中只有 1 位用于指示 IP 分组的优先级。在 IPv6 中，则明确地支持 7 种优先级。

② 突发启动算法

变量 RWND 是由接收端指定的拥塞窗口 CWND 的最大值。

TCP-Peach 的突发启动算法如图 8-8 所示。

由图可见，突发启动的基本思想是：在连接的开始阶段，发送端设置拥塞窗口 CWND 为 1，在发送第一个数据报文段后，以时间间隔 τ = RTT/RWND 发送(RWND-1)个虚报文段。结果是，在一个 RTT 后，拥塞窗口 CWND 的增加很快。需要指出的是，发送端能够在连接建立阶段估计 RTT 的大小。

假定 RWND 等于 64，图 8-9 所示为 TCP-Peach 和 TCP-Reno 中启动阶段拥塞窗口 CWND 的值随时间的变化。时间 t 以 RTT 为基本单位。由图可见，突发启动算法中 CWND 能够很快地达到 RWND(64)，所需时间远少于慢启动算法。

```
Sudden_Start()
    CWND=1;
    τ=RTT/RWND;
    send(Data_Segment);
    for(i=1 to RWND-1)
        wait(τ);
        send(Dummy_Segment);
    end;
end;
```

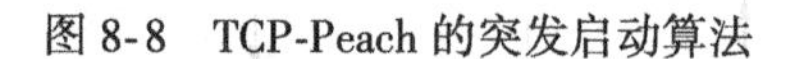

图 8-8　TCP-Peach 的突发启动算法

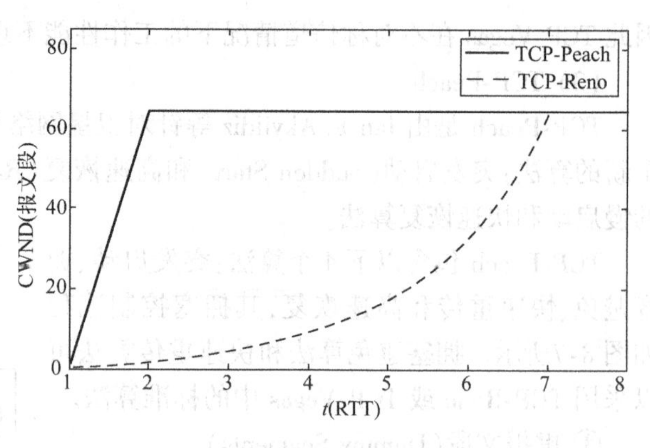

图 8-9　启动阶段拥塞窗口 CWND 的值随时间的变化

③ 高速恢复算法

用高速恢复算法取代经典的快速恢复算法,以解决链路错误引起的吞吐率降低问题。

在检测到报文段的丢失后,TCP-Peach 启动快速重传。完成快速重传后,执行高速恢复算法。高速恢复算法将在接收到丢失数据报文段的确认信号后结束,其时序如图 8-10 所示。因此,高速恢复算法的持续时间为一个 RTT。接着,发送端进入拥塞避免阶段。

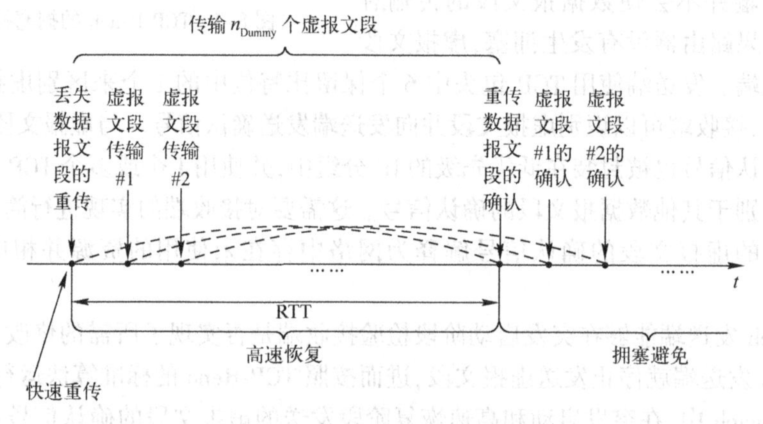

图 8-10　高速恢复算法的时序

高速恢复算法首先保留了经典的快速恢复算法的基本假定,即所有报文段的丢失都是由网络的拥塞造成的,因为 TCP 层不能够判断造成丢失的具体原因。相应地,发送端将其拥塞窗口 CWND 减半。因此,如果 CWND 原来等于 CWND0,现在变成 CWND0/2。这就意味着在高速恢复阶段,发送端能够发送大约 CWND0/2 个数据报文段。

为了探查网络的有效资源,发送端发送确定数目的 n_{Dummy} 个虚报文段。这些虚报文段的确认信号将在丢失数据报文段的确认信号之后到达,即在拥塞避免阶段到达。如果报文段的丢失是由拥塞造成的,则拥塞的路由器在 RTT 内能够转发约 CWND0 个报文段。结果,在高速恢复阶段,网络将能够接纳 CWND0/2 个具有高优先级的数据报文段和 n_{Dummy} 中的 CWND0/2 个虚报文段。因此,发送端在接收到前 CWND0/2 个虚报文段的确认信号后,不能够增加其拥塞窗口 CWND。实际上,这些虚报文段的确认信号不能说明丢失是由链路错误而不是由拥塞造成的。所以,发送端在拥塞避免阶段,在接收前 CWND0/2 个虚报文段确认信号时不会增大其拥塞窗口。在接收到 CWND0/2 个虚报文段确认信号后,发送端在每收到一个虚报文段确认信号时将拥塞窗口 CWND 增加一个报文段。

高速恢复算法以自同步(Self-clocking)方式进行,即数据报文段的发送是由接收确认信号触发的,因此网络内的数据报文段将保持一个较恒定的数量,能够保证网络的稳定性。

④ TCP-Peach+:TCP-Peach 的改进 1

Ian F. Akyildiz 等在 TCP-Peach 的处理机制基础上,提出了两个新算法:跳跃启动(Jump Start)和急速恢复(Quick Recovery),分别取代了 TCP-Peach 中的突发启动和高度恢复算法,取得了更好的有效吞吐率和公平性。

TCP-Peach+使用 NIL 报文段代替了 TCP-Peach 中的虚报文段。在报文段的丢失是由链路错误造成的情况下,虚报文段可以检测网络有效资源并改善其性能。NIL 报文段和虚报文段一样能够检测网络资源,并携带了未确认信息,因而能够被接收端用于恢复丢失的报文段。在误比特率较高的卫星网络中,使用 NIL 报文段比虚报文段更有效。

跳跃启动算法的处理流程与突发启动算法相同,仅用 NIL 报文段代替了虚报文段。

急速恢复算法的目的是进一步提高链路错误率较大情况下系统的吞吐率。

⑤ TCP-Swift:TCP-Peach 的改进 2

Kui-Fai Leung 和 Kwan L. Yeung 在深入研究了 TCP-Peach 方法后,认为 TCP-Peach 中的虚报文段传输降低了网络的效率,而且高速恢复后收到的数据报文段确认信号所包含的信息也未得到充分利用,因此,他们提出了基于 TCP-Peach 的改进传输协议,称其为 TCP-Swift。

TCP-Swift 使用未确认报文段(Outstanding Segment)代替了 TCP-Peach 中的虚报文段;使用迅速启动(Speedy Start)和迅速恢复(Speedy Recovery)算法取代了突发启动和高度恢复算法。

与虚报文段仅是最后一个发送报文段的复本不同,未确认报文段是从已发送而未收到确认的报文段中随机选择出来的。因此,它可以作为已发送报文段的替补,在已发送报文丢失时给予接收端额外的恢复能力。

迅速启动与突发启动的算法完全一致,如图 8-8 所示,差别仅在于迅速启动发送的是未确认报文段而突发启动发送的是虚报文段。

在 TCP-Peach 中,在高速恢复完成后进入一个长度为 1 个 RTT 的窗口扩展期,在此窗口扩展期内,直到接收到 CWND0/2+1 个虚报文段确认信号时才开始增加其拥塞窗口。实际上,此期间接收到的数据报文段确认信号(在高速恢复阶段发送的数据报文段)的确说明了网络仍然有可用资源,因此,在接收到数据报文段的确认信号时,拥塞窗口应当增加。迅速恢复算法中引入了拥塞窗口增加功能,在窗口扩展期内,每收到一个数据报文段的确认信息就将拥塞窗口增加 1 个报文段,而收到未确认报文段确认信息的处理和 TCP-Peach 中接收虚报文段的处理方式相同。迅速恢复能够更加主动且快速地增大其拥塞窗口,充分利用网络资源。

仿真分析表明,TCP-Swift 在网络吞吐率性能和协议公平性方面均优于 TCP-Peach 和 TCP-Peach+。

(4) SCPS-TP

空间通信协议标准-传输协议(SCPS-TP)是由 NASA JPL 和空间数据系统咨询委员会(CCSDS)提出并标准化的一种传输协议。SCPS-TP 针对标准的 TCP 协议在空间通信中存在的问题进行了一系列的扩展和改进,同时保持了与 IP 协议的完整互操作性。SCPS-TP 已经成为美国军用标准(MIL-STD-2045-44000)和国际标准化组织的标准(ISO 15893:2000)。

SCPS-TP 针对卫星通信,采取的主要技术包括:

- 时标(Timestamp)和窗口缩放(RFC1323);
- 往返程时间测量(RFC1323);
- 序号重叠保护(RFC1323);
- 选择性否定确认(基于 RFC1106);
- 包头压缩(基于 RFC1144);
- 低丢失拥塞控制(Vegas)或可选的无拥塞控制;
- 错误响应。

① 包头压缩

SCPS-TP 采用包头压缩技术使得 TCP 包头的大小减小了 50%。通过对会话期间包头中保持不变的元素的汇总和消除与发送的各报文段无关的信息,包头压缩在有限带宽时非常有效。包头压缩在传输层而不是在数据链路层进行,使得压缩和扩展对于源端和目的端独立。

② 选择性否定确认 SNACK

SNACK 是一种否定确认方式,要求发送端立即重传指定的数据报文段。在标准的 TCP 协议中,需要等待 3 个重复确认信号才启动重传,SNACK 使得发送端可以立即重传所有指定的丢失报文段。在一个传输窗口内发生多次丢失,或者在非对称信道上确认频率较低的情况下,很难接收到足够的重复确认信号,此时 SNACK 可以使得发送端快速地重传丢失报文段,提高链路的利用率。

③ 拥塞控制

SCPS-TP 中,拥塞控制是可选的。如果采用了拥塞控制,则可以选择使用标准的 TCP 拥塞控制策略或 TCP-Vegas 的低丢失拥塞控制策略。

TCP-Vegas 可以检测网络的有效带宽,而且不会像标准的 TCP 那样重复地出现丢失。TCP-Vegas 不会连续地增大拥塞窗口,而是试图通过比较测定吞吐率和期望吞吐率来检测首次的拥塞。当测定吞吐率和期望吞吐率差别很大时,就意味着如果不采取适当的措施,网络将会发生拥塞。当差别超过设定的门限,TCP-Vegas 的传输速率降低。如果差别是可接受的,则按常规方式增大传输速率。因此,TCP-Vegas 的传输速率在最佳速率附近变化,而在标准 TCP 中速率则会经历幅度惊人的变化。

④ 错误响应

SCPS-TP 能够区别错误丢失与拥塞丢失。错误的出现可以由层间信令或管理信息查询来判断。如果一个连接中某端收到了错误发生的指示,则发送一个错误发现选项给对等层。一旦收到一个错误发现选项,则假设由错误引起的包丢失或持续 2 个往返程时间,或持续到接收到附加的链路状态信息为止。如果包丢失由错误引起,发送端将重传丢失的报文段,并保持发送速率。

(5) STP

与 TCP 类似,卫星传输协议 STP 为各种应用提供可靠的、面向字节流的数据传输服务。STP 的自动重传请求(ARQ)机制使用选择性否定确认而不是 TCP 中采用的肯定确认,因此只有接收端明确要求的报文被重传。与 TCP 不同的是,报文没有对应的重传计时器。

STP 与 TCP 最大的区别是使得 STP 能够在非对称网络中提供优良性能的特征,它们是两种协议确认数据的方式。TCP 的确认是数据驱动的。典型的 TCP 接收端每收到 2 个报文段发送 1 个确认信号。虽然在连接建立后这有助于加速窗口的增大,但当窗口较大时,也会带来大量的确认业务量。在 STP 中,发送端周期性地要求接收端确认已成功接收的所有数据,接收端检测到的包丢失被否定确认明确地指出。这两种策略的结合,使得包丢失很少时反向链路的带宽需求量较低,并加快丢失发生时的恢复速度。

STP 使用 4 种基本包类型来传输数据(不包括连接建立和拆除时使用的包类型)。

编序数据(Sequenced Data)包由可变长的用户数据报文段,加上 24 比特序号的校验和构成。未确认的编序数据包都存储在缓冲器中,并使用时标(Timestamp)指示该数据报最近一次发送的时间。编序数据包不包含控制数据。

STP 中发送端和接收端使用轮询(POLL)消息和 STAT 消息来交换控制信息。发送端周期性地发送轮询包给接收端,轮询包中携带即将发送的编序数据包的时标和序号。接收端发送 STAT 消息来应答轮询包。STAT 消息中携带对时标信号的响应,包括缓冲器中最早成功接收到的编序数据包的时标,以及序号空间中的缺口列表(序号空间即接收到的包序号的有序排列,未正确接收的包在序号空间中对应的位置产生 1 个缺口)。STAT 消息的概念与 TCP SACK 的选择性确认相似,只是 STAT 消息通告了接收端缓冲器的所有状态,而 TCP SACK 中仅通告最近的 3 个丢失。由于 STAT 消息包含接收端的完整信息,STP 协议对轮询包和 STAT 包的丢失具有较强的"健壮性"。

第 4 种基本包类型称为自发 STAT(USTAT)包。USTAT 包实现数据驱动的显式否定确认。接收端使用 USTAT 包来实时通告接收数据包的丢失而不用等待轮询包。这使得轮询包和 STAT 包的交换能够以较低的频率(在长往返程时间时,典型的频率为 2 或 3 个往返程时间 1 次)进行。在包顺序的完整性有保证的网络中,一旦接收包的序号超过期望的接收包序号,就发送 1 个 USTAT 包。如果网络支持包的重新排序,则在收到失序包时,应时延 USTAT 包的发送,直到能够判定包已经丢失而不仅是被网络重新排序。如果 USTAT 包发送太早,仅造成少量多余重传的代价。USTAT 包是否定确认的初级形式,STAT 包则一次性恢复所有的次级包丢失。

STP 的基本操作如图 8-11 所示。图中仅给出了单向数据传输的情况,并假设包顺序的完整性是有保证的。

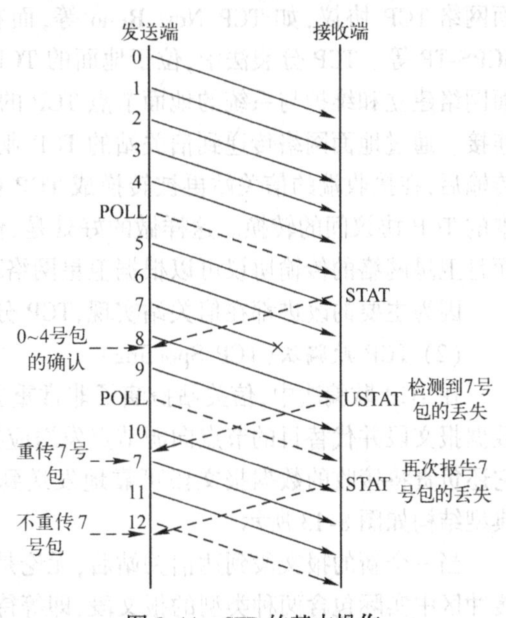

图 8-11 STP 的基本操作

图 8-11 中,发送端发送一系列具有连续编号的包,在编序数据包 4 发送后,接着发送 1 个轮询包(由于轮询计时器的超时或到达新数据包的发送门限)。轮询包通告接收端准备接收序号为 5 的数据包,因而接收端知道应该已经接收了序号为 0~4 的数据包。如图 8-11 所示,由于发送的数据包都被正确接收,接收端返回 1 个 STAT 包来确认已经接收的包,包括 4 号包。在轮询包后,发送端接着发送序号为 5~9 的包,但 7 号包丢失。接收端在接收到 8 号包后发现包丢失,立即使用 USTAT 包来要求重传 7 号包。在收到 USTAT 包之前,发送端再一次发送轮询包。在接收到 USTAT 包后,发送端立即重传 7 号包,并接着发送新的数据包,随后又接收到报告 7 号包丢失的 STAT 包。STAT 包中的时标使得发送端能够判定重传的 7 号包还没有到达接收端,由此可以避免不必要的重传。如果 7 号包再次丢失,下一个 STAT 消息将提示第二次的重传。

2. 基于中间件的解决方法

基于中间件的解决方法违背了标准 TCP 协议的端对端连接特性,其核心思想是利用性能增强代理将网络中的长时延和高错误率部分与其余部分隔离,通过在长时延和高错误率部分使用专用的协议来增强系统性能。这一类方法也被归纳为性能增强代理(PEP)技术。

对于卫星网络而言,基于中间件的解决方法的卫星网络拓扑结构如图 8-12 所示。

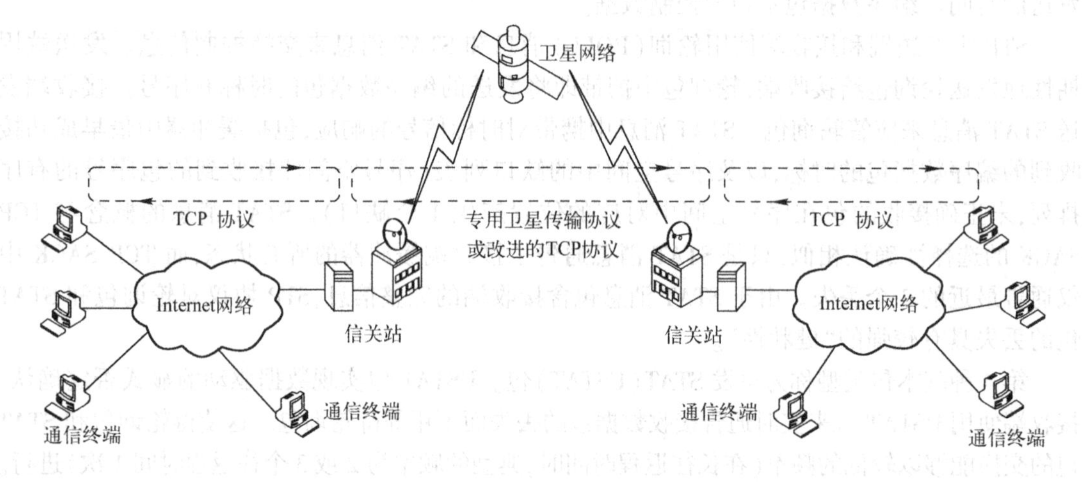

图 8-12　基于中间件的解决方法的卫星网络拓扑结构

(1) TCP *分裂法*(TCP Splitting)

TCP 分裂法将整个通信系统分为卫星段和非卫星段两部分,在非卫星段中采用标准的地面网络 TCP 协议,如 TCP New Reno 等,而在卫星段采用专用的卫星传输协议,如 STP 和 SCPS-TP 等。TCP 分裂法中,位于地面的 TCP 信关站是一个非常重要的组成部分,它通过地面网络建立和维护与系统的地面节点 TCP 的连接,通过卫星网络建立和维护与远端信关站的连接。通过地面网络传递到信关站的 TCP 业务被转换成专用传输协议的格式,通过卫星网络传输后,在接收端的信关站再被转换成 TCP 业务。在某些情况下,信关站仅需要完成不同版本的 TCP 协议间的转换。这样做的好处是,使卫星网络作为一个独立网络对外部网络透明,而且卫星网络的传输协议可以根据卫星网络环境做很好的优化。

因为主要的改进都在信关站实现,TCP 分裂法无须修改终端用户的 TCP 协议栈。

(2) TCP *欺骗法*(TCP Spoofing)

在 TCP 欺骗法中,信关站扮演了非常重要的角色。作为一个欺骗代理,它接收源节点的数据报文段并代替目的节点向源节点发送应答信号,使得源节点可以更快地发送数据,同时,它还负责将接收的数据报文段可靠地发送到真正的目的节点。TCP 欺骗法中信关站的一种典型结构如图 8-13 所示。

当一个新的报文段到达信关站后,无论是否立即发送,都保存在数据业务缓冲区中。数据缓冲区中实际包含两种类型的报文段,即等待发送的报文段和已发送等待确认的报文段。等待发送的报文段在被发送后仍然留在缓冲区内,成为已发送等待确认的报文段。同时,该报文段促使确认信号发生器产生一个欺骗确认信号,并送到确认信号缓冲区暂存,在确认信号控制器的管理下发送给源节点。当某个报文段的确认信号被接收时,缓冲区控制器删除数据业务缓冲区内的对应的报文段。

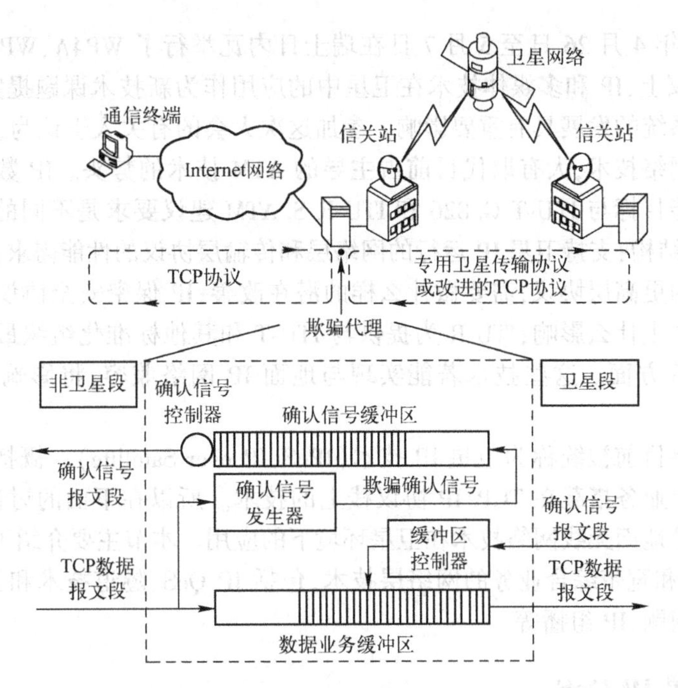

图 8-13　TCP 欺骗法中信关站的一种典型结构

由于非卫星段和卫星段之间的传输时延和误码性能上的差异，很容易造成数据在信关站的数据业务缓冲区中的累积，而形成系统“瓶颈”，严重影响系统性能。另外，当卫星链路经历中断和强衰落时，发送的报文段将全部丢失，而源节点并不能察觉这样的情况并继续发送报文段，很容易造成数据业务缓冲区的溢出。

因为主要的改动都在信关站实现，TCP 欺骗法无须修改终端用户的 TCP 协议栈。

(3) 基于中间件的解决方法的问题

在基于中间件的解决方法中，信关站中每个连接所需的缓冲区数量大约为卫星链路带宽时延积的 2~3 倍，再加上处理所需的开销，每个有效的连接约需要 200~500 KB 的内存。在支持大量的用户连接时，所需的资源就价值不菲了。

从体系结构的观点出发，基于中间件的解决方法非显式地使用了性能增强代理（信关站），破坏了传输协议的端对端特性。信关站为网络引入了单点故障特性，因为一个 TCP 连接的所有报文段都必须经过特定信关站的路由而没有其他可代替的路由选择。

如果采用了 IP 层加密和认证协议，则信关站必须有相应的解密和认证的能力，这就要求信关站成为系统的“可信赖设施”。即使如此，信关站在 IP 层使用加密和认证协议时的协议转换效率也是很低的。在信息安全越来越重要的时代，这些问题也越来越限制了该类方法的使用。

8.4　卫星 IP 技术

TCP/IP 协议集在卫星系统中的应用早在 20 世纪 70 年代就由 SATNET 做了首次实验。只不过当时的卫星是具有透明转发器的卫星，目的在于考察卫星对分组业务的传输情况。直到 1997 年人们才开始认真地研究如何用 TCP/IP 协议栈构造完整、独立的卫星网。ITU-R 第四研究组于1999年4月26日至5月7日在瑞士日内瓦举行了WP4A、WP4B、4SNG、SG4会议。在WP4B会议上,IP和多媒体技术在卫星中的应用作为新技术课题提案获得了通过,这对卫星宽带通信系统的发展具有重要影响。参加这次大会的有关人士认为,IP很有可能成为未来的主要通信网络技术,大有取代目前占主导的ATM技术的势头。IP数据包通过卫星传输的可用度和性能目标与ITU-T G.826和ITU-R S.ATM建议要求是不同的。关键技术研究包括卫星IP网络结构;支持卫星IP运行的网络层和传输层协议的性能需求;IP层协议或能加强卫星链路性能的更高层协议,需要做什么样的潜在改善;IP保密安全协议及相关问题对卫星链路的要求将产生什么影响;ITU-R为提供与ITU-T和其他标准化组织最合适的联络应做出什么样的安排等方面。这些技术若能实现与地面IP网络兼容,将影响卫星通信业务的变革。

这些研究成果目前被统称为卫星IP技术(IPoS,IP over Satellite)。概括来说,卫星IP技术就是将各种卫星业务搭载在TCP/IP协议栈上的技术。所以在下面的讨论中,有很多技术都是有线网络或是地面无线网络技术在卫星环境下的应用。本节主要介绍卫星通信系统用于支持Internet业务和宽带综合业务的网络层技术,包括IP QoS、隧道技术和异构网络互连、与星座有关的路由问题、IP组播等。

8.4.1 卫星IP QoS

Internet技术的最新发展和网络多媒体业务的广泛应用使终端用户对于服务质量(QoS)有了一定的要求。这就需要研究相应的技术、工具和设备来实现QoS管理。不同的功能面有不同的管理机制。如果只是就网络层来看基于IP的QoS管理机制,有两种方法,其一是有差别服务(DS,Differentiated Services),通过配置优先权域来区分服务质量和服务种类;其二是资源预保留协议(RSVP,ReSerVation Protocol),它是依靠信令来预保留带宽,从而满足一定的服务质量。

在宽带多媒体卫星通信网中,这些控制机制可能会因为卫星链路的一些固有特性而遭到损害,比如静止轨道卫星的长的往返程时延(Round-trip Delay)。

意大利国家电信联盟(CNIT-Italian National Consortium for Telecommunications)从1999年开始启动一个项目——"在分层卫星网络上的多媒体集成"(ASI-CNIT Project),主要研究视频和语音丢包率、抖动和传输率对QoS的影响,以及RSVP的作用。该项目的实验环境包括3个通过卫星互连的异地局域网,接入设备包括1个Ka频段的卫星设备及1个备用的ISDN设备。该项目采用资源预保留技术,并采用Mbone工具实现视频和语音传输。

远程教学是宽带多媒体的一个重要的应用环境。因此,组播方式将成为一种主要的数据流控制方式。从协议来看,主机使用IGMPv2来加入组播组,而网络中的路由器则使用PIM协议实现管理。预保留方式的使用涉及三个方面的问题,一是该为不同优先权的服务预留多大的带宽;二是组播方式下的隧道融合;三是用于RSVP的带宽应占总带宽的多少,剩余多大带宽以利于FTP类的业务使用。

最理想的宽带卫星通信系统应该可以无缝地接入基于IP或ATM的地面网络。这样可以利用卫星和地面网络各自的优点来更好地在多点之间实现大的多媒体文件的传送。

8.4.2 隧道技术

当一个分组A被封装并作为载荷在另一个分组B中携带时,分组B就称为隧道分组,分组 A 称为原始分组。在隧道分组的信源和信宿之间的转发路径就称为一条隧道(Tunnel)。隧道开始或终止的节点称为隧道端点(Tunnel End-node)。原始分组被封装的隧道端点称为隧道入口(Tunnel Entry-point),原始分组解除封装的隧道端点称为隧道出口(Tunnel Exit-point)。这种技术就被称为隧道技术(Tunnelling)。隧道技术往往用于使分组路由通过异种网络传送到接收方,也常用于在不改变现有 Internet 的基础上支持新的网络功能。

用一个类比可能会使隧道的概念更清晰。假如某人驾车从法国巴黎开往英国伦敦(见图 8-14),在法国境内,汽车自己行驶,但当它到达英吉利海峡时,汽车被装上快速列车通过海底隧道远行到英国(不允许汽车直接穿越海底隧道),汽车被当成货物一样运输。到了另一端汽车又开上了英国的道路,并再次自己行驶了。通过外地网络的分组隧道正是以类似的方式工作的。

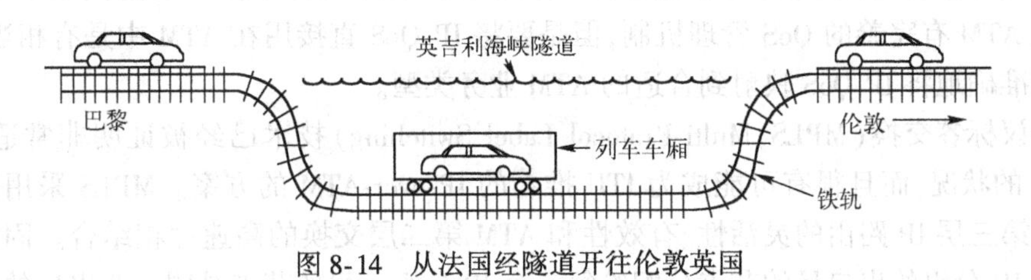

图 8-14　从法国经隧道开往伦敦英国

宽带卫星 IP 网络可能将隧道技术用在以下方面:

- 将孤立的地面主机通过卫星接入 Internet 或与其他孤立的地面主机或网络相连接。
- 小路由器利用隧道技术将其自身所在的局域网(LAN)通过卫星接入到地面 Internet 或与其他地面主机/网络相连。

从 IP 层来看,宽带卫星 IP 网络的拓扑结构如图 8-15 所示。

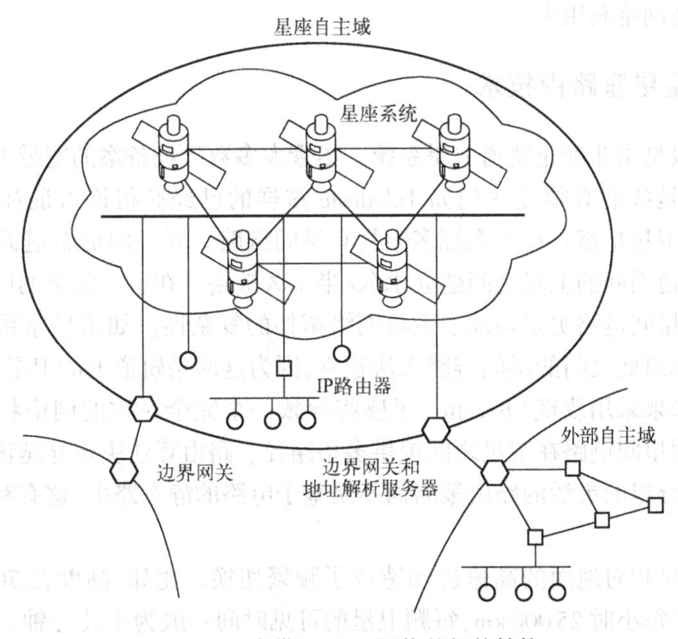

图 8-15　宽带卫星 IP 网络的拓扑结构

与在地面 Mbone 和 6Bone 中应用的隧道技术不同的是,用在宽带卫星 IP 网络中的隧道是永久隧道,而非临时性的。

8.4.3 异构网络互连

一个完全支持 IP 路由的系统可以很好地支持 IP 业务,但是却不一定能很好地支持非 IP 业务,如 ATM 分组和帧中继分组。如果在无线和卫星 ATM 网络中传送大量的 IP 业务,那么 ATM 应能提供低层的协议来支持 IP 分组。IP 和 ATM 异种网络的互连产生了一系列问题,特别是在 IP 组播路由和 QoS 管理方面。

解决在 ATM 中进行 IP 组播的一个方案是,采用组播地址解析服务器(MARS, Multicast Address Resolution Server),MARS 将 IP 组播地址映射成 ATM 服务器地址。但是 MARS 系列方案并不支持移动性管理,因此很难把 IP 组播中的参数完全映射到 ATM 路由表中。

虽然 ATM 有完善的 QoS 管理机制,但是要将 IP QoS 直接用在 ATM 中是有相当困难的,因为很难准确地将 IP QoS 映射到合适的 ATM 业务类型。

多协议标签交换(MPLS, Multi-Protocol Label Switching)技术已经被证明非常适合于 IP-over-ATM 的状况,而且很有可能成为 ITU 推荐的 IP-over-ATM 的方案。MPLS 采用标签交换的模式将第三层 IP 路由的灵活性、有效性和 ATM 第二层交换的高速性相结合。固定大小的标签根据 IP 分组的出口目的节点分配给每一个 IP 分组。目的节点是同一个出口的分组都穿过同一个标签交换路径(LSP, Labeled Switch Path),这个 LSP 绑定到一个等效的第三层路由路径。IP 分组沿 LSP 路由时,沿途的每一个支持 MPLS 的 ATM 交换机都根据标签迅速地将分组分发到合适的出口,查找的开销很小。标签交换是根据标签分发协议(LDP, Label Distribution Protocol)进行的。LSP 可以用预保留方式预先建立,也可以在初始化一个数据流的第三层 IP 路由时建立,并可以随路由表的变化而变化。采用 MPLS 的另外一个好处是,MPLS 支持有限制条件的路由,选择长但是负载轻的路径而不是最短但负载最大的路径,有利于避免拥塞和提高网络利用率。

8.4.4 卫星星座路由技术

星座系统一般是指非静止轨道卫星系统。尽管大多数已经备案的宽带卫星系统都采用了静止轨道星座,但是我们必须注意到如 Teledesic 这样的已经获得许可证和分配了频段的系统,却采用了低轨卫星星座。星座系统多半具有星间链路。同一圆形轨道面内卫星之间建立永久链路,相邻轨道面间的卫星之间建立永久/半永久链路。在这一复杂的网格状星座系统中有切换的问题,而星间链路更是增加了卫星网络拓扑的复杂性。如果星座系统采用极轨道星座将导致有逆行轨道面之间的星间链路无法建立,因为这两条轨道上的卫星是反方向运动的,相对速度太快。如果采用玫瑰(Rosette)星座将导致一个完全对称的网格状网络拓扑。这两种星座都可以利用星间链路在卫星之间提供多条路径。路由算法决定穿越该卫星网的最佳路径,应该采用基于分组的灵活的路由策略而不是基于电路的静态路由,这有利于利用星座系统的冗余路由。

另外,低轨卫星相对地面的高速运动造成了频繁切换。比如,高度在 700 ~ 1400 km 的卫星的掠地速度大于每小时 25 000 km,每颗卫星的可见时间一般为十几分钟。路由因为拓扑的高速变化和切换的频繁导致了很多特殊的问题。地面网的 Internet 路由协议,如开放式最短路径优先(OSPF,Open Shortest Path First)和路由信息协议(RIP,Routing Information Protocol),需要在任何连接拓扑变化时交换全部网络拓扑信息。在低轨卫星系统中,拓扑信息的改变如此之快,不可能做到快速地更新全网信息,所以不能把卫星看成常规的Internet路由器。星座系统的拓扑结构有其自身的特点和规律,应当充分利用这些特点:

- 由于星座运行的有规律性,拓扑结构变化具有可预言性。
- 利用回归星座时,空间段呈周期变化。
- 卫星网络节点的数目固定。

由于这些特点,星座系统的路由是极具动态性而又有确定变化规律的,这也是为什么自组织网络(Ad Hoc network)的路由策略并不适用于IP星座系统的原因。根据这些特点,目前有如下一些策略。

(1) 动态虚拟拓扑路由

其基本思想是利用星座拓扑的周期性和可预测性来优化路由。该算法将一个星座系统周期 T 分成若干个时隙,每一个时隙都足够短,可以认为在一个时隙内每一条星间链路的权值不变。星间链路的权值可以根据卫星间的距离、激活状态的持续时间、几何位置或其他因素来计算。针对每一个时隙,地面可以把卫星拓扑结构看成固定的,运用诸如Dijkstra最短路由算法来计算任意两颗卫星之间的最优路径。然后将每一个时隙的路由信息向所有的卫星广播。其他路由算法也是可以采用的,如路由优化目标是减少一次呼叫中的星间切换次数。这种基于路径的策略的实质是将卫星的移动性屏蔽起来,使全网可以使用标准的面向连接的网络协议,如ATM就可以运用于星座系统中。

(2) 虚拟节点路由

虚拟节点路由是利用星座拓扑变化的规律性来屏蔽卫星的移动性。该方法将地球表面位置固定的一片区域作为一个固定虚拟点。每个虚拟点含有该地区内所有地面星座用户的信息和有关的路由信息。在星座用户看来,他们只是和这个虚拟点通信,从而可以使用通用协议。每一个虚拟点在任何时候由覆盖其上空的一颗卫星具体担任。当该卫星离去,用户需要切换时,该虚拟点的路由表或信道分配信息被依次传送给下一颗覆盖该区域的卫星。因此,路由是在一个固定的虚拟网中进行的。这是一种不基于路径的策略。上述两种策略都是屏蔽卫星拓扑变化的策略,我们还需要重点考察基于卫星拓扑变化的路由策略。

(3) 基于拓扑变化的路由策略

这类路由策略需要明确知道卫星拓扑的变化,要求任何两个通信主站之间有一条路径,而且没有环路。所以这类路由策略随着卫星星座的不同而不同。如覆盖区切换路由协议(FHRP,The Footprint Handover Routing Protocol)就是一个可用于多种类型星座的基于拓扑变化的路由策略。

8.4.5 卫星网络组播技术

在卫星这种具有长的传输时延的通信系统中,有效地提高信道利用率一直是我们的努力方向。组播(Multicast)协议是目前运用于具有广播能力的网络中的一种IP层协议,它能够有效地提高信道利用率。在具有宽覆盖范围的卫星通信网中,实现组播的可靠传输已经成为一个应用和研究的热点。

一个具有星间链路的星座系统由地面段和空间段两个部分组成,是一个空地统一的系统。其空间段具有足够大的传输容量,因为采用宽带微波或激光的星间链路有足够的带宽。而地面段的光纤链路的容量也很大。“瓶颈”出现在连接地面和太空的无线接口部分。如果可以用组播将所需内容发送到广大地区的若干地面终端，就可以避免通过有限的无线接口来建立多个虚电路来复制和发送分组。IP 组播必须建立在本地网络具有 IP 路由和支持 IP 组播的基础之上，否则，IP 组播就难以实现。这样说的原因是，虽然采用隧道的方式可以使分组穿过任意类型的网络，但是一些特殊应用如组播就不能这样简单处理了，而需要复杂的路由支持。

组播技术覆盖了网络的许多领域，包括视频和远程会议、多媒体简报、新闻发布及远程教育等。到目前为止组播是基于无连接的。但是随着业务需求的变化，需要在组播应用系统中加入必要的控制来提供 QoS。这包括对安全级别、带宽、时延、抖动、误码率、成本等服务参数的控制。卫星 Internet 和多媒体业务的发展使得卫星通信网需要组播技术来支持其新业务的开展。

8.4.6 现有卫星 IP 技术简介

目前，主要有两种技术来实现卫星 IP 业务：一种是基于现有的 DVB(Digital Video Broadcasting)技术，另一种是基于 S-UMTS(Satellite Universal Mobile Telecommunication System)技术。

1. 基于现有 DVB 技术的卫星 IP 通信系统

现有的 DVB 技术规定了应用 MPEG-2 技术来实现数字卫星广播。第一代的 DVB 系统是单向系统。用户的请求消息是通过地面线路发送的。这种做法有很多缺点。目前正在研究第二代 DVB 系统，便携用户终端可以同时拥有无线收发功能。它具有用户访问信道(从用户终端到中心站)，其速度可变并有支持语音通信的能力。

日本 NTT 无线实验室提出了基于第二代 DVB 系统的卫星 IP 组网方案，其基于 DVB 的卫星 IP 通信系统结构如图 8-16 所示。卫星系统主要由中心地面站(CES)和便携用户站(PUS)组成。地面中心站由网关、发射设备、接收设备和接入服务器组成。一台便携用户终端(PUT)包括一副天线、收发设备和一台 PC。这种用户终端既可以接入卫星网，也可以接入地面有线网。表 8-3 所示为日本 NTT 无线实验室提出的无线子系统参数。为了满足用户访问信道的 *C/N* 值要求及对便携用户终端的 EIRP 限制，该方案采用了码分多址技术，利用了扩频的抗干扰特性。计算表明，采用这种方式，一个 54 MHz 的转发器可以容纳 256 个数据率为 9.6 kb/s 的用户同时通信，而且干扰程度不超过 ITU-R Rec. S. 524 和 S. 728 中规定的门限。

表 8-3 日本 NTT 无线实验室提出的无线子系统参数

频　段	Ku
带宽	54 MHz
数据率	前向：9.6 kb/s；反向：8 Mb/s
外码	Reed-Solomon(188/204)
内码	卷积码($R=1/2, k=7$)
调制方式	QPSK
多址方式	前向：TDMA；反向：SS-FDMA

由于信道的非对称性，所以在协议与帧结构上用户访问信道和广播信道有所不同。广播信道指 CES 经卫星到 PUT，采用卫星链路 TDMA 8 Mb/s×1 个信道；用户访问信道指 PUT 经卫星到 CES，即卫星链路 SS-FDMA 9.6 kb/s×256 个信道，也可以采用地面线路(PSTN、ISDN 等)，其基于 DVB 的卫星 IP 通信系统协议堆栈如图 8-17 所示，基于 DVB 的卫星 IP 通信系统帧结构如图 8-18 所示。

对于广播信道(见图 8-18(a))，地面中心站(CES)将 IP 包封装入 ATM 信元(采用 AAL5 适配层)，经复接，再放入符合 MPEG2-TS 标准的卫星帧中，再复接。便携用户站接收发向自己的 MPEG2-TS 帧和 ATM 信元。PUS 从 ATM 信元中解出原 IP 包交付给用户终端的 PC 处理。在

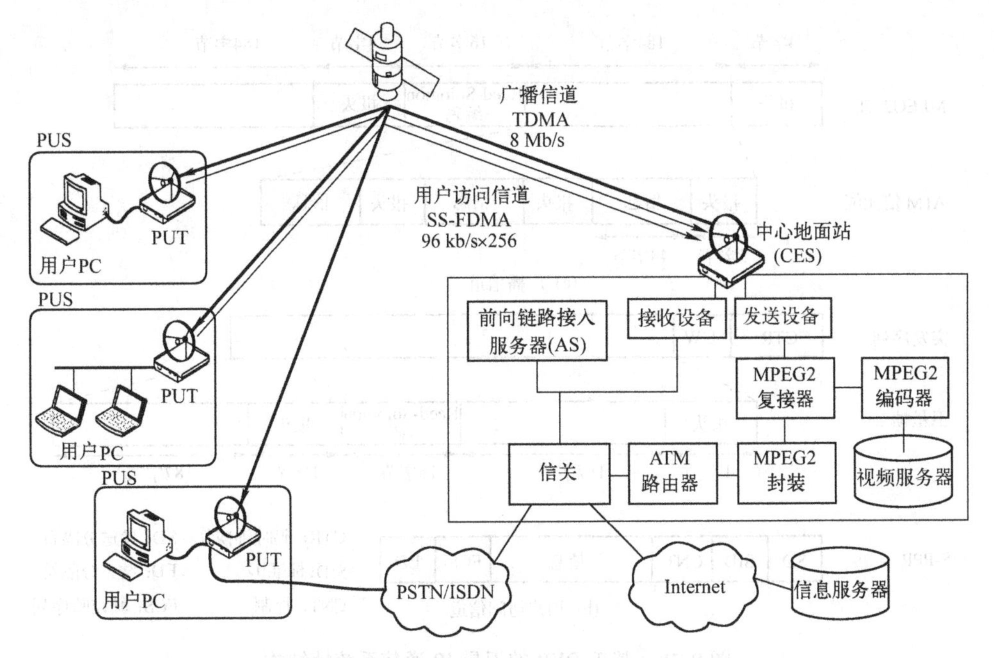

图 8-16　基于 DVB 的卫星 IP 通信系统结构

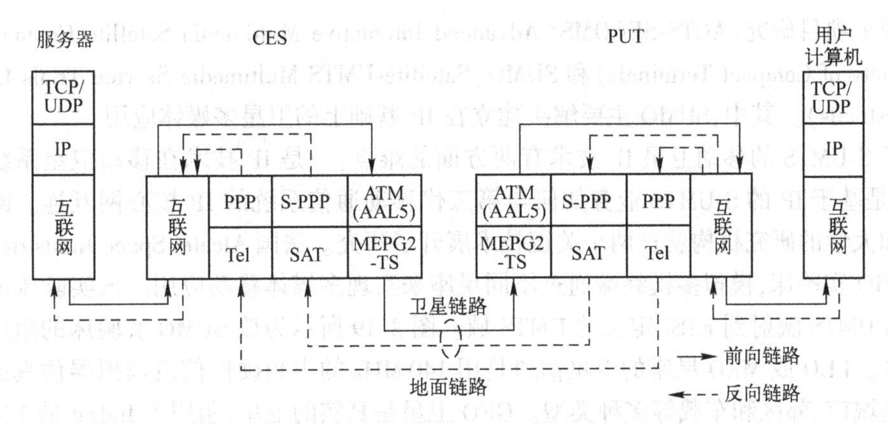

图 8-17　基于 DVB 的卫星 IP 通信系统协议堆栈

用户访问信道(见图 8-18(b))中,由于 ATM 的开销较大,所以没有采用 ATM 信元,而是在卫星帧中封装了一种基于点到点协议的扩展 PPP (S-PPP) 分组。

用户访问接入控制采用了一种经过简单改进的 ALOHA 机制,以增大 TCP 流通量。

目前,这种基于 DVB 构建 IP 卫星网的方式得到了广泛的关注。美国军方打算利用它构建 GBS(Global Broadcast Service)第二阶段系统,用于战场信息的直播和实现有限的交互,并向便携终端用户提供各种 Internet 业务。

基于 DVB 构建 IP 卫星网的方式基本上只能用于静止轨道卫星系统,而且没有考虑移动性和管理的问题。如果采用星座系统,而且需要很好地支持移动终端,那么可以采用基于 S-UMTS的移动卫星 IP 系统。

2. 基于 S-UMTS 的移动卫星 IP 系统

以欧洲为首的 3GPP 研究组织希望可以在卫星 UMTS 上实现支持移动的 IP 业务。他们

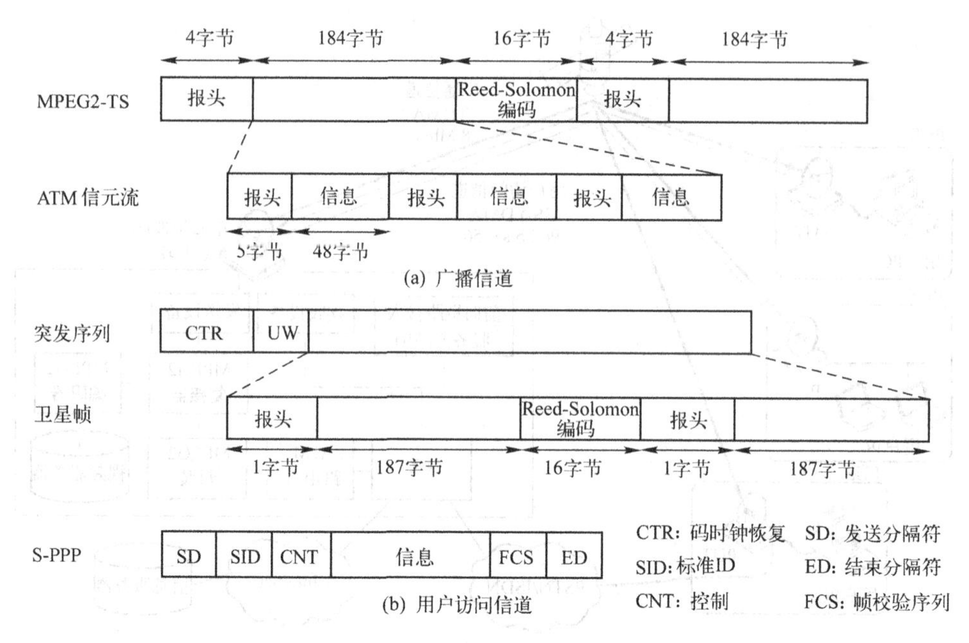

图 8-18 基于 DVB 的卫星 IP 通信系统帧结构

开展了两个项目研究:ACTS-SECOMS(Advanced Interactive Multimedia Satellite Communications for a Variety of Compact Terminals)和 SUMO(Satellite-UMTS Multimedia Service Trials Over Integrated Testbeds)。其中,SUMO 主要解决建立在 IP 基础上的卫星多媒体应用。

基于 S-UMTS 的移动卫星 IP 技术有两方面的难点:一是 IP 技术在移动卫星系统中如何应用,二是基于 IP 的 S-UMTS 业务如何与第三代移动通信系统的 IP 核心网互连。欧洲的很多公司和大学的研究机构就这两个关键技术展开了研究。法国 Alcatel Space Industries 建立了一个 SUMO 实验床,模拟多模终端通过不同星座来实现多媒体移动应用。该实验床的基本原理是将 S-UMTS 映射到 ETSI 定义的 UMTS 域。图 8-19 所示为该 SUMO 实验床的组成原理和映射关系。LEO 或 MEO 星座的卫星信道是用 140 MHz 的中频硬件信道模拟器仿真的。信道模型包括城市、郊区和车载等多种类型。GEO 卫星是真实的卫星,租用了 Italsat 的 EMS 载荷。第三代移动通信系统的 IP 核心网使用 ATM 交换机。本地交换具有智能网(IN)功能,可以提供漫游和切换服务。

实验结果表明基于 W-CDMA 的 S-UMTS 更适合于星座系统。因为,第一,星座系统的时延小,适合高速的交互业务;第二,由于采用了 3GPP 的 FDD 模式,星座系统更容易采用信道分集技术;第三,多星非静止轨道系统使地面终端受遮蔽的概率大大减小;第四,W-CDMA 容易在波束之间或星间实现软切换。

实验床证明可以实现 144 kb/s 的双向信道,码片速率为 4 Mb/s,带宽为 4.8 MHz。Rake 接收可以很好地应用在星座系统的 S-UMTS 中。

英国 Bradford 大学的卫星移动研究组提出了一个较完整的基于 S-UMTS 的移动卫星 IP 系统的协议堆栈,如图 8-20 所示。物理层和 MAC 层采用同步 CDMA,工作在 Ka 频段,卫星具有星上再生处理功能。英国 Surrey 大学和马可尼(Marconi)空间公司的一些研究人员定义了 S-UMTS多媒体 CDMA 静止轨道卫星的载荷组成。移动台上下行链路的主要参数分别见表8-4 和表 8-5。

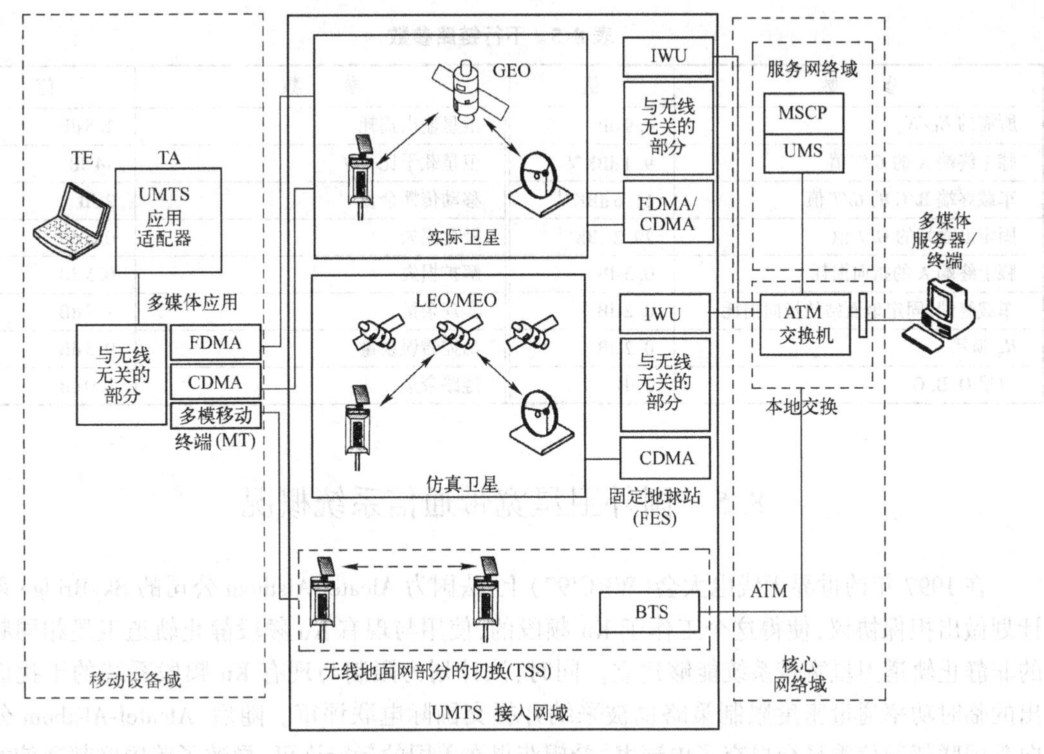

图 8-19　SUMO 实验床的组成原理和映射关系

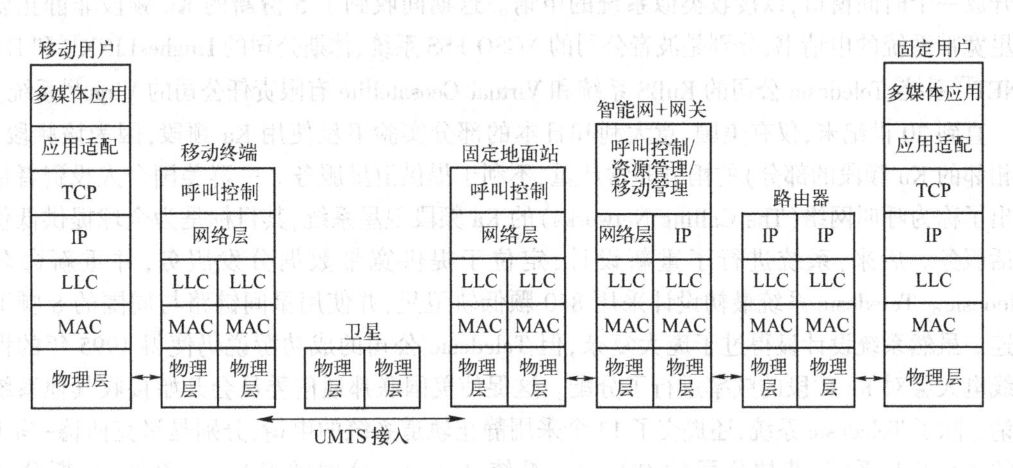

图 8-20　基于 S-UMTS 的移动卫星 IP 系统的协议堆栈

表 8-4　上行链路参数

项　目	膝上终端 A	车载终端 B	车载终端 C	固定地面站	合　计
最大功率(W)	3	4.9	16.5	61.5	—
平均功率(W)	2.1	3.7	13.3	18.8	—
码长	16	8	8	8	—
载波带宽(MHz)	2.78	4.45	17.81	17.81	—
每波束最多载波数	10	7	4	10	31
带宽(MHz)	27.8	31.2	71.2	178.1	308.3
总载波数	113	93	55	100	361

表 8-5　下行链路参数

参　数	值	参　数	值
所需的 E_b/N_0	4.9 dB	卫星输出损耗	1.5 dB
膝上终端 A 的 G/T 值	9.4 dBK^{-1}	卫星载干比 C/I	14 dB
车载终端 B/C 的 G/T 值	11.6 dBK^{-1}	移动传播余量	2 dB
固定地面站的 G/T 值	29.2 dBK^{-1}	极化损失	0.5 dB
膝上终端 A 的指向损耗	0.3 dB	解扩损失	0.5 dB
车载终端、固定地面站的指向损耗	0.2 dB	实现余量	1.7 dB
R_x 损耗	0.2 dB	功控错误余量	0.5 dB
卫星 O.B.O	2 dB	链路余量	1.0 dB

8.5　国外卫星宽带通信系统概况

在 1997 年的世界无线电大会(WRC′97)上,法国为 Alcatel-Alsthom 公司的 SkyBridge 系统计划做出担保协议,使得这个工作于 Ku 频段的,使用与现有 Ku 频段静止轨道卫星相同频谱的非静止轨道卫星宽带系统能够建立。同时,该计划为限制与现有 Ku 频段系统的干扰而提出的临时功率通量密度限制策略也被采纳并提交国际电联评审。随后,Alcatel-Alsthom 公司向美国联邦通信委员会提交了申请书,希望获得在美国的运行许可,导致了美国联邦通信委员会开放一个时间窗口,以接收类似系统的申请。这期间收到了 5 份新的 Ku 频段非静止轨道卫星宽带系统的申请书,分别是波音公司的 NGSO FSS 系统、休斯公司的 HughesLINK™和 HughesNET™系统、Teledesic 公司的 KuBS 系统和 Virtual Geosatellite 有限责任公司的 Virgo™系统。

直到 20 世纪末,仅有美国、意大利和日本的部分实验卫星使用 Ka 频段,因为该频段(以及相邻的 Ku 频段的部分)的雨衰非常严重,不利于提供卫星服务。一群美国个人投资者最初提出了称为呼叫网络(The Calling Networks)的 Ka 频段卫星系统,其目标是为全球提供低价的通话服务。后来,系统进行了重新设计,定位于提供宽带数据分发服务,并重新命名为 Teledesic。Teledesic 系统最初设计采用 840 颗低轨卫星,并使用星间链路与周围的 8 颗卫星互连。虽然系统设计显得过于庞大复杂,但 Teledesic 公司的成功游说仍使得 1995 年的世界无线电大会对 Ka 频段的频率进行了分配。这促使美国联邦通信委员会开始接收其他系统的申请。除了 Teledesic 系统,还提交了 13 个采用静止轨道系统的申请,分别是洛克西德-马丁公司的 Astrolink 系统、劳拉公司的 Cyberstar 系统、Echostar 公司的 Echostar 系统、休斯公司的 Galaxy/Sapceway 系统、通用美洲电信公司的 GE * Star 系统、KaStar 卫星通信公司的 KaStar 系统、Motorola 公司的 Millennium 系统、启明星卫星通信公司的 Morning Star 系统、NetSat28 公司的 NetSat 28 系统、Orion 公司的 Orion 系统、PanAmSat 公司的 PanAmSat 系统、VisionStar 公司的 VisionStar 系统和 AT&T 公司的 VoiceSpan 系统。总共 14 个 Ka 频段系统中,有 7 个提供全球或准全球覆盖。后来,AT&T 公司收回了它的系统申请。1997 年 5 月 9 日,美国联邦通信委员会向剩余的 12 个系统颁发了许可证。

在第一轮的 Ka 频段系统获得许可证后,Motorola 公司又提交了 Celestri 系统的建设运营申请,并给美国联邦通信委员会施加了强大的压力,要求得到运营许可,这促使美国联邦通信委员会再次开放接收 Ka 频段卫星系统申请的时间窗口。截至 1997 年 12 月 22 日,除了

Celestri 系统，还有 8 个系统申请，其中采用静止轨道卫星的有洛克西德-马丁公司的 Astrolink Phase Ⅱ系统、休斯公司的 SE 系统、DirectCom 网络公司的 DirectCom 系统和 PanAmSat 公司的 PanAmSat 系统，采用非静止轨道卫星的有@ Contact 公司的@ Contact 系统、休斯公司的 SNGSO 系统、洛克西德-马丁公司的 LM-MEO 系统和 SkyBridge 公司的 SkyBridge Ⅱ系统。

随着技术的成熟和对带宽需求的不断增长，卫星产业投资者们将目光逐渐转向了具有更多可用频谱资源的更高的频段，如 Q/V 频段。1999 年 12 月，Motorola 公司首先向美国联邦通信委员会提交了建设运营 Q/V 频段卫星系统（M-star 系统）的申请，随后，休斯公司也提交了 Expressway 系统的申请。这些促使美国联邦通信委员会开放一个 Q/V 频段卫星系统申请时间窗口。最终，多家美国公司共提出了 16 个 Q/V 频段的系统申请，其中 14 个系统提供全球或准全球（除两极区域）覆盖。

美国联邦通信委员会建议使用的 Q/V 频段频率见表 8-6。美国联邦通信委员会针对静止/非静止轨道卫星 Q/V 频段上、下行链路的频段使用范围给出了建议。

表 8-6　美国联邦通信委员会建议使用的 Q/V 频段频率

	上行频率（GHz）	下行频率（GHz）
静止轨道卫星	47.2~50.2	37.5~40.5
非静止轨道卫星	48.2~49.2	37.5~38.5

静止轨道卫星通信系统分配了 3 GHz的 Q/V 频段带宽，再通过正交极化，能够产生 6 GHz 的等价有效带宽。如此数量的频谱资源使得该分配方法具有相当的吸引力。非静止轨道卫星分配了 1 GHz 的 Q/V 频段带宽，这主要是考虑到非静止轨道卫星通信系统中频率再用率很高的因素。

部分卫星宽带通信系统的主要系统参数见表 8-7，卫星的主要参数见表 8-8。

表 8-7　部分卫星宽带通信系统的主要系统参数

系统名称	工作频段	系统卫星和轨道特征	覆盖范围	预计系统容量*（Gb/s）	星间链路	星上交换	投资（亿美元）
SkyBridge	Ku	20 个轨道面，4 个卫星/轨道面，1469 千米轨道，53°倾角	±70°	215	无	无	40
HughesLINK™	Ku	1 个赤道平面，8 颗卫星，轨道高度 15000 千米；2 个倾斜轨道面，7 个卫星/轨道面，15000 千米轨道，45°倾角	全球	155	光链路	卫星交换时分多址+基带交换	26
Virgo™	Ku	15 个轨道面，1 个卫星/轨道面，轨道偏心率为 0.66，远地点高度为 27300 千米，倾角为 63.4°	9 个区域性服务区	100	光链路	无	26.4
Astrolink	Ka	静止轨道，9 颗卫星	全球	9.6		快速包交换	40
Teledesic *	Ka	24 个轨道面，12 个卫星/轨道面，轨道高度为 1375 千米，倾角为 84.7°	全球	13.3		快速包交换	90
SE	Ka	静止轨道，8 颗卫星	准全球	59.5	光链路	微波交换矩阵	23
StarLynx	Q/V	静止轨道和中轨：4+20	南北纬 80°	≤5.9 和≤6.3	光链路	基带交换	29
M-star	Q/V	12 个轨道面，6 个卫星/轨道面，轨道高度为 1350 千米，倾角为 47°	南北纬 60°	约 3.6	微波链路	微波交换矩阵+卫星交换时分多址	64

* 信关站到用户的容量。

表 8-8 部分卫星宽带通信系统卫星的主要参数

系统名称	点波束特性	波束宽度	EIRP(dBW)/前向载波	末期功率(W)	质量(千克,无燃料)	工作寿命(年)
SkyBridge	24 个双向极化跟踪点波束	约 28°	≤ 21.4	3500	1250	8
HughesLINK™	50 个固定可选点波束(25 个/极化方向)	2.5°	≤ 43.9	9100	2600	12
Virgo™	28 个用户跟踪点波束,4 个信关站跟踪点波束	2.26°	50.5	10500	2778	12
Astrolink	64 个跳跃波束+3 个固定波束+1 个跟踪波束	1°	56	10500	2185	12
Teledesic	64 个跳跃波束	不清楚	50	6400	747	10
SE	64	0~2°(收),0.3°(发)	64	13500	约 3000	15
StarLynx	40(GEO)+32(MEO)	0.15°和 0.6°	70.5 和 56	15000	3500	15/12
M-star	32	约 1.1°	21~29(信关站),33~43(用户)	1530	1004	8

下面介绍几个典型的国外卫星宽带通信系统。

(1) 美国 Spaceway-3

由美国休斯网络公司研制并运营的宽带多媒体卫星 Spaceway-3 于 2007 年 8 月发射升空。作为新一代宽带多媒体通信卫星,它采用了 Ka 频段多波束及独特的星上快速包交换技术,使得终端之间能够实现网状通信,大大缩短了传输时延。系统覆盖范围为美国全部及加拿大大部分地区,上行点波束为 112 个,其中 100 个覆盖北美大陆地区,另外 12 个点波束在地面覆盖区的直径为 200 英里。下行点波束为 784 个,此外系统还具有覆盖北美大陆的广播波束。该系统研制历时 8 年,耗资 20 亿美元,能容纳 165 万个用户终端,总通信容量为 10 Gb/s,是当前 Ku 频段通信卫星容量的 5 到 8 倍。

(2) 加拿大 Anik-F2 系统

Anik-F2 卫星是加拿大电信卫星公司(Telesat)于 2004 年 7 月发射的世界上第一颗面向大众消费者的商用宽带卫星,它配置有 94 台转发器,其中 C 频段 24 台、Ku 频段 32 台、Ka 频段 38 台,Ka 频段有 38 个点波束,小部分转发器有星上处理功能,整星功率 16 kW,卫星质量 59506 kg。

(3) 欧洲 KA-SAT 大容量通信卫星

欧洲通信公司(欧洲卫星)于 2011 年 5 月宣布 KA-SAT 大容量通信卫星正式启动商业应用,标志着新一代双向宽带服务正式启动。KA-SAT 是欧洲新一代多波束大容量全 Ka 频段通信卫星,其创新性在于把一个拥有 82 个 Ka 频段的点波束与地面站连通,这种配置方式可以使频率复用达到 20 次,系统的数据总吞吐量可达 70 Gb/s,其用户多达 50 万。它采用高功率的 Eurostar E3000 型卫星平台,发射质量 5.8 t,卫星总功率 15 kW,有效载荷功率达 11 kW,在轨设计寿命 15 年,可以满足 100 万家庭终端的应用需求。

(4) 日本的 WINDS 系统

WINDS 系统由日本宇航局和国家信息及通信技术研究所共同开发,是世界上第一颗实现星上 ATM 交换的宽带卫星,第一次实现了卫星吉比特通信,第一次采用了收发 Ka 频段的相控阵天线,综合采用了弯管式、再生式、混合式三种工作模式的星上转发器。在该通信系统中,普通用户通过口径为 45 cm 的小型天线便可达到上行 1.5/6 Mb/s、下行 155 Mb/s 的传输速率,企业用户通过口径 5 m 的天线,可实现高达 1.2 Gb/s 的点对点传输,广泛应用干线网、接入网、组播等多种网络模式。

(5) 泰国 IP-STAR 系统

IP-STAR 是泰国 Shin 公司于 2005 年 8 月发射的商用宽带通信卫星,它的 Ku 频段用户链路有 84 个点波束、3 个赋形通信波束、7 个赋形广播波束,Ka 频段馈线链路有 18 个点波束,共有 114 台转发器,通信总容量 45 Gb/s,相当于 1000 个以上常规 36 MHz 带宽转发器容量,整星功率 15 kW,卫星质量 6300 kg。以上众多卫星分布于各自轨道位置,以多种频段(C、Ku 和 Ka)、极化(圆极化和线极化)和波束(全球、半球、区域、点波束)分别覆盖地球赤道南北各个服务区。服务区内用户根据各种业务(音频、视频、数据、多媒体)需要,组成各种通信网络,使用各种体制和标准的地球站通过以上卫星进行通信。

8.6 国内卫星宽带通信系统概况

国内卫星宽带通信系统发展迅速,典型代表是中星 16 号和亚太 6D。下面介绍这两个系统。

(1) 中星 16 号

中星 16 号是中国首颗高轨道高通量通信卫星,于 2017 年 4 月成功发射。这颗卫星首次采用 Ka 频段多波束宽带通信系统,信息传送能力大大增强,其通信总容量达 20 Gb/s 以上。卫星的设计寿命 15 年,起飞质量 4600 kg,定点于 110.5°(E)。中星 16 号卫星有 26 个用户点波束,用户终端可以方便快速地接入网络,最高下载和回传速率分别达到 150 Mb/s 和 12 Mb/s。它首次搭载了 Ka 频段通信载荷,使总容量达 20 Gb/s,超过了之前我国研制的所有通信卫星容量的总和,是我国卫星通信进入高通量时代的标志。卫星每波束前向容量 680 Mb/s, 每波束反向容量 200 Mb/s,用户波束发射频率 29.46~30 GHz,接收频率 18.7~20.2 GHz。中星 16 号卫星在国内高轨卫星领域首次采用多口径多波束天线等先进技术,并且首次将空间技术试验和示范应用相结合,提供双向宽带通信示范化运营服务。卫星试验应用系统包括卫星平台试验系统、激光通信试验系统和 Ka 频段宽带通信载荷系统。卫星平台试验系统将对 7 个卫星平台新技术项目开展在轨验证,对包括 Ka 频段行波管放大器、Ka 频段接收机等两个国产化载荷设备开展在轨测试、试验和评价工作。中星 16 号卫星有 26 个用户点波束,覆盖我国除西北、东北的大部分陆地和近海近 200 千米海域,地面无线网络信号覆盖不到或光缆宽带接入达不到的地方,都可以用该卫星方便地接入网络。在飞机机舱内、高速运行的高铁上,甚至偏远的山区,便捷高速上网将成为现实。未来中国的民航客机、高速列车和轮船,可随时随地实现高速上网。

中星 16 号卫星的波束覆盖情况如图 8-21 所示。

(2) 亚太 6D

亚太 6D 是一颗地球静止轨道高通量宽带通信卫星,于 2020 年 7 月成功发射,成功定点于地球静止轨道东经 134.5°。亚太 6D 卫星采用 Ku/Ka 频段进行传输,通信总容量达到 50 Gb/s,单波束容量可达 1 Gb/s 以上,可以为用户提供高质量的话音、数据通信服务。采用 90 个用户波束,实现可视范围内的全球覆盖。

亚太 6D 卫星的主要技术参数如表 8-9 所示。

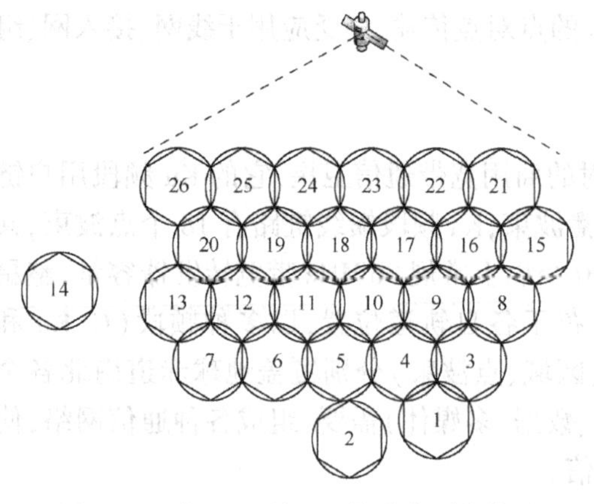

图 8-21　中星 16 号卫星的波束覆盖情况

表 8-9　亚太 6D 卫星的主要技术参数

项　　目	技 术 指 标
轨道高度	35786 km
通信容量	50 Gb/s
有效载荷功率	9500 W
有效载荷质量	981 kg
波束数量	用户波束 90 个,馈电波束 8 个
波束宽度	用户波束:1.0°, 1.3°, 1.4°, 2.5°, 3.0° 馈电波束:0.3°
发射质量	5550 kg

亚太 6D 卫星采用东方红四号增强型通信卫星平台,是 Ku/Ka 频段高通量宽带商业通信卫星。以中国为核心,为亚太区域提供高通量宽带通信服务。卫星在轨测试结果表明卫星功能及性能均满足研制技术要求。完成在轨测试后,卫星漂移至服务轨位东经 134°。

亚太 6D 卫星面向亚太地区用户提供全地域、全天候的卫星宽带通信服务,满足海事通信、航空机载通信、陆地车载通信以及固定卫星宽带互联网接入等多种应用需求,在商业通信、应急通信和公共通信方面发挥重要作用。

(3) 中星 19 号

2022 年 11 月中星 19 号卫星成功发射升空,卫星按计划进入预定轨道。

中星 19 号卫星是一颗高通量通信卫星,采用东方红四号增强型卫星平台,星上设计了 C、Ku 和 Ka 等多频段通信载荷,主要覆盖中国东部国土、东南亚以及大部分太平洋区域,具有传输速率高、覆盖范围广等特点,可以更好地服务于远洋运输通信、航线通信互联网等业务。

中星 19 号卫星定点于东经 163°,是新一代满足卫星互联网及通信传输要求的通信卫星。星上多频段载荷可向传统地面用户,以及航空、航海等新业务用户,提供全球卫星组网服务。特别是 Ka 频段高通量载荷实现了对太平洋区域北美航线的覆盖,将为实现我国航空机载业务向国际拓展提供重要保障。

我国部分高通量卫星主要参数如表 8-10 所示。

表 8-10　我国部分高通量卫星主要参数

参　　数	中星 16 号	中星 19 号	中星 26 号
发射时间	2017 年 4 月	2022 年 11 月	2023 年 2 月
轨道位置	110.5°E	163°E	125°E
用户频段	Ka	Ka	Ka
用户波束数量	26	28	94
覆盖区域	中国东南沿海	中国东部国土、东南亚、大部分太平洋区域	中国全境及周边水域、俄罗斯部分地区、东南亚、蒙古、日本、印度尼西亚、印度、印度洋等区域
卫星容量	20 Gb/s	10 Gb/s	100 Gb/s
通量密度(卫星容量(Mb/s))/覆盖面积)(万平方千米)	34.6	0.7	39.5
典型终端速率	100 Mb/s/12 Mb/s	100 Mb/s/12 Mb/s	150 Mb/s/20 Mb/s
符合工信部规定的动中通最小天线口径	0.45 m	0.45 m	0.45 m

(4) 中星26号

2023年2月23日,中星26号卫星成功发射,它是一颗地球静止轨道高通量宽带通信卫星,采用我国自主研发的东方红四号增强型卫星公用平台,是我国目前通信容量最大、波束最多、最复杂的民商用通信卫星,其通信容量超100 Gb/s,配置94个用户波束和11个信关波束,覆盖我国国土及周边地区,将为固定终端、车载终端、船载终端、机载终端等提供高速宽带接入服务,可支持百万终端通信,最高通信速率达450 Mb/s。

8.7 卫星互联网

卫星互联网是指基于卫星通信的互联网,利用位于地球上空的卫星平台向用户终端提供宽带互联网接入服务,以卫星为中继站转发微波/激光信号,实现多个地面站之间的通信。卫星互联网使用低轨高通量卫星实现高带宽低时延覆盖,是通信和卫星的结合,不会受到地域、环境、成本的影响,组网后可实现全面应用。

卫星互联网由空间段、地面段、用户段三部分组成。空间段由卫星构成,主要负责接收和转发地面站传输的信号,完成卫星与地面站以及卫星之间的通信;地面段主要包括信关站、控制中心、测控站,负责对卫星下达相关指令以及网络管理;用户段则指各种类型的终端,主要用来发出和接收信号。当太空中的通信卫星达到一定数量的时候,将相互交错形成一个辐射整个地球的卫星互联网,为地面和空中终端提供宽带互联网接入服务。

(1) SpaceX的星链计划

美国太空探索技术公司(SpaceX)开发了可部分重复使用的猎鹰1号和猎鹰9号运载火箭,同时开发了Dragon系列航天器并通过猎鹰9号发射到轨道。2008年SpaceX获得NASA正式合同。2015年12月,SpaceX成功发射Falcon 9火箭,并且一级火箭成功回收,创造了人类太空史的第一。

“星链”(Starlink)是美国太空探索技术公司的一个项目,首先在550 km的轨道上部署1600颗卫星,然后在1150 km的轨道上部署2825颗Ku频段和Ka频段卫星,最后在340 km的轨道上部署7518颗V频段卫星。2019年10月,SpaceX又向国际电信联盟递交了另一项申请,申请与额外的30000颗卫星进行通信。Starlink的卫星互联网服务业务发展迅速,覆盖了包括南极洲在内的所有七大洲。

(2) OneWeb

OneWeb公司成立于2012年,其创始人是格里格维勒(Greg Wyler),总部在英国伦敦。OneWeb公司的理念是构建低轨巨型星座,致力于构建覆盖全球的高速宽带网络,为世界各地提供高速宽带服务。

OneWeb计划投入30亿美元,以实现其2027年全面填平全球数字鸿沟的使命。第一代星座容量为7 Tb/s,第二代达到120 Tb/s,第三代达到1000 Tb/s,支持全球10亿用户的通信。

2022年7月,法国卫星公司Eutelsat与OneWeb宣布达成协议,通过一次全股票交易合并成为欧洲最大的卫星公司,以挑战SpaceX。

(3) O3b系统

O3b网络公司是由互联网巨头Google、媒体巨头马隆(John Malone)旗下的海外有线电视运营商Liberty Global和汇丰银行联合组建的一家互联网接入服务公司。它的名称O3b(other 3 billion)即“另外的30亿”的缩写,这个数字就是全球尚未接入互联网的人口。旨在亚非拉及中东的新兴地区发展互联网宽带接入。

O3b网络公司得到了欧洲卫星公司(SES)和谷歌(Google)等大型公司的支持与资助。O3b网络公司计划利用16颗MEO卫星提供南北纬45°的宽带覆盖,部署在7830 km高度、0.04°倾角的圆轨道上。O3b的卫星单星吞吐量约为12 Gb/s,16颗卫星可提供1920路36 MHz等效转发器。卫星由泰雷兹-阿莱尼亚航天公司研制,采用"命延长平台"(ELiTe),单星发射质量约700 kg,功率1575 W,设计寿命约10年。

在平台方面,电源分系统采用三结砷化镓太阳能电池和100 Ah锂离子蓄电池;结构、机构分系统采用铝管作为支撑结构、铝制蜂窝板作为面板;推进分系统采用肼作为燃料,储箱容量154 kg,配备8个1N推力器。在有效载荷方面,卫星采用弯管式透明转发体制,星上12个65 W行波管放大器,带宽216 MHz,对地面配备12副可控天线,指向范围为±26°,每个天线形成一个点波束,共计12个点波束。其中10个波束为用户波束,另外2个波束为信关站波束。

尽管卫星互联网技术并不是新型技术,但是传统的卫星接入时延较高,影响了其实用性。因为传统卫星互联网数据服务采用的卫星一般位于地球同步轨道,与地球的距离为35786千米,时延长。而O3b部署的卫星距地面却只有8000千米,所以时延要比前者小很多,投入运营的O3b高速互联网接入现在可以提供600 Mb/s的中继带宽,而时延则小于150 ms,从而为卫星高速互联网接入提供了可能性。

习题

8.1 假设TCP在卫星链路上实现了一个扩展:允许接收窗口远大于64 KB。假定正在使用这个扩展的TCP在一条时延为100 ms,带宽为1 Gb/s的卫星链路上传送一个10 MB大小的文件,且TCP接收窗口为1 MB。如果TCP发送的报文段大小为1 KB,在网络无拥塞,无分组丢失的情况下,求:

(1) 当慢启动打开发送窗口的大小到达1 MB时,经历了多少个RTT?

(2) 发送该文件用了多少个RTT?

(3) 如果发送文件的时间由所需的RTT数量与链路时延的乘积给出,这次传输的有效吞吐量是多少?链路带宽的利用率是多少?

8.2 考虑一个简单的拥塞控制算法:使用线性增加和成倍减少方法,但是不启动慢启动,以报文段而不是字节为单位,启动每个连接时拥塞窗口的值为一个报文段。画出这一算法的详细设计图。假设只考虑传输中的时延,而且每发送一个报文段时,只返回确认信号。在下列报文段:9,25,30,38和50丢失的情况下,画出拥塞窗口作为RTT的函数图。为简单起见,假定有一个完美的超时机制,它可以在一个丢失报文段恰好被传送了一个RTT后将其检测到,再画一个类似的图。

8.3 假设图7-2所示的四种网络结构中,终端之间使用TCP协议进行通信。用户采用每报文段确认TCP协议,发送的报文段大小为1 KB。假定接收端通告窗口大小为无穷大,在用户最小仰角为10°,非静止轨道卫星高度为1450 km时,计算从传输开始到传输速率达到2 Mb/s时,不同网络结构所经历的时间(假设各链路距离最大化,并忽略各种处理时延和网络的传输时延)。

8.4 简要分析IP-STAR和O3b系统的特点。

8.5 简要分析星链卫星的特点。

第9章　卫星数字电视广播系统

9.1　引　　言

卫星通信问世不久,就被用来转播电视节目。20世纪70~80年代,广泛采用C频段卫星系统传送FM模拟电视信号。由于是利用小功率的通信星载转发器转播的,接收站必须用较大的天线(比如3 m),因此多为集体接收站,或由地方电视台接收后再转发给个人(家庭)用户收看。这种转播方式在20世纪后期对解决我国广大农村和边远山区群众“看电视难”的问题起到很大的作用。但是,这种方式不是真正意义上的广播,只有利用大功率Ku频段卫星将电视信号直接传送给个人用户(或称为DTH,仅用0.5 m左右的小天线接收),才是真正意义上的广播,通常称为直播。卫星电视广播系统除直播业务外,也支持电视节目的分配(也称二次分配)。它可实现在演播室、地面有线电视网和节目源之间电视节目的传输与交换。

早期传送模拟电视信号需要较宽的带宽,一个36 MHz带宽的转发器只能传送1~2套节目。20世纪90年代,数字视频压缩技术日趋成熟并走向实用化,使电视节目以数字方式高效和高质量地传输成为可能。根据ITU—R601建议,通常将码速率压缩到5 Mb/s即可达到PAL制广播级质量标准,通常称为标准清晰度电视(SDTV,Standard Definition Television)。考虑信道编码的开销、频谱滚降和采用QPSK调制方式,所需带宽约为5.1 MHz。对于一个带宽为36 MHz的转发器,通常认为可传送4~10套节目。

对于卫星电视广播系统来说,有众多的广播接收机。如何降低对接收机的要求,降低其成本是系统设计遵循的重要原则之一。为此最有效的措施是提高卫星的EIRP,以减小接收机天线尺寸。但是,提高EIRP涉及频段的选择,同时,小的接收机天线会受到相邻广播卫星的干扰,从而对其轨道间隔有一定的要求。

由于C频段是卫星和地面微波中继通信系统的公用频段,为防止卫星广播信号对地面微波通信系统的干扰,对C频段卫星的EIRP有严格限制,以保证其地面的功率通量密度在允许的范围内。因此,目前的卫星电视广播(直播)系统都工作在Ku频段,EIRP为49~59 dBW。

1979年世界无线电管理会议(WARC)对卫星广播频段进行了分配。对于我国所在的第三区域,使用11.7~12.2 GHz的频带的24个频道,每个频道带宽27 MHz,频道间隔为19.8 MHz(相邻频道尚需采用极化隔离,比如,1,3,5,…频道采用右旋圆极化,而2,4,6,…频道采用左旋圆极化)。我国采用的C频段(低功率发射、集体接收)电视转播频率为3.7~4.2 GHz,24个频道,这是早期针对模拟电视进行的频道划分。对于数字电视,频道的划分有频分和时分两种方式:单路单载波(SCPC)为频分方式,每频道带宽5~7 MHz;多路单载波(MCPC)时分方式,每载波的带宽为36 MHz、54 MHz或72 MHz。

减小卫星电视广播系统的接收机天线尺寸,是降低接收机成本的重要途径。但是,天线尺寸的减小将使其波束宽度增加,相邻轨道位置卫星的发射信号有可能进入接收机而形成干扰。为保证干扰足够小,比如当接收机天线直径为0.4 m时,若要求信号载波与干扰功率之比大于15 dB,Ku频段相邻轨道位置卫星的间隔应大于9°(参见图3-22)(当这些同频段卫星轨道间隔的“空间”隔离不足时,尚需有其他隔离措施,如极化隔离)。

表 9-1 所示为美国直播卫星(DBS,Direct Broadcast Satellite)的位置和覆盖区域。每颗卫星上有 32 个转发器,输出功率为 120 W。当只用一半的转发器工作时,输出功率可达 240 W。

表 9-1 美国直播卫星的位置和覆盖区域

卫星位置(西经)	175°	166°	157°	148°	119°	110°	101°	61.5°
覆盖地区	部分美国大陆				全部美国大陆			部分大陆

应当指出,同一标称轨道位置可容纳一簇卫星,它们之间采用频分隔离。比如,美国 EchoStar(回声星)中的Ⅰ号星于 1995 年 9 月发射,Ⅱ号星于 1996 年 9 月发射,1998 年 5 月发射Ⅳ号星,2000 年 7 月发射Ⅵ号星,它们的标称轨道位置都在西经 119°。这种多星共轨的方法一方面节约了轨道资源,另一方面也便于用户天线指向同一方向时可接收更多的节目。

9.2 卫星数字电视广播系统的组成

卫星数字电视广播系统的组成如图 9-1 所示。上行地球站与广播中心和演播室相连接,用户反馈的点播信息也送至广播中心。地面接收站可以是家用接收机(机顶盒),也可以是地方电视台或有线电视网前端站。家用接收机具有小的天线,只能在卫星 EIRP 较大(一般为 50~60 dBW)的系统中使用。地方电视台或有线电视网前端站使用较大尺寸的天线,可接收更多频道的节目,属于“电视节目分配”(也称二次分配)的范畴。

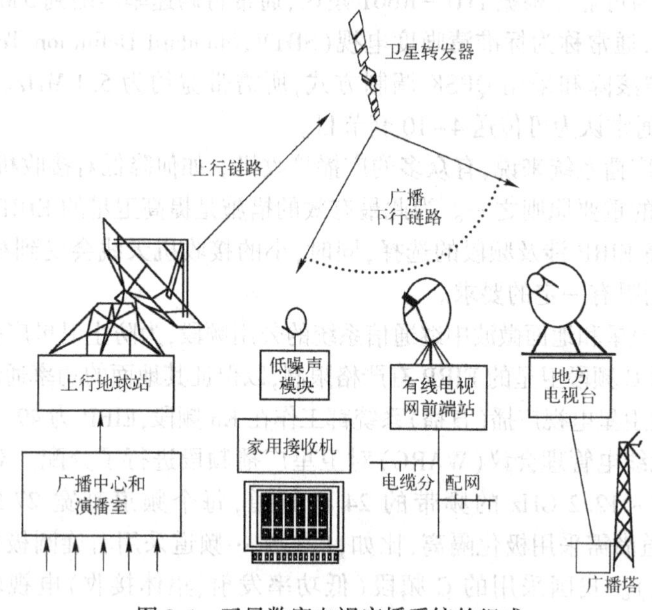

图 9-1 卫星数字电视广播系统的组成

卫星数字电视广播系统与一般通信系统一样,由信源、信道和信宿三部分组成,但在数字电视广播系统中,各部分包含了特定的内容。

在整个卫星数字电视广播系统中,无疑上行地球站是最重要的组成部分。图 9-2 所示为卫星数字电视广播系统上行地球站框图。

上行地球站将发送多路数字电视信号,每路电视信号包括图像、声音和可能的数据信号分量,它们分别通过相应的编码后,复接为复合数字电视信号,形成节目流(PS, Program

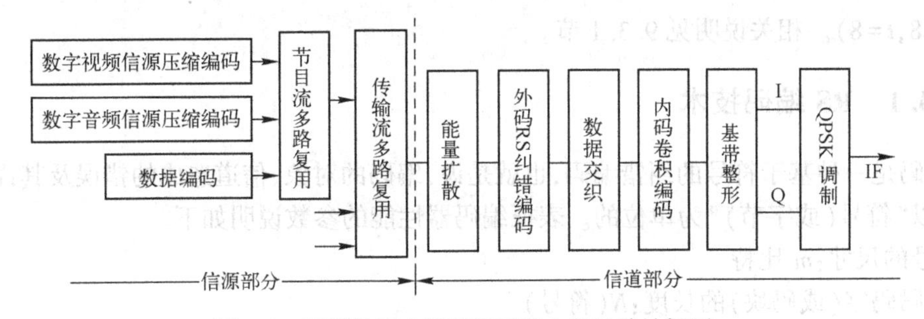

图 9-2　卫星数字电视广播系统上行地球站框图

Stream)。多路的节目流 PS 将在传输流多路复用器中复接为高速率的传输流(TS,Transport Stream),送入上行地球站的信道部分。

上行地球站的信道部分针对信道特性进行前向纠错编码(即信道编码)和调制。然而,能量扩散也是广播系统中不可缺少的部分,它对传输流数据进行随机化处理(或称扰码),以避免出现长的连"1"或连"0" 在某一射频点附近的功率较长时间集中,从而防止对其他通信系统的干扰。这种将广播信号能量始终扩散到较宽频带的措施,称为能量扩散技术。数据流随机化除了使能量扩散,还有利于接收端同步的恢复。

数字电视广播系统的信道编码都采用内、外两重纠错编码级联的方式,外码采用 RS 纠错编码,而内码采用卷积编码。编码后的信号最后进行基带信号整形,以便对信号流带宽予以限制,而产生足够小的符号间干扰。

在 DVB-S 标准中(将在 9.4 节介绍),采用 QPSK 调制。在采用 3/4 卷积编码时,利用 36 MHz带宽的星载转发器可传输的码速率达 39 Mb/s,这一码速率可传送 5~6 路高质量电视信号。

地面接收站进行与上行地球站相反的变换,即解调、纠错码的解码解扩(扰)、两次解复用和信源解码等。

9.3　卫星数字电视广播系统中的纠错编码

在数字压缩视频信号传输过程中,信道干扰引起的误码将引起图像的质量劣化。以常用的 MPEG-2 对实况视频信号压缩为例,压缩率为 8~10,因此一个码字的错误会造成8~10个像素点的错误,在画面上呈现一个小方块。而大量的错误将在画面上呈现一片"马赛克"。

由于卫星信道的误码率较高,因此要求采用纠错能力强的前向纠错编码,目前采用 RS 码和卷积码的级联、LDPC 码和 BCH 码的级联等几种编码方式。同时,由于信道还存在突发误码的情况,因此在内、外编码器之间还插入了数据交织器(参见图 9-2),利用数据交织技术可将成串的突发误码随机化,以进一步提高系统抗信道突发误码的能力。图 9-3 所示为卷积码和级联码(卷积码+RS 码)的误码率特性。其中,卷积码参数为(2,1,7),即编码效率 $R=1/2$,约束长度 $m=7$;RS 码参数为

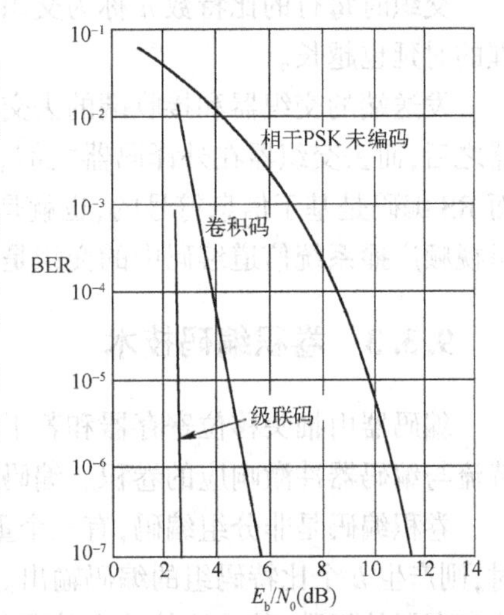

图 9-3　卷积码和级联码的误码率特性

(204,188,t=8)。相关说明见 9.3.1 节。

9.3.1 RS 编码技术

RS 码是一种基于符号的纠错编码,也就是说,编码的对象、信道造成的错误及其译码校正等都是以“符号(或字节)”为单位的。表征编码器性能的参数说明如下。

符号的尺寸:m 比特

RS 码码字(或码块)的长度:N(符号)

$$N=(2^m-1)\text{(符号)}=m(2^m-1)\text{(比特)}$$

RS 码码字的信息位长度(比特数):K(符号)$=mK$(比特)

RS 码码字中监督位长度 R(符号数):$(N-K)$(符号)

RS 码是一种汉明码距最大的线性分组码(详细分析请参阅其他资料),其最小码距为

$$d_{\min}=N-K+1=2t+1$$

RS 码能纠正码字中存在 t 个符号的错误。

RS 码参数通常表示为:(N,K,t)或(N,K)。比如(204,188,t=8),表明每 188 个信息符号要加入 16 个监督符号,构成一个包含 204 个符号的 RS 码字,当码字中的错误符号数不超过 8 时,可以得到纠正,即正确恢复出 RS 码字中的 188 个信息符号。

9.3.2 数据交织技术

由于卫星传输信道存在突发误码,因此这种突发的成串误码可能使一个纠错码码字内的误码数目超过其纠错能力。为此,有必要将突发误码随机化地进行分散,尽可能使每一纠错码码字内的误码数目都在能纠错的范围内。这种将突发误码随机化分散的操作称为交织。

数据交织技术通过改变数据传输顺序的方法,使信道的突发成串误码在接收端去交织后成为分散的随机误码。通常的数据交织是按比特交织的,比特流在发送端进行交织可以这样实现:以 $m\times n$ 个比特为一组,按每行 n 比特,共 m 行的方式读入寄存器,然后以列的方式读出用于传输。在接收端的去交织将比特流以列的方式写入寄存器后再以行的方式读出,从而恢复比特流原有的顺序。

交织时每行的比特数 n 称为交织深度。交织深度越深,抗突发误码的能力越强,但交织处理的时延也越长。

发送端的交织器和接收端的去交织器都是置于内、外编码器之间的,即交织器置于外编码器之后,而去交织器在外译码器之前。在卫星视频传输系统中,外编码器都采用 RS 编码器。而 RS 编码是基于信息符号的,也就是说,RS 码码字是由信息符号和监督符号构成的,因此卫星视频广播系统信道编码中的交织是按符号进行交织的,而不是按比特进行交织的。

9.3.3 卷积编码技术

编码器由抽头移位寄存器和若干串接于反馈网络中的模 2 加法器组成,其输出是输入比特流与编码器冲激响应的卷积。编码器工作原理请参阅相关资料。

卷积编码是非分组编码,有三个重要参数:k、n 和 m。当 n 个数据比特为一组进入编码器时,则产生 k 个比特码组的编码输出。作为纠错编码,有 $n<k$。显然,编码效率为 n/k。m 为移位寄存器的级数,某一比特输入编码器并通过移位寄存器传输时,它将影响到 m 个码字的输

出。所以称参数 m 为卷积码的约束长度,而卷积码通常表示为(k,n,m)。

9.3.4 LDPC 编码技术

LDPC 码全称为低密度奇偶校验码,是一种具有稀疏校验矩阵(校验矩阵中 1 的个数比较少)的线性分组码。二元 LDPC 码的校验矩阵 $\boldsymbol{H}$ 满足以下 4 个条件:

(1) $\boldsymbol{H}$ 矩阵的每行有 ρ 个“1”;

(2) $\boldsymbol{H}$ 矩阵的每列有 γ 个“1”;

(3) $\boldsymbol{H}$ 矩阵的任意两行(或两列)间共同为“1”的个数不超过 1;

(4) 与码长和 $\boldsymbol{H}$ 矩阵中的行数相比较,ρ 和 γ 很小。

满足以上 4 个条件的 $\boldsymbol{H}$ 矩阵对应的 LDPC 码一般表示为(N,ρ,γ),N 为码长。LDPC 码的编译码算法请参阅有关资料。

LDPC 码具有逼近香农限的优良特性,其译码复杂度只与码长呈线性关系,编码复杂程度适中,在码长较长的情况下,仍然可以保证有效译码。LDPC 码被认为是目前最好的 FEC 编码方式之一,在信道环境较差的移动通信、卫星通信方面得到广泛的应用。

9.4 卫星数字电视传输标准

9.4.1 概述

目前,国际电联(ITU)已批准了 3 种数字电视传输制式(标准),即欧洲的 DVB(Digital Video Broadcasting,数字视频广播)、美国的 ATSC(Advanced Television Systems Committee,高级电视制式)和日本的 ISDB(Integrated Services Digital Broadcasting,综合业务数字广播)。

ATSC 标准由美国大联盟(GA,Grand Alliance)提出。它基于高清晰度电视(HDTV,High Definition Television)同时支持 SDTV 并包括数据广播、多声道环绕立体声和卫星直播在内的标准,但该标准侧重于数字电视的地面传输。在卫星电视广播方面,1994 年 4 月,由美国休斯(Hughes)公司开发的首家卫星数字电视广播系统 Direc TV 正式开播,该系统共租用了 30 多个星载转发器,采用 MPEG—2 标准传送数字压缩电视信号。ATSC 信道编码的外码为(204,188)的 RS 码,内码为 3/4 卷积码,交织深度为 52。

美国视讯公司(CLI)的 Direc TV 系统,采用了数字电视编码器(Magnieude),以单载波多路(MCPC)方式进行多频道的统计复用,每个频道的带宽为 3~7 MHz。每个转发器可传送 5~6 套广播级质量的图像。利用 Ku 频段卫星数字电视直播系统,接收系统天线直径为 46 cm。

日本 ISDB 是由日本数字广播专家组(DIBEG,Digital Broadcasting Experts Group)制定的数字电视传输标准。日本 1995 年 7 月通过的卫星数字电视广播标准与欧洲的 DVB—S 是一致的。不同之处在于 DVB—S 主要考虑标准清晰度电视(SDTV),并对编码速率做出了规定。而日本标准未对编码速率做出规定,主要是考虑到为将来的全数字化高清晰度电视(HDTV)提供兼容性。

DVB 是欧洲有关组织于 1993 年提出的数字电视传输标准。在下面的介绍中将侧重于卫星广播部分。

9.4.2 DVB-S 传输标准

DVB 选定 ISO/IEC 为音频压缩编码方式,而视频以 MPEG-2 标准进行压缩编码。DVB 对不同的传输媒介制定了相应的广播系统规范,是一个包括地面、电缆和卫星数字电视广播的系统标准,分别称为 DVB-T、DVB-C 和 DVB-S。

DVB-S 是用于 Ku 频段(11/12 GHz)传输多路标准清晰度电视(SDTV)和高清晰度电视(HDTV)的信道编码和调制系统标准。DVB-S 既可以用于一次节目分配,即直接向用户提供 SDTV 和 HDTV 的直接到家(DTH)业务,也可用于二次节目分配,即通过再调制进入 CATV 前端,进而向其用户提供相应的节目。

DVB-S 标准的主要规范涉及发送端的系统结构与信号编码、调制等方式,而接收端则是开放的,各厂商可开发自己的接收设备。

DVB 信源编码方式采用 MPEG-2 标准,图中的视频、音频和数据编码、节目流复用和传输流复用都属于信源编码问题,而不属于数字电视传输问题。信源编码将在 9.5 节介绍。

DVB-S 传输系统除了与信源编码部分适配并进行能量扩散,主要用于信道编码和调制。信道编码用于纠正卫星信道的误码。由于卫星广播信道存在衰落,误码率较高,因此采用了内、外两层级联编码,并在其间加一次交织。外层纠错编码采用 RS(204,188,$t=8$)码,编码效率为 188/204=0.92。RS 码字的结构如图 9-4 所示,16 字节的校验位由传输流 TS(Transport Stream)中的 188 字节数据生成。在传输流中,188 字节构成的一个分组,它包含了 1 个同步字节和 187 个字节的数据。RS 码字的同步头,就是 TS 分组的同步字节(或其反码)。编码后,可纠正一个 RS 码字内的不超过 8 字节的错误。RS 码参数的选择是为了与进入编码器的传输流 TS 参数相匹配,因为 TS 的分组长度为 188 字节,于是一个 TS 分组进行纠错编码后为一个 RS 码字(204 字节)。

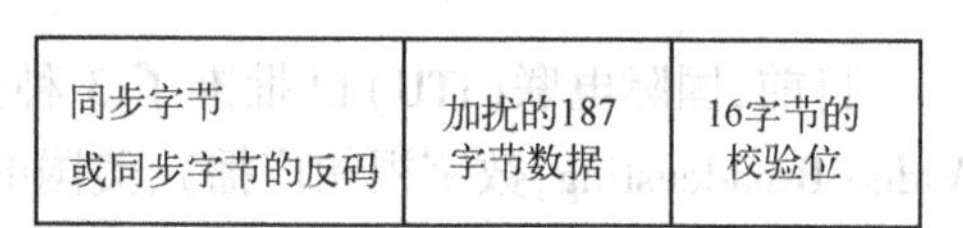

图 9-4 RS(204,188,$t=8$)码字的结构

交织是以符号(字节)为单位进行的,其交织深度为 12,交织缓存器容量为 12×6。

内层卷积编码(k,n,m),而 $k=n+1$,m 通常为 7。于是编码速率为 $n/(n+1)$,即卷积码编码器每输入 n 比特,编码后输出为($n+1$)比特。为适应不同的信道误码情况和转发器带宽,DVB-S 规定了 $n=1,2,3,5$ 和 7 的 5 种编码参数,即编码效率为 1/2、2/3、3/4、5/6 和7/8 的 5 种卷积码。接收机在进入同步工作状态之前,会对 5 种码速率依次进行测试,根据传输环境的不同,调节编码参数,直到传输码速率与信道性能相匹配,才锁定于该工作状态。需要指出,星上转发器的输出功率可以工作在较高或较低的状态。当输出功率较低时,编码效率也应降低,以提高纠错能力,弥补卫星发射功率的减小。

上述信道编码有很强的纠错能力。信道误码率(即在接收机内码解码器输入端的误码率)在 $10^{-1}\sim10^{-2}$时,内码校正后的误码率可达 2×10^{-4}甚至更低,再经过外码解码的误码校正,误码率可下降到 $10^{-10}\sim10^{-11}$范围内,近似为无误码。

DVB-S 标准还包括了基带成形参数和调制方式方面的规定。基带数字信号采用平方根升余弦滤波器成形,滚降系数为 0.35。DVB-S 的调制方式为 QPSK,而有线传输信道传输标准为 DVB-C,采用 QAM(16QAM、32QAM 或 64QAM);在地面广播系统中的传输标准为 DVB-T,采用 COFDM。

表9-2所示为QPSK调制条件下，不同卷积码效率(1/2、2/3、3/4、5/6和7/8)时各种转发器带宽可支持的信息码速率。例如，36 MHz带宽的转发器，在采用3/4的卷积码时信息码速率可达38.9 Mb/s，能传送5~6路SDTV信号。

表9-2 各种转发器带宽可支持的信息码速率

带宽(MHz)	信息码速率(Mb/s)				
	1/2卷积	2/3卷积	3/4卷积	5/6卷积	7/8卷积
54	38.9	51.8	58.3	64.8	68.0
36	25.9	34.6	38.9	43.2	45.4
27	19.4	25.9	29.2	32.4	34.0

9.4.3 我国的卫星数字电视传输标准

《卫星数字电视广播信道编码和调制标准》是我国于1999年制定的卫星数字电视传输的国家标准(编号:GB/T 1990—1999)。该标准采用了ITU-R B0.1211建议《用于11/12 GHz卫星业务中的电视、声音和数据业务的数字多节目发射系统》，并根据我国的情况做了两点补充:①将应用范围扩展到C频段的固定卫星业务;②增加了特定条件(如传输带宽有余而功率不足)下，使用BPSK调制方式的内容。

我国卫星数字电视广播系统的信源编码、信道编码方式和参数，均与DVB-S相同。

9.5 信源编码与MPEG-2标准

9.5.1 信源编码码流的复用方式

数字电视的信源包括视频和音频信号，还可能有其他数据信号。数字视频编码、数字音频编码和数据编码后产生的码流，称为基本码流(ES，Elementary Stream)。ES再经过打包形成分组基本码流(PES，Packetized Elementary Stream)。一个或多个视频/音频的PES在节目流复用器中复用为节目流(PS，Program Stream)。PS复接器有公共时间基准，且PS的分组长度是可变的。PS可以直接应用于无误码媒质的环境，如存储媒质(DVD光盘等)、基于CD-ROM的交互式局域网传输或演播室内的传输。由于PS分组长度可变，一旦某分组同步信息丢失，接收机就无法确定下一分组的同步位置。

传输流TS复用器对具有独立时钟的PS进行复用，而TS分组长度是固定的(188字节)。每个TS分组只承载由一个PES来的数据，最后一个TS分组可以包含填充比特。TS流是为在存在误码的信道上传输而设计的，固定长度分组有利于同步时钟丢失后接收端恢复同步。由PES到TS码流的码转换过程，通常采用统计复用技术，即在复用合成总的TS速率受限的条件下，各个节目流之间的速率是动态的、自适应分配的，以最大限度地提高信道的利用率。

9.5.2 MPEG-2标准简介

MPEG是“活动图像专家组”的英文缩写，该专家组属于国际标准化组织(ISO)和国际电工委员会(IEC)联合技术委员会。MPEG-1标准于1992年通过，它是该组织制定的第一个标准(ISO/IEC11172)。该标准是针对1.5 Mb/s以下数据传输速率的数字存储媒介应用的活动图像及其伴音编码的国际标准，在VCD等家庭视听产品中获得了巨大成功，但它不适用于数字电视广播系统。

MPEG-2是MPEG制定的第2个标准，名称为“活动图像及伴音信息的通用编码”。该标准的制定始于 1990 年,1996 年通过,它是针对标准数字电视(SDTV)和高清晰度电视(HDTV)在各种应用条件下的压缩方案和系统层的标准,其内容十分广泛,目前包含了 9 个部分,统称为 ISO/IEC 13818。

MPEG 标准的目标是在实现高压缩比视频编码的同时,能获得较高的重建图像质量。图 9-5 所示为 MPEG-2 编码器方框图。亮度信号(Y)和两个色度信号(Cr)与(Cb)经过数字化器后,被分为两路,一路送往离散余弦变换器进行离散余弦变换(DCT),另一路送往运动估计器,以便通过对某些帧图像的比较对图像的运动进行预测。

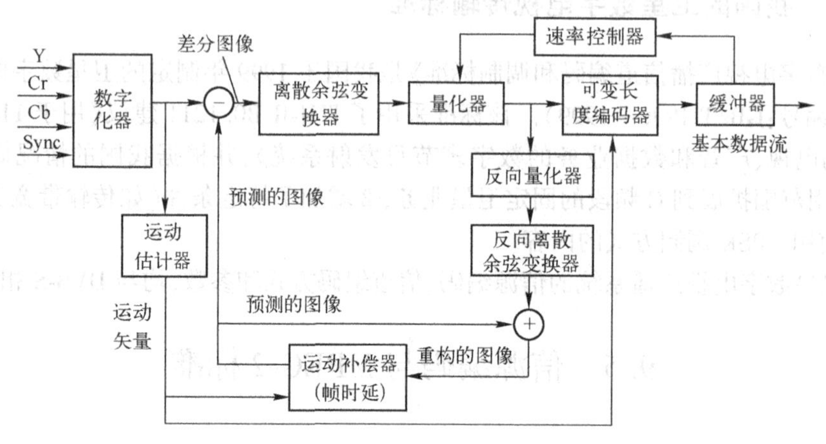

图 9-5 MPEG-2 编码器方框图

离散余弦变换器的输入图像信号 $g(x,y)$ 是空间坐标系 x(水平轴)和 y(垂直轴)的函数,变换后的信号 $G(u,v)$ 被转换到"空间频率"域。离散的 $G(u,v)$ 值将按预先确定的可采用较少电平数进行量化,这种较少电平数的量化对图像质量影响很小,从而减少了需要发送的电平数,提供了一定的压缩比。另一方面,人眼对于 $G(u,v)$ 中的不同空间频率分量的敏感程度不一样,人们对低的空间频率分量较为敏感,而对较高空间频率分量代表的高分辨率不敏感。于是可以利用非线性量化的策略,即对空间频率的高频段采用较粗的量化电平来进行量化,从而进一步对信号进行压缩。

为了有效地压缩图像信号,仅采用上述离散余弦变换还是不够的。MPEG-2 还通过图像运动估计器来进一步对图像信号进行压缩。在 MPEG 中分别定义了三种帧:I 帧、P 帧和 B 帧。I 帧是独立帧,它不需要其他帧的信息而被重构;P 帧需同前面的 I 帧进行比较,仅对那些因运动造成不同的部分(以帧中的"微块"为基础进行比较)进行编码;B 帧要同前面的 I 帧或 P 帧及后面的 B 帧相比较,只有因运动所造成的变化部分才会被编码。显然,由于运动估计器省去了在后续帧中对帧间不发生变化部分的编码,将进一步对图像信号进行压缩,而且压缩的程度与图像变化的情况有关。例如,谈话类节目的画面几乎没有什么变化,而体育比赛类节目的画面不断变化,前者压缩后的数据比特速率可以较低,而后者压缩后的比特速率仍较高。

电视信号按照电视标准进行数字化时,广播级质量的信号需要的比特速率达 200 Mb/s 的量级。对该信号进行压缩编码后,可提供约 40:1 的压缩比。压缩后的典型比特速率数值如下:电视频道为 4 Mb/s,综合频道为 5 Mb/s,体育频道为 6 Mb/s。

由图 9-5 可以看出,由于采用了运动估计技术,进行离散余弦变换的信号实际上是差分图像信号。差分图像信号是待编码的图像信号与预测图像信号之差,它反映了图像运动变化的情况(为获得差分图像,处理过程中帧的缓存和时延是必要的),其信息量比编码信号的信息量降低了许多。MPEG-2 编码原理的详尽说明,请参阅其他相关资料。

表 9-3 所示为 MPGE-2 编码后的各类图像质量的典型编码速率。表 9-4 所示为我国 DVB-S 图像编码的码速率和参数。

表 9-3 MPEG-2 编码后的各类图像质量的典型编码速率

名	质 量 等 级	显示分辨率	典型码速率(Mb/s)
LDTV	家用 VCD 质量	约 300 线	1.15
SDTV	专业广播质量	约 400 线	4~5
SDTV	广播级演播室质量	500 线以上	8~9

表 9-4 我国 DVB-S 图像编码的码速率和参数

类 别	净码速率(Mb/s)	实际码速率
视频	5	5.112
音频(4 声道)	0.512	0.544
图文电视(22 行/帧)	0.205	0.338
数据	0.0192	0.0192
节目特定信息码	0.030	0.030
总码速率	5.7662	6.0512

9.5.3 DBS 中的音频压缩编码 MPEG-1

MPEG-2 压缩标准包含了音频和视频压缩,其中音频标准可支持单声道、双声道和多声道的音频压缩。同样,MPEG-1 压缩标准也包含了音频和视频压缩两部分,其中的音频标准仅支持单声道和双声道的音频压缩。在 DBS(直播卫星)系统中,视频压缩采用了 MPEG-2 标准,而音频压缩依据 MPEG-1 标准。仅支持单声道和双声道的音频压缩的 MPEG-1 对目前的 DBS 应用已经足够了。当音频压缩升级为 MPEG-2 时,由于它与 MPEG-1 完全兼容,对 DBS 的应用不会带来任何问题。

对于以 CD 格式记录的立体声音频信号,采样频率为 44.1 kHz,每样值量化后的比特数为 16。于是,立体声双声道的数据速率为

$$R_b = 2\times 44.1\times 10^3\times 16 = 1411.2\ \text{kb/s}$$

研究表明,人耳存在屏蔽效应,一个强声谱的存在会屏蔽在其附近的较弱的声音谱分量,也就是说,弱的信号分量被丢弃与否,人耳难以分辨。因此,编码时可以丢弃那些被屏蔽的分量(丢弃只造成编码后声音质量的极小损害),从而实现对音频信号的压缩。弱信号的频谱距离强信号越近,越容易被屏蔽。

MPEG-1 采用子带(利用滤波器组将音频信号分割为多个子带信号)编码技术来压缩音频信号。音频信号分割为子带后,各子带信号所分配的量化比特数,应使产生的量化噪声被屏蔽掉。如果各子带的量化噪声都刚刚被屏蔽掉,则可以获得最大的压缩比。分析和实验表明,对于 1411.2 kb/s 速率的立体声音频信号,可压缩至约 192 kb/s 的速率而对声音质量的损害不大。MPEG-1 音频压缩原理的详细阐述,请参阅相关资料。

9.6 条件接收和视频点播

在电视广播系统中,有两种特殊的业务:条件接收和视频点播。条件接收是系统确保被授权用户能接收到加扰节目,而阻止非授权用户收看;视频点播是系统按照用户的指令,将视频节目有选择地传送给用户。

9.6.1 条件接收

条件接收(CA, Conditional Access)是系统以适当的控制字(CW, Control Word),对发送的传输流TS进行加扰,使未被授权的用户无法对视频/音频码流进行解码,从而防止节目的自由接收。为了使被授权的用户接收机能正确接收视频/音频信号,系统应将CW以加密方式传送给被授权的用户,以便在接收端解扰,恢复视频/音频节目。显然,加扰与授权功能的管理是条件接收系统不可缺少的两部分。DVB标准给出了在TS层或PES层上进行扰码的灵活性,但为了避免用户接收机解扰设备过于复杂,规定不能同时在两个层次上实施加扰。无论是哪一层加扰,TS分组的报头是不被加扰的。

早期的条件接收系统是将解扰、解密功能与传输流的解复用和视频/音频解码进行一体化设计的,加密与密钥系统和机顶盒不可分离,使得破译和复制比较容易。而一旦破译,运营商无法改变加密算法,除非更换机顶盒。新一代的条件接收系统将加密和密钥系统以智能卡方式与设备分开,用户必须持有运营商授权的智能卡(从机顶盒的插口插入),才能享受“受保护的服务”。

图9-6所示为DVB有条件接收系统的方框图。在发送端,控制字发生器所产生的CW(CW的典型长度为60字节,每隔2~10 s改变一次)一方面送至伪随机码发生器,用以控制对传输流的加扰,另一方面送入加密器2,由用户授权系统提供的业务密钥SK对它进行加密运算。CW是对传输流进行加扰保护的密钥,为确保CW的传输安全,必须对它进行加密。加密后的CW被加载于“授权控制信息ECM”。ECM中除加密后的CW外,还包含有节目来源、时间、内容分类和节目价格等服务信息SI。

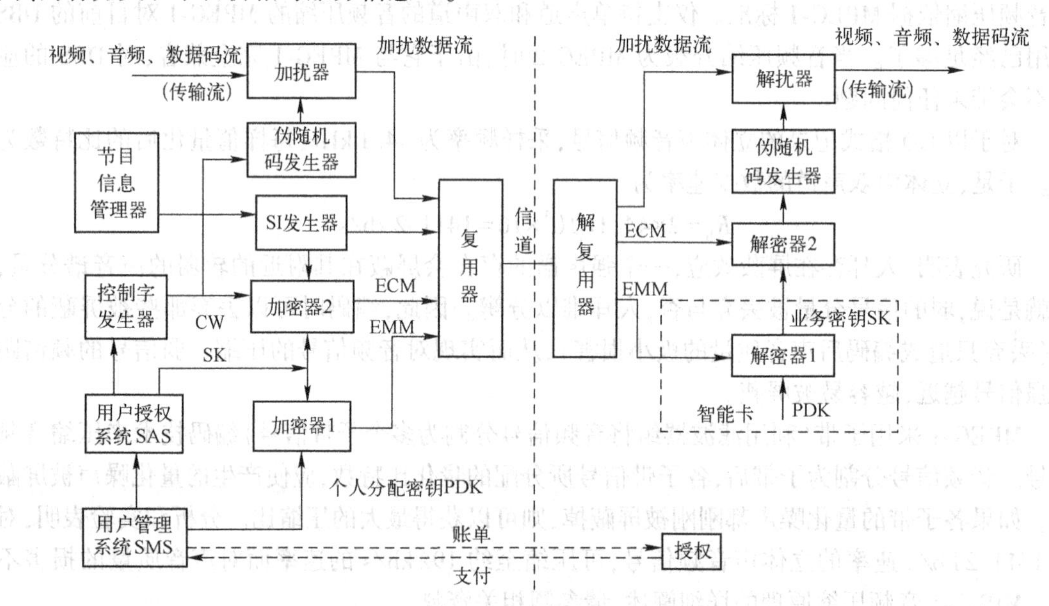

图9-6 DVB有条件接收系统的方框图

SI(Service Information)发生器利用节目信息管理器生成SI/PSI信息,并直接送往复用器,同时也被用来产生ECM。

业务密钥SK是由用户授权系统产生的,为确保被授权用户能安全接收,SK将在加密器1中由“用户个人分配密钥(PDK)”进行加密运算,然后加载于“授权管理信息(EMM)”。EMM中除密钥PDK外,还包含有地址、用户授权信息(用户可收看的节目和时间段、用户所付的收视费等管理信息)等。

在接收端,解复用器首先从传输流 TS 中解出未被加扰的节目的特定信息 PSI(在发送端服务信息 SI 发生器产生),然后根据 PSI 中包含的“分组标识”信息 PID(Packet Identity),通过一系列的搜索可获得 EMM 和 ECM 的 PID 值,进而可从 TS 流中滤出 EMM 和 ECM。EMM 被送入解密器 1,利用存储于用户智能卡中并被营运商授权的个人分配密钥 PDK 对 EMM 进行解密运算,解出业务密钥 SK,然后将 SK 送入解密器 2,对 ECM 中的控制字 CW 进行解密运算,最后用解出的控制字 CW 控制接收端的随机码发生器,从而使加扰数据流中恢复出节目的视频/音频、数据码流,完成条件接收系统的解扰。

9.6.2 视频点播

传统的电视广播系统中,观众(用户)完全是被动的。电视台在什么时间播送什么节目是事先安排并予以预报的,观众只能在特定的时段收看特定的电视节目。

视频点播(VOD,Video On Demand)系统则根据用户的点播请求而播放相应的节目,除用于媒体娱乐外,也用于网络教育、企业培训等。在视频点播系统的视频服务器上,存储了事先制作的数字视频节目,用户根据需要进行点播,然后将服务器中的相应节目传送到用户端。这是在服务器与用户之间的交互式视频业务,需要传输网络提供一条宽带的视频信道。用户终端可以是“机顶盒+普通电视机”,也可以是“机顶盒+PC”,用户可以对节目进行编辑、处理(如暂停、快进、慢放、搜索等)。

视频点播系统将视频节目传送到点播该节目的用户终端,由于该系统是一种为广大公众提供服务的广播系统,因此将有许多用户进行点播。即使不同用户点播的都是同一节目,但由于他们在点播时间上的差异,传输网也必须为每一用户提供一条视频通道,这势必造成传输网络的极大负荷。

由于视频点播的每一用户将占有一套节目和一条单独的信道,价格昂贵,而且会使网络的负载很重。为了减轻对传输网络的压力,除上述意义的真视频点播(TVoD,True Video on Demand)外,另一种节省传输信道开销的准视频点播(NVoD,Near Video on Demand)技术得到了较广泛的应用。

准视频点播系统并不具有从服务器到用户之间的视频业务一对一的传输关系,而是系统将某一播放时间长度为 T 的节目,每隔 Δt 的时间送往一条独立的信道上进行广(组)播,所需要的信道数为 $N=T/\Delta t$(调整 Δt,使 N 为整数)。因此,准视频点播系统实际上是在 N 条信道上反复播放某一节目,它不受用户点播的影响。当用户点播该节目时,从平均的意义上来说,他需要等待 $\Delta t/2$ 的时间,然后接入 N 条信道中的某一信道收看节目。显然,该用户不能对节目进行操作和处理,系统不是为某用户的点播而传送该节目的,而是当用户点播时,系统将其接入等待时间最短的广播信道,从而完成节目从服务器到点播用户之间的传输。在用户点播后的等待时间内,系统可播放节目的相关信息、广告等。

9.7 数据广播

9.7.1 基本原理和 IP over DVB

互联网的发展和广泛应用,使人们越来越多地共享着分布于各地的多媒体信息。用户通过互联网的搜索下载,需要占用网络较宽的带宽,常常造成网络的拥塞。对网络上传输信息的统计分析表明,有部分信息的使用频度较高,它们传输所占用的网络资源也较多。如果利用点对多点的广播方式推送(Push)这些信息,将在一定程度上缓解网络传输的压力,于是出现了对数据广播的需求。

数据广播是将数字化的视频/音频、图形、软件包和计算文件等数据信息,通过数字电视广播信道以推送方式传送到用户的机顶盒、PC或相关移动设备的新型业务。数据广播业务的内容是根据大多数用户的实际需求精选信息,从而在一定程度上缓解了众多用户从因特网上搜索、下载文件和软件时造成的对传输网络的压力。

1997年DVB组织公布了数据广播标准。但是,无论是欧洲的DVB还是美国的ATSC数据广播标准,都是基于MPEG-2传输流的。DVB数据广播规范由EN301 192定义,规定了5种应用类型(或封装方式):数据管道、数据流、多协议封装、数据轮播和对象轮播。

数据管道方式是将业务数据封装于TS流的净荷中,而数据的分段、重组和数据属性描述均由用户自行定义。这一方式适用于异步数据广播业务。

数据流是面向流的、端到端的数据广播业务,业务数据封装于PES中传输。传输可以是异步方式,也可以是同步方式。由于数据管道和数据流两种方式过于简单,在数据广播中应用不多。

多协议封装、数据轮播和对象轮播方式都将数据封装在TS的数据段中。多协议封装支持在TS分组中传输任何网络协议的业务数据,但它是针对IP分组进行优化的。IP over DVB的协议封装支持单播、广播和组播。单播需要在信源与每一接收用户之间提供单独的数据信道,一般采用TCP/IP协议,卫星系统中也采用TCP/IP协议。单播主要用于点播和Internet接入。IP over DVB广播是在IP子网内广播数据分组,而子网内所有主机都将收到这些数据分组。对非接收者来说,增加了广播传输的开销,同时,因为广播仅限于本地子网内(路由器会封锁广播通道),因而在卫星应用中很少采用。

而IP over DVB的组播(Multicast)方式在卫星数据广播系统中得到广泛的应用。组播源(可以是多个)的数据分组将发送给特定的组播组,只有属于该组播组地址的用户才能收到数据分组,与单播相比较,提高了数据传输效率,节省了网络带宽资源,同时避免了广播中非接收者的传输开销,因此卫星数据广播中主要采用组播传输方式。组播组的各用户(主机)是用组播地址来标识的,组播既可以在数据链路层实现,也可在网络层实现。由于卫星网络拓扑结构简单,因此卫星系统多在数据链路层实施组播。

9.7.2 数据轮播与对象轮播

数据轮播方式在数据广播系统,特别是在卫星数据广播系统中得到较多的应用。数据轮播是服务器端周期性地将数据模块(Modules)传输到用户端的一种传输机制,也就是说,数据轮播中的数据模块是重复循环进行广播的。用户要接收数据轮播中的某些数据模块,可以基于下载数据块(DDB,Download Data Block)报文中的控制信息,在这些模块广播时进行接收。

在数据轮播规范中,信息数据流被封装为模块(Modules),而模块又可分割为数据块(Block);根据服务的需要,多个模块可以组成数据组(Group),而数据组又可组成超组(Super Group)。但是,传输的基本单位是数据块,且在各模块中的数据块大小相等。在数据轮播中,每个文件采用多个数据块进行传输,被封装在一个模块内。主要的业务如下。

① 文件下载:用于音频/视频文件、各种软件及数据文件的下载。

② 网站推送:网站利用特定的软件将其内容存放到播发服务器中,然后进行循环播出,其内容可随时更新、增加或删除。

③ 远程教育:内容被组织成一个个的课件,供用户端选择下载。

对象轮播是在广播网络环境下传送数字存储媒体-命令与控制(DSM-CC,Digital Storage Media-Command and Control)对象的机制。U-U(USER-to-USER)为网络中客户实体与服务器用户实体通信提供一套接口,每个接口包含一系列的操作,这些操作可以被特定的服务对象调用。对象轮播中主要有4种不同的对象:流对象(Stream Object)、文件(File)对象、目录(Directory)对象和服务网关(Service Gate Way)对象。流对象包含对广播网络中某些流的参考(可引出某些业务流,这些业务流可以是音频、视频或数据);文件对象只包含文件的数据;目录对象包含了目录、文件、流和服务网关对象的参考;服务网关对象有其特定的类型,它包含了对其他目录、文件、流和服务网关对象的参考。对象的参考在整个DSM-CC系统(是一个非常庞大的协议栈)环境中,可以唯一地标识该对象。不同类型的对象,扮演不同的角色,文件对象负责文件的内容,流对象负责找到其他业务中的音频/视频或数据流,而目录和服务网关对象负责的是目录控制。

在数据轮播和对象轮播中,模块(Module)的传输都是依靠DDB(Download Data Block)的,两者的DDC(Download Date Carousel)的数据结构相同,但在使用DDC结构的用法上有很大的不同。在对象轮播机制中有抽头和对象引用两种结构。抽头用来寻找对象所在的TS流的PID,以便将对象轮播的内容从传输层中分离出来,而对象引用则作为对象的索引信息,便于对象的快速定位。

数据轮播与对象轮播的使用应视业务的需求和接收端的资源而定。对于逻辑比较简单的业务,没有必要采用复杂的对象轮播结构,同时,对象轮播的对象在接收端解析时需要很大的资源开销,这对于资源有限的接收端来说,难于实现实时处理。目前,我国很少采用对象轮播方式,而数据轮播应用较多。

习题

9.1 一个240 W转发器的EIRP为57 dBW,试计算其天线增益为多少?当转发器输出功率变为120 W时,若仍然使用同一天线,其EIRP为多少?

9.2 试述DVB-S传输标准的信道编码方式和参数,以及编码能改善信道误码率的程度。在QPSK调制条件下,编码效率为2/3时能够实现的每赫兹带宽允许的信息传输速率是多少?

9.3 一个典型的DBS转发器(27 MHz带宽)能支持的比特传输速率为40 Mb/s。当转发器输出功率为240 W时,该传输容量中用以传送有效载荷的信息速率为30 Mb/s,编码开销为10 Mb/s。而转发器输出功率为120 W时,信道编码需有更多的开销,以弥补信号功率的降低,分析表明此时的有效载荷的信息速率为23 Mb/s,编码开销为17 Mb/s方能满足误码率的要求。通常一颗DBS卫星可搭载32个转发器,各占用一个频道(带宽27 MHz)。卫星32个转发器可按每转发器输出120 W的方式工作,也可让16个转发器工作在输出功率为240 W的状态。当转发器工作在高、低两种输出功率情况时,试问:

(1) 信道编码效率各为多少?

(2) 卫星可支持的总有效信息速率分别为多少?

(3) 所占频带(带宽)各为多少?

(4) 转发器输出低功率时,卷积编码的参数(效率)应取DVB-S标准规定的哪一组?

(5) 你对这两种工作方式有何评价?

9.4 RS码(255,239)能纠正码字中多少个错误符号?若未编码的信号比特率为R_b,那么编码后的比特率为多少？如果未编码和编码后的发送端发射功率不变，采用编码后接收端解调器输入信噪比降低了多少？请解释编码为何能使系统性能改善。

9.5 简述 MPEG-2 的视频压缩过程。

9.6 条件接收系统由哪几部分组成？试简述其工作原理。国外收看付费电视节目较为普遍，你能预测这种业务在我国的发展前景吗？这种业务用户群的特点有哪些？

9.7 一个位于 110°E，30°N 的 DBS 家用接收机，接收星下点位于 100°E 的卫星广播信号。试问接收机天线的仰角、信号传输距离约为多少？

9.8 在 9.7 题中，若卫星 EIRP 为 55 dBW，转发器传输的比特率为 40 Mb/s，射频频率为 12.5 GHz。假设接收机天线噪声温度为 70 K，接收机等效噪声温度为 120 K。试计算使接收$[E_b/n_0]$有 5 dB 链路余量（要求的接收$[E_b/n_0]$门限为 6 dB）时所需的天线直径为多少？（已知效率为 0.55）

9.9 若 DBS 家用接收机安装在 40°N，116°E 处，接收 122°E 处的卫星广播信号。假定接收天线口径为 50 cm，效率为 0.55，系统噪声温度为 200 K，下行频率为 12.5 GHz，附加损耗为 2 dB，传输速率为 40 Mb/s，卫星 EIRP 为 55 dBW。计算晴天（忽略其他损耗）条件下的接收信噪比(E_b/n_0)。

9.10 基于卫星传送的远程教育系统由哪几部分组成？你认为它在中小学师资培训、边远和少数民族地区教育、成人继续教育、职业技能教育、农业栽培与养殖技术推广、（基层）干部培训和普通大专院校教育与学术交流等方面的发展前景如何？发展过程中可能遇到哪些困难？你有何对策？

第 10 章　卫星定位与导航系统

10.1　卫星导航系统概述

导航是将用户从起始地导引到目的地的技术和方法。导航定位很早就成为人类社会不可缺少的一项技术。长期以来，人们在生产和生活实践中发明了多种导航技术，但性能都不十分令人满意。随着空间技术、大地和大气测量技术、通信电子技术的发展，卫星导航技术应运而生。卫星导航的实质是把导航台设置到太空中去，因而能够克服地面无线电导航的先天不足，不受地形地貌、气象条件、航行距离等的限制，可实现全球范围的高精度定位。当前的卫星导航技术已在军事、民用生产领域发挥了巨大的作用，是最成功的卫星应用技术之一。

卫星导航系统迄今已经经历了两代的发展。第一代是 20 世纪 60 年代出现的美国 Transit（子午仪）系统，该系统利用低轨卫星的多普勒频移效应进行定位，历史上首次实现了全球范围的定位。该系统最初是为美国海军潜艇提供高精度二维定位的，1967 年开放为民用，在舰船导航、地球勘探、大地测量等方面曾经发挥了很大作用，它的建成验证了卫星导航定位的可行性，是导航定位史上的一次飞跃，开辟了世界卫星导航的历史。但由于该系统的卫星数量少、轨道高度低、轨道精度保持时间短等缺点，使每次定位的间隔时间长，难以进行运动物体的连续定位，且定位精度也不尽人意，因此其应用受到了极大的限制。

1967—1969 年，美国着手建立供陆、海、空军使用的新型全球导航卫星系统，并于 1967 年、1968 年和 1974 年相继发射了 3 颗中高轨道 TIMATION 卫星，1977 年又发射了导航技术验证卫星 NTS-2 和 NTS-3，验证用伪距测量技术代替多普勒测速的思想，并使用原子钟作为时间基准。由于实验取得成功，美国国防部决定开发 NAVSTAR/GPS 系统，将其定义为一种全天候、空间基准的导航系统，能满足军方需要精确连续地确定部队在地球或近地空间的位置、速度和时间。这就是广为人知的 GPS 系统。从 1973 年开始方案和原理研究，GPS 系统共分为三个阶段进行了建设，到 1993 年 7 月，GPS 星座中布满了 24 颗 GPS 卫星（BLOCK I/II/IIA）供导航使用。1993 年 12 月 8 日，美国国防部正式宣布 GPS 系统具有初始运行能力。建成后的 GPS 系统具有全能、全球、全天候、连续和实时的导航、定位和定时能力，能为陆地、海洋、航空和航天用户提供精密的位置、速度、时间和姿态确定服务。

GPS 系统提供两种定位服务：标准定位服务（SPS）和精密定位服务（PPS），其中 SPS 提供给民间用户使用，PPS 提供给军事和特许用户使用。在 2001 年以前，美国政府对 GPS 实施了 SA 和 AS 政策。其中，SA 政策称为选择可用性政策，是在 GPS 卫星的基准频率上施加高频抖动噪声信号，并降低卫星星历数据中轨道参数的精度，以降低定位和测速的精度；AS 政策是反电子欺骗政策，其目的是保护 P 码，限定非特许用户的使用。施加 SA 政策以后，SPS 定位服务的精度在 100 m 左右。为了应对欧盟商业化的 GALILEO 卫星导航系统和其他国家定位系统的竞争，2001 年美国取消了 SA 政策，使 SPS 的定位精度提高到现在的 14 m 左右。

GPS 系统充分证明了以空间卫星作为位置基准，通过时间测量确定距离的伪距定位技术的可行性。除 GPS 系统外，俄罗斯的 GLONASS 全球卫星导航系统也采用相似的技术，以伪码测距技术为主的定位系统,可以看作第二代卫星导航系统。这一技术在区域性的导航系统中也得到应用,如欧洲曾提出的 LOCSTAR 系统、美国的 GEOSATR 系统、美国 QUALCOMM 公司的 OmniTRACS 系统,以及中国的“北斗一号”定位系统等。这些系统采用静止轨道卫星作为定位信号的中继平台,仍然采用伪码测距定位技术。由于系统只覆盖地球部分区域,卫星数量少,投资小,达到了较好的费效比。

卫星导航技术以其卓越的性能,满足了军民用领域的各项需要,其本身也在不断进步,美国的 GPS 现代化计划系统和欧洲伽利略系统都采用新型原子钟作为时间基准,除采用传统定位技术外,还进一步加强抗干扰性、可控性,并完善系统服务功能,这些系统不仅注重在军事领域的应用,也注重在民用领域的应用,这必将使卫星导航技术在国民经济中发挥更大的作用。

10.2 卫星导航技术基础

10.2.1 坐标系与时间体系

空间和时间的参考系是描述卫星运动、处理导航定位数据、表示被定位物体位置和运动状态的数学物理基础。卫星导航的最基本任务是确定用户在空间的位置,即定位。定位实际是确定用户在某特定坐标系的位置坐标,因此,需要首先定义适当的空间参考坐标系。坐标系的选取要满足任务的需求,并兼顾到计算过程和计算机处理的难易程度。在卫星导航系统的工作中常会涉及多种坐标系。一类常用的坐标系是与地球固连的坐标系,它的坐标轴随着地球自转而移动,称为地球固定坐标系。它对于描述被定位用户的坐标,以及飞行器相对于地球的运动非常方便,在该坐标系中,与地面相对静止的物体的坐标保持不变,与人们实际生活中的感觉是一致的,因此称为地球固定坐标系。图 10-1 所示为一个地球固定坐标系的例子,其中坐标系的原点位于地球质心,*XOY* 平面与地球赤道面重合,*OX* 轴穿过格林威治本初子午线和赤道的交点,*OZ* 轴与地球自转轴重合并指向北极,*OY* 轴在赤道面内并与 *OX*、*OZ* 轴构成右手系。由图可见,该坐标系中三条轴与地球固连在一起,地球上每个静止的物体将具有固定的坐标。因此该坐标系称为地心固定直角坐标系,又称为宇宙直角坐标系。

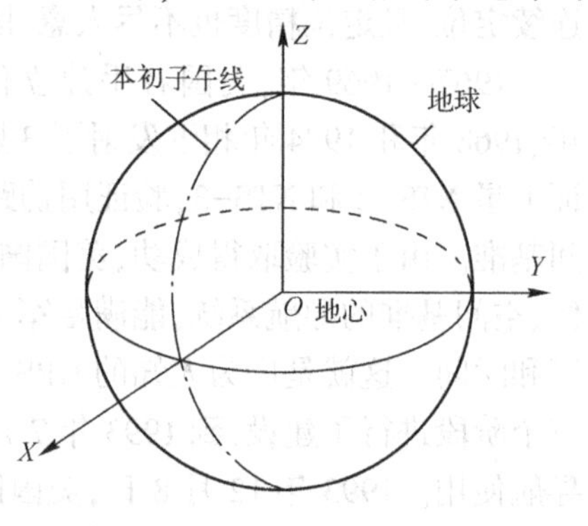

图 10-1 地球固定坐标系示例

另一类坐标系是惯性坐标系,它在空间的位置和指向是固定的,与地球的自转无关,对于描述各种空间飞行器的运动状态非常方便。实际上,卫星及其他飞行器的运动理论就是根据牛顿运动规律在惯性坐标系中建立起来的。惯性坐标系在空间保持静止或做匀速直线运动,由于实际上严格满足这种条件是很难的,因此惯性坐标系一般通过观察星座近似定义。

物体的坐标可以在不同的坐标系中表示。任一点的空间位置向量,可以通过坐标平移、旋转和尺度变换等方法转换为另一坐标系中的位置向量。由于每种坐标系中坐标轴的选取会带来坐标系统较大的差异,常用协议坐标系作为统一的参考,这种坐标系是指在国际上通过协议确定某些全球性的坐标轴指向,便于在全球范围内作为位置确定的标准,上述地球固定坐标系和惯性坐标系均有相应的协议坐标系。

1. 协议地球坐标系

卫星导航系统中采用的地球坐标系是以地心为原点、地球自转轴为 Z 轴,以地球赤道面为基准面的地心固定坐标系,地球自转轴与地球体表面的两个交点称为地极,坐标系的 Z 轴指向北地极。然而,由于地球并非刚体,其内部还存在复杂的物质运动,因此,地球瞬时自转轴在地球体内的位置并不是固定不变的,地极点在地球表面的位置随时间不断移动,这种现象称为地球的极移。通过对大量观测资料的分析表明,地极在地球表面的运动主要包含两种周期性的变化:一种是周期约为一年,振幅约为 0.1″的变化;另一种是周期约为 432 天,振幅约为 0.2″的变化。后一种周期变化又称为张德勒(S. C. Chandler)变化。

显然,由于地球的极移,将使地心固定坐标系坐标轴的指向发生变化,从而对实际定位造成很多困难。因此,需要建立一种地球固定坐标系,使其 Z 轴指向一系列瞬时地极中某一固定的基准点,它随地球自转,但坐标轴的指向不再随时间而变化。1967 年国际天文学联合会和国际大地测量学协会建议,采用国际上 5 个纬度服务站,以 1900—1905 年的平均纬度所确定的平均地极位置,作为地极的基准点,称为国际协议原点(CIO,Conventional International Origin)。与之相应的地球赤道面,称为平赤道面或协议赤道面,这样建立的坐标系称为协议地球坐标系(CTP,Conventional Terrestrial Pole),而与瞬时地极相对应的地球固定坐标系,称为瞬时地球坐标系。

由于地球极移随时间变化,国际时间局(BIH)定期发布公报,刊载极移的跟踪数据。随着观测技术和手段的发展,观测台站和数据不断增加,地极移动的测量精度不断提高。由于地极协议原点 CIO 是平均地极位置,因此协议地极基准点也在变化,严格说来,20 世纪 60 年代以后所公布的瞬时地极坐标已不再以原来所定义的 CIO 为基准点。国际时间局所建立的 BIH 1979.0 系统作为协议地面参照系,以及所发布的瞬时地极坐标中,已加入了卫星多普勒及激光测月技术来推算极移,其地极原点与原有的 CIO 自然也不一样,尤其是 1988 年以后完全摒弃了天文学观测成果,CIO 的意义已与 1967 年定义时完全不同。现在可以这样认为,由国际时间局(BIH)公布的瞬时地极坐标所对应的坐标基准点就是 BIH 系统中的协议地极原点,不过可以仍旧沿用 CIO 的提法。

在卫星导航系统的发展中,不同系统根据当时的大地测量水平建立了各自相应的协议地球坐标系,其中 WGS-84 是目前广泛使用的坐标系统。WGS-84 全称为 1984 年世界大地坐标系,它是美国国防部制图局建立并公布的,是 GPS 卫星广播星历和精密星历的参考系,也是 GPS 导航系统中表示被定位用户坐标所采用的坐标系。

WGS-84 理论上是一个以地球质心为坐标原点的地心固定坐标系。其坐标轴的方向与 BIH1984.0 系统中定义的方向一致,其 Z 轴指向此 BIH 系统所定义的协议地极 CTP 的方向,X 轴指向 BIH 1984.0 的零度子午面与 CTP 赤道的交点。由于 WGS-84 所对应的地球质心与由 BIH 台站坐标所定义的地心不完全一致,因此 WGS-84 所对应的地球赤道面与 BIH 站所定义的赤道面并不重合,而是保持了 WGS-84 的格林威治子午面也与 BIH 所规定的格林尼治子午面相平行,于是 WGS-84 的 X 轴即为 WGS-84 赤道面与 WGS 格林尼治子午面的交线。

实际上,WGS-84 为了与 BIH 1984.0 中定义的协议坐标系相一致,通过美国海军导航卫星系统在坐标原点、尺度因子、经度零点等定义上做了一系列的改进。因此,WGS-84 可看作协议地球坐标系 CTS-84 的一个实现,它是目前最高水平的卫星定位与全球大地测量参考系统之一。

2. 大地水准椭球、基准椭球和地理坐标

确定用户在空间的位置时,通常要确定用户在地面上或地球上空的位置。用户或地面站在地球上的位置常用地理坐标,即经度、纬度、高度来表示。在对位置精度要求不高的场合,可以将地球看成一个圆球,其平均半径为6370.997km。赤道将圆球划分为南、北两个半球,格林尼治子午圈把圆球划分为东、西两个半球,则将格林尼治子午圈和赤道在过格林尼治一边的交点定义为零经度、零纬度点。以零经度、零纬度点为起点,将赤道分成东西各180等分,即东经180°和西经180°。以零经度、零纬度点为起点将格林尼治子午线分成南北各90等分,即南纬90°和北纬90°。这样,可以将地球表面或上空中任何一点的位置用经度 λ、纬度 φ 和高度 H 表示。

但是,实际中的地球并非一个圆球,地球北极地区要凸出十几米,而南极要凹进二十几米,地球的赤道直径比地球两极间的距离约大40多千米,而导航定位的精度要求一般要达到几十米或更高。显然,以圆球来代替地球误差太大。为了高精度定位,需采用更好的近似方法。

地球的大地水准面是一个假想的海面,这种海面无潮汐、无温差、无风、无盐,海水渗透到陆地每一处,海面海水的分布仅由地球重力场决定。海水的分布面实际上是地球重力场的等位面,称为大地水准球面。由于地球形状的不规则和地球质量分布的不均匀,大地水准球面并不是平滑的球面,仍然是一个不很规则的球面。大地水准面与实际地球面如图10-2所示。

以大地水准面为基础,可以选取一个几何体使之与大地水准球体最吻合,这个几何体便称为基准椭球体,可以用于表示地球。人们曾选用不同的基准椭球来代表地球。克拉克1866椭球是与北美地区大地水准面最吻合的基准椭球,而克拉索夫斯基椭球则是与苏联及中国大部分地区大地水准面最吻合的基准椭球。这些基准椭球称为局部地区基准椭球。对全球卫星导航系统来说,应选用与整个地球的大地水准面最吻合的基准椭球,这里的最吻合是指所选取的椭球面和大地水准面之间的高度差的平方和最小,这种基准椭球称为全球基准椭球。

前述WGS-84系统中,除定义了三维直角坐标系,还定义了一个基准椭球,称为WGS-84椭球。WGS-84椭球是一个定位在地心的旋转等位椭球,其平均旋转速度采用了1980年大地测量参考系(GRS80)中的数值,椭球的中心和坐标轴与WGS-84三维直角坐标系相一致。表10-1所示为WGS-84椭球的基本参数。

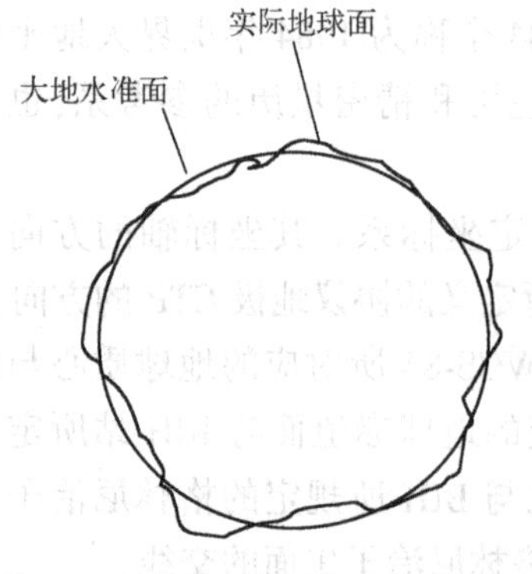

图10-2 大地水准面与实际地球面

表10-1 WGS-84椭球的基本参数

参 数	符 号	采 用 值
长半轴	a	6378137m
地球引力场规格化的二阶带球函数系数	$\bar{C}_{2.0}$	-484.16685×10^{-6}
地球自转角速度	ω	7292115×10^{-11} rad/s
地球质量与万有引力常数乘积	GM	3986005×10^{6} m^3/s^2
椭球扁率	f	1/298.257223563
椭球第一偏心率平方	e^2	0.00669437999013

上述参数中椭球扁率的定义为:

$$f=\frac{a-b}{a} \tag{10-1}$$

第一偏心率定义为：
$$e=\frac{\sqrt{a^2-b^2}}{a} \tag{10-2}$$
式中，b 为椭球短半轴。

有了基准椭球以后，可以定义地球上任一点的地理坐标。如图 10-3 所示，设点 O 为椭球中心，即地心，对地球上任一点 G，可以过 G 点作基准椭球面的垂线 GO'，GO' 与基准椭球面交于点 P，与赤道半径 OL 交于点 Q'，与地轴 OZ 交于 O'。P 点在赤道面 XOY 上的投影为 P'。定义 G 点的地理经度 λ 为 OP' 与 OX 轴的夹角，地理纬度 φ 为 GO' 与 OL 的夹角，大地高度 H 是 G 点与 P 点的距离 GP。

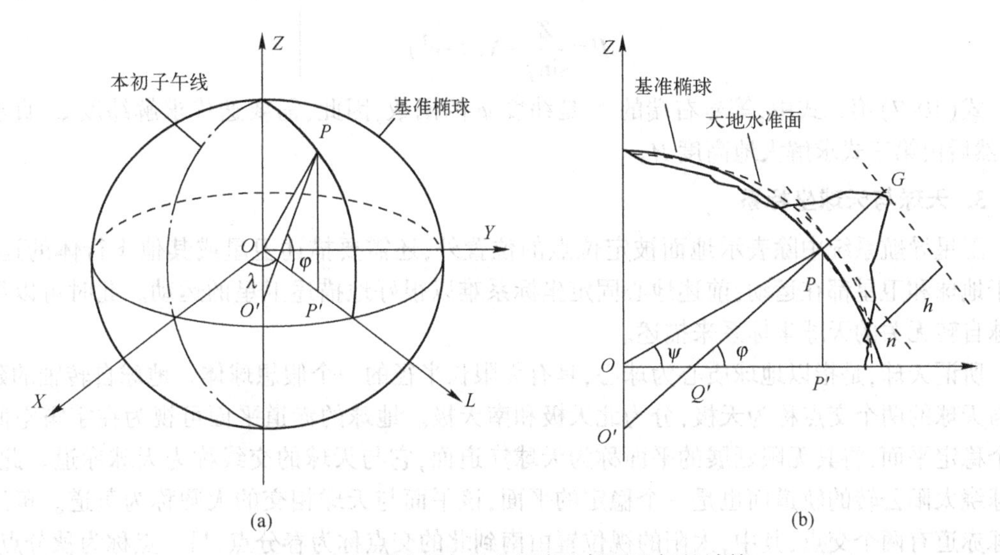

图 10-3　地理坐标与地心固定坐标系坐标的计算

地理坐标中的大地高度 H 是 G 点与基准椭球之间的距离，该距离与大地水准面和海拔高度之间的关系为：
$$H=n+h \tag{10-3}$$
式中，n 为大地水准面高度，定义为对应 G 点的大地水准面与基准椭球面之间的距离。h 是海拔高度，定义为 G 点与大地水准面之间的距离。若 G 点在海面上空，则海拔高度就是 G 点与对应 G 点处的大地水准面之间的距离。在 WGS-84 系统中，为了应用的需要，根据大量实测数据，建立了 n 值的数据库，对任一点，可以先由直角坐标算出椭球高度 H，再由数据库和插值算法求出 n，最后得到海拔高度 h。

λ、φ 和 H 分别称为地理经度、地理纬度和大地高度，其中地理纬度是按被定位点向椭球表面作铅垂线的方法定义的。纬度有时也用图 10-3(b) 中所示的地心纬度 Ψ 来代替，地心纬度是图中 OP 与 OL 之间的夹角。地理纬度 φ 和地心纬度 Ψ 之间的关系为：
$$\tan\Psi=\frac{b^2}{a^2}\tan\varphi=(1-e^2)\tan\varphi \tag{10-4}$$

以 WGS-84 椭球为基准，地球上任一点的地理坐标，即(λ,φ,H)，可以以下式变换到 WGS-84 三维直角坐标 (X, Y, Z)：
$$X=(N+H)\cos\varphi\cos\lambda$$
$$Y=(N+H)\cos\varphi\sin\lambda$$

$$Z=[N(1-e^2)+H]\sin\varphi \tag{10-5}$$

式中：

$$N=\frac{a}{\sqrt{1-e^2\sin\varphi}} \tag{10-6}$$

由直角坐标(X, Y, Z)变换到地理坐标的变换式为：

$$\left.\begin{aligned}\lambda &= \arctan\left(\frac{Y}{X}\right)\\ \varphi &= \arctan\left\{\frac{Z(N+H)}{[N(1-e^2)+H]\sqrt{X^2+Y^2}}\right\}\\ H &= \frac{Z}{\sin\varphi}-N(1-e^2)\end{aligned}\right\} \tag{10-7}$$

式(10-7)第二式中，等号右端的 N 是纬度 φ 的函数，因此，需要迭代求解纬度 φ，直至收敛，然后由第三式求解大地高度 H。

3. 天球与天球坐标系

卫星导航系统中除表示地面被定位点的位置外，还需要描述卫星或其他飞行体的运动。由于地球和卫星都在运动，前述地心固定坐标系难以很好地描述卫星的运动。此时可以用与地球自转无关的天球坐标系来描述。

所谓天球，是指以地球质心为球心，具有无限长半径的一个假想球体。地球自转轴的延长线与天球的两个交点称为天极，分为北天极和南天极。地球的赤道平面可视为在宇宙空间的一个稳定平面，将其无限延展的平面称为天球赤道面，它与天球的交线称为天球赤道。此外，地球绕太阳公转的轨道面也是一个稳定的平面，该平面与天球相交的大圆称为黄道。黄道与天球赤道有两个交点，其中，太阳的视位置由南到北的交点称为春分点，另一点称为秋分点。

为便于描述卫星等飞行体的运动，所选参考系应当最好不动，因此将地心设定为天球坐标系的原点 O，以北天极方向为 Z 轴方向，以天球赤道面为 XOY 平面，地心指向春分点的方向为 X 轴的方向，Y 轴在 XOY 平面内并与 X 轴、Z 轴构成右手系。这样的坐标系为天球空间直角坐标系，天体在天球直角坐标系中的位置为(X,Y,Z)。

除天球空间直角坐标系外，还可以定义天球球面坐标系（见图 10-4），天体 S 在天球球面参考系中的坐标为(α,δ,r)。该参考系的定义是：原点位于地心 O，赤经 α 为含天轴和春分点的天球子午面与过天体 S 的天球子午面之间的夹角；赤纬 δ 为原点 O 至天体 S 的连线与天球赤道面之间的夹角；矢径 r 为原点 O 至天体 S 的距离。

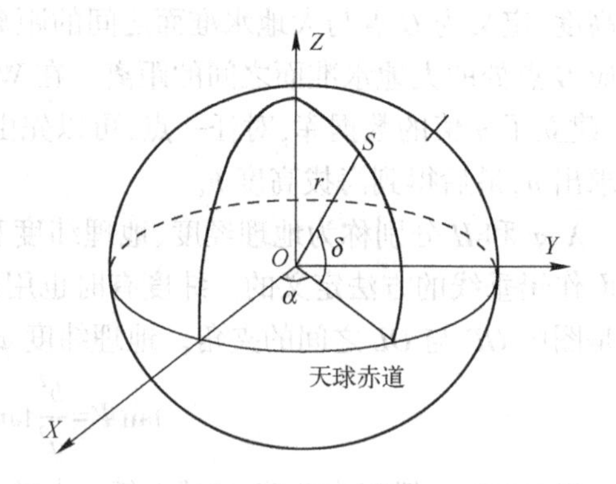

图 10-4　天球空间直角坐标系和天球球面坐标系

上述两种坐标系与地球的自转无关，用于描述人造卫星或其他天体的位置和状态非常方便，因此得到大量的使用，在卫星导航系统的实践中天球坐标系可以看作惯性坐标系的一个近似。

4. 时间体系

卫星导航是建立在卫星位置精确已知的基础上的，推算卫星的位置需要根据准确的星历和时间数据。而在采用测距体制的卫星导航系统中,需要把对时间时延的测量结果转换为距离,时间测量的精确度在纳秒级以上。因此,卫星导航系统需要有高精度、高稳定的时间基准系统。

从理论上来说,任何一个周期运动,只要其周期是恒定且可观测的,都可以作为时间的尺度。时间体系就是一些在一定基准下表示时间的标准单位。常用的时间体系如下。

(1) 世界时

世界时(UT,Universal Time)以地球自转周期为基准。由于地球的自转,太阳会周期性地经过地面一点的上空。太阳连续两次经过某条子午线的平均时间间隔称为一个平太阳日,以此为基准的时间称为平太阳时。从午夜起算的英国格林威治平太阳时称为世界时(UT),一个平太阳日的1/86400规定为一个世界时秒。地球除了绕轴自转,还绕太阳公转,因此,一个平太阳日并不等于地球自转一周的时间。

(2) 原子时

原子时(ATM,Atomic Time)以位于海平面的铯原子133原子基态的两个超精细结构能级跃迁所辐射的电磁波振荡周期为基准,从1958年1月1日世界时的零时开始启用。铯原子频标的9192 631 770个周期持续的时间为1原子时秒,86400个原子时秒定义为1个原子时日。原子内部能级跃迁所发射或吸收的电磁波频率极为稳定,比以地球转动为基础的计时系统更均匀,因此得到了广泛应用。

虽然原子时比以往任何一种时间尺度都精确,但它仍含有一些不稳定因素,需要进行修正。因此,国际时间局目前以大约100台位于世界各地的原子钟的读数,分别以不同的权值平均,获得综合的时间基准,称为国际原子时。国际原子时的最高读秒精度为$\pm(0.2\sim0.5)\,\mu s$,频率准确度为年平均值$\pm1\times10^{-13}$,频率稳定度为$\sigma(2,\tau)=(0.5\sim1.0)\times10^{-13}$,$\tau$在2个月至几年之间。

(3) 协调时

协调时(UTC,Universal Time Coordinated)并不是一种独立的时间,而是在时间播发中把原子时的秒长和世界时的时刻结合起来的一种时间。它既可以满足人们对均匀时间间隔的要求,又可以满足人们对以地球自转为基础的准确世界时时刻的要求。协调时的定义是它的秒长严格等于原子时的秒长,采用整数调秒的方法使协调时与世界时之差保持在0.9 s之内。

(4) GPS时

GPS时(GPST,GPS Time)是由GPS星载原子钟和地面监控站原子钟组成的一种原子时系统,它与国际原子时保持有19 s的常数差,并在GPS标准历元1980年1月6日零时与UTC保持一致。GPS时间在0~604 800 s之间变化,0 s是每星期六午夜且每到此时GPS时间重新设定为0 s,GPS周数加1。GPS时间的一个重要作用是作为GPS卫星轨道确定的精密参考。

由于绝大多数应用系统的时间都是UTC时间,所以必须将GPS时间与UTC联系起来。GPS系统采用的方法是在卫星导航电文中播发两个系数,用来确定GPST与UTC之差,用户接收设备可以利用给定的公式将GPS时转换为UTC时间。

10.2.2 卫星定位的一般原理

卫星定位是导航台定位。导航卫星是系统设置在空间的导航台。卫星的位置是由卫星的轨道参量和星历确定的。导航台是导航系统的位置基准点。卫星定位的一般方法可以概述为以下三个步骤:

① 已知卫星在某指定坐标系的坐标。

② 测得用户相对于卫星的位置。

③ 计算用户在指定坐标系中的坐标。

在上述过程中,测量用户相对于卫星的位置是一个关键步骤,该步骤中使用的卫星、引入的观测量、观测的方法和精度等对卫星导航系统的体制、性能有很大的影响,因此,可以根据使用的卫星、采用的观测量及测量方法,将目前典型的卫星导航系统划分为低轨卫星导航系统、双静止轨道卫星导航系统和中高轨卫星导航系统,这些系统均利用了不同的定位观测参量。不过,从定位算法原理来看,这些系统都有一个共同之处,即都是通过将用户坐标、卫星坐标、观测量通过导航定位方程联系在一起。

由于用户相对于卫星的位置是一个难以直接得到的量,便于测量的常常是用户对卫星的角度、距离,距离差、距离和、速度等。借助于这些参量,可以通过建立定位方程将卫星位置和用户位置联系起来,并计算出用户在指定坐标系的坐标,因此这些可测量的观测量称为导航定位参量。在三维空间,这些参量对应着各种位置面,导航定位的基本原理可以看成利用这些位置面的交点确定被定位者的位置。以下以导航定位参量分别为距离、距离差和速度时的几何定位原理进行说明。图 10-5 所示为定位参量与位置面。

如果测得用户与卫星的距离 l,那么对应于 l 的位置面,是以卫星 S 为中心,以 l 为半径的球面 C,用户在该球面上,如图 10-5(a)所示。如果要完全根据距离参量确定用户的三维坐标,则至少需要测得用户到卫星的 3 个距离,定位过程可以看成利用 3 个球面交汇的方法确定用户的位置。

如果测得用户相对于两颗卫星 S_1、S_2 的距离差为 l_1-l_2,则对应于 $l_1-l_2=a$ 的位置面是以卫星 S_1、S_2 为焦点的旋转双曲面 C_1、C_2,如图 10-5(b)所示。用户位于该双曲面上。如果完全根据距离差参量确定用户的三维坐标,也至少需要测得三个距离差,可以看成利用三个双曲面交汇确定用户坐标。

如果测得用户相对于卫星的速度 $V_r=V\cos\alpha=v$,则对应该速度的位置面是以卫星 S 为顶点,2α 为顶角的圆锥面 C,如图 10-5(c)所示。用户将位于该圆锥面上。如果完全采用测速定位方式定位,也需要测得 3 个速度量。如果测速过程中用户也在运动,则将产生定位误差,需要进行修正。

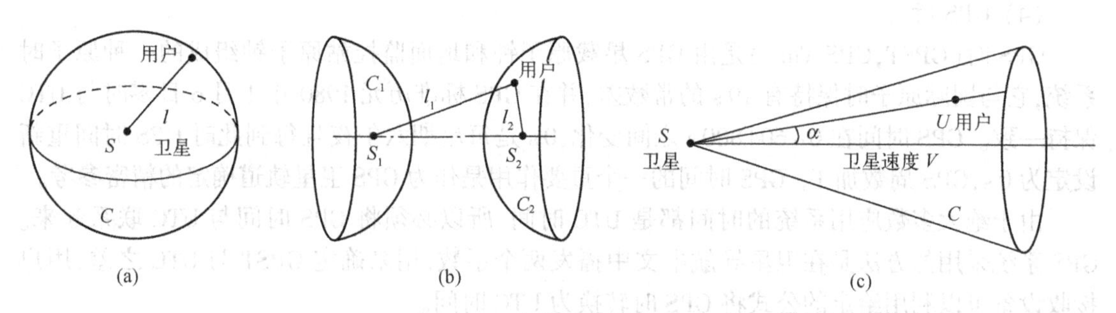

图 10-5　定位参量与位置面

用户到卫星的距离、距离差、速度等有多种测量方法。对于距离参量,可以通过将测量得到的卫星基带信号的时延转换为距离,也可以通过测量射频信号从发射到接收的相位差和相位变化周数的方法换算。对于距离差,除了测量信号的时延差、相位差的方法,还可以通过对频移进行积分的方法获得相位差,并进而获得距离差。对于速度,可以通过测量信号的多普勒频移的方法获得。获得上述定位观测量的手段既可以是用户主动发射信号,此时称用户工作于有源状态;也可以是用户不发射信号,只通过终端接收信号,此时称用户工作于无源状态。无源方式用户不发射信号,不会对系统信号通道造成拥堵,用户数量不受限制,并便于终端隐蔽工作,是当前卫星导航定位系统普遍采用的方式。

实际定位中并不是用曲面交汇的方法确定用户坐标,而是用代数方法建立导航定位方程并求解。图 10-5(a)中,球面 C 的方程为:

$$\sqrt{(X-X_S)^2+(Y-Y_S)^2+(Z-Z_S)^2}=\rho \tag{10-8}$$

图 10-5(b)中,满足 $l_1-l_2=a$ 的旋转双曲面 C_1、C_2 的方程为:

$$\sqrt{(X-X_{S_1})^2+(Y-Y_{S_1})^2+(Z-Z_{S_1})^2}-\sqrt{(X-X_{S_2})^2+(Y-Y_{S_2})^2+(Z-Z_{S_2})^2}=\rho \tag{10-9}$$

式(10-8)和式(10-9)中,X、Y、Z 为用户在地心固定坐标系中的坐标,为未知量,X_S、Y_S、Z_S、X_{S_1}、Y_{S_1}、Z_{S_1}、X_{S_2}、Y_{S_2}、Z_{S_2}分别是卫星 S、S_1、S_2 的地心固定坐标系坐标,为已知量。ρ 是测得的导航卫星参量,在式(10-8)和式(10-9)中分别代表用户到卫星的距离 l,距离差l_1-l_2。

图 10-5(c)中,满足卫星相对于用户速度 $V_r=V\cos\alpha=v$ 的圆锥面 C 的方程为:

$$\frac{(X-X_S)V_X+(Y-Y_S)V_Y+(Z-Z_S)V_Z}{\sqrt{(X-X_S)^2+(Y-Y_S)^2+(Z-Z_S)^2}}=V\cos\alpha=V_r \tag{10-10}$$

式中,X_S、Y_S、Z_S是卫星在地心固定坐标系中的 3 个坐标;V_X、V_Y、V_Z 是卫星轨道速度的 3 个分量,它们均为已知量;V_r 是用户与卫星之间的径向速度,是测得的导航定位参量。

式(10-8)、式(10-9)和式(10-10)都是非标准形式的曲面方程。从这些方程可以清楚地看到,任何测量得到的导航定位参量都可以表示为用户和卫星的地心固定坐标系坐标的函数,而导航定位参量可以是距离、距离差、速度等观测量,因此,将这些函数式称为导航定位方程。可以将这些函数式一般化,写成:

$$f(X,Y,Z,X_S,Y_S,Z_S,\rho)=0 \tag{10-11}$$

式(10-11)称为对应于观测量 ρ 的导航定位方程。

由上述导航定位方程可见,用户位置与导航定位参量有一一对应的关系。而方程中用户坐标为 3 个未知量,为求得用户的 3 个坐标,必须得到 3 个独立的方程,因而必须有 3 个定位参量。若用户在地球面上,则只需要测得两个导航定位参量。实际中由于存在测量误差,以及观测误差还依赖于其他的未知量,如时间、频率等,往往需要引入 3 个以上的定位观测量并建立相应的导航定位方程,才能求解出用户坐标。

10.3 低轨卫星定位系统

低轨卫星信号具有明显的多普勒频移,这种频移由卫星相对地面的高速运动产生。世界上第一个卫星定位系统——子午仪系统就是采用低轨卫星的多普勒频移实现的,它的实现对卫星导航技术产生了深远的影响。目前仍有一些系统,如国际搜索救援组织的救援卫星系统 Cospas-Sarsat,环境监测系统 Argos,轨道数据通信系统 Orbcomm 等,采用与“子午仪”系统类似的多普勒定位技术。

低轨多普勒定位技术具有信号强度高、定位基准信号容易获得的优点。其中,频率信号只要具有足够的稳定度就能够使定位具有一定精度,而稳定的频率源比原子钟等高精度时间基准设备容易获得,因此,多普勒定位技术在不需要很高精度的定位场合是一种成本低而易于实现的技术。由于低轨卫星导航定位系统采用的技术相似,以下以子午仪系统采用的技术为主介绍。

10.3.1 子午仪系统的结构

子午仪系统是典型的低轨卫星导航系统,系统采用积分多普勒无源定位技术实现用户的被动定位。整个系统由定位卫星、地面站组、用户设备三部分组成。

1. 定位卫星

子午仪系统的定位卫星采用高度为 1080 km 的圆形极轨道,额定情况下有 6 颗卫星分别在 6 条轨道上运行,每条轨道等间隔分布。这样可以保证地面用户在每次定位时具有均匀的时间间隔。卫星上的导航载荷主要是星历的接收和存储设备,以及星上的频率源和发射天线。

星上频率源是系统的关键设备。子午仪系统采用石英晶体振荡器产生 5 MHz 的振荡信号,通过倍频方式产生 150 MHz 和 400 MHz 的射频振荡信号,其频率稳定度在卫星一次过顶的时间内达到 10^{-11},使精确测量多普勒频移量易于实现。这两种振荡信号作为载频,含有导航信息的编码脉冲分别对它们进行相位调制,产生导航信号。用两种载频同时发射导航信号是对电离层电波传播研究的结果,可以克服电离层附加时延的影响。

2. 地面站组

地面站组包括 4 个轨道跟踪站、1 个计算中心和 2 个注入站,完成卫星轨道的测控、轨道参数计算和星上星历的注入。其中,跟踪站利用定向天线跟踪卫星,接收卫星发射的信号,测量多普勒频移并变换成数字信号送到计算中心,同时也解调出导航信息,核对其是否正确。

计算中心根据各个跟踪站送来的轨道测量数据、天文台送来的时间数据,计算未来一段时间内的卫星轨道参量,编成具有一定时间间隔的卫星星历,并产生时钟校正信号,将卫星星历、时钟校正信号和其他控制指令一起送到注入站注入卫星。

3. 用户设备

用户终端采用无源方式工作,由导航信号接收机和计算机构成。接收机接收卫星发射的导航信号,从中提取多普勒频移、时间信号和卫星星历,计算机据此解算出用户位置。

子午仪系统在用户终端上实现定位计算具有很大好处,这种方式可以使终端只接收而不发射信号,便于用户隐蔽工作,并且终端数量不受限制。这种模式一直是美国军方发展各种导航系统的主导思想。

10.3.2 积分多普勒定位技术

采用多普勒技术定位时,将作为观测量的多普勒频移转化为定位方程参量有多种方法。子午仪系统采用积分多普勒定位技术。用户接收一颗可见卫星发射的导航信号,从中取得每个瞬间卫星的位置和多普勒频移,对多普勒频移进行积分,可建立导航定位方程,通过求解确定用户位置。

1. 低轨卫星的多普勒频移

低轨卫星经过用户视界时,从星上发射的信号因用户与卫星的相对运动而产生多普勒频移。如图 10-6 所示,设卫星 S 相对于用户的径向运动速度为 V_r,卫星发射的信号可表示为:

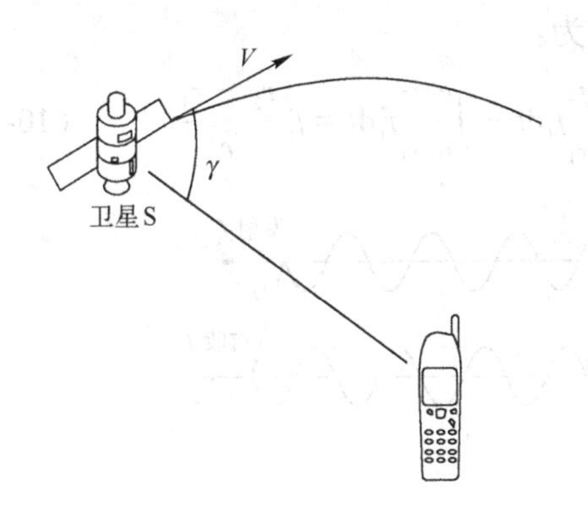

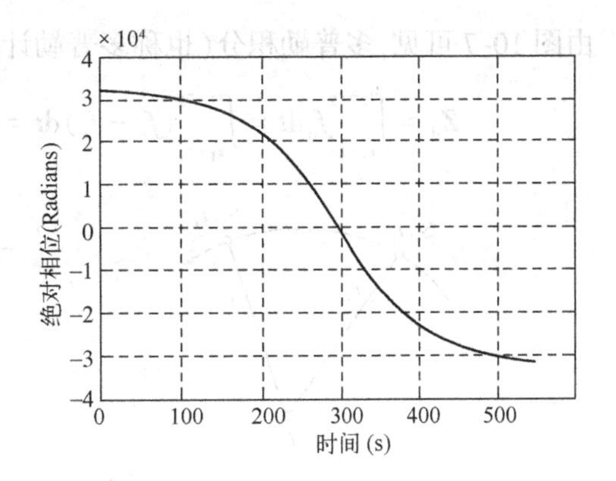

图 10-6　低轨卫星的多普勒频移

$$u_S = U_t\cos(\omega_t + \phi_0) \tag{10-12}$$

式中，ω_t 为发射信号的角频率，ϕ_0 为其初相位。用户接收到的信号为：

$$u = U\cos[\omega_t(t-\tau) + \phi_0] \tag{10-13}$$

式中，τ 为信号由卫星到用户的传播时延。设用户到卫星的距离为 r，则 $\tau = r/c$，c 为光速。

由于卫星运动，卫星与用户间的距离为：

$$r = r_0 - V_r t \tag{10-14}$$

式中，r_0 为卫星与用户的初始距离。将式(10-14)代入式(10-13)，得：

$$u = U\cos\left[\omega_t\left(t - \frac{r_0 - V_r t}{c}\right) + \phi_0\right] \tag{10-15}$$

用户接收信号的相位为：

$$\phi = \omega_t\left(t - \frac{r_0 - V_r t}{c}\right) + \phi_0 \tag{10-16}$$

取相位对时间的导数，则用户接收到电波的角频率为：

$$\omega_r = \frac{d\phi}{dt} = \omega_t\left(1 + \frac{V_r}{c}\right) \tag{10-17}$$

可见，用户接收信号的瞬时频率与卫星发射时的频率不同，其频率差即多普勒频移f_d 为：

$$f_d = f_r - f_t = f_t\frac{V_r}{c} \tag{10-18}$$

由式(10-18)可见，多普勒频移的大小取决于卫星发射时的频率和卫星相对运动速度的大小，其正负取决于相对运动的方向。

设卫星在轨道上的切向速度为 V，卫星和用户的连线与切向速度的夹角为 γ，则多普勒频移为：

$$f_d = f_t\frac{V_r}{c} = f_t\frac{V\cos\gamma}{c} \tag{10-19}$$

2. 基于积分多普勒频移的定位方程

直接精确测量瞬时多普勒频移是困难的，特别是在接收机本振存在频率噪声的情况下。对多普勒频移进行积分，可以起到平滑噪声的作用。由式(10-18)可见，多普勒频移正比于每秒钟距离的变化(即速度)，在一定时间间隔内对多普勒频移的积分正比于这段时间内距离的总变化。

由图 10-7 可见，多普勒积分（也称多普勒计数）为：

$$Z_{\mathrm{d}}=\int_{t_1+\tau_1}^{t_2+\tau_2} f_{\mathrm{d}}\mathrm{d}t=\int_{t_1+\tau_1}^{t_2+\tau_2}(f_{\mathrm{t}}-f_{\mathrm{r}})\mathrm{d}t=\int_{t_1+\tau_1}^{t_2+\tau_2} f_{\mathrm{t}}\mathrm{d}t-\int_{t_1+\tau_1}^{t_2+\tau_2} f_{\mathrm{r}}\mathrm{d}t=f_{\mathrm{t}}\frac{r_2-r_1}{c} \tag{10-20}$$

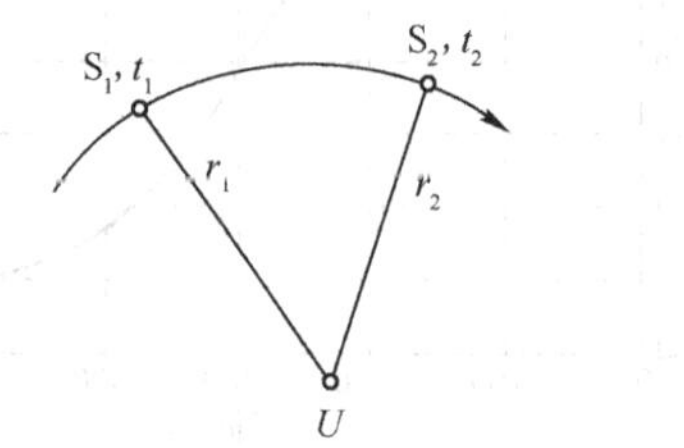

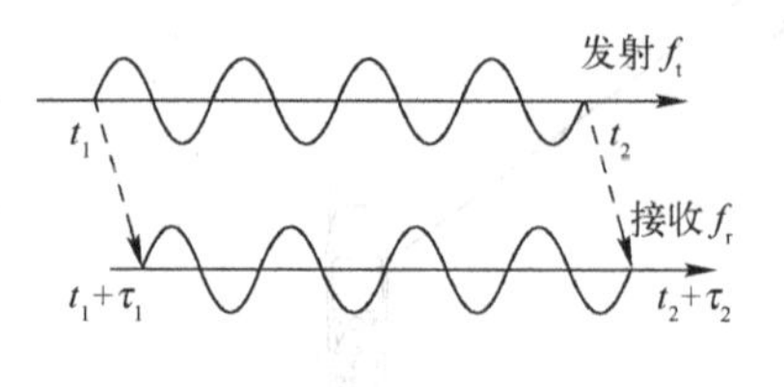

图 10-7　多普勒计数

实际中，用户接收机的本振频率 f_1 并不完全等于卫星发射频率 f_{t}，f_{t} 也不完全等于额定值，用户接收机将本地振荡频率与接收信号频率的差值作为多普勒频移进行积分，因此有：

$$\begin{aligned}N&=\int_{t_1+\tau_1}^{t_2+\tau_2}(f_1-f_{\mathrm{r}})\mathrm{d}t=\int_{t_1+\tau_1}^{t_2+\tau_2} f_1\mathrm{d}t-\int_{t_1+\tau_1}^{t_2+\tau_2} f_{\mathrm{r}}\mathrm{d}t\\&=f_1(t_2-t_1)+f_1(\tau_2-\tau_1)-\int_{t_1+\tau_1}^{t_2+\tau_2} f_{\mathrm{r}}\mathrm{d}t\end{aligned} \tag{10-21}$$

在 t_1、t_2 两时间间隔内，卫星发射的电波周数应等于用户在 $t_1+\tau_1$、$t_2+\tau_2$ 这两个时间间隔内接收到的电波周数，即有

$$\int_{t_1}^{t_2} f_{\mathrm{t}}\mathrm{d}t=\int_{t_1+\tau_1}^{t_2+\tau_2} f_{\mathrm{r}}\mathrm{d}t \tag{10-22}$$

代入式（10-21），则有

$$N=(f_1-f_{\mathrm{t}})(t_2-t_1)+f_1\frac{r_2-r_1}{c} \tag{10-23}$$

式（10-23）中，N 是测量值，f_1 已知量，t_2、t_1 可以由导航电文得到，f_{t}、r_2、r_1 是未知量，其中 r_2、r_1 与卫星位置和用户位置有关：

$$\begin{aligned}V_{\mathrm{r}}&=r_2-r_1\\&=\sqrt{(X-X_2)^2+(Y-Y_2)^2+(Z-Z_2)^2}-\sqrt{(X-X_1)^2+(Y-Y_1)^2+(Z-Z_1)^2}\end{aligned} \tag{10-24}$$

式（10-24）中，X_1、Y_1、Z_1、X_2、Y_2、Z_2 分别是卫星 S 在 t_1、t_2 时刻的地心固定坐标系坐标，X、Y、Z 是用户坐标，卫星坐标是已知量，用户坐标是未知量。由于 X、Y、Z 是地理坐标 λ、φ、H 的函数，如设大地高度 H 为常数，整理式（10-23）得到：

$$V_{\mathrm{r}}(\lambda,\varphi)=\lambda_1 N-\lambda_1 F(t_2-t_1) \tag{10-25}$$

式中，λ_1是本地振荡波长，$F=f_1-f_{\mathrm{t}}$为未知量。式（10-25）即为基本导航定位方程。该方程中含 3 个未知量，因此，为解出该 3 个未知量，需测量得到 3 个多普勒计数值，得到 3 个定位方程：

$$\begin{cases}V_{r_1}(\lambda,\varphi)=\lambda_1 N_1-\lambda_1 F(t_2-t_1)\\V_{r_2}(\lambda,\varphi)=\lambda_1 N_2-\lambda_1 F(t_4-t_3)\\V_{r_3}(\lambda,\varphi)=\lambda_1 N_3-\lambda_1 F(t_6-t_5)\end{cases} \tag{10-26}$$

式（10-26）为非线性方程组，可以通过线性化转化成线性近似方程，利用最小二乘法等数值解法可以解出 3 个未知量，从而确定用户位置。

10.3.3 主要误差因素

多普勒卫星定位技术虽然已有较长历史,但由于技术实现容易,当前仍有一些系统采用。卫星多普勒定位系统的定位性能受到多种因素影响,主要有如下几类。

1. 星历误差

星历误差是由于卫星本身位置不准带来的。卫星在其广播的导航电文中不断播发自己的位置坐标,定位终端据此进行定位解算,因此卫星播发的星历数据中必须确定其自身位置的一定精度。

2. 频率源漂移误差

在求解多普勒定位方程中,假定用户设备的频率和卫星发射频率在一次测量过程中是不变的,即 $F=f_1-f_t$ 是一个常数。设计上,由于频率源的不稳定,卫星发射频率和用户接收机的本振频率都会发生漂移,从而 F 将是一个随机变量。这种频率源的不稳定将会造成较大的误差。

3. 多普勒计数及频移跟踪误差

多普勒计数是对多普勒频率的积分,当对多普勒频移跟踪有误差时,将造成多普勒积分的错误,因而直接影响定位结果。此外,多普勒计数本身还受到接收通道的噪声影响,由于多普勒计数的时间间隔是从用户设备解调出的基带信号中提取的,接收通道的噪声将造成计数间隔的抖动,也会造成多普勒计数的误差。

4. 用户运动速度产生的误差

多普勒定位是测速定位。多普勒计数是对同一卫星在固定时间间隔内的多普勒频移积分,一般此间隔在 2 min 左右,当用户相对地面运动时,测量得到的多普勒频移与用户静止时的多普勒频移有较大差别,需要将用户运动产生的坐标值变动代入导航定位方程,用户运动速度需要用其他的测速仪器测量。由于运动速度大小和方向的变化、测速仪器的误差等因素,将使导航定位解出现较大的误差。这就是子午仪系统难以进行运动物体定位的一个重要原因,同时也是多普勒定位系统共有的缺点。

10.4 双静止轨道卫星导航系统

用中、低轨卫星建立全天候、全天时的卫星导航系统需要大量的卫星,系统投资巨大,并且这样的系统一般是全球性的。静止轨道卫星的轨道高度高,对地面的覆盖特性比中、低轨卫星好,只需要少量的卫星就可以在固定的区域内建立定位所需要的稳定多重覆盖,因此可以以相对少得多的投资建立区域性的卫星导航系统。世界上有多个静止轨道卫星导航系统计划,如美国科学家提出的 GEOSTAR 计划,欧洲的 LOCSTAR 系统、美国 Qualcom 公司的 Omni TRACS 移动定位服务等。我国的“北斗一号”系统是世界上第一个实用的专用静止轨道卫星导航系统。这些系统具有相似的结构和工作原理,主要利用两颗卫星完成信号的中继转发,定位计算由地面控制中心完成,终端需要发射信号,以有源方式工作,因此可以统一归类为双静止轨道卫星导航系统。

10.4.1 系统结构

系统最少需要两颗卫星,因此将系统称为双静止轨道卫星导航定位系统。可以将系统结构划分为空间段、地面段和用户终端3部分。

1. 空间段

由2~3颗地球静止轨道卫星组成,主要任务是执行地面中心与用户终端之间的双向信号中继。每颗卫星上的主要载荷是变频转发器,以及覆盖定位区域的天线系统。系统正常工作至少需要2颗卫星。2颗卫星的升交点经度最好相隔60°,这样既能使系统具有较好的几何精度因子,又可以使系统保持较大的二重覆盖区域。

卫星上一般不设置原子钟等时间基准设备,而只配置转发器。两颗卫星的配置可以不同,一颗卫星需要有两套转发器,其中一套构成由地面中心到用户终端的通信链路,另一套构成由用户终端到地面中心的通信链路,另一颗卫星只需要一套用户终端到地面中心的转发器。卫星接收的信号,经星上转发器放大、变频以后进行转发,不进行星上处理。卫星上还设有遥测发射机,向地面控制中心发送有关卫星的信息,使地面测控中心可据此测定卫星的位置、工作状态等。卫星上的遥控接收机则接收来自地面中心的各种控制指令。

2. 地面段

地面段由主控站、计算中心、测轨站、气压测高站、校准站等组成,其中主控站和计算中心合在一起又称为地面控制中心。双静止轨道卫星导航系统的地面段完成无线电测距信号的产生和发送、用户响应信号的捕获接收、导航卫星的测控、地面基准站的测量等工作。由于双静止轨道卫星系统的卫星只负责信号的转发,因此系统的地面段尤其是地面控制中心完成主要的定位计算工作,是定位系统的中枢。地面系统的主要任务包括:

① 对卫星定位、测轨和制作星历,调整卫星运行轨道、姿态和控制卫星的工作。

② 测量和收集导航定位参量、校正参量等,对用户进行导航定位。

③ 通过地面中心,进行地面系统和用户,以及用户和用户之间的通信。

④ 对系统覆盖区内的用户进行识别、监视和控制。

主控站和计算中心控制整个系统工作,主要任务包括:

① 接收卫星发射的遥测信号。向卫星发送遥控指令,控制卫星的运行、姿态和工作。

② 控制各测轨站的工作,收集它们的测量数据,对卫量进行测轨、定位,结合卫星的动力学、运动学模型,制作卫星星历。

③ 实现地面中心与用户间的双向通信,并测量电波在中心、卫星、用户间往返的传输时间。

④ 收集来自测高站的海拔高度数据和校准站的系统误差校正数据。

⑤ 地面中心利用测得的中心、卫星、用户间电波往返的传播时间、气压高度数据、误差校正数据、卫星星历数据,结合存储在中心的系统覆盖区数字地图,对用户进行精密定位。

⑥ 系统中各用户通过与中心的通信,间接地实现用户与用户之间的通信。由于中心集中了系统中全部用户的位置、航迹等信息,可方便地对覆盖区内的用户进行识别、监视和控制。

测轨站、测高站、校准站(也称标校机)在地面中心的控制下工作。测轨站设置在坐标准确已知的地点,作为对卫星定位的位置基准点,以有源或无源方式,测量卫星和测站间电波传播时间(或距离)。以多边定位方法确定卫星的空间位置,一般需设置3个或3个以上的测轨站,各测站之间应尽可能拉开距离,以得到较好的几何误差系数。各测站将测量数据通过卫星发送至中心,由中心进行卫星位置的解算。

测高站设置在系统覆盖区内,用气压高度计测量测高站所在地区的海拔高度。通常一个测站测得的数据粗略地代表了其周围 100~200 km 地区的海拔高度。海拔高度和该地区大地水准面高度之和即为该地区实际地形离基准椭球面的高度。各测站将测量的数据通过卫星发送至地面中心。

校准站也分布在系统覆盖区内,其位置坐标已准确已知。校准站的设备及其工作方式和用户的设备及工作方式完全相同。由地面中心对其进行定位,将地面中心解算出的校准站位置坐标和校准站的实际位置坐标相减,求得差值,由此差值形成用户定位修正值。一个校准站的修正值一般可用于其周围 100~200 km 区域内用户的定位修正。

3. 用户终端

用户终端是带有全向收发天线的接收、转发器。用于接收卫星发射的信号,从中提取地面中心传送给用户的数字信息,同时从信号中提取时间标记,以此时间标记为基准,延长一段准确的时间,向卫星发射应答信号,信号中包含用户向中心,或系统的其他用户传送的数字信息。用户设备本身无定位解算功能,其位置数据是在地面中心解算得到后,通过卫星发送给用户的(包含在用户提取的数字信息中)。

10.4.2 工作原理

1. 工作过程

双静止轨道卫星定位系统的工作原理是:首先由地面中心站向卫星 1 和卫星 2 同时发送询问信号,经过星上转发器向服务区内的用户广播,用户响应其中一颗卫星的询问信号,并同时向第二颗卫星发送响应信号(用户的申请服务内容包含在内),经星上转发器向地面中心站转发,地面中心站接收解调用户发送的信号,测量出用户所在点至两卫星的两个距离和,然后根据用户的申请服务内容进行相应的数据处理。对定位申请,根据测出的两距离和,加上从储存在计算机内的数字地图查询到的用户高程值(或由用户携带的气压测高仪提供),计算出用户所在点的坐标位置,然后置入出站信号中发送给用户。用户收到此信号后便可知自己的坐标位置。对通信申请,地面中心将通信内容置入出站信号中,按收信地址转发给收信人。对授时申请,地面中心站将计算出该用户精确的定时时延修正值,然后将此定时时延修正值置入出站信号中发送给用户,用户按此数据调整本地时钟,使之与地面中心站时钟同步(用户在发送入站信号时要测量出发送时刻与本地时钟秒信号时刻的差值),其定位过程如图 10-8 所示。

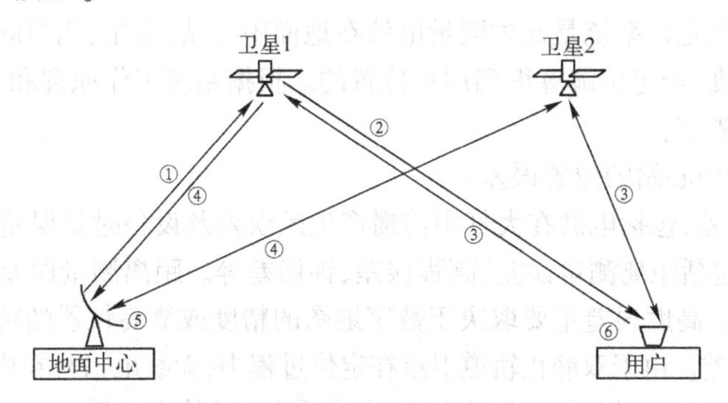

图 10-8 双静止轨道卫星定位通信系统的工作过程

① 地面中心对其中一颗卫星连续发射 C 频段或 X 频段的载波,载波上的数据流含有测距

信号、地址电文、时间码等，它们被称为询问脉冲束或询问信号。

② 询问信号经卫星变频、放大，转发到测站。

③ 测站接收询问信号，并注入必要信息，再变频、放大，向第二颗卫星发射电文作为应答信号。

④ 第二颗卫星收到应答电文，并再把它们变频、放大，转发到地面中心站。

⑤ 地面中心站处理接收到的应答电文，得到测站坐标或交换电报信息。

⑥ 最后，中心站再经卫星把处理后的信息送给测站（用户），测站（用户）收到所需信息显示或输出。

2. 系统模型和导航定位方程

双静止轨道卫星定位系统中的用户点位是利用卫星位置、用户至卫星的距离和用户的大地高计算出来的。其定位的几何原理是：以卫星为球心，以卫星到定位用户的斜距为半径，做两个大球，在满足一定条件下，两个大球相交形成交线圆，并穿过赤道面，在地球的南半球和北半球各有一个交点，其中一个交点就是用户的点位，在已知用户大地高时，可唯一确定用户的位置。由这一原理可知，要唯一确定用户的点位必须满足以下 3 个条件：

- 两卫星间的弦长必须小于两斜距之和，即两卫星间的最大夹角不能超过 162°，否则以卫星至用户的斜距为半径的两个大球不能形成交线圆。当两卫星弧距为 60°时，定位效果最好。
- 交线圆必须与用户水平面相交，否则产生同步卫星定位的“模糊区”。
- 必须已知用户点的大地高。

用户定位时，得到应答询问信号以后可以得到两个观测方程：

$$\begin{aligned} D_1 &= F_1(X_S, X_U) \\ D_2 &= F_2(X_S, X_U) \end{aligned} \tag{10-27}$$

上面方程中，等式左边可以是距离观测量，即信号从地面计算中心经过星上转发器，到地面用户，再经卫星转发回地面计算中心所走过的距离，两个卫星分别对应两个距离和。式中，X_S、X_U 分别是卫星坐标矢量和用户坐标，均为三维坐标。用户坐标是空间三维坐标。由于上述方程组中含三个未知数但只有两个方程，所以必须给出用户的第三维坐标，这就是双星定位需要知道大地高的道理所在。

10.4.3　主要误差因素

双静止轨道卫星定位系统是通过测量电波在地面中心站、卫星、用户间往返的距离及用户离基准椭球面的高度、经定位解算得到用户位置的。根据系统工作原理和工作过程，引起定位误差的主要误差因素有：

① 卫星和地面中心站的位置误差。

② 电波传播误差，包括电波在大气中传播产生的误差及设备时延误差。

③ 测量误差，包括距离测量误差、高程误差、钟误差等。距离测量误差主要取决于伪码锁定环路的跟踪误差。高度误差主要取决于数字地图的精度或测高仪器的精度。

④ 定位滞后误差。由于双静止轨道卫星在定位过程中，无线电信号在中心站、卫星、用户间要往返传播一周，地面中心站解算出用户位置后再通过卫星传送到用户，每次定位约需 0.8 s 的时间。对高速用户而言，这将带来很大的滞后误差。因此，对于高速、实时性要求较高的用户，为了消除这种误差，地面中心站应通过测量或滤波估计用户的速度，并通过外推，取得预测数据，再

经卫星传播至用户,或由用户估计自己的运动速度,并通过外推,取得预测数据,减小定位滞后误差。

上述误差中,卫星位置误差、高程误差、大气传播误差对定位的影响较大。高程误差的影响随用户所处的地理纬度不同而不同,高纬度区影响较小,低纬度地区影响较大。设备测量中的噪声引起测量中的随机误差,当其过大时将严重影响差分定位的精度,必须严格控制。卫星至用户上行、下行链路分别经过大气层,其中电离层的折射影响较大,若不修正,其影响可达数十米。这项误差是卫星定位的主要误差源,必须采取近似实时的修正模型,将其控制在允许范围之内。若采用差分定位技术,误差①~③项可以大部分消除,从而提高定位精度。

10.5 GPS 导航系统

GPS 系统全称为导航卫星测时与测距全球定位系统(Navigation Satellite Timing And Ranging Global Position System),简称为全球定位系统,是目前具有全天候、全天时、全球性连续定位能力的卫星导航系统,能为各类用户提供精密的三维坐标、速度和时间,也是目前卫星导航技术的典型代表。

不同于前面描述的低轨和静止轨道卫星定位系统,GPS 卫星采用高度为 20 200 km 的中高度轨道,利用 24 颗卫星组成对地多重覆盖星座,采用测距定位。这种模式成为全球导航系统的经典构造,随后的俄罗斯 GLONASS 系统,欧洲 GALILEO 系统均采用了与此相似的原理和星座结构。

10.5.1 系统结构

GPS 系统由三大部分组成:空间段—GPS 卫星星座;地面段—运行控制系统;用户段—GPS 用户终端。

1. 空间段

空间段卫星星座中,额定情况下由高度为 20 200 km 的 21 颗工作卫星和 3 颗在轨备份卫星组成卫星星座。卫星分布在 6 个等间隔的,倾角为 55°的近圆轨道上,运行周期为 718 min。GPS 卫星星座分布示意图如图 10-9 所示。

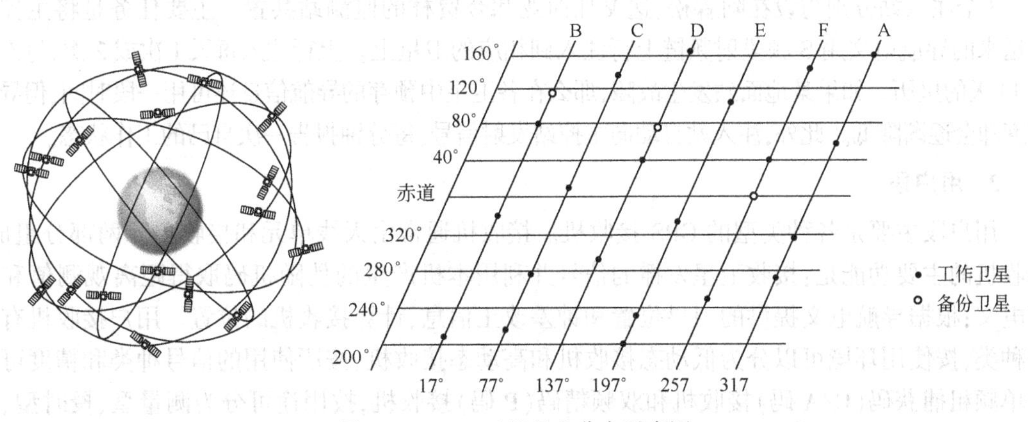

图 10-9　GPS 卫星星座分布示意图

GPS 卫星上除了有控制卫星自身工作的遥测、跟踪、指令系统,用于轨道调整与姿态稳定的控制和推进系统,电源系统和计算机等外,主要的导航载荷是具有长期稳定度的原子钟、L 频段双频发射机、S 频段接收机、伪随机码发生器及导航电文存储器。卫星的主要任务是播发导航信号。卫星采用 3 种频率工作:f_1(1575.42 MHz)和 f_2(1227.6 MHz)用于导航定位,f_3(1381.05 MHz)是 GPS 卫星的附加信号,发射星载传感器信息。在卫星飞越地面控制段上空时,接收由地面控制站用 S 频段发送的导航电文和其他信息,并用 L 频段发送给地面用户,同时接收地面控制站发送的卫星调度和控制命令,适时地改正运行偏差或启用备用时钟等。

卫星采用两种伪随机码对发射信息进行调制,一种是保密的精密码(P 码),它同时调制在 f_1 和 f_2 两个频率上,主要是向美国及其盟国的军事用户提供精密定位服务(PPS),另一种是粗捕获码(C/A 码),仅调制在 f_2 频率上,向全世界民用用户提供标准定位服务(SPS)。卫星发播的导航电文包括:卫星星历、时钟偏差校正参数、信号传播时延参数、卫星状态信息、时间同步信息和全部卫星的概略星历。导航电文通过两种伪随机码的扩频调制后发射给用户。用户通过对导航电文的解码,可以得到以上各参数,用于定位计算。GPS 的星历数据和用户定位数据都采用 WGS84 全球测地坐标系统。

2. 地面段

地面主要完成星座系统的控制任务,包括 1 个主控站、3 个注入站和 5 个监测站。主要任务是:跟踪所有的卫星以进行轨道和时钟测定、预测修正模型参数、卫星时间同步和为卫星加载导航电文等。

主控站设在美国本土科罗拉多,主要任务是收集和处理本站及各监测站的跟踪测量数据,计算卫星的轨道和钟参数,将预测的卫星星历、钟差、状态数据及大气传播改正参数编制成导航电文传送到 3 个注入站,以便最终向卫星加载数据。主控站还负责纠正卫星的轨道偏离,必要时调度卫星,让备用卫星取代失效的工作卫星,另外,还负责检测整个地面系统的工作,检验注入给卫星的导航电文,监测卫星是否将导航电文发送给了用户。

5 个监控站分别设在科罗拉多的斯普林斯、夏威夷、大西洋的阿森松岛、印度洋的迭戈加西亚岛、北太平洋马绍尔群岛的夸贾林环礁。监测站配有精密的铯钟和伪距测量接收机,主要任务是为主控站提供卫星的测量数据。在主控站的遥控下,每隔 1.5 s 进行一次伪距测量,利用电离层和气象数据,每 15 min 进行一次数据平滑,然后发送给主控站。

3 个注入站分别与设在阿森松、迭戈加西亚和夸贾林的监测站共置。主要任务是将主控站发送来的导航电文用 S 频段射频链上行注入到相应的卫星上。上行注入每天 1 次或 2 次,每次注入 14 天的星历。如果某地面站发生故障,那么在各卫星中预存的导航信息还可用一段时间,但导航精度却会逐渐降低。此外,注入站自动向主控站发射信号,每分钟报告一次自己的工作状态。

3. 用户段

用户段主要是各种类型的 GPS 接收机。接收机通常由天线单元和接收单元两部分组成。接收机的主要功能是:接收卫星发播的信号并利用本机产生的伪随机码取得距离观测值和导航电文;根据导航电文提供的卫星位置和钟差改正信息,计算接收机的位置。用户接收机有许多种类,按使用环境可以分为低动态接收机和高动态接收机,按所使用的信号种类和精度可分为单频粗捕获码(C/A 码)接收机和双频精码(P 码)接收机,按用途可分为测量型、授时型、导航型和姿态接收机。导航型接收机按载体形式又可分为机载式、弹载式、星载式、舰载式、车载式、手持式等。

10.5.2 工作原理

GPS 系统的定位过程可描述为：围绕地球运转的人造卫星连续向地球表面发射经过编码调制的连续波无线电信号，信号中含有卫星信号准确的发射时间，以及不同的时间卫星在空间的准确位置（由卫星运动的星历参数和历书参数描述）。卫星导航接收机接收卫星发出的无线电信号，测量信号的到达时间，计算卫星和用户之间的距离。用导航算法（最小二乘法或滤波估计方法）解算得到用户的位置。其中，准确描述卫星位置、测量卫星与用户之间的距离和解算用户的位置是 GPS 定位导航的关键。

GPS 定位的基本几何原理为三球交会原理。如果用户到卫星 S_1 的真实距离为 R_1，到卫星 S_2 的真实距离为 R_2，到卫星 S_3 的距离为 R_3，那么用户的真实位置必定同时在以 S_1 为球心，R_1 为半径的球面 C_1，以 S_2 为球心，R_2 为半径的另一球面 C_2，以及以 S_3 为球心，R_3 为半径的另一球面 C_3 上，也即三球面的交点上。

GPS 系统定位的原理可以写成代数方程形式，即用户接收机与卫星之间的距离为：

$$R=\sqrt{(x_1-x)^2+(y_1-y)^2+(z_1-z)^2} \tag{10-28}$$

式中，R 为卫星与接收机之间的距离；x_1、y_1、z_1 表示卫星位置的三维坐标值；x、y、z 表示用户（接收机）位置的三维坐标值；其中 R、x_1、y_1、z_1 是已知量，x、y、z 是未知量。如果接收机能测出距 3 颗卫星的距离，便有 3 个这样的方程式，把这 3 个方程式联立起来，便能解出接收机的坐标 (x,y,z)，从而定出用户（接收机）的位置。

GPS 系统在卫星上和用户接收机中分别设置两个时钟，通过比对卫星钟和用户钟的时间测量信号传播时间，从而确定用户到卫星的距离。实际上，用户钟一般不可能十分准确，它们也不与卫星钟准确同步，因此用户接收机测量得出的卫星信号在空间的传播时间是不准确的，计算得到的距离也不是用户接收机和卫星之间的真实距离，这种距离叫作伪距。假设用户接收机在接收卫星信号的瞬间，接收机的时钟与卫星导航系统所用时钟的时间差为 Δt，则式（10-28）将改写成：

$$R=\sqrt{(x_1-x)^2+(y_1-y)^2+(z_1-z)^2}+c\cdot\Delta t \tag{10-29}$$

式中，c 是电磁波传播速度（光速），Δt 是未知数。只要接收机能测出距四颗卫星的伪距，便有 4 个这样的方程，把它们联立起来，便可以解出四个未知量 x、y、z 和 Δt，即能求出接收机的位置和准确的时间。

当用户不运动时，由于卫星在运动，在接收到的卫星信号中会有多普勒频移。这个频移的大小和正负是可以根据卫星的星历和时间，以及用户本身的位置算出来的。如果用户本身也在运动，则这个多普勒频移便要发生变化，其大小和正负取决于用户运动的速度与方向。根据这个变化，用户便可以算出自己的三维运动速度，这就是 GPS 测速的基本原理。另一种求解用户速度的方法是，知道用户在不同时间的准确三维位置，用三维位置的差除以所经过的时间，求解用户的三维运动速度。

综上所述，GPS 卫星导航系统可以给出用户准确的三维位置、三维速度和时间信息。另外，人们还在研究利用 GPS 载波相位进行高精度定位和姿态确定问题。利用载波相位测量技术，可使定位精度达到 cm 甚至 mm 级。这方面原理已经取得突破，非实时应用已无问题，在测绘中还能用作动态测量，通过进一步努力，还可用于导航。用载波相位测量载体的航向与姿态角（俯仰与横滚）也可达到很高的精度。

10.5.3 测距信号结构

GPS 系统采用伪随机码测距，其卫星信号包括三种信号分量：载波、测距码和数据码。时钟频率 $f_0=10.23$ MHz，利用频率综合器产生所需要的频率。其中，测距码分为 C/A 码和 P 码两种。C/A 码是粗码，用于标准定位服务 SPS；P 码是精码，用于精密定位服务 PPS。

导航信号使用两种载波发送，均为 L 频段信号：

载波 L_1：$f_{L_1}=154\times f_0=1575.42$ MHz，波长 $\lambda_1=19.03$ cm

载波 L_2：$f_{L_2}=120\times f_0=1227.60$ MHz，波长 $\lambda_2=24.42$ cm

采用两个载波发送导航信号的目的是测量或消除由于电离层效应引起的附加时延误差。

在 L_1 载波上，分别以同相与正交方式调制数据码和两种伪随机码，而在 L_2 载波上只调制了 P 码和卫星导航数据码，GPS 信号结构如图 10-10 所示。

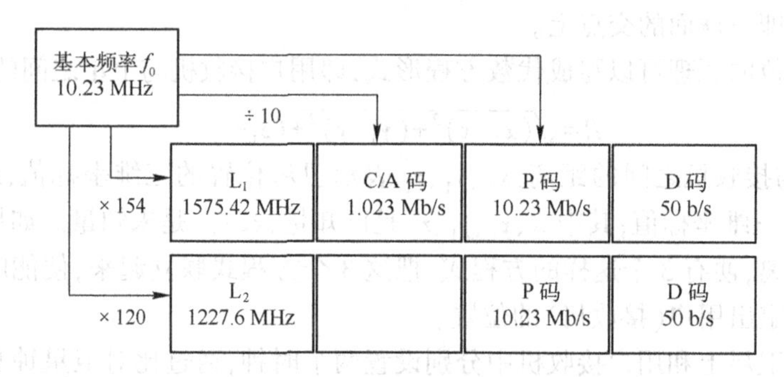

图 10-10　GPS 信号结构

C/A 码是用于跟踪、锁定和测量的伪随机码，可作为粗测距码，C/A 码是由 m 序列优选对组合码形成的 Gold 码，其码速率为 1.023 Mb/s，周期为 1 ms，每个码元具有相同的码元宽 293.1 ms。由于 C/A 码的码元宽度较大，而接收机测量伪距是通过本地码与接收码进行相关运算获得的，当两个码没有完全对齐时将产生测量误差。假设两个序列的码元测量误差为码宽 1/10，1/20，…，1/100，则相应的测距误差为 29.3~2.93 m。

P 码是 GPS 的精测距码，码速率为 10.23 Mb/s。P 码由两个 12 级移位寄存器相乘构成，其码长为 2.35×10^{14} bit，相应的周期约为 267 天，即 38 周。实际应用中将 P 码截短，采用 7 天的周期，在每星期六午夜零点将移位寄存器置全“1”状态作为起始点。P 码的码元宽度为 $t_0=0.097752$ μs，对应距离为 29.3 m，若码元对齐精度仍为码元宽度的 1/10~1/100，则测距误差为 2.93~0.29 m，精度比 C/A 码高，故 P 码称为精码。

由于 P 码的定位精度高，具有军事用途，美国对此实施了 AS 政策，即在 P 码上增加了极度保密的 W 码，形成新的 Y 码，绝对禁止非特许用户使用。

10.5.4 基本定位方法和数学模型

1. 按观测量划分

(1) 伪随机码测距定位

GPS 卫星的导航信号采用伪随机码调制发射，这种伪随机码称为测距码，三个载波上均有测距码可用于测距。可以通过比对测距码的相位确定信号从卫星到用户传播的时间，得到伪距,从而得到导航定位方程。

测量过程中,接收机首先复制卫星发射的测距码信号,通过移相器使之与接收到的卫星信号达到最大的相关,即将两信号相位对齐,其所必需的相移量就是卫星发射的码信号到达接收机的传播时间。

若取符号:

- $t_S(\mathrm{GPS})$ 为卫星发射信号时的理想 GPS 时刻;
- $t_U(\mathrm{GPS})$ 为接收机收到该卫星信号时的理想 GPS 时刻;
- t_S 为卫星发射信号时的卫星钟时刻;
- t_U 为接收机收到该卫星信号时的接收机钟时刻;
- Δt_{US} 为通过测量得到的由卫星到接收机的信号传播时间;
- δt^j 为卫星钟相对理想 GPS 时钟的钟差;
- δt 为接收机钟相对于理想 GPS 时钟的钟差。

则有:

$$\begin{cases} t_S = t_S(\mathrm{GPS}) + \delta t_S \\ t_U = t_U(\mathrm{GPS}) + \delta t_U \end{cases} \tag{10-30}$$

这样,信号由卫星传播到接收机的时间可以写为:

$$\Delta t_{US} = t_U - t_S = t_U(\mathrm{GPS}) - t_S(\mathrm{GPS}) + \delta t_U - \delta t_S \tag{10-31}$$

假设卫星至接收机的几何距离为 D,而信号由卫星到接收机传播过程中的电离层附加时延为 τ,则通过测量时延 Δt_{US} 得到的伪距 $\widetilde{D}$ 为:

$$\begin{aligned} \widetilde{D} &= c \cdot \Delta t_{US} = c[t_U(\mathrm{GPS}) - t_S(\mathrm{GPS})] + c \cdot \delta t_U - c \cdot \delta t_S \\ &= D + c \cdot \tau + c \cdot \delta t_U - c \cdot \delta t_S \end{aligned} \tag{10-32}$$

当卫星信号跟踪锁定以后,可以得到伪距观测量和导航电文。从导航电文中可以得到卫星星历参数、卫星钟改正数和电离层修正参数等多种导航计算用参数。由卫星星历可以计算出卫星信号发射时卫星在地心坐标系中的点位坐标(X_S, Y_S, Z_S);对于电离层时延 τ,双频接收机可以直接加以修正,单频接收机可以利用导航电文中的电离层修正参数加以修正,但精度不高;对卫星钟差,可以利用导航电文中的钟改正数加以校正。设接收机的坐标为(X_U, Y_U, Z_U),式(10-32)可以写为:

$$\widetilde{D} = \sqrt{(X_S - X_U)^2 + (Y_S - Y_U)^2 + (Z_S - Z_U)^2} + c \cdot \tau + c \cdot \delta t_U - c \cdot \delta t_S \tag{10-33}$$

式(10-33)中,只有接收机坐标(X_U, Y_U, Z_U),以及本地钟偏差为未知数,因此只要同时观察 4 颗卫星,测得 4 个伪距观测量,就可以求解这 4 个未知数。式(10-33)即为通过伪距观测量定位的 GPS 导航定位方程。

(2) 载波相位观测量定位

伪码测距中,码相位的比较是以一个码片的长度为最小比较单位的。GPS 载波信号采用的 L 频段的波长比一个码片的长度短得多,因此如以载波相位作为相位对齐的标准,则可以获得高得多的定位精度。在 GPS 精密测地系统中,普遍采用载波相位作为定位观测量。

设在校准时刻 $t=0$,并且星上载波频率和地面标准信号频率分别为 f_S 和 f_U,它们的初始相位分别为 ϕ_{S_0} 和 ϕ_{U_0},则在每个标准时刻 t,星上相位和地面信号相位分别为:

$$\begin{cases} \phi_S(t) = \phi_{S_0} + f_S \cdot t \\ \phi_U(t) = \phi_{U_0} + f_U \cdot t \end{cases} \tag{10-34}$$

设卫星在标准时间 t_S 发射信号的相位为 $\phi_S(t_S)$，接收机在标准时间 t_U 接收到信号，由于卫星信号的波阵面传播到接收机时相位保持不变，则接收信号与地面站标准信号之间的相位差为：

$$\Delta\phi=\phi_S(t_S)-\phi_U(t_U)=\phi_{S_0}+f_S\cdot t_S-\phi_{U_0}-f_U\cdot t_U \tag{10-35}$$

在初始历元，相位差观测值理论上为：

$$\Delta\phi(t_1)=\phi_S(t_{S_1})-\phi_U(t_{U_1}) \tag{10-36}$$

式中，t_{U_1}是初始历元对应的接收机时刻，t_{S_1}是与 t_{U_1}对应的卫星信号发射时刻。显然，由于相位的周期性，$\Delta\phi$ 只是一个周期的小数部分。因为载波只是一组连续的余弦波，不带任何标志，所以无法知道测量得到的是第几周期的小数。作为相位观测值，指的是从卫星到接收机一共的整周数和分周数，即：

$$\phi_p(t_1)=N(t_1)+\Delta\phi(t_1) \tag{10-37}$$

式中，$N(t_1)$为整周数，又称为相位模糊度。快速正确地求解相位模糊度是 GPS 数据处理研究中的重要问题。

如图 10-11 所示，假定在接收机锁定卫星后一直跟踪卫星，并以锁定时间 t_0 作为基准时间，t_0 的相位 $N(t_0)$作为初始相位 N_0，则在 t_j时刻，相位观测量为：

$$\phi_p(t_j)=N_0+N(t_j-t_0)+\Delta\phi(t_j) \tag{10-38}$$

式中，$N(t_j-t_0)$是由 t_0 时刻的参考相位开始累计的整周期数，它与 t_j 时的相位小数 $\Delta\phi(t_j)$一同由接收机给出。大多数情况下相位观测值是估值，即：

$$\tilde{\phi}_p(t_j)=N_0^1+N(t_j-t_0)+\Delta\phi(t_j) \tag{10-39}$$

式中，N_0^1 是利用伪距观测值除以波长 λ 得到的，不是很精确。而 $\Delta\phi(t_j)$是精确测量值，$N(t_j-t_0)$ 是自参考相位开始累计的整周期数。

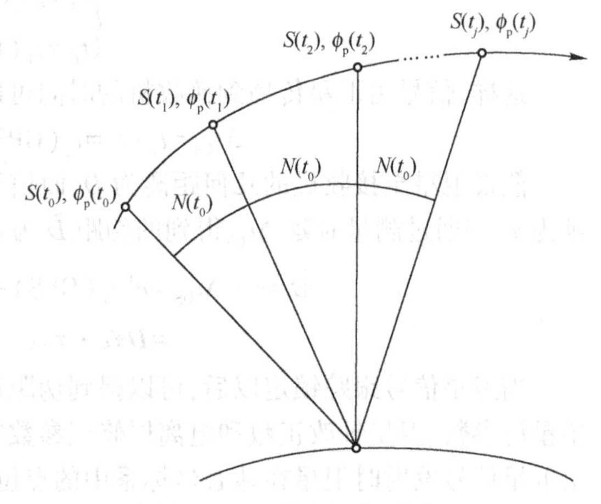

图 10-11　载波相位观测

根据电磁波传播的距离与周期数的关系，并参照式(10-32)和式(10-39)可写为：

$$\lambda[N_0^1+N(t_j)+\Delta\phi(t_j)]=D+c\cdot\tau+c\cdot\delta t_U-c\cdot\delta t_S \tag{10-40}$$

式(10-40)即为载波相位观测方程。

如果对式(10-40)采取与伪距定位相同的处理方法，则只要观测 4 颗卫星，就可以求出地面点的坐标。但此时计算结果的精度也与伪距相同，这样不能显示相位观测定位的优越性。相位模糊度的求解在 GPS 定位技术研究中是一个活跃的领域，在单点绝对定位中，较为成功的方法有模糊函数法、双频 P 码伪距法、最小二乘搜索法、模糊度协方差法等。

载波相位测量更广泛的用途是在不需要快速，但需要高精度定位结果的大地测量等领域。在这些应用中，主要采用基于基准点的差分定位技术，可以在已知基准点坐标的情况下，利用三差法、快速逼近法等求出相位整周模糊度，进而高精度地解算出测点的坐标，在这些应用中定位精度可以达到厘米级。

2. 按定位方式划分

(1) 绝对定位

绝对定位也叫单点定位，通常是指在协议地球坐标系中，直接确定观测站相对于坐标系原点(地球质心)绝对坐标的一种定位方法。“绝对”一词,主要是为了区别相对定位方法。绝对定位与相对定位,在观测方式、数据处理、定位精度以及应用范围等方面均有原则区别。

利用 GPS 进行绝对定位的基本原理,是以 GPS 卫星和接收机天线之间的距离(或距离差)观测量为基础,并根据卫星的瞬时坐标,来确定用户接收机天线所对应的点位,即站的位置。

由于 GPS 采用了单程测距原理,同时卫星钟与用户钟又难以保持严格同步,所以实际观测的测站至卫星之间的距离,均含有卫星钟和接收机钟同步差的影响(习惯上称为伪距)。关于卫星钟差,可以应用导航电文中所给出的有关钟差参数加以修正,而接收机的钟差,一般难以预先准确地确定,通常均把它作为一个未知参数,与观测站的坐标在数理中一并求解。因此,在 1 个观测站上,为了实时求解 4 个参数(3 个点位坐标分量和 1 个钟差参数),则至少需要 4 个同步伪距观测值,也就是说,至少必须同时观测 4 颗卫星。图 10-12 所示为 GPS 绝对定位(或单点定位示意图)。

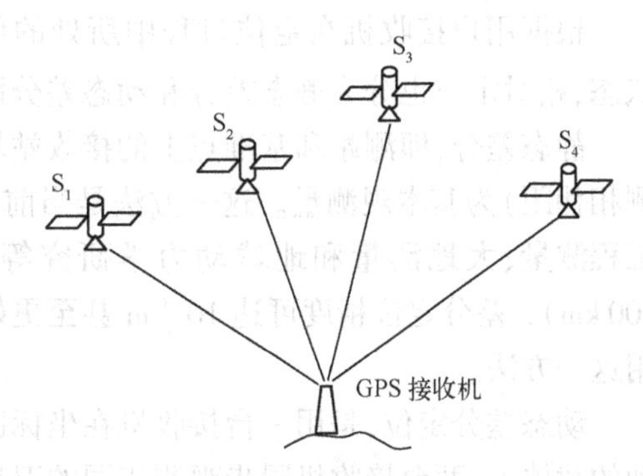

图 10-12　GPS 绝对定位(或单点定位)示意图

应用 GPS 进行绝对定位,根据用户接收机天线所处的不同,又可分为动态绝对定位和静态绝对定位。

当用户接收设备安置在运动的载体上,并处于动态的情况下,确定载体瞬时绝对位置的定位方法,称为动态绝对定位。动态绝对定位,一般只能得到没有(或很少)多余观测量的解。这种定位方法,被广泛地应用于飞机、船舶及陆地车辆等运动载体的导航。另外,在航空物探和卫星遥感等领域也有广泛的应用前景。

当接收机天线处于静止状态的情况下,用以确定观测站坐标的方法,称为静态绝对定位。这时,由于可以连续地测定卫星至观测站的伪距,所以可获得充分的多余观测量,以便在后期处理中通过数据处理提高定位的精度。静态绝对定位方法,主要用于大地测量,以精确测定观测站在协议地球坐标系中的绝对坐标。

目前,无论是动态绝对定位或静态绝对定位,所依据的观测量都是所测卫星至观测站的伪距,所以,相应的定位方法通常也称为伪距法。

因为,根据观测量的性质不同,伪距有测码伪距和测相伪距之分,所以绝对定位又可分为测码伪距绝对定位和测相伪距绝对定位。

绝对定位的优点是,只需一台接收机便可独立定位,观测的组织与实施简便,数据处理简单。其主要问题是,受卫星星历误差和卫星信号在传播过程中的大气时延误差的影响显著,定位精度较低。特别是当施加 SA 措施以后,SPS 定位精度降至 100 m。但这种定位模式在舰船、飞机、车辆导航、地质矿产勘探、陆军和空降兵等作战中仍有着广泛的用途。

(2) 相对定位

在两个或若干个测量站上设置 GPS 接收机,同步跟踪观测相同的 GPS 卫星,测定测站之间的相对位置,称为相对定位。在相对定位中,至少其中一点或几个点的位置是已知的,即其在 WGS84 坐标系的坐标为已知,称为基准点。

相对定位的一种主要应用方式是差分定位 (DGPS)。其基本方法是,在定位区域内,在一个或若干个已知点上设置 GPS 接收机作为基准站,连续跟踪观测视野内所有可见的 GPS 卫星的伪距,与已知距离对比,求出伪距修正值(也称差分修正参数),通过数据传输线路,按一定格式播发。测区内的所有待定点接收机。除跟踪观测 GPS 卫星伪距外,同时还接收基准站发来的伪距修正值,对相应 GPS 卫星伪距进行修正,然后用修正后的伪距进行定位。图 10-13 所示为 GPS 差分定位示意图。

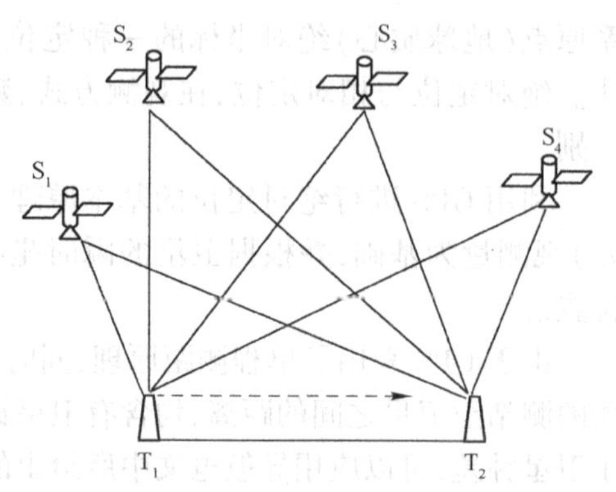

图 10-13 GPS 差分定位示意图

根据用户接收机在定位过程中所处的位置的状态,相对定位也分为静态差分和动态差分两种方式。

静态差分,即测站和基准点上的接收站均是固定不动的,一般均采用载波相位观测量(或测相伪距)为基本观测量。这一方法是当前 GPS 定位中精度最高的一种方法,广泛地应用于工程测量、大地测量和地球动力学研究等领域。实践表明,在中等长度的距离下(100~500 km),差分定位精度可达 10^{-3} m 甚至更好。所以在精度要求较高的测量工作中,均普遍采用这一方法。

动态差分定位,是用一台接收机在坐标已知的基准点上固定不动,另一台接收机安装在运动的载体上,两台接收机同步观测相同的卫星,以确定运动点相对基准点的实时位置。动态差分根据其采用的观测量也分为测码伪距动态差分和测相伪距动态差分。

测码伪距动态差分法实时定位的精度目前可达米级。以差分定位原理为基础的实时差分 GPS,可以有效地减弱卫星轨道、钟差、大气折射误差及 SA 政策的影响,定位精度远高于测码伪距动态绝对定位的精度,所以这一方法获得了迅速的发展,并在运动目标的导航/监测和管理方面得到普遍的应用。

测相伪距动态差分定位法,面临的主要问题是载波相位整周模糊度的快速求解。目前是以预先初始化或动态快速解算方法求解。这一方法受到基线距离的限制,目前在 20 km 的范围内,定位精度可以达到 1~2 cm。

10.5.5 定位性能与主要误差因素

GPS 系统的定位误差受到定位观测量的直接影响。这些测量误差可以分为三类:与 GPS 卫星有关的测量误差、与观测有关的误差、与用户接收机有关的误差。

(1) 与 GPS 卫星有关的测量误差

主要是 GPS 卫星轨道参数和卫星钟模型的偏差。卫星轨道参数和钟模型是由 GPS 卫星广播的导航电文给出的,但卫星实际上并不确切地位于广播电文所预报的位置。卫星钟,即使用广播的钟模型校正,也并非完全与 GPS 系统时间同步。这些偏差在卫星之间是不相关的。它们对码伪距测量和载波相位测量的影响相同,而且这些偏差与地面跟踪站的位置和数目,描述卫星轨道的模型及卫星在空间的几何结构有关。

(2) 与观测有关的误差

包括与卫星信号传输路径和观测方法有关的误差,如电离层和对流层时延、载波相位周期模糊度等。

(3) 与用户接收机有关的误差

主要是接收机钟误差和码跟踪环的跟踪误差。

GPS 系统的定位性能可以用定位精度扩散因子(DOP,Dilution Of Precision)表示。精度扩展因子表示定位观测量的误差与定位误差的关系,其定义可表示为:

$$\text{精度扩散因子 DOP} = \frac{\text{定位误差}}{\text{定位观测量误差}}$$

在定义 GPS 系统的定位精度扩散因子时,通常以测距误差进行计算,并假定各个测距过程是相对独立的。这样,如果各个测距过程对应的方差为 σ^2,则定义定位星座的几何精度衰减因子 GDOP 为:

$$\text{GDOP} = (\sigma_x^2+\sigma_y^2+\sigma_z^2+\sigma_1^2)^{\frac{1}{2}}/\sigma \tag{10-41}$$

式中,σ_x^2、σ_y^2、σ_z^2、σ_t^2 分别是测站位置坐标 x、y、z 的方差,以及接收机时钟的方差。

除 GDOP 外,还可定义其他几种精度衰减因子。

- 位置精度衰减因子 PDOP: $\text{PDOP} = (\sigma_x^2+\sigma_y^2+\sigma_z^2)^{\frac{1}{2}}/\sigma$ (10-42)
- 水平位置精度衰减因子 HDOP: $\text{HDOP} = (\sigma_x^2+\sigma_y^2)^{\frac{1}{2}}/\sigma$ (10-43)
- 垂直精度衰减因子 VDOP: $\text{VDOP} = \sigma_z/\sigma$ (10-44)
- 时间精度衰减因子 TDOP: $\text{TDOP} = \sigma_t/\sigma$ (10-45)

由于精度系数反映了测量误差影响定位误差的倍数关系,可以将 GDOP 值作为用户定位时选星的依据。实际中上述精度衰减系数的计算式可以从导航定位方程的解中推导,其中 GDOP 的值与卫星位置和用户观测它们的方位有关,在用户接收到卫星的信号时可以通过用户相对于卫星的方位角和卫星坐标计算出 GDOP 值,当 GDOP 过大时应重新选择卫星。GPS 系统中正常定位所要求的 GDOP 一般小于 6,而当 GDOP 值过大时将造成定位误差过大而不能使用。

10.6 新一代卫星导航系统

10.6.1 GALILEO 卫星导航系统

为了拥有自己独立的卫星导航系统,在经过了长时间的内部协调和争论以后,欧盟各国终于在 2002 年 3 月签定正式协议开始建设欧洲自己的卫星无线电导航系统——伽利略(GALILEO)系统。

与美国 GPS 系统、俄罗斯 GLONASS 系统不同,GALILEO 系统最大的特点是从系统方案设计开始就由民间组织负责管理和实施,是第一个商业性质的卫星导航系统。与 GPS 系统、GLONASS 系统相比,GALILEO 系统可为其他国家的各类用户提供更大的实际应用空间。

GALILEO 系统总体结构与 GPS、GLONASS 等类似,也采用中高轨道星座,无源测距定位方式。系统卫星星座额定情况下采用 30 颗卫星组网,分布在高度为 23616 km,倾角为 56°,相互间隔 120°的 3 个倾斜轨道面上,每个轨道面部署 9 颗工作卫星和 1 颗在轨备份卫星。由于卫星数量增多,星座结构得到改善,用户定位时可以得到更好的几何精度系数。免费信号的定位精度也达到了 6 m 左右,高于 GPS 系统 C/A 码定位在取消 SA 政策之后的 10 m 精度。

GALILEO 系统的结构包括 5 个部分：

- 卫星星座
- 导航系统主控制中心
- GALILEO 卫星轨道和同步行地面监测网
- 数个跟踪、遥测及控制站
- 用户部分

此外，GALILEO 系统还将特别设置系统导航性能完备性地面监测站，该监测站将与地面主控制系统位于同一个区域，而且可以随时与各个地面遥控及卫星监测站建立联系，再以卫星信号的方式发给用户，以提供在该系统不能使用时及时向用户发出告警的能力，这一能力即是导航系统的信号完备性，是目前 GPS 系统所不具备的。

基于与 GPS 系统采用相同技术的前提，GALILEO 系统将提供与 GPS 系统相同甚至更高的定位精度，对于一般的授权商业用户定位精度在 1m 左右。此外，系统的覆盖性能加强，即使位于两极的用户也能收到 GALILEO 系统的信号。GALILEO 系统将从卫星星座及地面监控站的设计角度出发，在保证系统完备性的前提下，尽可能地提高导航精度及系统稳定性，将通过及时在卫星信号中加注系统信息，保障用户随时了解 GALILEO 系统的状态。

与 GPS 系统不同，GALILEO 系统定义了两种基本服务，即仅基于卫星的导航服务和由卫星加上当地设施提供的服务。其中仅由卫星提供的导航服务包括：

- 开放式服务（OS），免费向所有用户提供的导航和定时服务。
- 与生命安全有关的服务（SAS），在开放式服务（OS）提供的导航数据中加入完备性数据，该服务是受控的。
- 商业服务（CAS），根据订购的性能，提供收费的测距和数据信号。
- 公共管制服务（PRS），使用独立的，受到严格控制的导航信号提供导航和定时服务。

由卫星加上当地设施提供的服务主要包括当地提供的差分定位服务，可以提供较高的精度，包括：

- 精密导航服务，根据 GALILEO 卫星单一频率信号提供的本地差分信号，可以提供卫星钟的校正数据、星历误差修正数据、对流层和电离层传播误差修正数据，可进行精密的位置、速度和时间测量。
- 高精密导航服务，根据 3 个频率信号提供的本地差分信号，可提供卫星钟误差校正数据、星历误差修正数据、对流层和电离层误差校正数据，可用于确定载波定位模糊度，提供高精度的位置、速度、时间测量。
- 本地辅助服务，提供双向通信，用户可以据此获得辅助信息计算位置、速度和时间参量。

GALILEO 系统还可提供其他服务，包括：

- 增强服务，在 GALILEO 卫星信号上重叠传输经过伪随机码调制的补充信号，可以改善位置、速度和时间测量的可用性。

GALILEO 系统还将为其他有关服务提供支持，包括：

- 为全球搜索救援系统 COSPAS/SARSAT 提供支持，这包括为 COSPAS-SARSAT 406 MHz 紧急救援信标和定位计算中心之间提供前向通信链路，并为装备了 GALILEO 系统终端的定位信标提供反向链路。
- 支持系统外的区域完备性监测服务。GALILEO 系统可以根据需要分发由外部独立设备提供的区域完备性监测信号。

10.6.2 GPS 现代化计划

面对欧盟和俄罗斯提出的新型卫星导航系统的竞争,以及世界各国纷纷发展卫星导航干扰技术的现状,美国对 GPS 系统提出了现代化计划。GPS 现代化的提法是 1999 年 1 月 25 日由美国副总统以文告的形式发表的,但其整个 GPS 现代化的实质是要加强 GPS 对美军现代化战争的支持和保持全球民用导航领域中的领导地位。采取的对策分为军用和民用两个方面。在军用方面,美国军方和情报部门在 1999 年 6 月提出了 4 项 GPS 现代化的技术措施:

- 增加 GPS 卫星发射的信号强度,以增加抗电子干扰的能力。
- 在 GPS 信号频道上,增加新的军用码(M 码),与民用码分开。M 码要有更好的抗破译的保密和安全性能。
- 军事用户的接收设备比民用设备有更好的保护装置,特别是抗干扰能力和快速初始化能力,可通过加装自适应调零天线等技术实现。
- 使用新的技术,阻止敌方使用 GPS。

在民用方面,美国认为可以从改善导航定位精度,扩大服务覆盖面和提高持续性,提高系统的完善性,注意和其他民用空间导航系统兼容等方面进行改进,采取了以下措施:

- 停止 SA 措施,使民用 C/A 码的实时定位和导航精度提高 3~5 倍,以应对 GALILEO 等系统的竞争。这已在 2001 年 5 月 1 日零点开始实施。
- 在 L_2 频道上增加第二民用码(C/A 码),使民用用户可以有更好的多余观测度,以提高定位精度,并有利于电离层误差的改正。
- 增加 L_5 民用频率,提高民用实时定位的精度和导航完善性。

GPS 系统现代化第一阶段已在 2004 年结束,共发射了 12 颗改进型的 BLOCK IIR 卫星。这些卫星上能够发射第二民用码,同时还在 L_1、L_2 频率上加载了 M 码,其信号功率有很大提高。

GPS 现代化的第二阶段采用了 BLOCK IIF 型卫星,在 IIR 型卫星的基础上增加第三民用频率(L_5频率),并进一步强化 M 码的功率,保证 M 码的全球覆盖,2016 年 GPS 系统全部以 IIF 型卫星运行,达到 24+3 颗。

GPS 现代化的第三阶段于 2000 年启动,2015 年发射了第一颗卫星。第三阶段采用 BLOCK III 型卫星,大幅提高了系统能力。卫星可广播四个民用信号频率,信号定位精度相较二代卫星提高了 3 倍。星上采用点波束技术,抗干扰能力增强了 8 倍,对于 M 测距码还采用新型高增益定向天线,可大幅提高特定区域的军用信号功率。卫星之间采用星间链路,允许从单个地面站更新整个星座,其卫星的寿命也更长。

10.6.3 北斗卫星导航系统

北斗卫星导航系统(BDS)是我国自主发展、独立运行的全球卫星导航系统,致力于提供高质量的定位、导航和授时服务,并能向授权用户提供进一步的服务。北斗卫星导航系统与美国全球定位系统(GPS)、俄罗斯格洛纳斯系统(GLONASS)和欧盟伽利略定位系统(GALILEO)一起,是联合国卫星导航委员会认定的全球卫星导航四大核心系统。

我国的北斗卫星导航系统经过了第一、二代的发展,目前已发展到可为全球提供服务的北斗三号。系统导航星座由 30 颗卫星组成,包括 3 颗静止轨道(GEO)卫星,24 颗中圆轨道

(MEO)卫星和3颗倾斜地球同步轨道(IGSO)卫星。其中GEO卫星轨道高度35786千米,分别定点于东经80°、110.5°、140°;MEO卫星轨道高度21528千米,轨道倾角55°;IGSO卫星轨道高度35786千米,轨道倾角55°。

北斗卫星导航系统的建设于2004年启动,2011年开始对中国和周边提供测试服务,2012年12月27日起正式提供卫星导航服务,2020年7月31日,中国向世界宣布北斗三号卫星导航系统全面建成并开通,为全球用户提供定位、导航、授时服务。系统提供两种服务方式,即开放服务和授权服务。开放服务是在服务区免费提供定位、测速、授时服务,定位精度为10 m,测速精度0.2 m/s,授时精度50 ns,在服务区的较边缘地区精度稍差。授权服务则向授权用户提供更安全与更高精度的定位、测速、授时服务以及系统完好性信息,这类用户为中国军队和政府等。北斗系统的一项特色功能是可以在亚太地区为授权用户提供短报文通信服务。

在信号体制上,北斗卫星导航系统采用了与GPS系统相似的信号结构。北斗三号在B1、B2和B3三个频段提供B1I、B1C、B2a、B2b和B3I五个公开服务信号,3个频段的中心频率分别为1575.42 MHz、1176.45 MHz、1268.52 MHz。每个频段均采用了QPSK调制方式,分别在I路和Q路上传输公开信号和授权信号。不同导航卫星的信号采用CDMA体制,每颗卫星以不同的伪随机测距码型进行区分,终端以被动接收的方式进行定位解算。在北斗三号的全球服务信号体制中,采用了偏移二进制调制(BOC)方式,并对频段和频点进行一定的重新安排。北斗卫星导航系统于2014年11月被国际海事组织纳入了海事组织全球导航系统,标志着北斗系统获得了国际组织的正式认可。目前北斗卫星导航系统已在我国的国土勘查、抗震救灾、边防巡逻等军民用领域发挥了巨大的作用,在国际化应用、标准化体系建设方面也发挥了越来越大的作用。

习题

10.1 什么叫地心固定坐标系、地心惯性坐标系、协议地球坐标系?WGS84坐标系与协议地球坐标系是什么关系?

10.2 什么叫地球的极移?

10.3 GPS时与UTC时有什么关系?

10.4 子午卫星导航系统有什么缺陷?

10.5 双静止轨道卫星导航系统采用什么定位观测量?

10.6 选择可用性(SA)技术的主要内容是什么?主要起什么作用?

10.7 什么是伪距?用GPS进行定位有哪几种方法?

10.8 整周跳变是哪种测量方法中必须解决的问题?如何解决?

10.9 设α、β、γ分别是接收机到卫星的斜距与WGS84坐标系中X、Y、Z轴的夹角,已知GPS系统中观察到4颗卫星到接收机的方位角(度)分别是:

$\alpha_1=15,\beta_1=30,\gamma_1=40;\alpha_2=40,\beta_2=30,\gamma_2=60;\alpha_3=5,\beta_3=60,\gamma_3=40;\alpha_4=90,\beta_4=30,\gamma_4=60$

试计算利用该4颗卫星定位时的GDOP值。如有第5颗卫星的方位角是$\alpha_5=110,\beta_5=30,\gamma_5=40$,则应当如何选星?

第11章　深空通信

11.1　概　　述

11.1.1　深空通信的概念和任务

1. 深空通信的概念

1971年国际电信联盟(ITU,International Telecommunication Union)召开了关于宇宙通信的无线电行政大会,规定以宇宙飞行体(航天器)为对象的无线电通信为宇宙通信,并定义了三类宇宙通信:宇宙站与地球站之间的通信、宇宙站之间的通信、地球站之间通过宇宙站转发(或反射)的通信。

宇宙通信也称为空间通信,分为近空通信和深空通信。深空通信是相对于近空通信而言的。近空通信指的是地球轨道上运行的航天器与地球上的实体之间的通信,通信距离为数百至数万公里;深空通信指的是地球上的实体与离开地球卫星轨道进入太阳系的航天器之间的通信,通信距离达几十万、几亿至几十亿公里。

2. 深空通信的任务

深空通信的任务包括:航天器通过下行链路(从航天器至地球站,也称遥测链路)回传航天器在深空所获取的信息,为实施对航天器的控制与引导,需要经上行链路(也称遥控链路)向航天器传送跟踪和指令信息。遥控数据量比遥测数据量小,所需的信息传输速率低,但质量要求高。

具体而言,深空通信要完成以下任务:

① 深空通信的跟踪分系统向航天器发射被指令信号和测距信号调制的标准载波。从接收信号可提取的信息有:含多普勒信息的接收信号频率、信号传输往返时延、接收信号入射方向、接收信号强度、记录信号波形和频谱。跟踪分系统接收信息速率低,但长期、稳定工作。

② 遥测分系统接收来自航天器的科学数据、工程数据和图像数据。其中,科学数据是指航天器传感器获取的探测对象信息数据;工程数据是指航天器上仪器、仪表和系统的状态信息数据;图像数据的信息量比科学数据、工程数据大很多,传输“行星任务”获得的图像需要几十至几百 kb/s 的速率。此外,回传的信息还包括航天器对遥控信号的应答信号。

3. 深空探测对深空通信技术和测控技术的要求

深空探测无论采用什么方式,都要求针对深空航天器的测控和通信技术实现以下几方面的功能。

- 能将地球站的波束瞄准航天器,建立空地链路,称为角跟踪;
- 能测量出地球到航天器天球上的角位置、距离和速度,称为测轨;
- 能将航天器引导到距离目标的质心或边缘的一定距离以内,称为导航;
- 能将航天器内各分系统的观测仪器的工作状况传到地球站,使地面控制中心了解航天

器的运行情况,称为遥测;
- 能将航天器观测到的数据和图像传到地球站,称为数传;
- 地球站能对航天器自主运行不能解决的故障,利用上行链路发出命令进行辅助性干预,称为遥控。

11.1.2 深空通信的特点及面临的问题

深空通信的无线电波要穿越近地空间的对流层和电离层进入外层空间,具有以下特点:

- 通信距离极其遥远,链路损耗大,接收信号极其微弱,接收信噪比低;
- 由于信号传输距离极其遥远,导致信号传输时延很长;
- 航天器上的通信系统要求具有极高的可靠性;
- 由于深空探测器平台的限制,发射天线增益有限,发射功率通常不超过20~30 W;
- 信道为AWGN(加性白高斯噪声)模型;
- 信道带宽不受限制。

深空通信面临以下问题:

- 信息传输距离极远,引起的路径损耗极大;
- 断续测控和通信问题;
- 高精度的导航和定位问题。

针对以上问题,深空通信需要采用相应的对策。

表11-1列出了地球至太阳系各行星的距离和时延。

表11-1 地球至太阳系各行星的距离和时延

天体	距太阳最远距离/(10^6 km)	距地球最远距离/(10^6 km)	增加路径损失(dB)	最大时延	距太阳最近距离/(10^6 km)	距地球最远距离/(10^6 km)	增加路径损失(dB)	最小时延
月球		0.4055	21.03	1.35 s		0.3633	20.75	1.211 s
水星	69.8	221.9	75.797	12.378 min	46	101.1	68.969	5.617 min
金星	108.9	261.0	77.207	14.5 min	107.5	39.6	60.829	2.2 min
地球	152.1	—	—		147.1	—		—
火星	249.2	401.3	80.943	22.294 min	206.7	59.6	64.345	3.31 min
木星	815.9	968	88.591	53.78 min	740.8	593.7	84.345	32.983 min
土星	1507	1659.1	93.271	92.172 min	1347	1199.7	90.459	86.661 min
天王星	3003	3155.1	98.854	175.283 min	2739	2591.9	97.146	143.994 min
海王星	4542	4694.1	102.305	260.783 min	4432	4304.9	101.55	239.161 min
冥王星	7383	7535.1	106.416	418.617 min	4445	4297.9	101.537	238.772 min

注:增加路径损失以GEO路径损失作为比较。

11.1.3 深空通信的频段

ITU分配深空通信频段为S、X、Ka和Ku。目前,多用X频段,Ku作为"次要"频段(不受来自"主要"用户干扰的保护)。对于光通信,美国预计在2009年,将1.55 μm的波长设备安装于火星通信卫星(MTO)上。

表11-2所示为深空通信分配的频段。

表 11-2 深空通信分配的频段

频　段	分配的频带(MHz)	应用方向	频　段	分配的频带(MHz)	应用方向
S	2110~2120	上行	Ka	31800~32300	下行
	2290~2300	下行		34200~34700	上行
X	7145~7190	上行	Ku	12750~13250	下行
	8400~8450	下行		16600~17100	上行

11.2　深空通信系统组成及原理

1. 系统结构

深空通信系统的组成如图 11-1 所示。深空通信系统包括空间段和地面段。

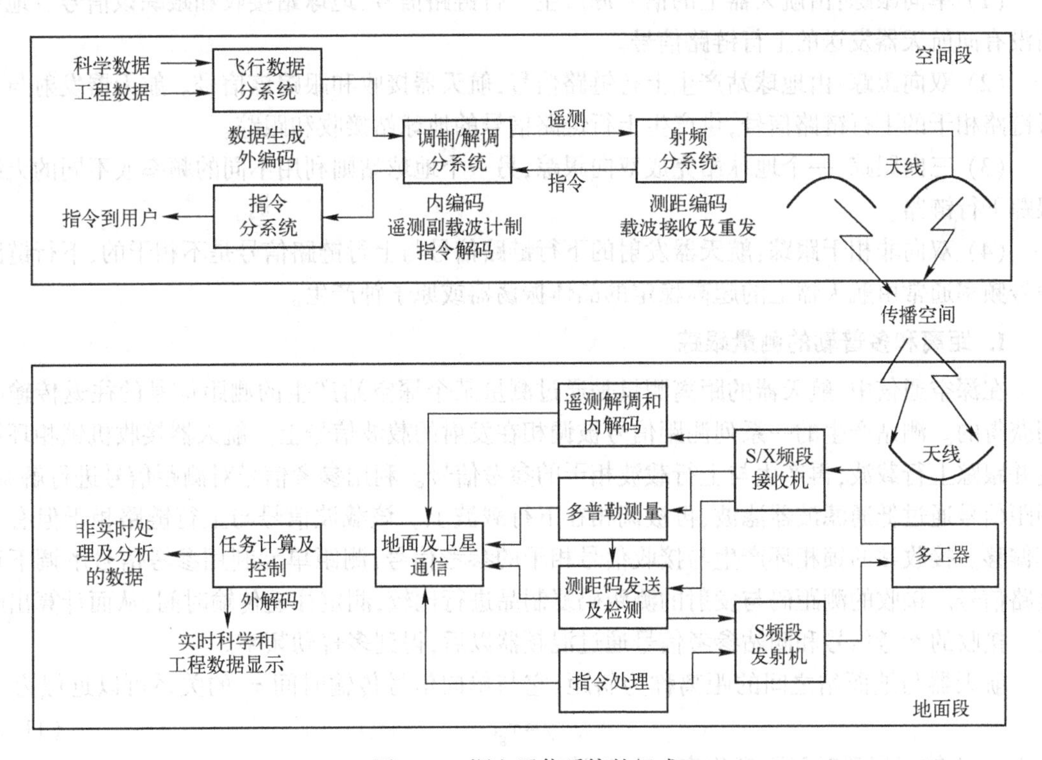

图 11-1　深空通信系统的组成

2. 基本原理

深空通信要完成指令、跟踪和遥测三大基本功能。前二者负责从地球对航天器的引导和控制,后者负责传输通过航天器探测宇宙所获得的信息。

指令分系统将地面的控制信息发送到航天器,令其在规定的时间执行规定的动作。通常指令链路传送的是低速率、小容量数据,但对传输质量要求极高,保证到达航天器的指令准确无误。

跟踪分系统要获取有关航天器的位置和速度、无线电传播媒质及太阳系特性的信息,使地

面能监视航天器的飞行轨迹并对其导航，同时提供射频载波和附加的参考信号，以支持遥测和指令功能。

遥测分系统接收从航天器发回地球的信息，包括科学数据、工程数据和图像数据。科学数据载有从航天器上仪器、仪表、读取的有关系统状态的信息，这些数据容量中等但极有价值，要求准确传送。图像数据容量大，但信息冗余量较大，仅要求中等质量的传输。

11.3 深空通信的跟踪、测量和控制技术

由于深空通信距离极其遥远，传输损耗极大，这就要求深空站采用大口径天线，这样天线辐射波束很窄，要瞄准并跟踪遥远且不断运动的航天器，要求跟踪精度达到每秒几千分之一度以下，难度可想而知。

通常跟踪包括以下四种类型。

(1) 单向跟踪：由航天器上的信号源产生下行链路信号，地球站接收和跟踪该信号。地球站没有向航天器发送的上行链路信号。

(2) 双向跟踪：由地球站产生上行链路信号，航天器接收和跟踪该信号。航天器发射与上行链路相干的下行链路信号，供产生上行链路信号的地球站接收和跟踪。

(3) 三向跟踪：一个地球站完成双向跟踪，另一个地球站则利用不同的频率或不同的天线跟踪下行链路。

(4) 双向非相干跟踪：航天器发射的下行链路信号与上行链路信号是不相干的，下行链路信号频率通常由航天器上的超高稳定的晶体振荡器或原子钟产生。

1. 距离和多普勒的测量跟踪

在深空通信中，航天器的距离测量是通过测量某个深空站产生的测距信号的往返传输时间获得的。测站产生的一系列测距信号被调相在发射的载波信号上。航天器接收机锁相环锁定并跟踪上行载波，再产生与上行载波相干的参考信号。利用参考信号对测距信号进行解调。测距信号通过低通滤波器滤波，再被调相在下行载波上。该载波信号与上行链路相干但有频率偏移。接收站的锁相环产生与接收信号相干的参考信号，测距单元利用参考信号解调下行链路信号。接收的测距码与发射的测距码复制品进行比较，测定往返传输时间，从而计算出距离。接收的参考信号和测站参考信号通过混频器以后，得到多普勒频率。

航天器与地面站之间的距离称为斜距，它与单向信号传输时间 τ_g 的关系可以近似为：

$$\gamma=\tau_g c \tag{11-1}$$

式中，γ 为航天器瞬时斜距变化率，c 为光速。

航天器的接收信号频率近似为：

$$f_r=\left(1-\frac{\gamma}{c}\right)f_t \tag{11-2}$$

式中，f_t 为航天器的发射信号频率，$(\gamma/c)f_t$ 被称为多普勒频移。

2. 甚长基线干涉跟踪测量

传统多普勒和距离测轨具有局限性，从而促进了甚长基线干涉（VLBI）测量技术的发展。VLBI 技术利用河外星系射电源（如类星体）发出的宽带微波辐射信号，由于信号非常微弱，需要使用大口径天线、低噪声接收机和宽带记录装置。

VLBI 的系统组成如图 11-2 所示。

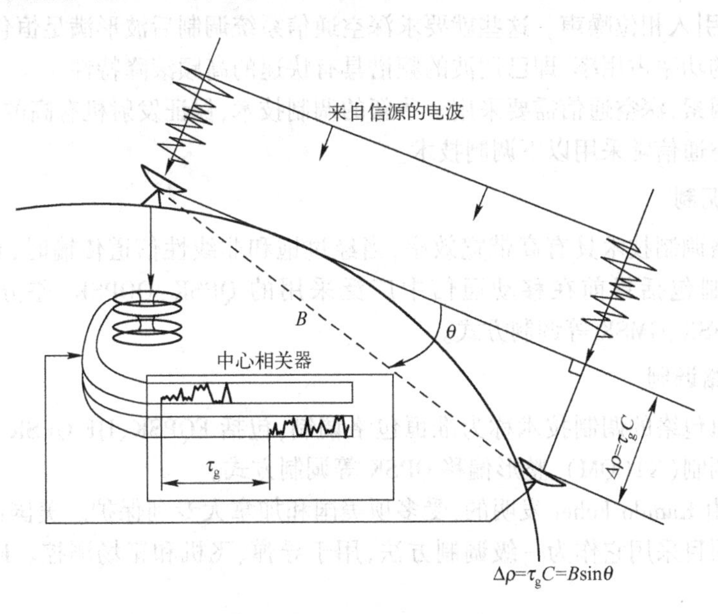

图 11-2 VLBI 的系统组成

来自信源的电波到达两个相距极远的天线,电波的波前为平面。信号被放大、混频至基带,进行数字化、打时标并记录,再对记录的信号进行互相关处理,以确定信号到达两站的时间差。这一到达时间差称为 VLBI 时延,由几何时延加上站钟偏差,以及信号通过电离层、对流层、测量设备等引起的时延构成。几何时延表示为:

$$\tau_g = \frac{1}{c} B \cdot s \tag{11-3}$$

式中,B 是两站之间的基线矢量,s 是信源方向的单位矢量。利用基线长度和方向的先验信息,可从几何时延中推导出信源位置的一个角度分量。所测角度的精度与以下因素有关:VLBI 时延测量的精度、测站时钟偏差、测量设备、媒介的差分时延、基线方向误差的校准精度。

为了减小 VLBI 时延测量值中未校准误差的影响,可采用差分 VLBI 跟踪测量技术,其方法是对相邻角位置已知信源的第二种测量值,与角度相邻信源的观测量直接相减,就能消除或充分减小同源误差的影响,减小由于未校准媒介影响和基线矢量模型不准引起的误差。例如,可以消除测站时钟偏差和测量设备的群时延。

11.4 深空通信的调制编码技术

11.4.1 深空通信的调制解调技术

对于深空通信,存在非常大的路径损耗和大气衰落,当输入功率固定且有限时,为了保证接收端有足够的接收功率,要求发射机能够产生足够大的输出功率。深空通信信道是典型的带限和非线性变参信道,信号的带限要求发射信号对邻近通道不能造成干扰,而带限必然造成部分频谱能量的丢失，引起信号的畸变。另外，由于信号经过非线性功率器件的放大，会产生幅相转换效应，引入相位噪声。这些就要求深空通信系统调制后波形满足恒包络，同时要求已调波具有最小的功率占用率，即已调波的频谱具有快速的高频滚降特性。

考虑以上因素，深空通信需要采用一些新的调制技术，保证发射机有高的功率效率及高的带宽效率。深空通信常采用以下调制技术。

1. 恒包络调制

严格恒包络调制技术具有高带宽效率，当经过饱和非线性信道传输时，具有最高功率效率。恒包络调制包括目前在移动通信中广泛采用的 QPSK、OQPSK、差分编码 QPSK、π/4QPSK、MSK、SFSK、GMSK 等调制方式。

2. 准恒包络调制

轻微偏离恒包络的调制技术称为准恒包络调制，包括 FQPSK、IJF-QPSK、SQORC、互相关网格编码正交调制（XTCQM）、整形偏移 QPSK 等调制方式。

FQPSK 是由 Kamilo Feher 发明的，受多项美国和加拿大专利保护。美国国防部三军联合高级靶场遥测项目采用它作为一级调制方法，用于导弹、飞机和靶场测控。FQPSK 适合于高速数据传输。

互相关网格编码正交调制是在 TCM 固有的联合高带宽/功率效率概念上加以扩展，强调发送信号的频谱占用，又兼顾获得小的包络波动。

3. 非恒包络调制

对于恒包络和准恒包络调制，由于其本身固有的记忆性，为了实现最佳接收，必须使用网格解码器。理论上，网格解码器只有在观测完整个发送信号相应的信道输出后，才能开始对发送信号进行最大似然估计，因而会导致较大的解码时延。在实际应用中，解码时延不能太大，有一定的限制条件，这样会对调制/解调方案造成约束，不能保证在功率效率和带宽效率的最佳性。

11.4.2 深空通信的信道编译码技术

深空通信具有信息传输时延大、信号能量衰减严重等特点，所以必须有特殊的手段保证其信息传输的带宽和准确。

深空通信的信道有以下特点。

① 深空通信信道与无记忆的高斯信道非常相似，而这种信道正是编码理论的信道模型，这使得信道编码的理论和仿真效果与实际相差无几。

② 深空通信信道的频带带宽很丰富，允许使用低频带利用率的编码和二进制的调制方案。

③ 由于传输距离非常远，信号能量衰减严重。如此巨大的信号衰减，需要用各种措施来弥补，其中包括高增益、低编码效率的编码和复杂的译码技术，从而导致传输速率很低。然而，由于深空通信本身就是一种极其耗时的通信过程，总是采用低码速率通信。深空通信信道可以建模为理想的信道，其频带资源相对丰裕，而有限的探测设备尺寸、极长的传输距离使得其功率资源严重受限。因此，深空通信数传信道可视为功率受限而带宽丰裕信道，是典型的以有效性换取可靠性的传输信道。然而，随着深空探测技术的发展，目前对传输速率的要求也越来越高，从而大大增加了编译码器的实现难度。

深刻通信中比较成熟的编码方式包括线性分组码、循环码、卷积码和交织编码。Turbo 码和 LDPC 码可以较大地提高编码增益，也是深空通信中常用的编码方式。

此外，还采用级联码，以及编码和调制相结合的编码调制方式。

级联码采用两个独立的编码，分别是外码和内码，外码用于纠正突发错误，内码用于纠正随机错误。数据首先送入外编码器，外编码器的输出再作为内编码器的输入。

深空通信中可采用以下级联码：

① RS 码（外码）+ 卷积码（内码），译码采用维特比译码

② LDPC（外码）+ Turbo 码（内码）

由于相同条件下，卷积码的综合性能要优于分组码，同时在相同约束长度条件下，低编码效率卷积码的译码复杂度大大低于高编码效率卷积码，因此深空通信中对信道编译码的研究重点在于寻找低编码效率、大约束长度的卷积码、级联码及其低复杂度的译码算法。

11.4.3 深空通信的网络编码技术

网络编码理论提出以编码器取代路由器，发送有关信息的证据（evidence about the messages），而非整个信息本身。接收机收到证据便进行重组还原信息，即属于同一信息的码元无须处于同一数据包，通过网络编码技术会自动把不同的信息进行编码，当到达目的地时再重新组合，这样便大大提高了网络的容量和效率。由深空节点构成的深空网，链路时延大、网络拓扑稀疏且呈现周期变化特性。当深空通信采用网络编码技术时，通过科学选择中继节点的位置，构成最佳的网络拓扑，使得网络编码的效率达到最高。

11.4.4 深空时延容忍网络

Delay Tolerant Networks，简称 DTN，即时延容忍网络。在一些特定的网络环境下，会经常出现网络断开的现象，导致报文在传输过程中不能确保端到端的路径，这类网络称为时延容忍网络，又叫容迟网络。深空通信面临时断时续的场景，符合时延容忍网络的特点。

DTN 有以下特点：

（1）长时延。例如在地球与火星距离最近的时候，电波传播需要 4 min 时间，而距离最远时电波传播时间会超过 20 min。在 Internet 中，如此长的时延，无法直接使用 TCP/IP 协议。

（2）节点资源有限。DTN 网络常常分布于深空、海底、战场等环境中，其节点受体积和质量的限制，携带的电源或其他设备资源都非常有限，从而在一定程度上限制了应用的效能，导致节点不得不采用一定的策略以节省资源，从而影响链路性能。

（3）间歇性连接。造成 DTN 网络间歇性连接的原因有很多，比如当前时刻没有连接两个节点的端到端路径，节点为节约资源暂时关闭电源，节点移动导致拓扑变化，都会造成连接中断。

（4）不对称的数据速率。不对称的数据速率意味着系统输入流量和输出流量的数据速率存在差异。在 DTN 网络中，数据传输的双向速率经常是不对称的，在完成空间任务时，双向速率比可以达到 1000:1。

（5）低信噪比和高误码率。DTN 网络中，环境导致的低信噪比会引起信道中信号的高误码率，如一般的光通信系统中误码率为 $10^{-15}\sim10^{-12}$，而深空通信中的误码率甚至可以达到 10^{-1}，极大地影响接收端对信号的解码和恢复。

11.5 深空通信的接收技术

11.5.1 深空通信的天线组阵技术

天线组阵技术是指利用分布在不同地点的多个天线组成天线阵列，接收来自同一深空探测器的信号，并对各个天线接收到的信号进行处理和合成，从而保证接收信号达到所需要的信噪比。

天线组阵可以带来以下好处：

- 增加天线口径效率，超过单个最大口径天线；
- 系统可用性更高、维护灵活且工作可靠；
- 减少备件的费用；
- 使用更小口径天线降低成本；
- 提高系统的可操作性和计划的灵活性。

11.5.2 深空通信的大天线技术

深空通信的主要任务是接收来自遥远的星间距离极其微弱的信号，地面接收机的信噪比可表示为：

$$S/N=\frac{P_{\mathrm{T}}G_{\mathrm{T}}A_{\mathrm{R}}}{4\pi d^2 N}=\frac{P_{\mathrm{T}}G_{\mathrm{T}}G_{\mathrm{R}}}{kBT(4\pi d/\lambda)^2} \tag{11-4}$$

式中，P_{T} 为航天器发射功率，G_{T} 为发射天线增益，G_{R} 为接收天线增益，d 为航天器与地面接收站之间的距离，N 为总的噪声，A_{R} 为地面接收天线的有效面积，T 为接收系统的噪声温度，λ 为波长，k 为玻耳兹曼常数，B 为带宽。

由于 d 非常大，致使信号在航天器与地面站之间传输时损耗非常严重，需要提高接收天线的增益和功率效率，以提高地面接收系统的信噪比。要提高接收天线的信噪比，一种措施是增加天线尺寸。另外，降低接收机的噪声温度，从而提高接收机的品质因素，同样可提高信噪比。对于周围环境，天线馈源系统的损耗引入的噪声温度在 7K/0.1 dB 损耗的比率。

使反射面天线的天线增益和孔径效率最大的技术有照射功率控制，大型反射面天线的设计借鉴了光学望远镜的设计。例如，采样双反射面的卡塞格伦系统，主反射面是一个抛物面，副反射面是一个双曲面。

11.6 深空通信的发展

美国的深空网（DSN，Deep Space Network）为美国航空航天局（NASA）的行星探测飞行器提供跟踪、数据获取和通信服务。DSN 由喷气推进实验室（JPL）代为 NASA 管理和操作。1958 年，在戈尔德斯敦建有一个 26 m 站，用来支持无人月球探测计划。

20 世纪 60—70 年代，美国向水星、金星、火星、木星和土星等先后发射了“水手”、“海盗”、“先驱者”和“旅行者”4 种型号的数十个行星探测器，其中“旅行者-2”在对木星、土星进行探测后，还首次对天王星、海王星进行了探测，并同“旅行者-1”、“先驱者-10”、“先驱者-11”

等先后飞出了太阳系。1961 年,又在堪培拉和约翰内斯堡分别建立了一个 26 m 站,与戈尔德斯敦站一起,三站经度相隔约 120°。

1966 年,为了扩展 DSN 的通信能力,在戈尔德斯敦建造了一个 64 m 站。20 世纪 70 年代初,又在另外两处分别建了一个 64 m 站。20 世纪 80 年代末,为了支持"旅行者-2"飞往海王星,64 m 天线的口径被扩展到 70 m。1966 年建成了第一个全频谱组阵系统,用于支持伽利略任务。

1979 年以后的 11 年中,由于航天计划重点的转移,美国才没有发射任何新的行星探测器。1989 年,美国利用亚特兰蒂斯号航天飞机成功施放了"麦哲伦"金星探测器和"伽利略"木星探测器,从而又开始了第二轮深空探测计划。

2001 年建成的第二套全频谱组阵系统,是支持伽利略任务的后续系。2003 年建成的第三套全频谱组阵系统,包含 2 个海外 DSN(深空网)设施——马达里和堪培拉。

在深空探测与通信中,美、俄等国首先对月球进行了探测,另外,欧空局、日本和印度也有探月计划。我国也将探月作为深空探测的重要一步,计划采取"绕"、"落"、"回"三个步骤,达到探月的研究目标。另外,美国等还对火星进行了探测。

深空测控作为深空通信的重要方面,有以下发展趋势。

① 工作频段从 X 频段向 Ka 频段发展。

② 采用天线组阵技术。利用分布的多个天线组成天线阵列,接收来自同一信号源(深空探测器)发送的信号,并将来自各个天线的接收信号进行合成,从而获得所需的高信噪比。

③ 深空探测采用无线电测量新技术。深空探测将单向测速、再生测距技术、新型甚长基线干涉技术(VLBI)、连接元干涉技术及同波束干涉技术作为今后的发展方向。

④ 各探测器之间组网测控通信和航天器对航天器的跟踪技术。未来的深空探测将采取星座和组网的工作方式,通信中继技术将必不可少。它将为星座或网络中的探测器与探测器之间、着陆器与轨道器之间、巡视车与基地站之间、机器人与其他装置之间提供通信保障。另外,航天器对航天器的跟踪技术将为今后火星等其他星球的探测提供更多的定位和导航支持。

⑤ 光通信技术。由于光通信有大容量、非相干性、轻便小型等许多优点,它将会作为未来深空探测的重要信息传输手段。

⑥ 天基测控通信网和激光通信技术的结合。

⑦ 超低噪声放大器。深空探测任务中返回信号十分微弱,必须在信号解调和数据处理之前进行信号放大。为了获得高的信噪比,努力降低地面接收系统的噪声水平,获得尽可能高的 G/T 值,需要研究新型的超低噪声放大器,以进一步降低接收系统的等效噪声温度。

习题

11.1 简述深空通信的概念和特点。

11.2 深空通信的频段是怎样分配的?

11.3 请说明深空通信的系统组成及原理。

11.4 深空通信常采用哪些调制解调技术?

11.5 深空通信的信道编译码有什么特点?

11.6 深空通信为什么要采用天线组阵技术和大天线技术?

11.7 简述深空测控通信的发展趋势。

附录A 缩 略 词

3GPP	3C Partnership Project	第3代移动通信合作伙伴计划
ABME	Asynchronous Balanced Mode Extended	异步扩展模式
ACeS	Asia Cellular Satellite system	亚洲蜂窝卫星系统
ACTS	Advanced Communications Technology Satellite	(美)先进的通信技术卫星系统
ADPCM	Adaptive Differential Pulse Code Modulation	自适应差分脉编码调制
ADSL	Asymmetric Digital Subscriber Line	非对称数字用户线
AIAA	American Institute of Aeronautics and Astronautics	美国航空航天协会
ALOHA	Additive Links On-line Hawaii	美国夏威夷大学首次推出的随机时分多址方式
AM	Amplitude Modulation	幅度调制
AMPS	Advanced Mobile Phone Systems	高级移动电话系统
AMSS	Aeronautical Mobile Satellite Service	航空卫星移动业务
ARQ	Automatic Repeat reQuest	自动重传请求
AT	Atomic Time	原子时
ATM	Asynchronous Transfer Mode	异步转移模式
ATSC	Advanced Television Systems Committee	(美)高级电视制式委员会
BCH	Bose-Chaudhuri-Hocquenghem	BCH(码)
BDP	Bandwide-Delay Product	带宽时延积
BER	Bit Error Rate	比特错误率
BPSK	Binary Phase Shift Keying	二相键控
BS(S)	Broadcasting Satellite(Service)	广播卫星(业务)
BSC	Base Station Controller	基站控制器
BTS	Base Transceiver System	基站收发信机
C/N	Carrier to Noise ratio	载噪比
C/T	Carrier to noise Temperature ratio	载波/噪声温度比
CA	Conditional Access	条件访问
CAC	Conditional Access Control	条件访问控制
CAI	Common Air Interface	公共空中接口
CBR	Constant Bit Rate	恒比特率
CCSDS	Consultative Committee for Space Data Systems	空间数据系统咨询委员会
CDMA	Code Division Multiple Access	码分多址
CES	Central Earth Station	地面中心站
CIMS	Customer Information Management System	用户信息管理系统
CIO	Conventional International Origin	国际协议原点
CN	Core Network	核心网

续表

CNIT	Italian National Consortium For Telecommunications	意大利国家电信联盟
COMSAT	Communications Satellite Corporation	(美国)通信卫星公司
CoS	Class of Service	服务等级
CP	Circular Polarization	圆极化
CSN	Circuit Switched Network	电路交换网
CTP	Conventional Terrestrial Pole	协议地球坐标系
CTS	Clear To Send	允许发送
CW	Congestion Window	拥塞窗口
CW	Control Word	控制字
DAASS	Delayed ACKs After Slow Start	慢启动后的时延确认
DAB	Digital Audio Broadcasting	数字音频广播
DAMA	Demand Assigned Multiple Access	按需分配多址
DAP	Demand Assignment Processor	按需分配处理机
DBS	Direct Broadcast Satellite	直播卫星
DCAAS	Dynamic Channel Activity Assignment System	动态信道数据分配系统
DG	Data Gram	数据报
DOP	Dilution Of Precision	精度衰减因子
DPSK	Differential Phase Shift Keying	差分移相键控
DS	Direct Sequence	直接序列
DSP	Digital Signal Processor	数字信号处理器
DTH	Direct-To-Home	直接到户
DVB	Digital Video Broadcasting	数字视频广播
EBU	European Broadcasting Union	欧洲广播联盟
ECN	Explicit Congestion Notification	显式拥塞通告
EHF	Extremely High Frequency	极高频
EIRP	Equivalent Isotropically Radiated Power	等效全向辐射功率
EPC	Electrical Power Conditioner	电源控制器
ES	Elementary Stream	基本码流
ESA	European Space Agency	欧洲航天局
ETSI	European Telecommunications Standards Institute	欧洲通信标准化协会
EUTELSAT	European Telecommunications Satellite organization	欧洲电信卫星组织
FCC	Federal Communications Committee	(美国)联邦通信委员会
FDD	Frequency Division Duplex	频分双工
FDM	Frequency Division Multipleing	频分复用
FDMA	Frequency Division Multiple Access	频分多址
FEC	Forward Error Correction	前向纠错
FES	Fixed Earth Station	固定地球站
FFT	Fast Fourier Transform	快速傅里叶变换

续表

FHRP	Footprint Handover Routing Protocol	覆盖区切换路由协议
FM	Frequency Modulation	调频
FSK	Frequency Shift Keying	移频键控
FSS	Fixed Satellite Service	固定卫星业务
FTP	File Transfer Protocol	文件传输协议
G/T	Gain-to-noise Temperature Ratio	增益-噪声温度比
GaAsFET	Gallium Arsenide Field Effect Transistor	砷化镓场效应半导体管
GDOP	Geometric Dilution Of Precision	几何精度衰减因子
GEO	Geostationary Earth Orbit	静止地球轨道
GLONASS	Global Navigation Satellite System	全球导航卫星系统
GOCCs	Ground Operation Control Centres	地面运行控制中心
GPS	Global Positioning System	全球定位系统
GSM	Global System for Mobile communication	全球移动通信系统
GSO	GeoSynchronous Earth Orbit	同步地球轨道
GTO	Geostationary Transfer Orbit	静止转移轨道
HDOP	Horizonal Dilution Of Precision	水平精度衰减因子
HDTV	High Definition Television	高清晰度电视
HEO	Highly Elliptical Orbits	高椭圆轨道
HLR	Home Location Register	归属位置寄存器
HP	Horizontal Polarization	水平极化
HPA	High Power Amplifier	高功率放大器
HTTP	Hyper Text Transport Protocol	超文本传输协议
IBS	International Business Service	国际商用业务
ID	IDentifier	标识
IETF	Internet Engineering Task Force	因特网工程工作组
IF	Intermediate Frequency	中频
IFL	Inter-facility Link	设备间链路
IM	Inter-Modulation	交调
IMD	Inter-Modulation Distortion	交调失真
IMT-2000	International Mobile Telecommunications-2000	国际移动通信-2000
IMUX	Input Multiplexer	输入复用器
IN	Intelligent Network	智能网
INMARSAT	International Maritime Satellite (Organization)	国际海事卫星通信系统组织
INTELSAT	International Telecommunications Satellite Organization (Consortium)	国际通信卫星组织(财团)
IOL	Inter-Orbit Link	轨间链路
IP	Internet Protocol	互连网协议

续表

IPOS	IP Over Satellite	卫星 IP 技术
ISBN	Integrated Satellite Business Network	综合卫星商用网
ISDB	Integrated Services Digital Broadcasting	(日)综合业务数字广播
ISDN	Integrated Services Digital Network	综合业务数字网
ISL	Inter-Satellite Links	星间链路
ISO	International Standardization Organization	国际标准化组织
ISP	Internet Service Provider	Internet 业务运营商
ITU	International Telecommunication Union	国际电信联盟
KPA	Klystron Power Amplifier	速调管功率放大器
LAN	Local Area Networks	局域网
LBC	Limited Byte Counting	有限字节计数
LDP	Label Distribution Protocol	标签分发协议
LEO	Low Earth Orbit	低地球轨道
LHCP	Left Hand Circular Polarization	左旋圆极化
LMSS	Land Mobile Satellite Service	陆地卫星移动业务
LNA	Low Noise Amplifier	低噪声放大器
LNB	Low-Noise Block Converter	低噪声变频模块
LOS	Line-of-Sight	视距
LP	Linear Polariation	线极化
LSP	Label-Switched Path	标签交换路径
M&C	Monitoring and Control	监控
MAC	Media Access Control	媒体访问控制
MARS	Multicast Address Resolution Server	组播地址解析服务器
MCPC	Multiple Channel Per Carrier	多路单载波
MEO	Medium Earth Orbit	中地球轨道
MMSS	Marine Mobile Satellite Service	海事卫星移动业务
Modem	Modulating and Demodulation Equipment	调制解调器
MPEG	Moving Picture Exports Group	活动图像专家组;制定的图像压缩编码标准系列也称 MPEG
MPLS	Multi-Protocol Label Switching	多协议标签交换
MSC	Mobile Switching Center	移动交换中心
MSS	Mobile Satellite Service	移动卫星业务
MSS	Mobile Satellite System	卫星移动系统
NASA	National Aeronautics and Space Administration	(美国)国家航空航天局
NCC	Network Control Center	网络控制中心
NGEO	Non-GEO	非静止轨道
NMS	Network Management Station	网络管理站
NOC	Network Operating Center	网络操作中心
OAM	Operation And Maintenance	操作和维护

续表

OBP	On-Board Processing	星上处理
OBR	On-Board Routing	星上路由
OBS	On-Board Switching	星上交换
ODLC	Optimum Data Link Control	最佳数据链路控制
OMUX	Output Multiplexer	输出复用器
OQPSK	Offset QPSK	偏移四相移键控
OSI	Open Systems Interconnection	开放系统互连
OSPF	Open Shortest Path First	开放式最短路径优先
PAMA	Pre-Assigned Multiple Access	预分配多址
PBX	Private Branch Exchanges	专用交换机
PCM	Pulse Code Modulation	脉冲编码调制
PCN	Personal Communications Network	个人通信网络
PCS	Personal Communication Services	个人通信服务
PDN	Private Data Network	专用数据网
PDOP	Position Dilution of Precision	位置精度衰减因子
PEP	Performance Enhancing Proxy	性能增强代理
PES	Personal Earth Station	个人地球站(休斯公司推出的 VSAT 数据网)
PES	Packetized Elementary Stream	分组基本码流
PFD	Power Flux-Density	功率通量密度
PID	Packet Identity	分组标识
PLMN	Public Land Mobile Network	公共地面移动网
PM	Phase Modulation	相位调制
PN	Pseudo Noise	人为噪声
PPP	Point to Point Protocol	点到点协议
PS	Program Stream	节目流
PSN	Packet Switched Network	分组交换网
PSTN	Public Switched Telephone Network	公用电话交换网
PUS	Portable User Station	便携用户站
PUT	Portable User Terminal	便携用户终端
QoS	Quality of Service	服务质量
QPSK	Quadra Phase Shift Keying	四相移键控
RDSS	Radio Determination Satellite Service	卫星无线定位业务
RF	Radio Frequency	射频
RFI	Radio Frequency Interference	射频干扰
RHCP	Right Hand Circular Polarization	右旋圆极化
RIP	Routing Information Protocol	路由信息协议
RO	Receive-Only	单收站
RSVP	Reservation Protocol	资源预保留协议

续表

RTS	Request To Send	请求发送
RTT	Round Trip Time	往返程时间
SACK	Selective ACKnowledgment	选择性确认
S-ALOHA	Slotted-ALOHA	时隙 ALOHA
SCC	Satellite Control Center	卫星控制中心
SCPC	Single Channel Per Carrier	单路单载波
SCPS-TP	Space Communication Protocol Standards-Transport Protocol	空间通信协议标准——传输协议
SDLC	Synchronous Data Link Control	同步数据链路控制协议
SDMA	Space Division Multiple Access	空分多址
SDTV	Standard Definition Television	标准清晰度电视
SHF	Super High Frequency	超高频段
SIMS	Service Information Management Server	服务信息管理服务器
SL	Service Link	用户(业务)链路
SNACK	Selective Negative Acknowledgment	选择性否定确认
SNG	Satellite News Gathering	卫星新闻采集
SNR	Signal to Noise Ratio	信噪比
SOCC	Satellite Operation Control Centre	卫星运行控制中心
S-PCN	Satellite-Personal Communication Networks	卫星个人通信网络
SSMA	Spread Spectrum Multiple Access	扩频多址
SSPA	Solid State Power Amplifier	固态功率放大器
SS-TDMA	Satellite Switched-TDMA	卫星交换 TDMA
STP	Satellite Transport Protocol	卫星传输协议
S-UMTS	Satellite-Universal Mobile Telecommunication System	全球移动通信系统—卫星部分
TA	Terminal Adaptor	终端适匹器
TCP	Transmission Control Protocol	传输控制协议
TDD	Time Division Duplex	时分双工
TDM	Time Division Multiplexing	时分复用
TDMA	Time Division Multiple Access	时分多址
TDRS	Tracking and Data Relay Satellite	跟踪与数据中继卫星系统
TES	Telephone Earth Station	电话地球站(休斯公司推出的以电话为主的 VSAT 网)
TIA	Telecommunications Industry Association	电信工业协会
TL	Tail Link	陆地链路
TOS	Type of Service	服务类型
TS	Transport Stream	传输流
TT&C	Tracking, Telemetry and Command Station	跟踪、遥测和指令站
TVRO	TV Receive Only	电视单收站
TWTA	Travelling Wave Tube Amplifier	行波管放大器

续表

UBC	Unlimited Byte Counting	无限字节计数
UDLR	Unidirectional Link Routing	单向连接路由
UHF	Ultra High Frequency	超高频
UMTS	Universal Mobile Telecommunication System	全球移动通信系统
UPC	Uplink Power Control	上行功率控制
USAT	Ultra Small Aperture Terminal	超小天线口径终端
UT	User Terminal	用户终端
UT	Universal Time	世界时
UTC	Universal Time Coordinated	世界协调时
VBI	Vertical Blanking Interval	场消隐插入
VC	Virtual Circuit	虚电路
VDOP	Vertical Dilution of Precision	垂直精度衰减因子
VHF	Very High Frequency	甚高频
VLR	Vistor Location Register	访问位置寄存器
VLSI	Very Large Scale Integrator	超大规模集成
VOD	Video On Demand	视频点播
VP	Vertical Polarization	垂直极化
VSAT	Very Small Aperture Terminal	甚小天线口径终端
WAN	Wide Area Network	广域网
WARC	World Administrative Radio Conferences	世界无线电行政大会
W-CDMA	Wideband-CDMA	宽带码分多址
WRC	World Radio Conferences	世界无线电大会
WWW	World Wide Web	万维网

参 考 文 献

[1] Bruce R. Elbert. Introduction to Satellite Communications. 3rd Edition. Boston:Artech House Inc. ,2008

[2] Timothy Pratt,Charles Bostian,Jeremy Allnutt. 甘良才,译. 卫星通信. 第2版. 北京:电子工业出版社,2005

[3] Dennis Roddy. Satellite Communications. 3rd Edition. New York:McGraw-Hill Companies Inc. ,2006

[4] J. E. Kadish,T. W. R. East. Satellite Communications Fundamentals. London:Artech House,2000

[5] E. Lutz,M. Werner,A. Jahn. Satellite Systems for Personal and Broadband Communication. Berlin:Springer-Verlag,2000

[6] 张乃通,张中兆,李英涛. 卫星移动通信系统(第2版). 北京:电子工业出版社,2000

[7] 张更新,张杭. 卫星移动通信系统. 北京:人民邮电出版社,2001

[8] 邱致和,王万义. GPS原理与应用. 北京:电子工业出版社,2002

[9] 于志坚. 深空测控通信系统. 北京:国防工业出版社,2009

[10] 郭庆,王振永,顾学迈. 卫星通信系统. 北京:电子工业出版社,2010

[11] 汪春霆,张俊祥,潘申富,郝学坤. 卫星通信系统. 北京:国防工业出版社,2012